기계 가공
기술 시리즈
No. 5

KB265832

기계도면의
그리는 법 · 읽는 법

툴엔지니어 편집부 편저 | 김 하 룡 역

기계 제도에 대한 접근 | 형상을 표시한다
치수를 표시한다 | 가공 정밀도를 표시한다
기계 도면의 노하우 | 자동화로 되어 가는 기계 제도

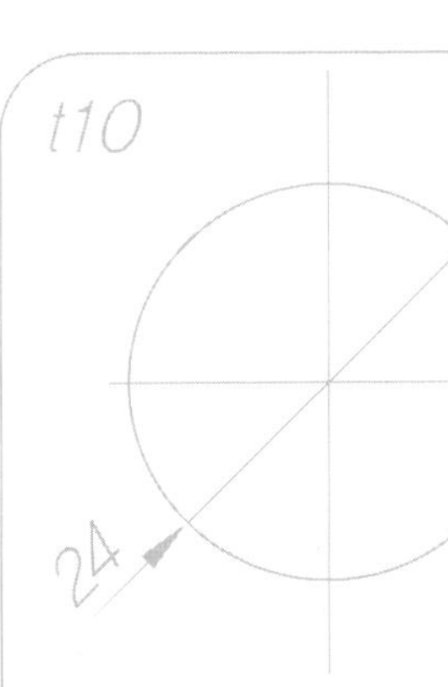

BM (주)도서출판 성안당

日本 taiga · 성안당 공동 출간

기계도면의 그리는 법·읽는 법

만화로 보는
프롤로그

え・佐伯　克介

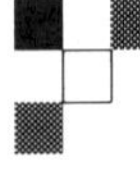

차　례

PART • 1　기계 제도에 대한 접근

PART • 2　형상을 표시한다

PART • 3　치수를 표시한다

PART · 4 가공 정밀도를 표시한다

PART · 5 기계 도면의 노하우

PART · 6 자동화로 되어 가는 기계 제도

PART · 1
기계 제도에 대한 접근

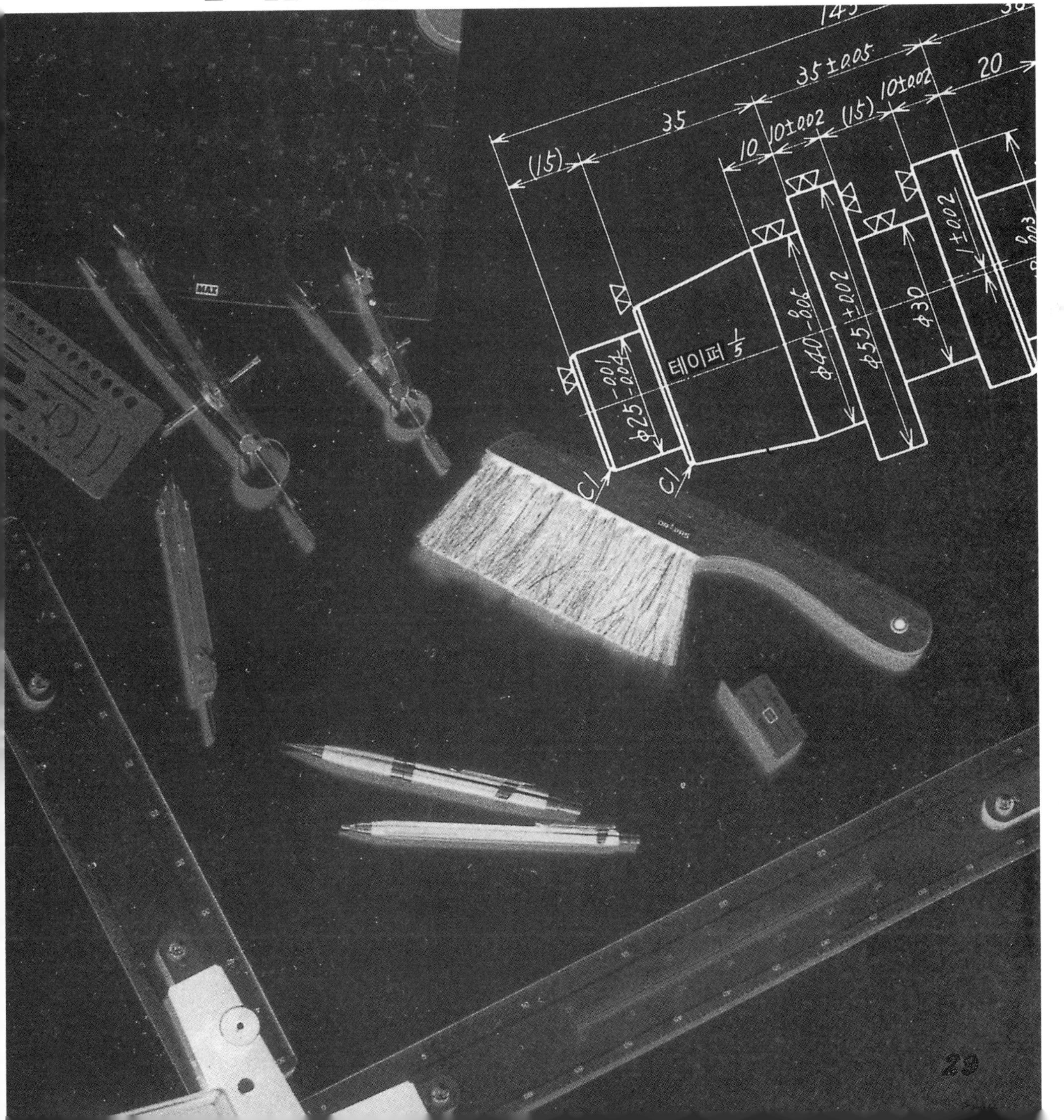

기계 설계에서 도면화에 대한 접근

● 기계 도면은 언제 태어나고 어떻게 발전하였는가

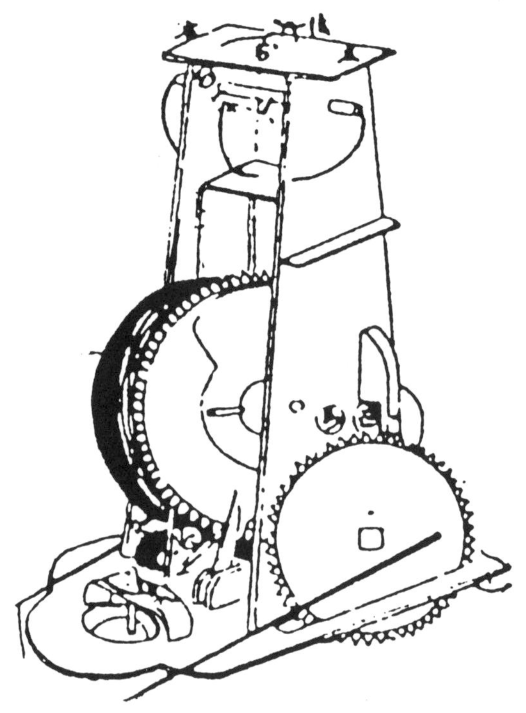

/// 역사에서 보는 생활과 기술

인간의 생활을 발전 향상시켜서 현재와 같은 문명 사회를 만들어 온 것은 학문과 기술이라고 할 수 있을 것이다. 학문은 인간 주변의 원리, 원칙을 깊이 연구하고 체계를 지우는 것이고 기술은 그 원리, 원칙을 생활에 응용시키는 것이다.

근대의 학문, 기술은 세계의 인간끼리의 협업, 분업에 지지되어 있으며 그 때문에 상호의 의지, 정보의 전달은 중요한 것이다. 즉 고도의 학문, 기술은 그 이전의 단순한 학문, 기술에 비해서 수백배 혹은 수천배의 것이 복잡하게 조합되어서 만들어져 있고, 이것을 정확하고 또 짧은 시간에 다른 사람에게 전달하는 방법이 있다면 인간은 보다 위대한 학문, 기술의 은혜를 입을 수 있을 것이다.

기계 기술에 있어서 정보 전달의 수단으로 옛부터 사용되어 온 것이 도면이다. 기계 도면이 언제부터 사용되기 시작한 것인지는 알 수 없으나, 18세기 후반부터 발전한 기계 공업의 역사 속에 깊이 관계되어 왔다고 생각한다.

18세기 후반에 영국에서 산업 혁명이 일어나서 도구로 물건을 만드는 데서부터 기계로 물건을 만들게 되었다. 기계에 의한 생산은 우선 방직 산업에서 시작되어 최초로 양모의 방직 기계화가 진촉되고, 이어서 목면, 삼 등의 새로운 섬유 산업으로 발전하여, 18세기 중반에는 철, 기타의 금속 공업으로 확대해 갔다. 더욱이 18세기 말까지에는 수력을 동력으로 하는 기계에 의한 공장에서의 생산이 보급되기 시작하였다.

그 사이에 와트가 1769년에 증기 기관을 발명하고 그 후 증기 기관은 방직 기계의 동력으로 이용되고, 이것이 그 때까지의 가내 수공업의 목화 공업을 압도해서 1830~1840년대에 걸쳐서 기계 제도 공장 생산 체제로 발전한 것이다.

그렇다고는 하지만 와트의 증기 기관은 발명 후, 바로 동력으로 이용된 것이 아니고 5~6년 경과 후에야 이용되어졌다. 그 이유는 피스톤이 들어가는 실린더의 보링 가공을 정확하게 할 수 없고, 내경 약 500 mm에 대해서 피스톤과의 빈 틈이 10 mm 정도나 있었던 것이다. 그 빈 틈에서 증기가 새어 나오게 되어 있어서 실용으로 되지 못했다.

그로부터 5년 후인 1774년, 영국의 윌킨슨이 공작 정밀도(진원도, 원통도, 진직도)가 좋은 보링 머신을 발명하고 이에 의해서 실린더를 보링 가공한 결과, 증기가 새지도 않게 되어 와트의 증기 기관은 실용화에 성공한 것이다. 이에 대한 경위는 오오가와 출판 발행의 「기계 발달사」에 상세하게 기술되어 있으므로 참조하기 바란다.

이와 같은 기계 공업 발전의 경과를 보면, 어쩌면 도면은 18세기 후반에서 19세기 전반에 걸쳐서 기계 생산에 있어서의 정보 전달의 수단으로 사용되고 그 표현 내용도 천천히 발전해 간 것으로 생각된다.

그 후, 도면이 기계 기구의 창조, 제작, 기록에 사용되어 온 것은 우리들 신변의 역사 서적에서도 알 수 있다.

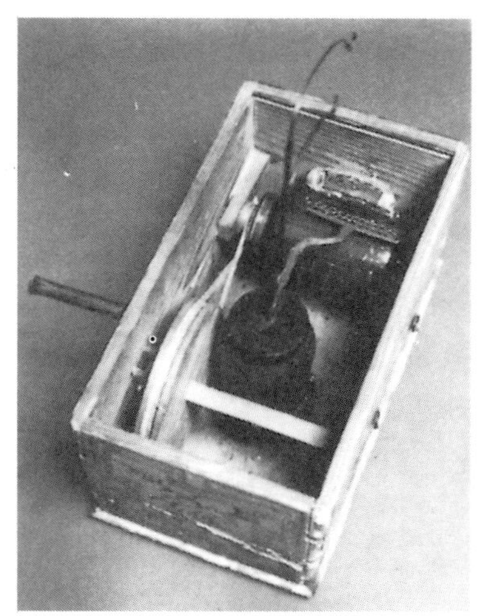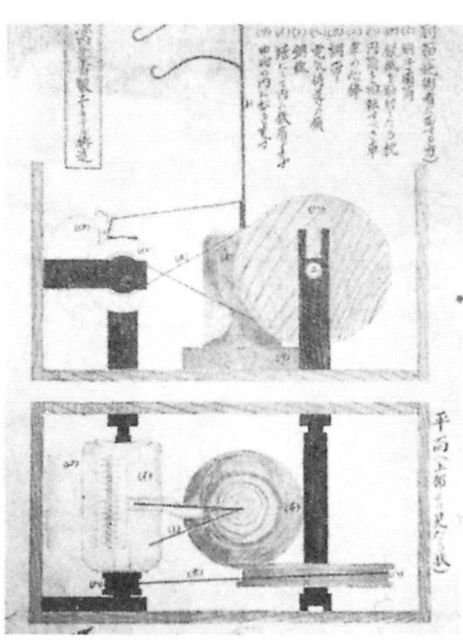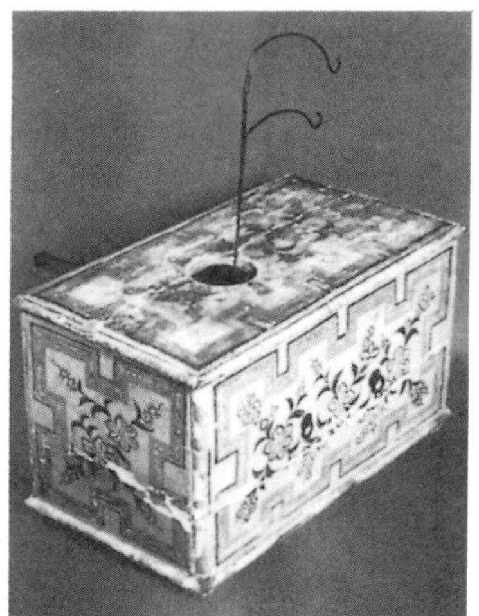

사진 1 히라가 겐나이의 전기, 그 내부 및 도면

예컨대 일본에서는 에도(동경의 옛이름) 시대의 발명가, 박물학자, 난학자, 소설가, 조루리(淨瑠璃) 작자인 히라가 겐나이(1728~1780)를 들 수 있다.

　그는 자침기, 평선의, 석면포, 한열 승강기(한난계), 겐나이 구이(도기) 등을 발명하고, 나사, 서양화 등을 모조하였으나 1778년에 완성시킨 전기(기전기)의 도해는 대단히 재미있는 것이다. **사진 1**이 그것이다.

　그리고 유럽에서는 이탈리아의 예술가이고 과학자인 레오나르도 다 빈치(1452~1519)를 볼 수 있다. 피렌체에서 태어난 그는, 1482년 위정자 르돌버코 일 몰로에 초대되어 밀라노에 가서 공연 준비(연출가 겸 음악가), 축성, 병기 설계, 토목 사업 등에 종사하였다.

　1498년 산타마리아 델 그라체 성당의 벽화 「최후의 만찬」(루브르 미술관 소장)을 완성하였으나, 그때 인체 해부나 과학 연구에도 몰두해서 다재다능한 능력을 발휘하였다. 그 후 1500년, 피렌체에 되돌아간 그는 유명한 「모나리자」를 제작하고 전쟁화 「안갸리의 싸움」으로 미켈란젤로와 경작하였고 1506년에는 프랑스 왕의 궁정 화가 겸 기사로 활동하였다.

　그 사이에 지질학, 수력학, 해부학, 기계학 등의 연구에 몰두해서 수많은 기록도 남기고 있다.

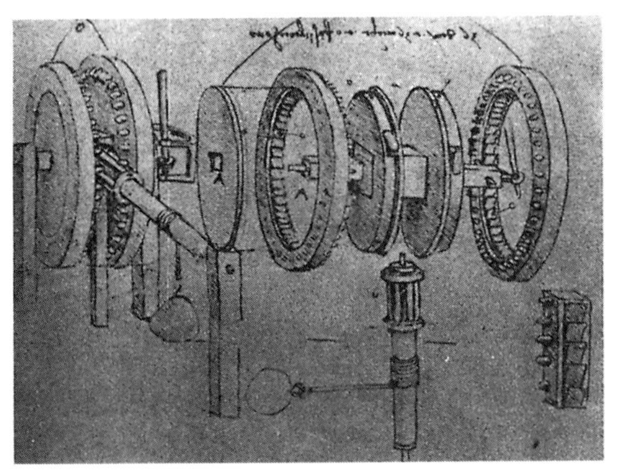

사진 2　레오나르도 다 빈치의 기계 도면

　사진 2는 다 빈치의 수고(手稿)에 의한 왕복 운동을 회전 운동으로 바꾸는 장치를 표시한 것이다. 이와 같이 히라가 겐나이나, 다 빈치는 정보 전달의 수단으로 도면을 남기고 있는 것이다.

　그런데 컷의 그림은 에도 시대 중반에 저술된 「기구 그림 종류」라고 하는 여러 가지 기계의 장치를 모은 책의 일부이다. 입체도나 삼면도외에 부분도도 풍부하고 기구도 잘 알 수 있다.

　이 도면을 기초로 꼭두각시를 복원한 사람도 있다. 잘 정리된 도면 덕택에 설계자의 아이디어를 200년이 지났어도 잘 알 수 있다. 도면은 훌륭한 정보 전달 수단인 것이다.

도면의 기능과 역할
● 어떤 도면이 요구되는가 ●

기계 제도는 기계류를 만들기 위해서 하거나 설명하기 위해서 하는 일도 있으나, 여기서는 만들 때의 것을 생각하도록 하자. 만드는 것이 목적이기 때문에 만들려고 하는 기계류에 만들 수 없는 도면을 내 놓아도 쓸모가 없게 된다.

가령, 내연 기관의 피스톤의 도면에 그것의 외경 치수가 기입되어 있지 않으면 그 도면은 나쁜 것으로 정해진다. 아무리 종이 위에 자를 대서 치수를 쟀다 할 지라도 그런 것으로는 피스톤이 필요로 하는 치수 정밀도를 얻을 수 없는 것은 분명한 일이다. 이와 같은 잘못은 발견 즉시 고치지 않으면 일이 안되기 때문에 반드시 정정하여야 한다.

그런데 물건이 만들어 지느냐 아니냐 하는 것만으로 도면이 좋고 나쁨을 판단해도 되는 것일까? 그렇게는 할 수 없다. 가령 **그림 1**의 (a)와 (b)는 같은 막대 형상의 물체를 표시하고 있고, 어느쪽 그림을 사용해도 완전한 제품을 만들 수 있다. 그러나 이 2개의 그림의 가치는 결코 같은 것은 아니다.

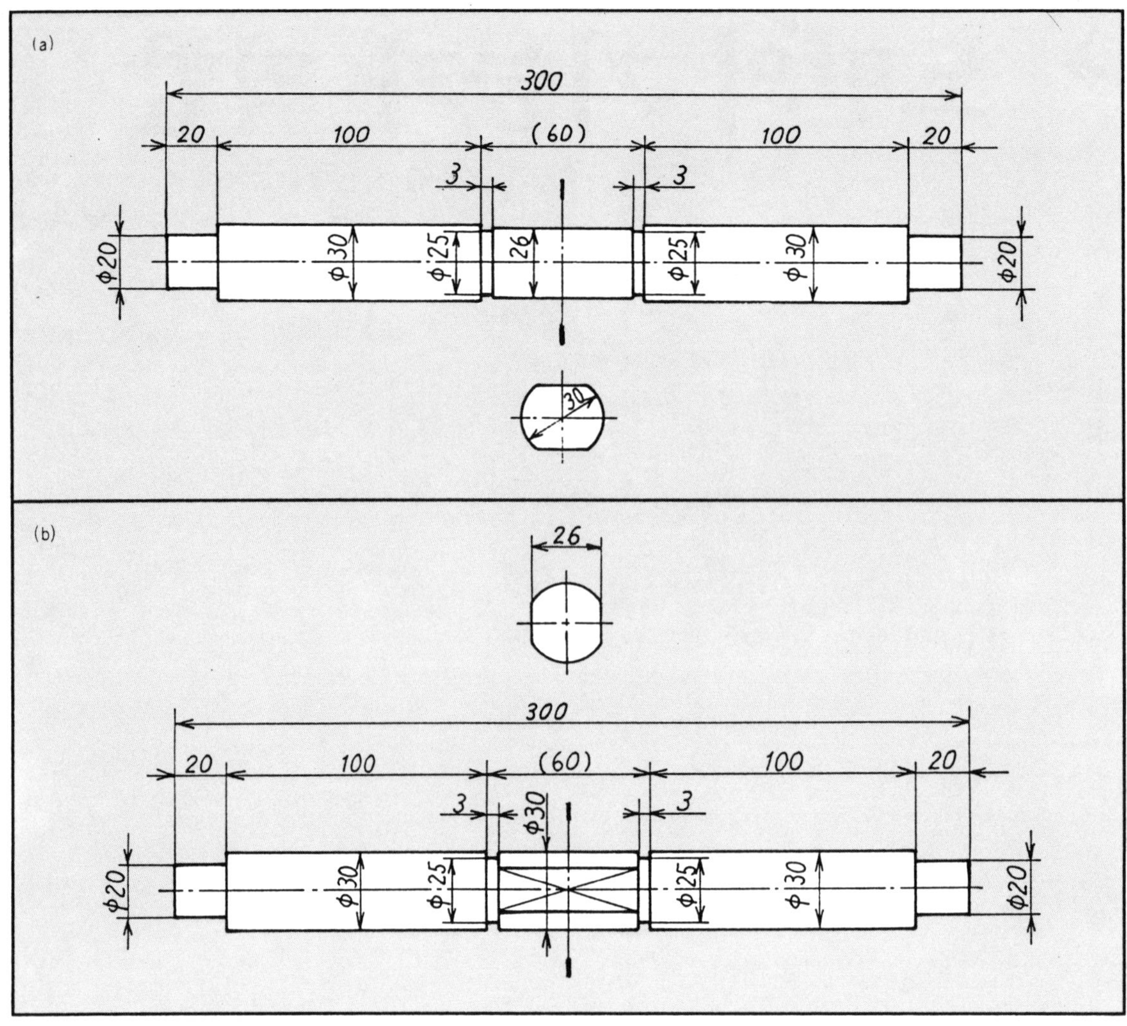

그림 1

(a)의 것은 선반 가공을 할 때 착오를 일으킬 가능성이 큰 표현으로 되어 있으나 (b)의 것은 그렇지 않다.

이 2개의 그림은 어느 것이나 **그림 2**와 같은 물체를 표현하고 있는 것이지만 (a)와 같은 그림을 보여 준 작업자는 무심코 지나치면 **그림 3**과 같이 중앙부를 ϕ26으로 만들고 만다.

그렇기 때문에 **그림 1** (a)와 같은 그림은 좋은 그림이라고 할 수 없으나 한 번 이런 그림이 만들어졌을 때, 지면 작업자가 주의를 한다면 좋은 물건을 만들 수 있다는 이유로 다시 그리는 일은 잘 생기지 않는다. 물론 한번 실패한 작업자는 2번 같은 일을 하지 않겠지만 다른 사람이 그 작업을 하게 되면 또 위험이 생긴다.

이와 같은 도면에서 생기는 손해는 중요한 치수가 빠져 있는 도면에서 생기는 손해보다 훨씬 크게 되는 일이 있다.

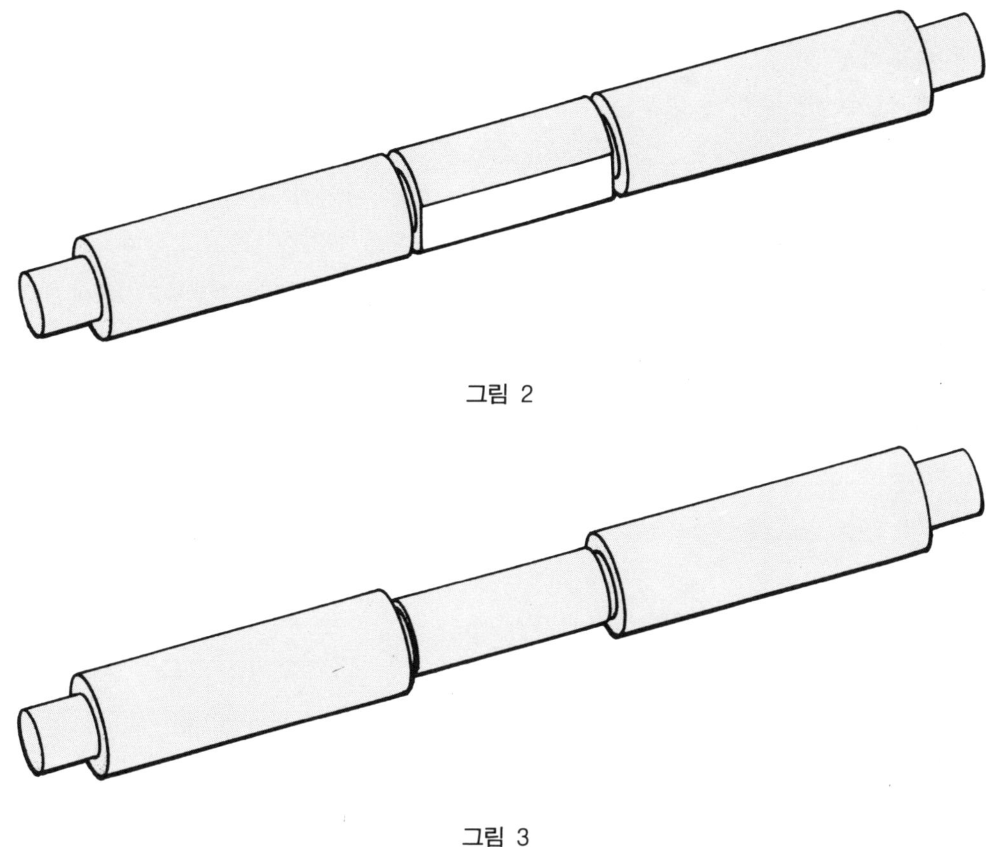

그림 2

그림 3

　그래서 좋은 도면인가 나쁜 도면인가라고 하는 판단의 기준은 물건을 만들 수 있느냐 만들 수 없느냐 하는 것이 아니라 경제적으로 만들 수 있는가 아닌가라고 하는 점에 두는 것으로 한다. **그림 1** (a)가 좋지 않다고 말하는 것은 위험을 계속적으로 발생시키므로 경제적이지 않기 때문이다. 그러면 경제적인 도면을 만들기 위해서는 어떻게 하면 좋을까.

　이 물음에 대답하는 것은 간단하지 않다. 왜냐하면 그것은 우선 도면의 기능과 역할에 대해서 일반적인 사항을 확고히 인식하고 그 위에 개개의 경우의 특수 사정을 정확하게 파악하지 않으면 안되기 때문이다.

　이것은 복잡한 일이지만 다음에 그 요점을 될 수 있는 대로 알기 쉽게 설명하려고 한다.

일반적인 사항

⬚1⬚ 누가, 어떤 도면을 사용하는가

　앞에서 예시한 **그림 1**의 (a)가 좋지 않다는 것은 그것이 선반 가공을 하는 사람의 입장을 충분히 고려하지 않고 그려진 것이기 때문이다. 결국, 도면을 좋은 것으로 하기 위해서 먼저 생각하여야 할 것은 그 도면을 사용해서 작업을 하는 사람들의 입장인 것이다.

따라서 제도하는 사람은 누가 어떤 목적에서 도면을 사용하는가를 알아야만 된다. 이것을 상세하게 설명하면 제한이 없으나 극히 대략적인 사항을 보도록 한다.

① **고객** : 기계류의 거래에는 도면을 교환하는 경우가 많이 있다. 고객은 메이커가 제출하는 도면을 보고 그 기계가 자기의 목적에 맞는가 어떤가를 판단하고 발주한 다음에도 제품의 납품에 앞서서 여러 가지 공사를 진행하기 위해서 도면을 요구한다. 그리고 제품이 인도된 후에도 조작, 점검, 보수, 수리, 개조 등을 위해서 도면을 필요로 하게 된다.

② **자재(구매) 담당자** : 기계류를 생산하기 위해서는 재료나 여러 가지 자재를 준비해야 되는데 무엇을 얼마 만큼 조달하여야 하는가는 도면을 보아야만 판단할 수 있다.

③ **공정 담당자** : 이 사람들의 일은 단순하지 않을 뿐더러 가령, 다음의 것을 판단하기 위해서는 도면이 필요하다.

- 목형, 지그, 특수 공구 등은 재래의 것으로도 사용할 수 있는가, 그렇지 않으면 새로 맞춰야 하는가
- 가공 작업은 외주하여야 하는가, 아닌가
- 어떤 물품의 어느 부분의 가공을 언제, 누구에게 시킬 것인가, 그렇게 하는 데는 얼마 만큼의 시간을 고려하여야 하는가

④ **현장의 작업자** : 이들은 도면이 좋고 나쁜 것의 영향을 가장 심하게 느끼는 사람들이고 그 일의 내용은 여러 가지이며 그 요구는 실로 다양하다. 그리고 때로는 어느 현장에서의 요구와 다른 현장으로부터의 요구가 전연 모순되는 경우도 있다.

그들 중에는 예컨대 목형공과 같이 도면 이외에는 무엇 하나 의뢰할 수 없고 전적으로 혼자 힘으로 형태있는 물건을 만들어 내야만 될 사람도 있는가하면 또 조립공과 같이 이미 만들어진 완전한 형상을 갖는 부품을 취급하는 사람도 있다.

목형공이 만드는 것은 도면에 그려져 있는 그대로의 형상과 치수를 갖는 물건이 아니고 가공 여유, 폭목(幅木), 덧붙임이라든가, 도면에는 그려져 있지 않는 부분을 갖고 있거나 스트라이킹 보드라고 불리는 판 형상의 만들어진 물건과는 상당히 다른 느낌을 주는 물건이거나 또 자주 여러 개의 독립된 형이 세트되어 있거나 해서 비전문가가 보면 혼란을 일으킬 것 같은 물건이다.

또 조립공에게는 장기의 고단자와 같이 앞을 내다 본, 복잡한 순서를 생각하고 외과 수술을 하는 의사처럼 세심한 주의를 기울여 조정을 해야만 하는 경우가 많다.

이들의 작업은 어느 것이나 도면을 숙독한 다음이 아니면 실행할 수 없다. 말할 것도 없이 목형공과 조립공이 이 그룹의 전부가 아니라 주조공, 단조공, 제관공, 용접공, 선반공, 밀링공, 다듬질공……등등의 모든 것이 이에 속하고 각각 도면에 대한 잡다한 요구를 갖고 있는 것이다.

그 각각에 대해서 공작·공정모를 작성하면 모든 요구를 채울 수 있는지도 모르지만 도저히 거기까지는 손이 미치지 않는다.

대체로 한개의 부품에 대해서는 오직 한장의 도면으로 그들의 요구와의 어긋나는 점을 최소한도로 억제해야만 된다.

⑤ **검사 담당자** : 공장에서 가공되는 물품은 여러 단계에서 검사되는 것이 보통이지만, 그때 내려지는 양부의 판정은 도면에 따라야 된다.

⑥ **서비스 엔지니어** : 제품에 관한 애프터 서비스는 보수, 점검, 수리를 포함하는 경우가 많으나 이들 작업에 있어서도 도면은 중요한 역할을 한다.

⑦ **그외의 관계자** : 예컨대, 압력 용기나 보일러에 대해서는 노동성의 계관이 검사를 하고 선박용 기관류에 대해서는 선박 협회의 직원의 검사가 요구되는 경우도 있다. 이 사람들에게도 도면을 보여야 된다.

여기까지는 기업 등의 설계 제도 부문이외의 일에 대해서만 생각해 왔다. 거기에 나오는 사람들은 설계·제도 부문에서 보면 소위 「손님」이고, 도면을 낸다는 것은 그 사람들에 대한 서비스이므로 그들에게 도움이 되도록 고려하는 것은 당연하다고 할 수 있다.

그러나 서비스의 의미는 더 넓게 생각할 필요가 있다. 즉, 좋은 내용의 도면을 좋은 타이밍에서 발행한다는 것도 중요하다. 이것을 실현하는데는 설계·제도 부문의 내부 일이 순차적으로 진행되어야만 한다.

좋은 내용이라는 것은 제품이 소기의 기능을 발휘한다는 것만이 아니라 필요한 사항이 선배의 경험을 살린 경제적인 방법으로 표현되고 있다는 것이다. 실제로 이미 사용된 도면이라는 것은 자주 새로운 도면을 만들 때에 참고로 이용되는 것이다.

자주 설계실에서 「신설계」라는 말이 들리지만 하나에서 열까지 새로운 아이디어를 토대로 설계되는 물품이란 좀처럼 없다. 어떤 신제품이라도 반드시 어떠한 의미에서 오래된 제품과 연결되어 있는 것이다. 이 연결되어 있는 것에 오래된 도면이 그대로 사용되거나 또는 참고로 되는 것이다.

그러므로 설계에 있어서 오래된 도면 중에서 도움이 되는 것을 찾아 내는 것은 대단히 중요한 것이다. 도면이라는 것을 기업 전체의 입장에서 생각하는 경우에 검색을 능률적으로 할 수 있도록 고려해야 되는데 그 이유의 하나는 여기에 있다.

그리고 도면을 타이밍 좋게 발행한다는 점인데 이것이 역시 검색의 능률과 관계있는 사항이라는 것은 장황하게 설명할 것도 없이 이해할 수 있을 것이다. 이전에 그려진 도면을 반복해서 이용하는 경우에 몇 만장이나 되는 원도 중에서 찾고자 하는 한장을 꺼내는데 몇시간씩이나 걸려서는 도저히 타이밍이 좋은 도면을 낼 수 없을 것이다.

도면을 타이밍 좋게 발행한다는 것은 물론 검색의 능률화만으로 해결될 수 있는 것은 아니다. 말할 것도 없이 새로운 도면을 만드는 것도 능률적으로 해야만 되는 것이다. 경우에 따라서는 형상이나 치수의 표현 방법을 간략화함으로써 제도의 능률을 높일 수 있을 것이다.

그러나 정도를 넘거나 독선적으로 되어서는 도면을 읽는 사람들이 이해할 수 없기 때문에 충분히 주의해야 된다.

도면의 이용 방법에 대해서는 이것으로 끝난 것은 아니지만 이 정도로서 다음 화제로 넘어 가도록 한다.

② 도면에는 무엇이 기재되는가

앞에 기술한 바와 같이 겨우 한 장의 도면이 각각의 입장이 다른 다수의 여러 사람들에 의해서 이용되고 그 사람들의 총합적인 힘에 의해서 기계류가 생산되는 것이다. 그들이 도면을 이용할 때 그것에서 끌어 내는 정보도 가지 각색이다. 그러므로 도면에는 상당히 여러 가지 사항이 기재된다.

하긴 여러 가지 사항이라고 하여도 몇 종류의 정보를 올리느냐 하는 것은 때와 장소에 따라서 달라진다. 그것을 변동시키는 요인에 대해서는 또 나중에 기술하기로 하고 여기서는 대략 일반적이라고 생각되는 정보의 종류에 대해서 설명하기로 한다.

지금 「대략적으로 일반적이라고 생각되는」이라고 썼지만 그래도 도면상에 기재되는 정보의 종류 수는 20을 넘는다. 요소의 수가 이렇게 되는 집합은 분할한 것이 취급하기 쉽기 때문에 「기술적 항목」과 「관리적 항목」이라는 2개의 범주를 세우기로 한다. 그렇지만 이 구분은 어디까지나 편의적이다는 것을 잊지 말아주기 바란다.

(1) 기술적 항목

① **형상** : 말할 것도 없이 이것이 있으므로 도면이라고 말하는 것이고 전면적으로 생략되는 일도 없다. 특히 부품도에 있어서는 어떤 점에서도 의문의 여지가 생기지 않도록 자세하게 그려진다. 제도나 독도(讀圖)의 능률을 고려해서 일부가 생략되는 일은 있지만 무엇이 생략된 것인가 하는 것은 항상 명확하게 알 수 있도록 되어 있어야 한다.

② **구조** : 복수의 부품 또는 부재 사이의 관계이고 이것도 형상과 같이 도면이 아니면 표현할 수 없는 것이다.

③ **치수** : 길이 또는 각도를 표시하는 것인데 이것은 제작도 속에서는 가장 중요한 요소이다. 이것은 형상이나 구조를 나타내는 도형과 조합이 되어서 하나 하나의 면, 선 혹은 점의 위치를 다른 면, 선, 점 등과의 관계를 표시한다. 그러기 때문에 도면 위의 치수는 좌표로서의 성질을 갖고 있다고 생각할 수 있다.

④ **정밀도** : 도면 위에서는 치수 정밀도, 위치 정밀도, 형상 정밀도, 표면 정밀도(표면 거칠기나 기복) 등이 자주 지정된다.

⑤ **가공 방법** : 이것은 반드시 명기된다고 한정할 수 없으나 설계자가 특정의 가공 방법을 지정한 경우에는 그 이외의 방법으로 가공해서는 안된다는 것을 의미하고 있다.

⑥ **재질** : 제작도에는 반드시 기재된다.

⑦ **소요 개수** : 1대의 완성된 기계 속에 그 부품이 몇개 짜 넣어져 있는가의 수를 기재한다.

⑧ **중량** : 그것에 도시되고 있는 물품이 완성되었을 때의 한개의 중량이 도면에 기재되는 것이 보통이다.

⑨ **척도** : 그것에 그려져 있는 도형의 크기가 실물의 몇 배인가를 나타내는 수치이고, 결정된 수치이면 그것을 반드시 기재한다. 결정된 수치로 나타낼 수 없는 경우에는 「비례척이 아님」이라는 표시가 된다.

⑩ **투영법** : 일본에서는 JIS에 의하면 제 3각법이 보통으로 되어 있으나 그래도 명기해야 할 것이다.

⑪ **기타의 기술적 주기**(注記) : 나사, 기어, 스프링, 구름 베어링, 용접 개소 등에는 각각 JIS에서 정해진 독특한 주기가 해당된다. 그리고 열처리의 조건, 검사 방법 등에 대한 주기가 쓰여지는 경우도 있다.

(2) 관리적 항목

⑫ **도면 번호** : 이것은 본래 한 장 한 장의 도면을 식별하기 위한 코드이지만, 일품 일엽도로 하면 그것은 동시에 부품의 코드로 되는 것이다. 그러므로 이것을 잘 구성하면 생산 관리상 대단히 편리한 것이 된다.

⑬ **참조 번호** : 가령 조립도와 같이 한 장의 도면 위에 복수의 부품이 기재되고 있을 때는 개개의 부품을 식별하기 위한 번호가 쓰여진다. 이와 같은 역할을 갖는 번호를 참조 번호라고 한다.

⑭ **도명** : 도면의 명칭(반드시 기계라던가 부품과의 명칭으로 한정되지 않는다)은 반드시 도면에 써 넣어야 한다.

⑮ **품명** : 그것에 도시되고 있는 물품의 명칭으로서 도명(圖名)으로 사용하는 경우도 있으나 부품표라고 하는 표속에 기재되는 일도 있다. 그리고 부품표 속에는, 그것에는 도시되어 있지 않으나 그 그림과 관계있는 물품도 기입되는 경우가 있다.

⑯ **종류, 호칭, 등급, 형 번호 등** : 예컨대, 볼트, 너트, 작은 나사, 와셔, 구름 베어링이라고 하는 물품은 그것을 제작하기 위해서가 아니라 다른 기계류의 부품으로서 도면상에 등장하는 경우에는 일일이 도면을 그려서 상세한 치수를 넣는 일은 하지 않는 것이 보통이다. 그것들에 대해서는 부품표 속에 명칭 이외에 종류, 호칭, 등급, 형 번호 등을 기입하면 대부분은 충분하다.

⑰ **공정** : 그것에 도시된 물품의 공정의 개략이 약어로 표시되는 경우가 있다.

⑱ **제조소명, 제도일, 책임자의 서명** : 도면에 관한 책임 소재를 명확히 하기 위해서는 반드시 기재하여야 한다.

⑲ **도면의 개정에 관한 기사** : 도면이 한 번 발행된 후에 개정된 경우에는 그 필요 항을 원도에 그린다.

⑳ **기타의 관리상의 주기** : 도면 내력이나 복사도의 배포 상대가 기재될 때가 있다.

이상 이외에도 몇개의 요소가 더해질 경우도 있고 또 몇개의 요소가 생략되는 경우도 있다.

그리고 다음 점에 주의하도록 한다.

위에 기술한 요소 중의 몇개는 표제난에 모아서 기입한다. 그리고 다른 몇개는 부품표에 모아서 기입한다. 이런 특정난을 만들 때는 그것에 무엇을 기입하느냐에 관해서 일관된 방침을 정할 필요가 있다. 그렇게 하지 않으면 독도자(讀圖者) 사이에 쓸데 없는 혼란을 일으킬 수가 있기 때문이다.

특수 사정을 파악하는 방식

기업은 살아 있는 것이기 때문에 제도 뿐만 아니라 어떤 사항에 대해서도 학교에서 획일적으로 가르칠 수 있는 지식을 그대로 들여와도 소용이 없는 경우가 있다. 그럴 때는 임기 응변의 처치를 취하지 않으면 안되지만 지금 여기서, 어떤 경우에는 어떻게 하라고 해도 의미가 없기 때문에 문제의 소재를 파악하는 경우의 눈여겨 볼만한 곳을 열거해 두기로 한다.

☐1 제도의 목적

무엇 때문에 제도를 하는가 하는 것은 항상 염두에 두어야 된다. 필자가 이제까지 기술한 것은 일반적인 사항이었으나 제도의 목적이 좁은 범위에 한정되고 있는 경우에는 그것을 전부 생각에 넣을 필요는 없고 목적에 맞는 사항만을 고려하면 되는 것이다. 이 생각 방식을 확고하게 파악하면 극단적인 경우에는 제도를 하지 않는 것이 좋다는 것도 이해할 수 있을 것이다.

가령 가공자에게 견본을 주고 「이것과 같은 것을 한개 만들어라」라고 하는 것만으로서 만사가 끝나고 그에 관한 기록을 남길 필요도 없다고 하는 것이라면 도면을 만들어서는 안된다. 시간이 있으면 그런 사람과 꼭 도면을 필요로 하는 방향으로 하여야 할 것이다.

☐2 사업의 규모 · 양상

여러 명이 일하고 있는 영세 공장과 수만명의 종업원이 일하고 있는 대기업과는 도면에서 무엇을 기대하는가라는 점에 있어서 차이가 있는 것은 당연하다. 전자에서는 도면 이외의 커뮤니케이션을 간단하게 할 수 있으나 후자에게서는 그렇게 되지 않기 때문이다.

그리고 한 회사가 독자적인 제품을 독자적으로 제조 · 판매하고 있는 경우와 어떤 의미에서 다른 회사 등과 밀접한 연계가 있는 경우와는 도면의 양식이 다르게 될 때가 있다.

③ 생산의 양식, 방법 및 수량

가정용 전화 제품과 같이 다량 생산되는 물품을 생산하는 경우와 발전용 수차와 같이 소량 생산이 정상적인 상태인 물품을 생산하는 경우와는 도면에 대해서 현장 사람들이 무엇을 요구하는가가 다르다. 그리고 설계에서 완성 검사까지의 모든 공정을 한 곳에서 집중적으로 하느냐, 그렇지 않고 각 공정을 담당하는 부문이 넓은 지역에 산재하고 있느냐 하는 것도 도면 역할의 차이와 관계된다.

더욱이 새로운 생산 방법이 도입되는데 따라서 도면상의 여러 가지 사항의 표현 방법을 바꾸지 않으면 안될 때가 있다.

④ 자재, 기술, 노동력 등의 수급 관계

구입처와 공장, 설계와 현장, 소재 공급 부문과 가공 부문이라고 하는 것같이 자주 대립 관계에 빠지기 쉬운 부서는 여러 가지 있으나 그들 사이의 힘 관계가 도면의 양부의 판단에 영향을 미치는 일은 드물지 않다.

⑤ 기술적 환경

가령, 마이크로 필름에 관한 작업을 자사내에서 처리할 수 있는가 어떤가 하는 것이 도면의 자세에 영향을 미치는 일이 있다. CAD나 CAM이 도입되고 있는가 아닌가 하는 것도 물론, 그것에 영향을 준다.

⑥ 독도자(讀圖者)의 자질

옛날 이야기지만 제2차 세계 대전 중에는 기계 공업과는 관계없는 일을 하고 있던 사람들이나 여학생까지 징용해서 불과 수주간의 속성 교육을 해서 현장에 보내는 일을 하였다. 분명, 그런 사람들이 작업을 할 수 있는 도면을 준비한다는 것은 숙련자들만이 해왔던 것보다는 훨씬 어려운 것이었다.

⑦ 경영자의 의식

공장 경영자가 제도에 대해 어느 정도 이해를 하는가는 사업의 역사라든가 전통이라고 하는 것과 같이 도면의 자세에 큰 영향을 미친다.

이외에도 싣고 싶은 항목이 있으나 길게 되기 때문에 이만해 둔다.

＊　　　　　＊　　　　　＊

앞에서 가정용 전화 제품과 발전용 수차를 예로 인용하였으나 이것은 어느 것이나 기계류인 것에는 틀림이 없다. 그러나 그점에 무엇인가 큰 차이가 있을 것이다. 그 차이는 제품의 크기가 다른 것뿐만 아니라 생산 방법에서 공장 관리 방식까지도 상당히 다르다는 것이다.

이와 같이 기계 공업이라는 것은 폭이 넓은 산업이기 때문에 거기에서의 제도법이나 도면에 대한 사고 방식도 결코 좁고 융통성이 없어서는 안되는 것이다. 그렇기 때문에 어떤 도면을 구할 수 있는가에 대해서는 불과 몇 페이지의 기사를 읽기만 해서 완전히 알았다고 생각해서는 안된다.

다행히 본서에서는 많은 분들이 여러 가지 관점에서 기사를 쓰고 있기 때문에 지금 기술한 것을 염두에 두고 그들 기사를 통독함으로써 도움이 되는 지식을 많이 얻을 수 있을 것이다.

대담

설계의 입장, 가공의 입장

● 좋은 설계, 좋은 가공은, 좋은 제품을 만든다

설계자▶ 공장에서 물건을 만드는 데는 우선 기계 도면이 필요하다. 그 도면에 따라서 재료가 준비되고 가공 기계, 작업자가 정해지고 그래서 처음으로 납기를 목표로 가공이 진행된다. 결과로서 이 가공의 기본이 되는 도면의 좋고 나쁨이 물품의 제조 과정에서 여러 가지 이해가 생기는 것이지만 기업에 있어서는 손님의 요구를 채우고, 이익을 올리는 물품을 만들어 낼 수 있다. 결국 해를 끼치지 않는 도면이야 말로 필요한 것이다. 그렇게 말하는 것은 도면의 근원인 설계자의 사상 의지가 가공자에게 충분히 전달되고 능률적인 가공을 할 수 있으며, 그 위에 가공이 쉬운 도면이 좋다고 되어 있다. 그만큼 제도 작업은 중요한 일이고 본래, 설계와 제도는 다른 것이다. 설계자가 결정한 제품의 형상, 구조, 치수, 재질, 가공 방법이라고 하는 여러 가지 정보를 어느 일정한 규칙(JIS 등)에 따라서 가공자에게도 알기 쉽게 표현하는 것이 제도인 것이다.

그건 그렇고 설계와 가공의 구별은 명백하기 때문에 여기서는 제도를 포함한 설계의 입장을 제가, 가공의 입장을 나카오씨로 하여, 기계 도면에 있어서 설계상, 가공상의 실제적인 문제에 대해서 이야기하고자 한다.

다양화 시대의 설계와 가공

가공자▶ 우리 회사는 빵이나 과자를 성형하거나 굽거나 식육, 수산물 등을 가공하는 식품 가공 기계의 메이커이다. 기계는 상대가 음식물이기 때문에 위생적인 것이 하나의 조건이다. 따라서 녹스는 것은 절대적으로 피해야 하기 때문에 소재로는 스테인리스, 알루미늄, 플라스틱, 고무 등이 많이 사용되고 있으며 미적인 요구에서 각 구성 부품에는 여러 가지 표면 처리를 하는 일이 많다. 그리고 또 위생, 안전의 양면에서 기계 전체를 판금 등으로 커버하고 있다.

그러므로 가공 대상이 되는 재질이 강재, 합금, 비철, 비금속 등으로 가공의 종류도 절삭, 연삭, 절단, 굽힘, 용접, 열처리, 표면 처리 등과 재질이나 가공 공정이 실로 여러 갈래로 되어 있는 것이 특징이다.

설계자▶ 그만큼 설계상, 가공상에서 여러 가지 고생이 많을 것이다.

특히 최근에는 요구가 다양화되고 형식뿐인 제품을 만들어서는 팔리는 시대가 아니기 때문에…….

가공자▶ 그렇다. 사용자로부터의 요구가 다양화, 고급화, 단납기화에 있기 때문에 그에 응하기 위해서는 설계면, 가공면에서는 주의를 기울인다. 같은 기계라도 여기는 자동, 여기는 매뉴얼이고 여기는 안전에 배려해서……라고 하는 요구이다. 표준 시방이 아니고 소위 특별 시방에 의한 주문이 많아지고 있다는 것이다.

그리고 납기와 같이 코스트다운이라는 큰 벽이 있기 때문에 설계하는 쪽도 가공하는 쪽도 그 벽과의 싸움이 생기게 된다.

설계자▶ 틀림없이 고정밀도, 고기능은 당연하고 남은 것은 납기, 코스트이다. 주문을 받고 설계에서 가공으로 되는 것이지만 기계 가공의 공수라고 하는 것은 가공물이 도면화되고 있으면 대략의 계산은 할 수 있다.

그러나 설계 작업으로 되면 시간의 계산이 대단히 어렵다. 최근에는 CAD가 진행되어서 설계・제도의 자동화가 도모되고 설계 시간의 단축도 실현할 수 있게 되었으나 아직 일손이 주체이다.

설계 기간은 단축할 수 있으면 납기는 그만큼 편하게 되는 것이지만 설계는 무의 상태에서 유를 만들어내는 창조적인 일이기 때문에 상당히 마음대로 되지 않는 점이 있다. 설계의 마무리 상태가 제품의 납기나 코스트에 영향을 미치는 것은 확실하다.

설계는 고객을 만족시킬 수 있어야 함과 동시에 가공자를 만족시킬 수 없는 것이라면 일은 원활하게 진행되지 않는다.

가공자▶ 말씀한 대로다. 당사에서도 수주 → 설계 → 제도 → 준비 → 기계 가공 → 조립이 기본 패턴이지만 제품의 기능을 채우고 납기, 코스트를 계획대로 하는 데는 역시 각 부문의 의견 일치가 필요하다. 따라서 가공에 들어 가기 전에 수주 창구의 영업 부문, 설계 부문, 생산 기술 부문이 모여서 긴밀한 협의를 한다.

그래서 설계는 손님의 요구를 100% 만족시킬 수 있는 것이 필요하고 가공 부문은 가공자가 방향을 잃지 않고 가공할 수 있는 도면의 요구와 함께 설계의 초점값에 가까워지도록 노력하고 있다.

설계 미스를 막는다

설계자▶ 그렇다. 고객의 요구를 충분히 실은 설계에서, 기계 도면에 충실하게 가공해서 만들어진 것은 트러블이 없었다는 것이 이상적인 것이겠지만 그리 간단히 원활하게 되지는 않는다. 하찮은 도면상의 미스로 클레임이 생기거나 불량품이 나오는 경우도 있다. 여기가 설계자에게 있어서 어려운 점이다.

만일, 설계 미스가 있어서 제품을 조립할 수 없게 되거나 가공할 수 없거나 그리고 설계가 옳아도 가공하기가 대단히 어렵게 되거나 난삭재로 가공자를 울리거나 하면 설계자 쪽에 반드시 클레임으로 되돌아 온다.

설계라고 하는 것은 저것은 좋았다 나빴다라고 좋았건 나빴건, 반드시 피드백이 있는 일이라고 생각하고 있다. 그리고 설계자에게는 그것을 다음에 활용한다는 자세, 태도가 필요하다.

가공자▶ 불량품, 트러블은 적은 이상 더 좋은 것은 없다. 틀림없이 설계자의 자질도 물론이거니와 가공자의 기계를 조작하는 기능과 더불어 도면을 읽고 이해하는 능력이 대단히 중요한 요소이다. 도면에 어떤 가공이 요구되어 있는가를 확실하게 읽어 내는 것이다. 도면의 기입 미스같은 것은 사전에 발견할 수 있을 것이다. 당황해서 도면을 잘못 읽고, 불량품을 만들어 버려서는 어떻게 할 수 없다. 특히 수량이 많은 것이 문제이다.

그래서 우리 회사에서는 설계상의 트러블을 미연에 방지한다는 것도 있고 해서 제도의 단계에서 검토를 반드시 실시하도록 하고 있다. 그 때문에 도면 구석에 체크 항목난을 만들어 놓고 있다.

⬆ 재질 · 가공이 여러 갈래로 되는 식품 가공 기계 (제빵기)

무엇을 체크하는가 하면 기준면을 어디에, 치수에 틀림은 없는가, 수량이 좋은가, 공차는 적절한가, 다듬질 상태는 좋은가, 열처리 지정은 좋은가, 표면 처리는 어떤가, 중량은 어느 정도인가 등의 8항목 정도이다.

이것들은 또 그대로 가공이 옳게 되고 있는가의 체크 포인트로도 된다. 우리 회사의 제품의 요구를 채우는 면에서도 대단히 중요한 항목이다.

보조적 치수의 기입으로 직각도를 확인

설계자▶ 물론, 그들의 체크 항목은 모든 설계에 해당되는 것으로 생각되나 내용적으로는 하이트 회사의 독자적인 것일 것 같다.

가공자▶ 식품 기계이기 때문에 위생적, 미적 요소가 있으므로 가령 표면 처리에서는 버프, 도장, 도금, 액체 호닝 등 여러 가지가 있어서 처리 방법, 처리 범위가 엄밀히 지시되고 있다. 도장으로 말해도 단순한 외관의 볼품이 아니라 내식성, 내열성을 노린 것도 있다. 그리고 식품 공장에는 여성 작업자가 많기 때문에 절삭이나 절단의 버(burr)에 의한 부상 등이 없도록 버 제거, 모떼기의 지시가 많이 있다.

그리고 치수에 틀림이 없는가라는 항목에 관련해서는 정규의 치수에 더해서 보조적 치수를 활용하고 있다.

그림 1의 예와 같은 보조적 치수의 체크에 의해서 가공물의 합격 여부를 판정하는 방법이다. 각도라든가 경사 등이 큰 동체에서는 측정하기 어렵기 때문에 설계의 목표대로 제작되고, 가공되고 있는가를 보조적 치수로 체크하는 것이다. 간단하고 대단히 효과적인 방법이라고 생각하고 있다. 꼭 토지의 삼각 측량과 같은 방법이다.

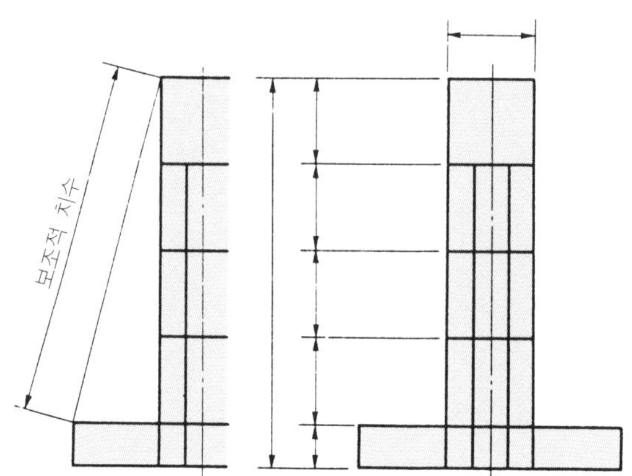

그림 1 큰 광채의 쓰러짐은 보조적 치수로 체크

설계자▶ 정말, 좋은 방법이다. 어디에 보조적 치수를 넣어서 체크하느냐가 포인트가 되지만 오랫동안의 경험에서 기능상, 구조상에서 가장 알맞는 곳이 있을 것이다. 이곳은 특히 설계 부문과 가공 부문의 제휴가 필요한 곳이라고 생각한다.

가공자▶ 이와 같은 보조적 치수로 가공물을 체크하기 시작한 것은 최근의 일이다. 결과적으로 오동작이 줄고, 됨됨이가 좋게 되고 더욱이 대기 시간이 줄었으며 또 공정간의 정체가 적게 되었다. 이것은 설계측에서 도면에 기입하지만 가공측으로부터의 요구로 실현한 것의 하나이다.

설계자▶ 나는 전에 공작 기계 메이커에서 설계를 담당한 일이 있었는데 가공 현장에서는 비벼 맞춤이라든가 현물 맞춤이 잘 실시되어 왔다.

그것을 도면에 지시하고 있던 것은 아니지만 오랜 공작 기계 만들기 습관속에서 생긴 현장 기술인 것이다.

A, B, C를 이렇게 짜 맞추어서 확인하면 잘 된다는 것으로 도면에 지시가 없어도 현장의 책임자가 가공자에게 가르쳐 온 것이다.

선반 주축의 휨은 이렇게 해서 누른다든지, 왕복대와 미끄럼면이 밀착해서 원활하게 움직이는 데는 현물을 맞추어서 표면의 느낌을 이렇게 해서 잡는다든지 하는 것이다. 가공 현장에 맡겨서 하고 있던 것이다.

가공자▶ 그것이 가공 현장의 기능인 것이다.

설계자▶ 그렇다. 습관과 기능이 있었기 때문에 현장에 맡겨서 끝이 났지만 옛날 이야기이다. 최근과 같이 기계도 NC화, 고정밀도화해서 다품종 생산화가 진행돼 나가는 시대이므로 설계도 옛날식이어서는 안된다. 기계 도면의 지시대로 가공을 해서 목적한 것을 얻을 수 있는 것이 아니라면……처음에 지적한 대로다.

그런데 보조 치수의 예와 같이 「양」을 표시하는 것이다. 그래서 나는 JIS의 기하 공차의 도시의 필요성을 강조해서 말하고 있다. 제품을 구성하는 각 부품이 각각 치수대로 가공되고 있어도 막상 조립해 보면 구멍에 축이 끼워지지 않거나 변형된 물품이 되어 버리기도 한다.

그것은 치수는 나와 있어도 진직도, 평행도, 진원도, 직각도……등의 기하 공차가 빠져 있기 때문이다. 기하 공차에 대해서는 이 책의 별개 기사에 자세하게 해석되어 있으므로 그것을 읽어 주기 바라는 바, 이제부터는 점점 중요하게 될 것이다.

가공자▶ 그리고 조립에서는 버 제거도 중요한 문제이다. 기계에서는 버가 원인으로 조립할 수 없는 일도 있으나 종래에는 이것도 도면에 지시가 없어도 현장에서 습관으로 버 제거나 모떼기를 해서 해결하고 있었다. 아주 현장에 맡겨 버린 것이었다.

우리 회사에서는 앞에서 말한 바와 같이 외관과 식품 공장에 많은 여성 작업자 등에 대한 안전상의 문제에서 버 제거, 모떼기를 도면에 명확하게 지시하고 있다. 이제부터의 도면에는 버 제거, 모떼기의 명확한 지시는 빠질 수 없을 것이다. 가공자는 기계 도면과의 대화로 가공을 진행해 가기 때문에…….

설계자▶ 그렇다. 설계상, 가공상에서 필요한 포인트는 명확하게 지시하여야 할 것이다. 기하 공차, 버가 그렇다. 그것에 의해서 기능을 갖춘 제품을 만들어 내지 않으면 안된다.

가공의 포인트에는 붉은 글씨로

가공자▶ 우리 회사의 제품도 요즘의 다양화의 요구에서 미묘한 시방 변경이 있거나 형상 변경이 있거나 하였으나 지금까지의 습관으로 가공자가 잘못하기 쉽다고 예상될 때는 변경 개소, 포인트 등을 붉게 기입해서 주의를 주고 있다.

설계자▶ 여러 가지로 궁리하고 있군요.

가공자▶ 여기에서 주의할 것은 설계측이 가공의 포인트를 파악한 도면을 너무 의식해서 지시 사항이 많게 되어 오히려 복잡한 도면이 되어 버리는 것이다. 복잡한 도면은 가공자쪽이 혼돈해 버려서 읽는데 시간이 걸리거나 착오의 원인이 되어서 오히려 역효과로 되어 버린다. 읽기 쉽고 가공의 포인트도 강조한 간명한 도면을 요구하게 된다.

설계자▶ 설계자는, 당연한 일이지만 가공의 실태를 파악하지 못하면 그렇게 할 수 없다. 그리고 최근의 기계 도면에 있어서는 형상의 표현은 대폭적으로 간략화가 허용되고 있으나 치수 표시의 간략화는 그렇게까지는 할 수 없다. 기계에 있어서는 치수가 형상 이상으로 중요하기 때문일 것이다.

설계측은 그와 같은 점도 충분히 생각해서 제도 작업을 진행하여야 한다. 가공하기 쉽고, 측정하기 쉽고, 읽기 쉬운 치수 표시의 방법이 여러 가지 있다.

이 책의 치수 표시에 관한 별개 기사를 잘 읽고, 활용해 주기 바란다.

가공자▶ 그리고 회사의 생산 형태에도 의하겠지만 간략화라는 점에서 보면 도면의 간략 표현만이 아니라 가공하는 것마다 도면이 필요한 것인가 하는 일이 있다. 우리 회사에서도 통상적으로 반복해서 사용되는 부품을 GT(그룹 테크놀러지)화, 표준화해서 「하이트 스탠더드」라고 부르고 있다. 이 표준 부품에 대해서는 가공 도면은 출도하지 않고 부품명, 수량 등의 리스트만을 내놓으면 가공을 할 수 있게 되어 있다.

그리고 표준 부품이 아니라도 스프로킷과 같이 외경, 구멍 지름, 잇수의 숫자와 개수만을 지시하면 알 수 있는 단순한 부품은 역시 도면은 내지 않고, 리스트로 가공을 지시하고 있다. 설계 불요, 도면 작성 시간, 가공자의 도면 관리 부담의 경감, 납기 단축 등이 초점이지만, 사내에 있어서 물건의 흐름을 간소화하는 데에도 효과적이다.

설계자▶ GT화, 표준화는 제도뿐만 아니고 생산 공장 전체의 효율을 높이는 견지에서도 요구되는 테마이다. 설계라는 차원에서 생각하면 CAD화에 대한 원스텝이라고도 할 수 있기 때문에 그와 같은 표준 부품의 사고 방식은 자꾸 도입하여야 한다고 생각한다.

교육, 훈련, 작업 개선을 어떻게 하는가

설계자▶ 역시 설계측에서 나오는 도면이 고객의 요구, 가공측을 만족해 나가는데는 설계하는 사람의 노력, 경험을 기대할 뿐만 아니라 신인이나 경험이 적은 사람을 대상으로 한 적극적인 사내 교육, 훈련 등도 빼놓을 수 없지만 가공자측에서는 어떻게 하고 있는지 알고 싶다.

가공자▶ 우리 회사는 소기업이기 때문에 조직적인 교육, 훈련이 아니라 일상적인 일을 통한 교육, 훈련이라는 것으로 한다.

설계를 예로 들면, 신인에게도 부분적인 것부터 설계시켜 간다. 도중에 모르는 것이 있으면 가공 현장에서 물어보고 가거나, 어쨌든 자신이 경험해서 그것이 적정했는지, 앞의 8항목의 체크는 물론이고 기준을 옳바르게 잡았는지 등을 내 나름대로 체크해서 이상한 것이 있으면 지적하고 다시 그리게 하는 일도 있고, 필요한 곳에 알아 보러 가라고 지시하는 등 반복해서 경험시키고 있다.

그리고 그린 도면이 가공과 관련하여 제조 과정에서 하자가 생긴 경우에는 나에게 피드백되어 오기 때문에 하자 내용을 도면에 붉게 기입해서 설계자에게 지적한다. 그렇게 하면 다음 설계에서는 가공 현장의 요망이 받아들여진 가공하기 쉬운 도면이 나가게 된다는 상황에서 설계 경험의 쌓임이 즉, 교육, 훈련이라고 할 수 있는 것이다.

설계자▶ 가공측에서는 어떠한가요?

가공자▶ 우리 회사에서는 QC, 소집단 활동 등은 현재에는 하고 있지 않지만 매주 월, 수, 금요일에 현장의 반장 이상 전원을 한 자리에 모아서 10~15분 정도이지만 일어선 채로 그날의 문제점, 작업의 진척 상황, 자재의 준비 상황, 도면의 불비, 가공 미스 등 모든 점에 대한 정보 교환을 해서, 작업 개선, 교육, 훈련으로 연결하고 있다. 그래서 설계상에 필요한 것은 설계측에 보내도록 하고 있다.

그리고 기계가 완성, 출하되면 반상회를 열어서 영업, 기술, 제조의 각 부문이 참가해서 다각적으로 의견을 교환하고 다음에 대비하는 일도 하고 있다. 이와 같은 일의 반복으로 사내의 교육, 훈련을 하고 나아가 작업 개선도 진행해 나가는 것이 현상황이다.

적극적인 작업 개선으로 코스트 절감

설계자▶ 그와 같이 논의된 내용은 기록으로 남겨지는 것인가?

가공자▶ 물론이다. 특히 작업 개선에 관한 사항은 코스트 다운의 효과가 큰 것이 있기 때문에 전문의 「개(改) 노트」라는 것을 만들어서 기록하고 설계에서나 가공에서 활용하고 있다.

설계자▶ 개 노트의 이제까지의 실적에서 효과적인 예를 소개해 주면 좋겠다.

가공자▶ 어떤 식품 기계의 부품에서 좌우 대칭의 모양이 다른 것이 있어서 한 장의 가공 도면으로 모양이 다르게 만들어 달라고 외주해 왔으나 그런대로 착오가 많았다.

기계에는 모양이 다른 부품이 많기 때문에 사내에서는 이해하고 익숙해 있지만 외주처는 모양이 다른 의미를 몰라서 골몰히 생각하게 된다. 이형(異形)은 그대로 도면을 뒤집어서 복사한 상태가 되는 것이다.

그래서 개선 사항으로 **그림 2**와 같이 도면 속에 모양이 다른 견취도(입체도)를 그려 넣어 잘 알게 되었고, 납품도 빨리 되어 결과적으로는 코스트 다운으로 연계되었다.

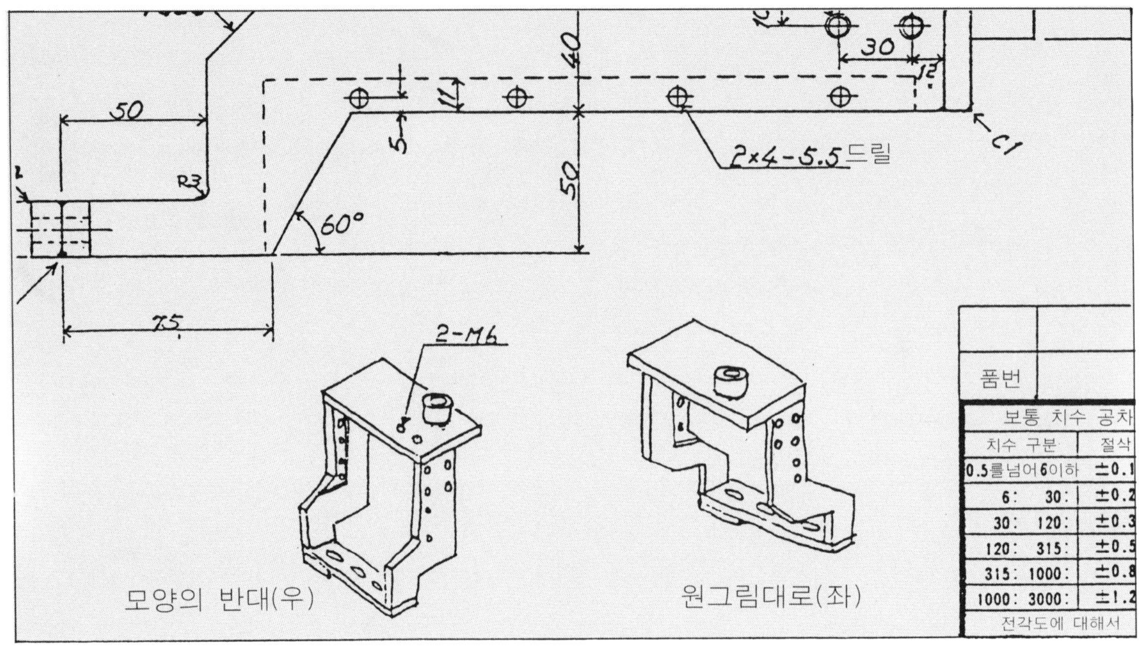

그림 2 도면 속에 다른 모양(異形)의 견취도를 그렸다

설계자▶ 다른 모양(異形)은 다르기는 좌우, 상하, 전후, 경사가 있으며 의외로 가공자에게 있어서는 함정인지도 모른다. 물론, 견취도를 그려 주면 단번에 알게 된다.

같은 것이지만 앵글재나 판금을 복잡하게 조합한 동체의 도면에도 말할 수 있다고 생각한다. 가공자측에서도 이야기가 나온 것 같이 동체가 많기 때문에 고생하고 있겠지만 동체는 제3각법으로 표현했을 경우 선분, 파선의 모임이고 공동(空洞)인가 공동이 아닌가, 하나인가, 둘인가 판단하기 어려운 경우가 자주 있다. 그와 같은 경우에 역시 입체도를 그려 붙여 주면 가공자는 잘 알게 된다.

가공자▶ 그렇다. 형상을 알기 쉽고 가공을 상정할 수 있는 도면이 가공자에게 있어서는 제일이다. 앞에서의 이야기에서도 있었던 현물 맞춤 가공이지만 그것은 설계측의 일종의 도망이라고 본다. 현장에 맡긴다는 것으로서 절대로 코스트 다운으로는 연계되지 않는다. 도면상에서 해결하지 않으면 안되는 것이다.

이 모양이 다른 가공 예는 견취도에 의해서 가공자간의 다른 유발을 도면상으로의 접근으로 미연에 방지한 개선의 예가 된다. 설계측에는 견취도가 부담이 되지만 한번 그리면 다음부터는 코스트 다운으로 연계하게 된다.

그리고 설계상의 연구로 볼트, 너트를 필요로 하지 않는 개선이 몇 개 있었다. 볼트를 사용한다는 것은 당연히 구멍 뚫기가 있고, 태핑이 있기 때문에 상당한 가공 공수이다. 그것을 없애게 된 것이므로 볼트, 너트 대금을 포함한 코스트 다운이 실현된 것이 된다.

볼트를 줄이는 것은 즉, 코스트 다운으로 연계되기 때문에 설계적으로 허용된 범위에서 진행하고 있다.

또, **그림 3** (a)에 나타난 엔드 밀 가공에서는 코너의 R 5를 생각해서 ϕ 10 mm의 엔드 밀을 사용하면 14 mm 폭은 2회 가공이 되지만 **그림 3** (b)와 같이 R 7.5로 변경이 가능하면 ϕ 15 mm의 엔드 밀을 사용해서 절삭을 한번으로 할 수 있고, 가공 능률이 좋게 된다. 이것은 작은 일이지만 설계 변경에 의해서 가공 능률을 향상시켜, 결과로서 코스트 다운을 실현한 예이다.

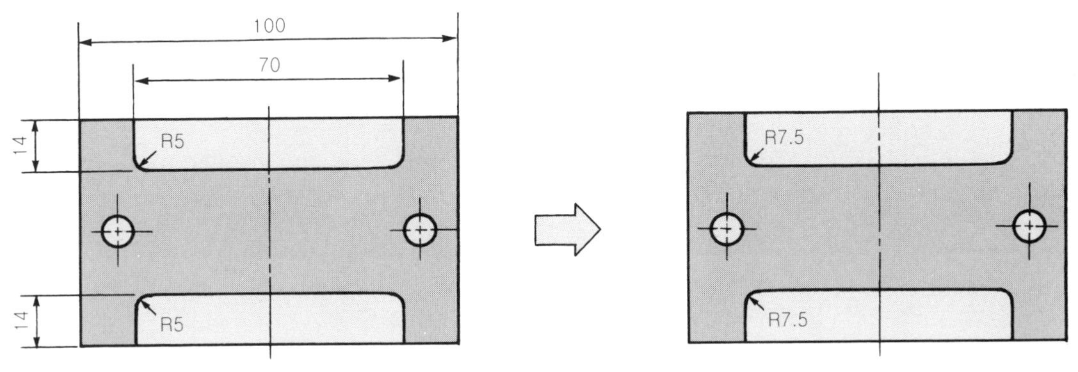

그림 3 설계 변경에 의한 엔드 밀 가공의 능률 향상

설계자▶ 개 노트는 귀중한 존재이다. 설계라는 것이 불변하는 것은 아니다. 역시 생산은 품질, 가격, 납기와의 경쟁이기 때문에 기능에 지장이 없으면 계속적으로 설계면, 가공면에서 개선을 도모하고 코스트 다운, 납기의 단축에 맞붙어야 할 것이다.

도면을 그리는데 필요한 기구를 들면, 제도 기계, 제도판, T자, 삼각자, 분도기, 원자, 타원자, 운형자, 연필, 샤프 펜슬, 지우개, 솔, 제도 펜, 콤파스, 글씨 지우개판, 제도 용지 등이 있으며, 더욱이 이것들을 복합화한 것같은 편리한 각종의 기구가 각 메이커에서 나오고 있으므로 제도용 기구의 종류는 많은 수에 이른다. 이것들을 모두 설명하는 것은 불가능하기 때문에 여기서는 주된 것에 대해서 설명하기로 한다.

제도 기계와 주변 기기

　최근에는 제도 작업의 능률을 올리기 위해서 CAD(컴퓨터 지원 설계) 시스템은 별도로 해서, 모든 설계 제도 현장에서는 X・Y 스케일의 평행 이동 기구, 각도 분할기구를 설치한 **사진 1~3**에 표시한 것같은 제도 기계가 사용되고 있다.

　일반적으로 사진에 표시한 것같이 경사 각도, 높이를 자유롭게 조절할 수 있는 제도대 위에 제도판을 올려 놓고 그것에 제도 기계가 설치된 것을 사용하고 있다.

　① **제도판**……제도판에는 도판의 표면을 마그넷 시트로 씌운 것, 도판의 표면을 비닐 가공한 것, 가볍고 운반하기 편리한 합판제의 것, 노송나무나 침나무, 후박나무를 사용한 목재의 것 등이 있다. 이들 중에서 제도 용지의 고정에는 테이프나 압침이 필요없는 마그넷 제도판이 편리하다.

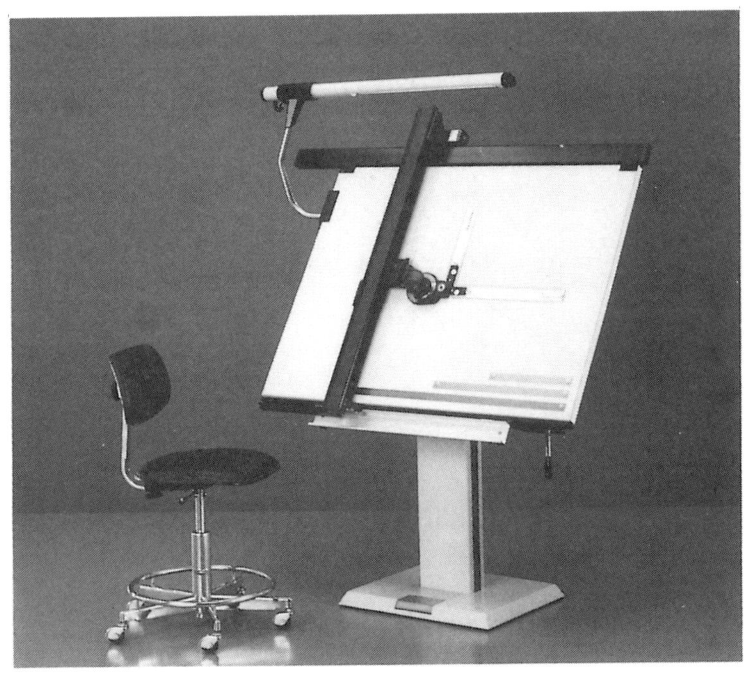

사진 1 제도 기계(武藤工業)

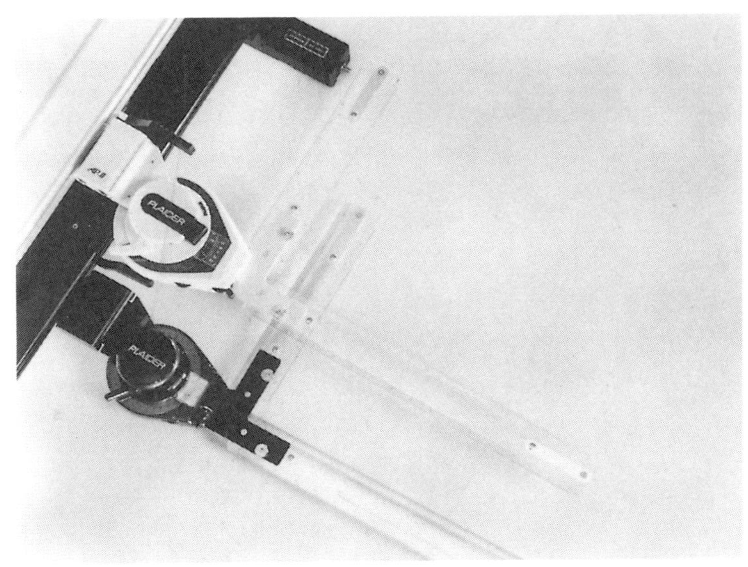

사진 2 제도 기계(內田洋行)

이것은 마그넷 플레이트를 사용해서 제도판에 제도 용지를 간단하게 밀착, 고정할 수 있고 그 외에 용지에 상처도 내지 않는다. 최근의 공장 등의 설계실에서는 거의 이 마그넷 제도판을 사용하고 있다.

그리고 합판이나 목재의 제도판에서도 마그넷 시트가 단체로 시판되고 있으므로 그것을 붙이면 마그넷 플레이트를 사용할 수 있다.

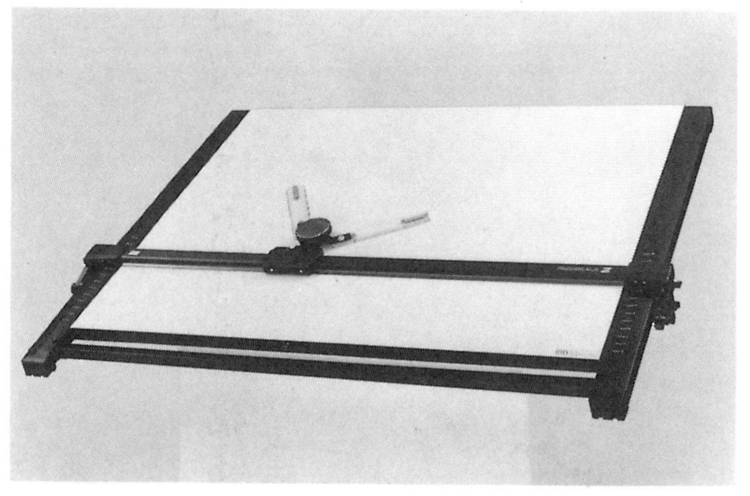

사진 3   제도 기계(맥스)

사진 4   마그넷 플레이트와 시트

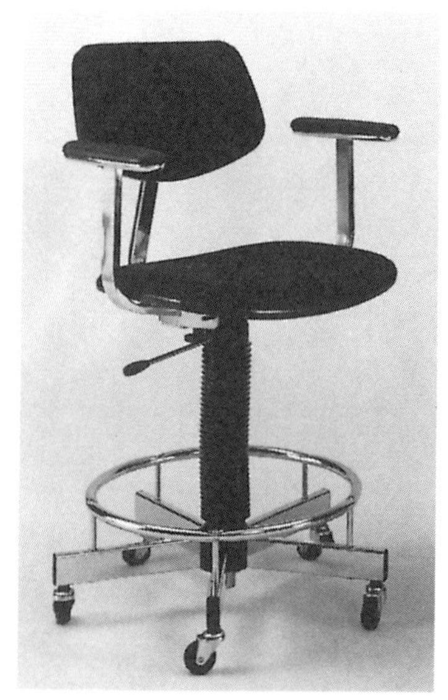

사진 5   높고 낮은 조정이 가능
한 제도용 의자

사진 4는 마그넷 플레이트와 마그넷 시트의 예이다. 마그넷 플레이트는 두께 0.1 mm의 스테인리스제이다.

② **의자 · 조명 기구**……기계 제도는 장시간에 걸친 작업이 많기 때문에 보통 앉아서 작업한다.

그래서 **사진** 5에 표시한 것같은 피로의 경감을 노린 제도 전용의 의자가 편리하다. 캐스터붙이로 하부에 발판이 있어서 고저의 조정을 레버로 간단히 조작할 수 있는 것이다. 그리고 제도는 세밀한 작업이기 때문에 충분한 밝기를 갖는 조명도 중요한 요소이다.

조명 기구에는 백열등, 형광등이 있으나 제도판면을 균일하게 비치는 것이 필요하고 조명 위치를 자유 자재로 바꿀 수 있는 회전·슬라이드 기구를 갖는 것이 사용하기 쉬울 것이다.

사진 6은 형광등에 의한 제도용 램프의 예이다.

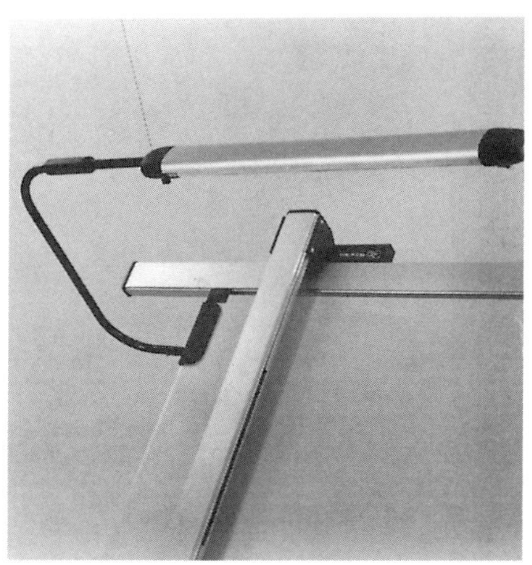

사진 6 제도용 램프

이상으로 제도를 하기 위한 환경이 정비되었다. 이들의 기계, 기구류의 선택은 사용하는 장소, 설치 공간, 제도하는 도면의 크기, 사용자, 예산 등을 잘 음미, 검토해서 하여야 할 것이다.

그리고 실제의 사용에 있어서는 항상 정리, 정돈, 청소에 신경을 쓰고, 모처럼의 도면을 더럽히거나 파손하지 않는 것이 포인트이다.

제도 기계의 사용 방법

여기서 제도 기계의 사용상의 포인트에 대해서 기술하기로 한다(**그림** 1).

제도 기계는 용도에 따라서 크기, 기능 등 여러 가지 타입의 것이 있다.

제도 기계라고 하지만 어디까지나 제도 작업 중에서도 압도적으로 많은 직선으로 긋기 위한 기계이고 원, 타원, 곡선을 그리는 것은 아니다. T자, 삼각자, 분도기 등의 작용을 1대로 할 수 있는 것이다. 수평선을 그을 때는 X(수평) 스케일의 윗측면에 필기구를 대어서 왼쪽에서 오른쪽으로 긋고, 수직선은 Y(수직) 스케일의 좌측면에 필기구를 대어서 밑에서 위를 향해서 긋는다.

그리고 오른쪽 내리는 직선은 X 스케일을 사용해서 왼쪽 위에서 오른쪽 밑으로 긋고, 오른쪽 올라가는 직선은 Y 스케일을 사용해서 왼쪽 밑에서 오른쪽 위를 향해서 긋는다.

이러한 제도 기계는 전부 조립식이기 때문에 첨부한 취급 설명서를 잘 읽고 조립, 조정해서 사용해야 할 것이다. 특히, X · Y 스케일의 직각도 조정, 스케일을 소정의 위치에 이동시키는 X · Y 레일과의 평행도의 확실한 조정은 사용전에 하는 제일 중요한 포인트이다.

① **플로트 기능**……실제의 제도 작업에서는 왼손으로 헤드부를 조작, 오른손에 필기구를 갖는 도면을 그려 가지만 왼손만으로 X · Y 스케일의 평행 이동, 각도 분할 등이 간단하고 원만하게 할 수 있는 것이 이 제도 기계의 특징이다(왼손으로 그리는 사람에게는 오른쪽 조작의 기계도 있다).

이것은 헤드부에는 항상 플로트(부동) 기능이 작동하고 있어서 헤드부를 제도판에 가볍게 누르고 있을 때는 헤드부, 스케일은 제도판에 밀착하고 헤드부를 들어 올리면 헤드부와 스케일은 제도판에서 5 mm 정도 떠오르게 되어 손을 떼어서 헤드부를 이동시켜도 플로트된 상태로 되어 있기 때문이다.

물론, 브레이크 기구가 있어서 X 방향 이동의 로크, Y 방향 이동의 로크, 각도의 로크가 가능하게 되어 있다.

이 플로트 기능에 의해서 스케일로 중요한 도면을 더럽게 하거나 찢거나 하는 일이 없게 된다.

이 기능은 스프링의 힘에 의한 것이지만 장시간의 사용에 의해서 이 스프링이 파손되는 일이 있기 때문에 정기적인 점검이 필요하다.

② **각도의 설정 조작**……희망 각도의 설정은 **그림 1**에 표시한 것 같이 왼손으로 헤드부의 핸들을 가볍게 쥐고, 엄지 손가락으로 인덱스 레버에 걸쳐서 조작한다. 인덱스 레버의 조작으로 헤드부는 스케일과 같이 자유롭게 회전한다.

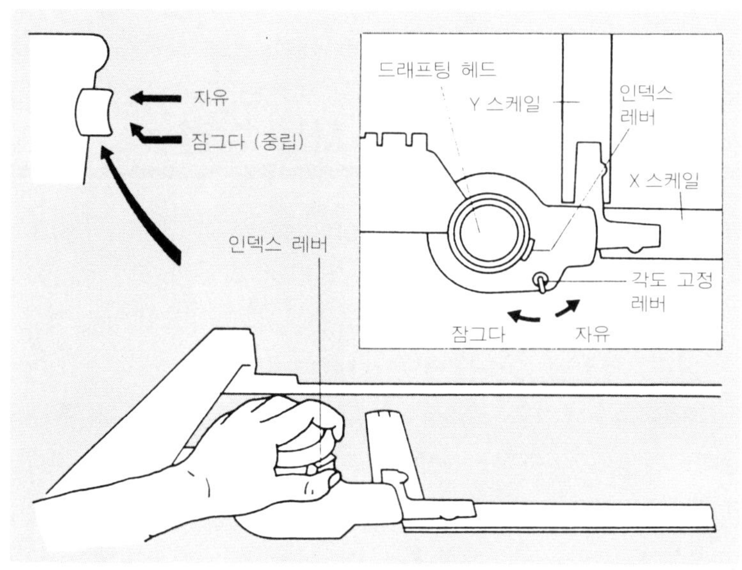

그림 1 각도의 설정 조작

　조작은 각도 고정 레버를 왼쪽(반시계 방향)으로 돌려서 헤드를 자유로운 상태로 해서 실시한다. 희망하는 각도가 설정되었으면 각도 고정 레버를 오른쪽(시계 방향)으로 돌려서 잠근다.

　헤드부의 분도판의 눈금의 각도는 보통 1° 단위이지만 버니어(부척) 눈금을 갖는 기종은 더욱 가는 각도의 설정, 읽어 내기가 가능하다. 그리고 설정 각도를 액정으로 디지털 표시하는 편리한 기종도 있다. 사용 목적에 맞추어서 설정하면 좋을 것이다.

　③ **기준선의 설정 조작**……통상적으로는 X · Y 스케일의 수평, 수직 상태에서 기준이 되는 선이 정해진다.

　그러나 미리 기준이 되는 선이 정해져 있는 경우에는 **그림 2**에 표시한 것 같이 각도 고정 레버를 자유롭게 해서 인덱스 레버로 각도 0°에 맞춘다. 다음으로 기준선 레버를 자유롭게 해서 스케일을 기준선에 맞추어서 기준선 레버를 잠그면 이 위치를 각도 0°의 기준 위치로 해서 제도 작업을 진행할 수 있다.

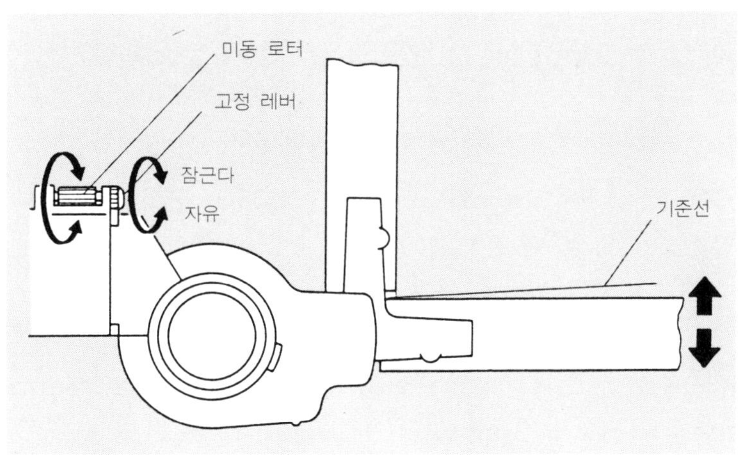

그림 2　기준선의 결정

　어느 제도 기계의 주된 기능을 소개하였으나 이들의 기능을 구사해서 보다 효과적인 활용을 여러 가지 생각할 수 있다. 사용전에 취급 설명서를 충분히 읽고 자유 자재로 사용해 나가는 것이 중요하다.

제도용 필기구와 관련 기구

　제도용 필기구에는 일반적으로 연필, 홀더, 샤프 펜슬이 사용된다. 복사 기기, 복사 기술의 발달로 공장 등에서 사용하는 원도도 대부분이 연필, 홀더, 샤프 펜슬로 그려지고 있다.

　오구 등을 사용한 잉킹도는 특히 인쇄물로 하는 경우의 판목을 뜨기 위한 밑글씨나 지정이 있는 경우에 한정되고 있는 것 같다.

　제도에 사용되는 연필, 홀더, 샤프 펜슬의 심의 경도는 제도 용지 등에 따라서 다 틀리지만 HB, F, H, 2H 정도를 사용하는 것이 일반적이다. 제도에 사용하는 연필의 심은 길게 하고 날카롭게 하기 위해서 연필 깎기 기기를 사용하지 않고 칼로 깎는다. 글자를 쓰기 위한 연필은 보통 깎는 방법으로도 좋을 것이다.

　하지만 최근에는 일일이 연필을 깎는 번거로움에서 벗어나 홀더나 샤프 펜슬을 사용하는 것이 일반적으로 되어 가고 있다.

　① **제도용 홀더**······제도용 홀더는 ϕ2 mm, 길이 120 mm의 연필 심을 끼워서 사용하는 필기구로 구조에 따라 드롭식과 노크식이 있다. **사진 7**은 드롭식의 제도용 홀더의 예이다.

사진 7　드롭식 제도용 홀더

　사용 방법은 우선 캡을 뽑아 내어서 심을 홀더 본체에 삽입한다. 캡을 원상태로 끼고 홀더의 선단을 밑으로 향하게 해서 캡을 손가락으로 누르면 콜릿이 열려서 나오게 된다. 이때 심도 같이 낙하해서 나오기 때문에 드롭식의 이름이 붙어 있다.

　심이 나오는 양을 콜릿의 선단에서 6 mm 정도로 해서 캡에서 손가락을 뗀다. 그러면 콜릿이 오므라져서 심이 고정된다. 심내기를 두드려서 하는 노크식 홀더도 시판되고 있다.

　심의 세트가 되었으면 다음은 심갈기이다.

사진 8　홀더의 심 갈기

사진 8에 표시한 것 같이 심 갈기 기기의 줄 부분에 홀더의 심을 대어서 **그림** 3(a)와 같은 형상으로 갈아 낸다. 이것을 자에 대어서 선을 그을 때는 **그림** 3(b)와 같이 홀더를 지면에 직각으로 세워서 자에 직각으로 대어서 긋는다.

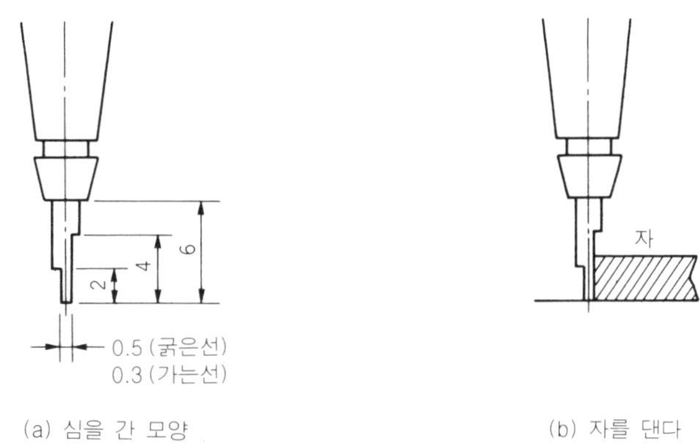

(a) 심을 간 모양   (b) 자를 댄다

그림 3   홀더의 사용 방법

비스듬하게 해서 그으면 선이 굵고 선명하지 않게 되어 보기 흉한 선으로 되어 버린다.

홀더로 문자나 기호 등을 그릴 때는 심 끝을 심갈기 기기로 원뿔형으로 뾰족하게 한다. 심갈기 기기의 줄 부분은 거칠은 숫돌 앞면과 가는 숫돌 앞면이 있으나 사용하는 면은 거칠은 숫돌 앞면으로 충분하다. 가는 숫돌 앞면은 바로 눈이 막혀서 사용하기 어려운 것이다.

간 다음에는 심가는 기기에 부착되어 있는 펠트부에서 심 표면에 부착되어 있는 가루를 씻어 낸다. 이것을 소홀히 하면 깎은 가루가 애쓴 도면이나 제도 기구를 더럽히게 되는 것이다.

그리고 심을 원뿔형으로 가는 경우에는 **사진** 9에 표시하는 것 같은 수동의 심깎기 기기도 시판되고 있다. 심을 세트한 홀더를 끼워서 돌리므로서 원뿔형의 심형상을 얻을 수 있다. 건전지를 사용한 자동 심깎기 기기도 있다.

사진 9   심깎기 기기(수동)

② **샤프 펜슬**……샤프 펜슬은 쉽게 접하는 필기구로서 제도에 뿐만 아니라 널리 사용되고 있으나 제도용의 것은 자에 대서 사용하기 때문에 **사진** 10에 표시한 것 같이 심의 안

내 튜브 치수가 4 mm로, 일반 필기용의 것보다 길게 되어 있다.

　그리고 심의 굵기 별로 0.3, 0.5, 0.7, 0.9 mm용 등이 있으나 0.3, 0.5 mm의 것이 많이 사용되고 있다. 희망하는 굵기의 심을 사용하면 심을 갈 필요가 없어서 편리하다.

사진 10　제도용 샤프 펜슬의 예(상 : 0.5mm 심, 하 : 0.3 mm 심)

　굵은 실선 또는 파선을 그을 때는 굵기 0.5 mm, 경도는 F 또는 HB를 사용하고 가는 실선은 그을 때는 굵기 0.3 mm, 경도는 H의 것이 좋을 것이다.

　바꿀 심은 **사진 11**에 표시한 것 같이 심의 지름별, 경도별로 케이스에 들어 있다. 그리고, 길이는 60 mm가 일반적이지만 90 mm의 긴 심도 있다.

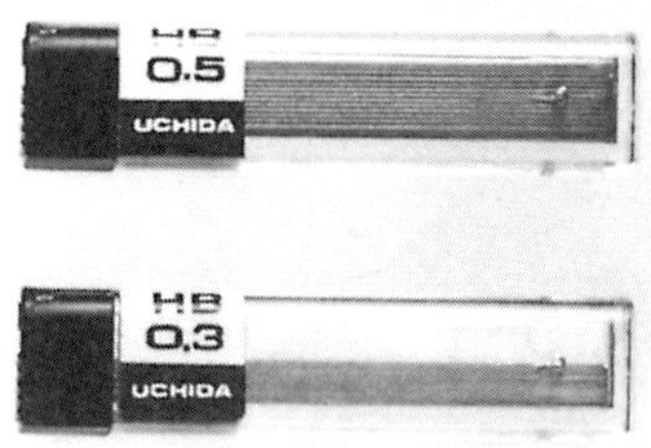

사진 11　바꿀 심의 예

　심의 세트는 캡과 지우개를 제외하고 해당되는 굵기의 심을 5개 정도 넣고 있다. 지우개, 캡을 원래대로 해서 캡을 5~6회 노크(누른다)하면 선단의 심 안내 튜브에서 간헐적으로 심이 나오게 된다.

　만약에 심이 나오지 않을 때는 꺾어진 심이 콜릿의 틈새나 심 안내 튜브내에 막혀 있는 경우가 있다. 그때는 선단의 커버를 빼서 지우개에 붙어 있는 바늘을 이용하여 꺾어진 심을 제거한다.

　그리고 샤프 펜슬은 메이커에 따라 구조, 조작이 다르다.

　예컨대, 심내기를 노크가 아니라 보디를 회전해서 하는 내보내기식이나 누르기와 병행해서 보디를 상하로 흔들기만으로 심내기를 할 수 있는 것, 누르지 않고도 사용함으로서 자동적으로 심내기를 할 수 있는 것 등, 여러 가지 형의 샤프 펜슬이 시판되고 있다.

　따라서 심 막힘 등의 트러블이 발생하면 처음에는 구입처에 분해, 조립법을 문의하는 것이 안전하다.

샤프 펜슬을 사용해서 문자나 그림을 그릴 때 심을 안내 튜브의 선단에서 1 mm 정도 내놓는다. 자를 사용할 때는 홀더의 경우와 같이 샤프 펜슬을 지면에 직각으로 세워서 그린다. 기울게 하면 선이 굵게 되거나 선명하지 않게 되거나 한다.

컴퍼스와 제도기 세트

① **컴퍼스의 종류**……기계 가공에서는 구멍 가공이 많기 때문에 기계 제도에서도 원이나 원호를 그리는 것이 많아진다. 그 원이나 원호는 컴퍼스나 다음에 기술하는 원 자로 그린다. 컴퍼스는 그리는 원의 크기에 맞추어서 몇 개의 종류가 있고 또 구조상으로 영국식, 독일식, 프랑스식 등이 있다.

사진 12는 대, 중 컴퍼스, **사진 13**은 작은 원을 그리는 스프링 컴퍼스의 예이다. 그리고 **사진 14**는 중계축을 사용해서 한 개의 컴퍼스로 큰 원에서 작은 원까지 그릴 수 있는 끝바꾸기 컴퍼스의 예로서 반지름 250 mm 정도까지의 원이 가능하다.

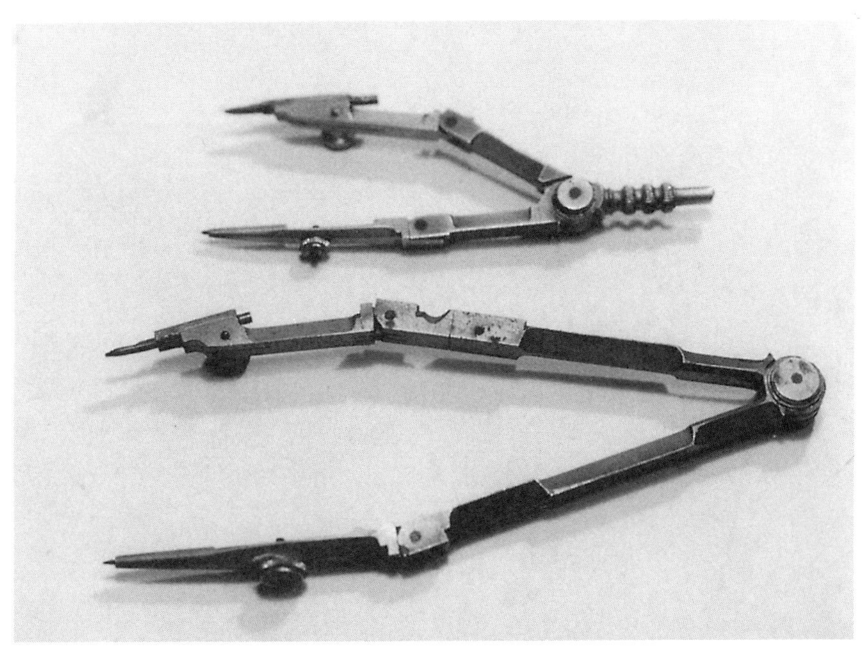

사진 12 대 · 중 컴퍼스(영국식)

그 이상의 큰 원을 그리는 경우에는 **사진 15**와 같은 빔 컴퍼스가 있다.

② **컴퍼스의 사용법**……컴퍼스의 사용법을 중 컴퍼스를 예로 설명한다. 사용하기 전에 비스, 너트를 확실하게 죈다. 심이 지면에 직각으로 닿도록 컴퍼스의 관절을 꺾는다.

그리고 오른손으로 손잡이를 잡아서 원을 그린다. 반지름 40 mm 정도까지의 원이면 이와 같이 해서 그릴 수 있다.

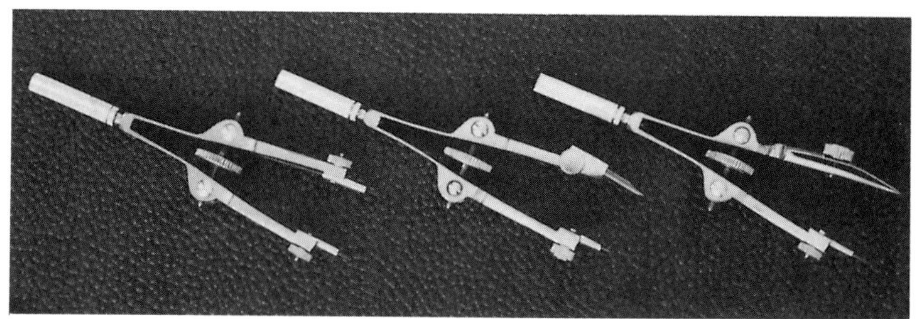

사진 13 작은 원을 그리는 스프링 컴퍼스(영국식)

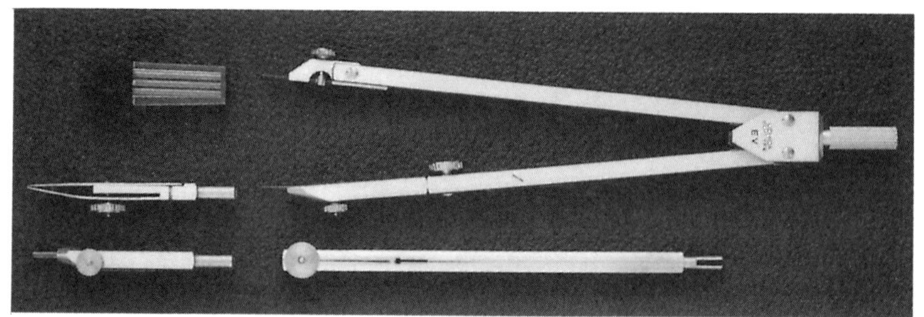

사진 14 중계축을 사용해서 큰 원도 그리는 끝바꾸기 컴퍼스(독일식)

사진 15 빔 컴퍼스

심은 홀더의 경우와 같은 요령으로 심 갈기를 하나, 영국식과 독일식에서는 가는 형상이 **그림 4**에 표시한 것 같이 달라진다.

컴퍼스에는 보통 $\phi 2\,mm$의 심이 사용되고 있으나 샤프 펜슬과 같은 $\phi 0.3\,mm$, $\phi 0.5\,mm$의 것도 있다.

③ **제도 기구 세트**……컴퍼스를 비롯해서 홀더, 샤프 펜슬, 오구, 심, 디바이더, 분도기, 지우개, 지우기 판 등, 주된 제도 기구를 여러 가지 조합해서 1세트로 하여 케이스에 넣은 것이 시판되고 있다.

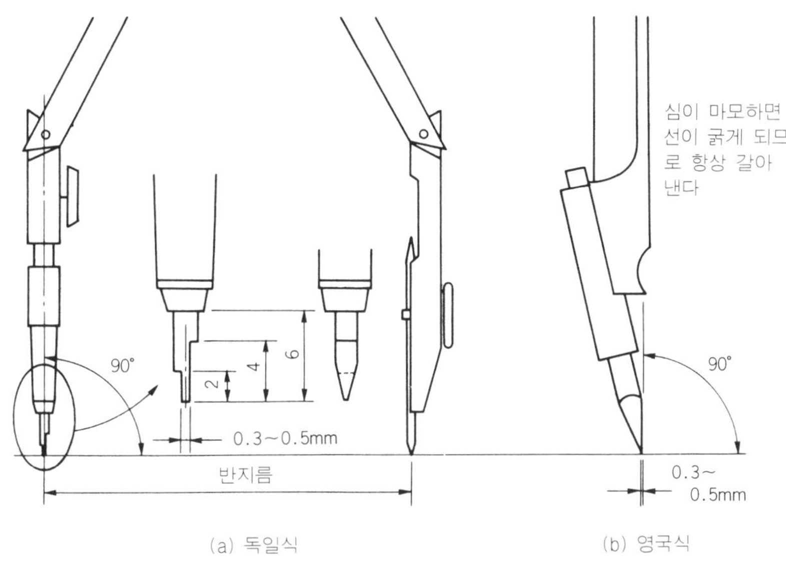

그림 4 컴퍼스 심의 형상

사진 16이 그 예이지만 초보자는 처음부터 세트로 구입하지 말고 천천히 가짓수를 갖추어 가는 것도 한 방법이다.

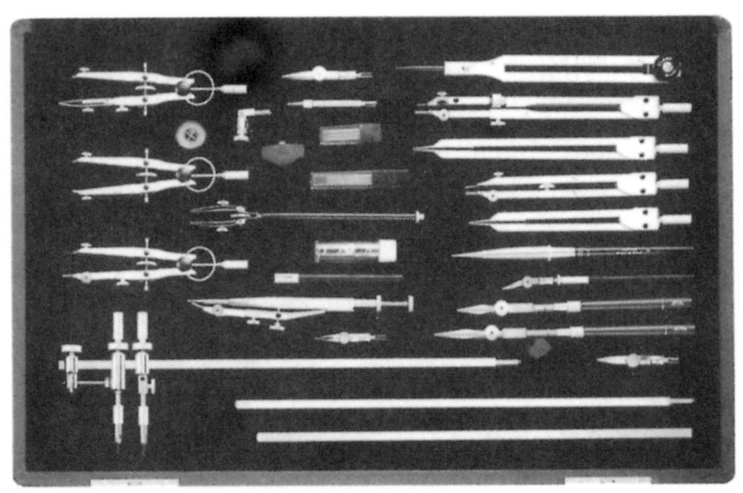

사진 16 제도 기구 세트의 예

선 체크 루페, 게이지

지금까지 기술해 온 제도 기계, 컴퍼스를 사용하면 필요한 도면을 그릴 수 있다.

그러나 도면에 사용하는 선에는 여러 가지 종류가 있으며 외형선은 폭 0.5~0.7 mm의 굵은 실선, 중심선·치수선·인출선 등은 폭 0.2~0.3 mm의 가는 실선으로 하는 것과 같이 구분해서 사용할 필요가 있다.

이와 같은 선 폭을 체크하기 위해서, 눈금이 붙은 배율이 5배 정도의 루페나 선 폭 게이지가 시판되고 있다.

선 폭 체크 루페는 대물부에 0.2 mm 피치의 눈금이 새겨져 있으므로 그은 선 위에 놓고 접안부로 들여다 보면 그은 선과 눈금이 5배로 확대되어서 보이기 때문에 간단히 체크할 수 있다.

그리고 **그림 5**는 선폭 게이지의 예로서 그은 실제 선과의 비교로 체크하는 것이다.

선의 종류, 폭을 잘 구분해서 사용함으로써 알기 쉽고, 생생한 도면을 그릴 수 있으며, 돋보이게 되는 것이다. 가공자도 그와 같은 도면을 원하고 있을 것이고 좋은 가공으로도 연결된다.

그림 5 선 폭 케이지

각종 자의 사용법

한마디로 자라고 해도 직선에서 곡선을 그리는 것까지 많은 종류가 있다. 직선자, 삼각자, T자, 원자, 타원자, 운형자, 자재 곡선자 등 여러 가지이다.

직선자, 삼각자, T자 등은 제도 기계로, 오히려 능률적으로 대체할 수 있으므로 여기서는 원자, 타원자, 운형자에 대해서 기술하기로 한다.

이것들은 어느 것이나 커트되고 있는 원, 타원, 운형 등의 형상에 따라서 그리는 곡선자이고 템플레이트라고 불리고 있다. 제도판 위의 도면에 맞추기 쉽도록 대부분이 투명인 플라스틱제이다.

템플레이트의 표면에는 치수 표시나 맞춤선 등이 인쇄되어 있으나 그것들이 읽기 쉽고, 또 형상에 따라서 그리기 위해서는 컷 면에 버(burr)가 생기지 않는 원활한 것을 선택해야 한다.

① **원자**……컴퍼스를 사용하지 않고 원을 그리는 템플레이트로 **사진 17**은 그 한 예이다. 그릴 수 있는 것은 ϕ40 mm 정도까지의 원이고 같은 원을 많이 그릴 때, 예컨대 조립도에 부품 번호를 기입하는 ϕ6~ ϕ18 mm의 원을 많이 그리는 경우에는 대단히 효과적이다.

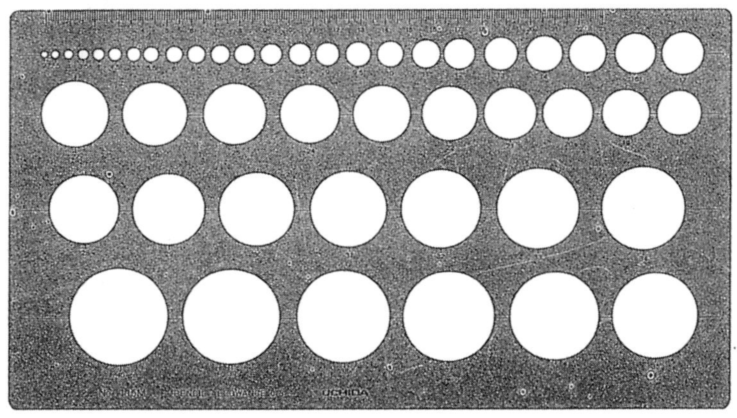

사진 17 원자의 한 예

원자는 미리 그어 놓은 중심선에 자의 중심선을 맞춘 다음 그린다. 그런데 조명 상태로 중심선을 맞추기 어려운 경우가 자주 있으며 ϕ10 mm 이하의 작은 원에서 그 경향이 두드러진다. 쓸데없는 반사광을 막는 한쪽 면에 광택 없애기 가공을 한 것을 선택해서 도면 위에 균등하게 빛이 닿을 수 있는 조명도 필요한 것이다.

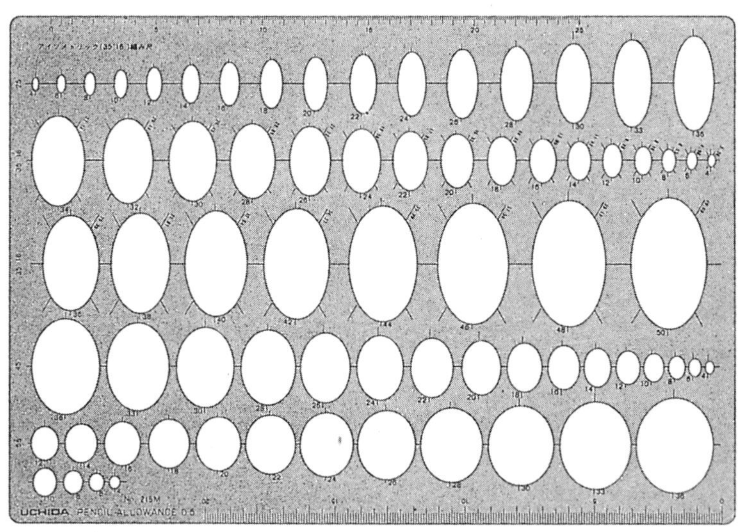

사진 18 타원자의 한 예

② **타원자**……보통의 투영도에는 타원을 그리는 일이 거의 없으나 아이소메 화법 등으로 입체화를 그릴 경우에는 타원자의 35° 열의 타원을 사용해서 그린다. **사진 18**은 타원자의 한 예이다.

투영도에서도 원통과 평면, 원통과 원통과의 상관체를 그리는 경우에는 타원이 필요하게 되나, 최근의 제도법에서는 억지로 타원을 그리지 않아도 된다.

타원자의 선택에 있어서는 장축만이 아니라 사축에도 치수가 들어 있는 것을 선택할 것이고 그 외는 원자의 경우와 같다.

③ **운형자**······**사진 19**는 여러 가지 곡선부를 갖는 운형자의 예이고, 필요한 곡선부를 골라서 사용한다. 통상 6매 1세트로 되어 있다. 기계 제도에서는 일반적으로 운형자의 사용 빈도는 적지만 캠의 윤곽을 작도할 때는 빠뜨릴 수 없다.

사진 19 운형자

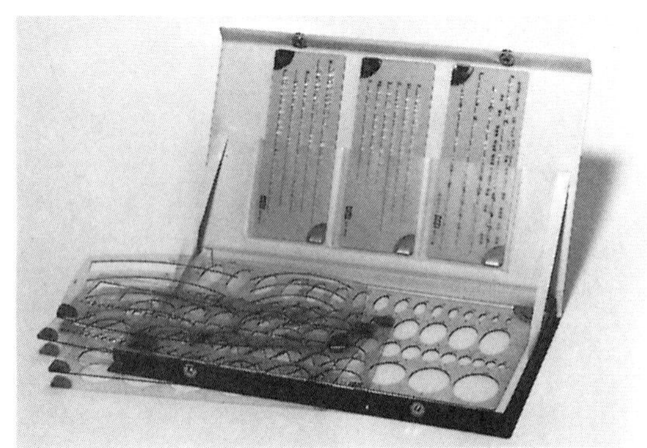

사진 20 마그넷 캐치붙이 템플레이트

그리고 운형자의 어느 곡선에도 알맞지 않는 곡선을 제도 작업자가 자유롭게 만들어 낼 수 있는 자재 곡선자도 있으나 R 30 mm 이하의 곡선은 만들 수 없다.

템플레이트에는 이들의 원, 타원 이외에 삼각, 사각, 마름모꼴, 숫자, 문자 등 많은 종류가 있다. 그리고 **사진 20**과 같이 마그넷 제도판에 붙일 수 있고, 마그넷 캐치붙이 템플레이트도 시판되고 있다.

기타의 제도 기구

① **글자 지우개판**······도형의 구석 부분(예컨대 직사각형, 삼각 등의 각 부분)을 돋보이게 제도할 때 도움이 되는 것이 **사진 21**에 표시한 글자 지우개판이다.

도형의 모퉁이를 다소 튀어 나오게 해도 되기 때문에 선명한 선으로 그리고 나중에 모퉁이에서 밀려 나온 여분의 선을 글자 지우개판과 지우개를 사용해서 지운다. 직선과 원, 직선과 타원의 접점에 자주 사용된다.

복잡하게 얽힌 도면에도 여분의 선만을 지우기 쉽게 하기 위해서 글자 지우개판에는 원, 사각, 삼각 등의 구멍이나 여러 가지의 폭, 길이의 슬릿을 만들고 있다. 그리고 마그넷 제도판에서는 글자 지우개판이 흡착하면 사용하기 불편하기 때문에 흡착하지 않는 비자성의 스테인리스제 글자 지우개판이 편리하다.

사진 21 글자 지우개 판

② **브러시, 장목비**……**사진 22**는 브러시, **사진 23**은 장목비의 예이다. 제도 작업에서 생긴 도면상의 홀더나 샤프 펜슬 심의 가루, 지우개의 찌꺼기, 먼지 등을 청소하는데 사용한다.

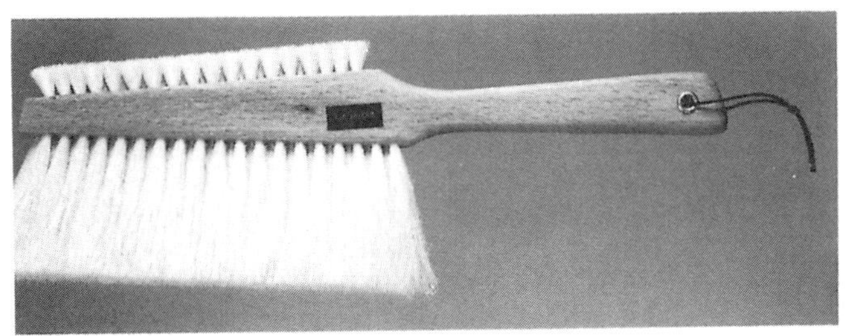

사진 22 부러시

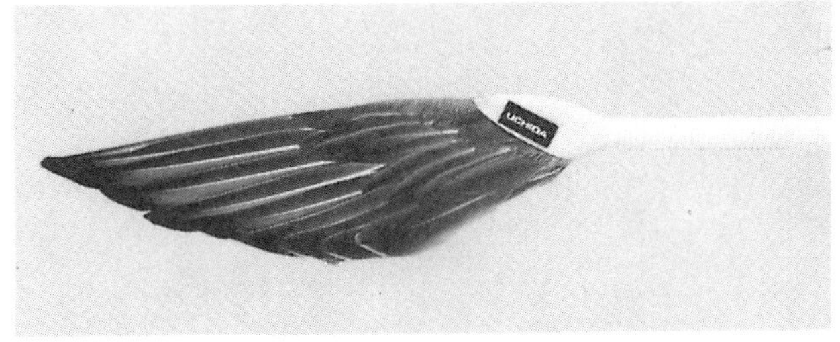

사진 23 장목비

심의 가루가 붙은 지면에 제도 기계를 미끄러지게 하거나 손이 닿거나 하면 손의 지방분으로 도면이 더럽게 되어 버린다. 이들 도구를 사용해서 부지런히 청소하거나 손과 도면 사이에 건조된 얇은 종이를 깔아서 더러움으로부터 도면을 지킨다고 하는 배려도 필요하다. 제도에 필요한 주된 도구를 여러 가지 소개하였다.

여기서 소개할 것으로 우선은 필요한 제도를 할 수 있다. 그래서 필요에 따라서 서서히 다른 제도 기구도 구사해 갈 것이다.

PART · 2

형상을 표시한다

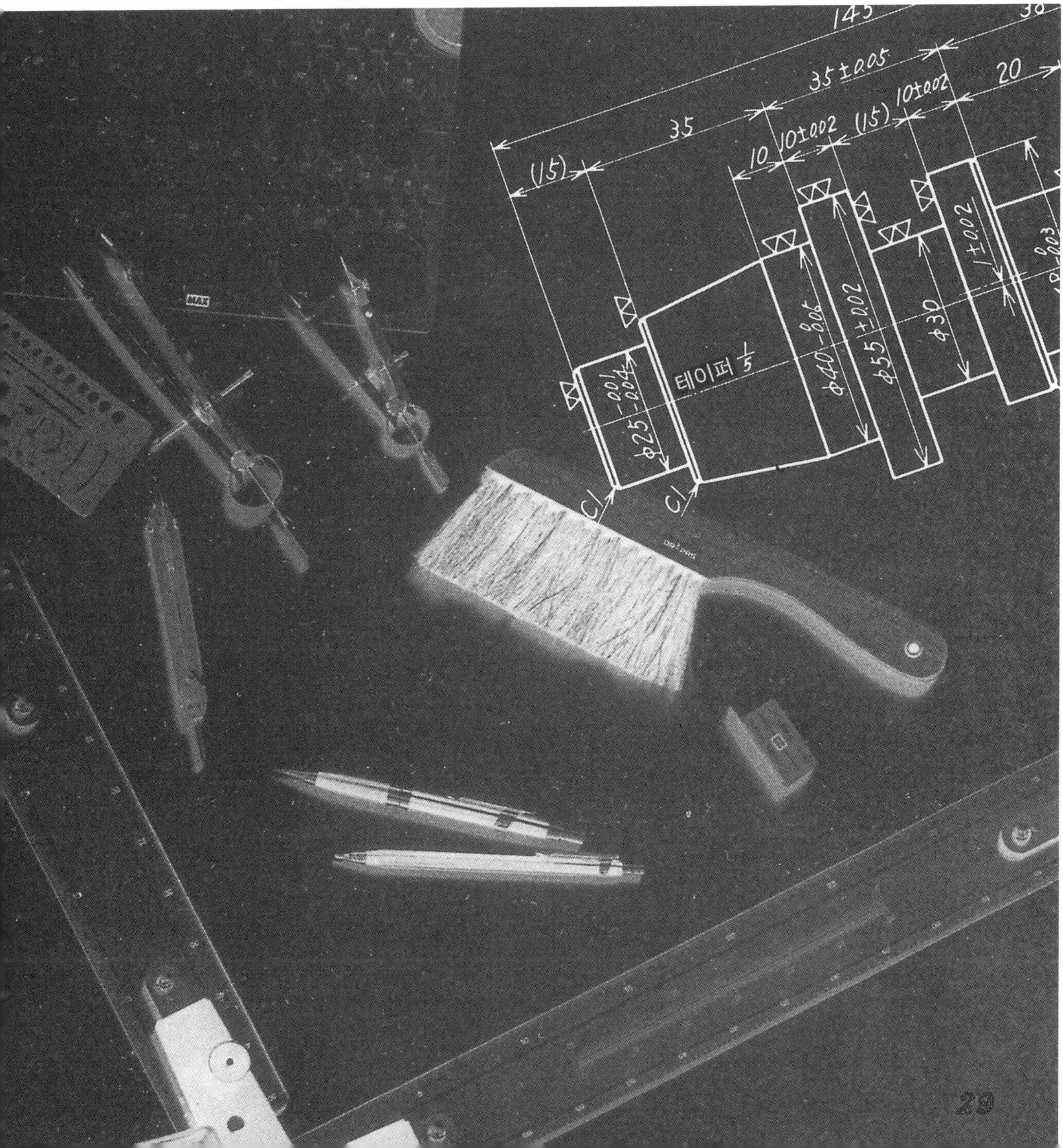

용기화(用器畵)는 회화와 달리, 주관에 의하지 않는 실용적인 화법이고 물건의 형상을 일정한 규칙에 따라서 도형으로 그린다. 이 용기화법을 생각하는 학문을 도식 기하학(도학)이라고 한다.

물건의 형상을 도형으로 그리는 과정에서 경사된 부분을 도시할 때 또는 상관선이 나타나는 부분을 도시할 때, 전개해서 도시할 때 등에 도학을 실용 화법으로서 사용한다. 그래서 그것을 아는 것은 제도하는데 필요한 것이다.

도학에는 평면 도학과 입체 도학이 있고 또 그 용기화법이 옳다는 수학적인 「증명」이 필요하지만 여기서는 평면 용기화의 일부에 대해서 그 그리는 방법을 설명하고자 한다.

평면 용기화법이란 평면 위의 도형을 어떻게 정확하게 평면 위에 표시하는가 하는 화법이다.

1 직선에 대한 수직 2등분선
그림 1

① 직선 AB의 A점, B점을 중심으로 해서 AB의 반 길이보다 큰 임의의 반지름으로 각각 원호를 긋고 그의 교점을 구해서 E, F로 한다.

② 이 교점 E와 F를 직선으로 연결하면 구하는 수직 2등분선이 된다.

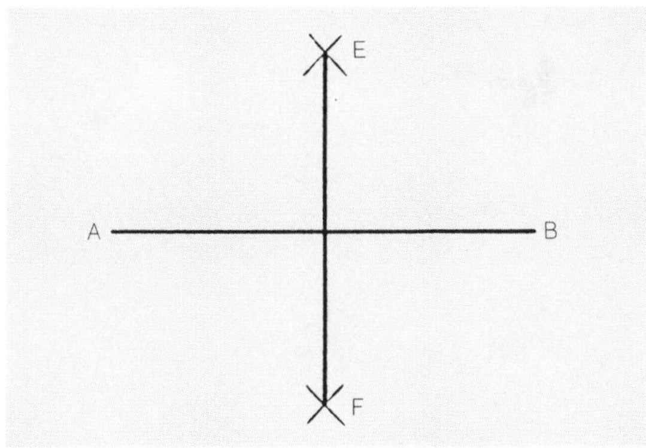

그림 1 직선에 대한 수직 2등분선

2 정직선의 7등분

그림 2

① 정(定)직선 AB의 한쪽 끝 A에서 우선 임의의 각도로 보조선 AC를 긋는다.

② 다음에 점 A에서 보조선 AC를 디바이더, 컴퍼스 또는 자로 7등분한다.

③ 분할점 7과 B를 직선으로 연결해서 7′로 한다. 그리고 77′에 평행하게 6, 5, 4 ⋯⋯ 1과 평행선을 긋고, 6′, 5′, 4′ ⋯⋯ 1′를 AB 선상에 만든다.

④ A1′＝1, A2′＝2 ⋯⋯ A7′＝7＝AB가 되어 7등분된다.

⑤ n 등분의 경우도 같은 방법으로 할 수 있다.

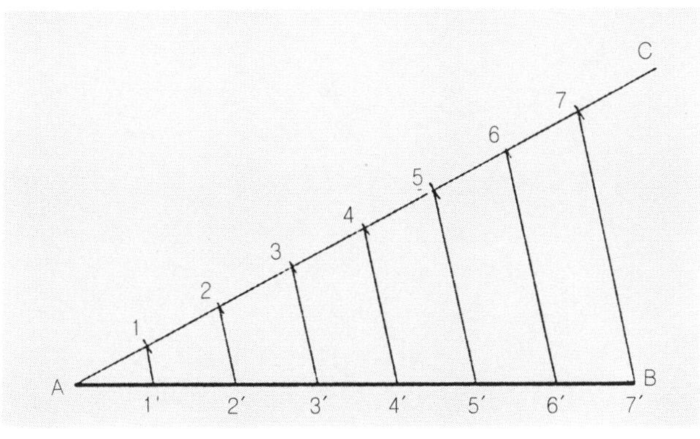

그림 2 정직선의 7등분

3 주어진 각 AOB의 7등분

그림 3

① 주어진 각 AOB를 그리고 O를 중심으로 임의의 반지름으로 원호를 그린 뒤 OA와의 교점을 A′, OB와의 교점을 B′로 해서 AO를 연장한 선과의 교점을 C로 한다.

② A′ 및 C를 중심으로 해서 A′C를 반지름으로 하는 원호를 긋고 그 교점을 D로 한다.

③ 이 D와 B′를 연결하고 OC와의 교점을 E로 한다.

④ 다음에 점 E에서 임의의 방향으로 보조선 EE′를 긋고, 2항의 요령에 따라서 EA′를 7등분한다.

⑤ D에서 A′E의 각 분할점을 차례 차례 연결하고 그 선분과 원호 A′B′와의 교점을 P, Q, R …… U로 한다.

⑥ 점 O에서 P, Q, R …… U와 차례 차례 연결해 가면 각 AOB를 7등분할 수 있다.

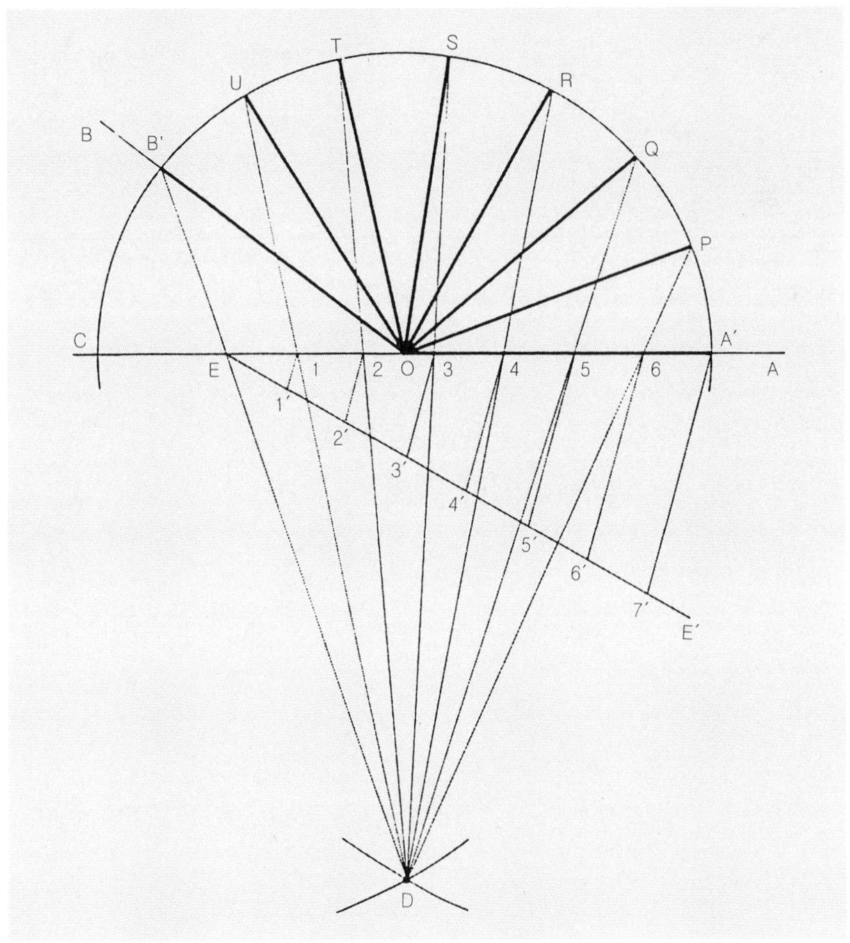

그림 3 주어진 각 AOB의 7등분

4 원에 내접하는 정7각형

그림 4

① 주어진 크기의 원을 그리고 그 중심 O를 지나는 직선을 그어서 원과의 교점을 A, B로 한다.

② AB간을 앞의 2항의 요령으로 7등분한다.

③ A 및 B를 중심으로 해서 AB를 반지름으로 하는 원호를 그리고, 그 교점을 P로 한다.

④ P점과 AB의 2′점을 지나는 직선을 긋고 그 선과 원과의 교점 C로 한다. 이 C와 B를 연결하는 직선 BC는 정 7 각형의 한변이 된다.

⑤ BC의 길이로 원주를 잘라서 그 교점을 D, E, F, G, H, B로 차례 차례 연결하면 구하는 정 7 각형이 된다.

⑥ 이 방법은 n 등분 중에서 4, 6등분은 정확하지만 다른 것은 근사 정다각형으로 된다. 따라서 이 정 7 각형도 실제로는 근사 정 7 각형이고, BC가 약간 크게(중심각에서 $\theta = 5/8$ 도) 된다.

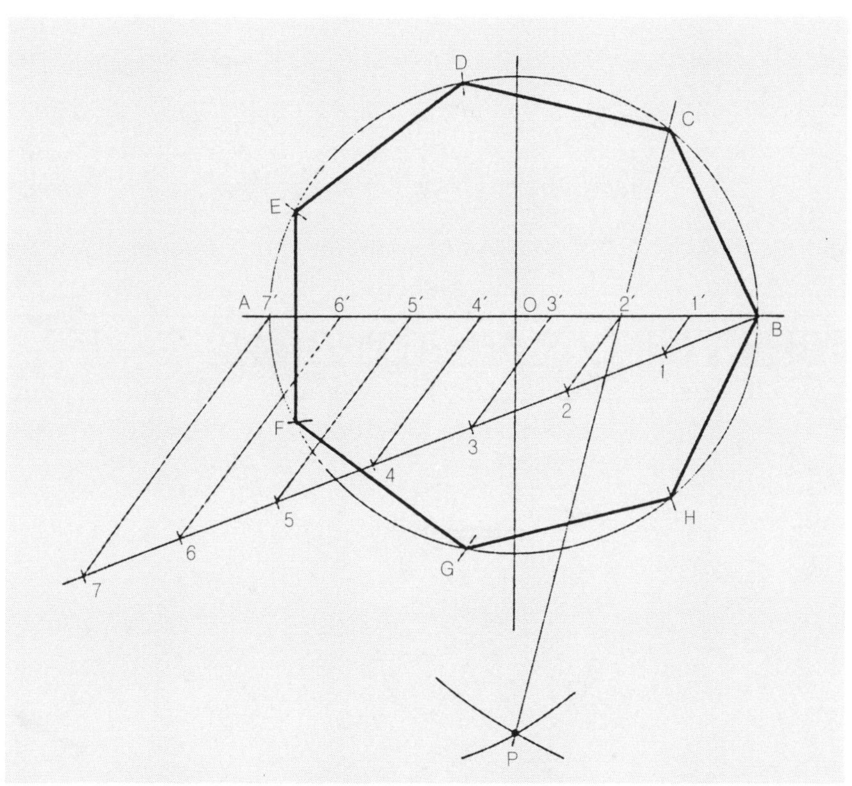

그림 4 원에 내접하는 정7각형

5 원주와 같은 길이의 직선을 구한다

그림 5

① 주어진 원주의 지름을 AB로 한다.

② 우선 B에서 원의 접선을 긋고 Be=3AB가 되도록 e를 정한다.

③ 다음에 각 AOB=30°가 되도록 C를 원주 위에 잡고 C에서 수선을 AB선에 내려서 d점을 정한다.

④ 이 d와 e를 연결하면 de는 구하는 원주 길이의 근사값이다. 그 오차는 $\pi \times \overline{AB}$에 대해서 마이너스 21700분의 1이기 때문에 실용상 충분하다.

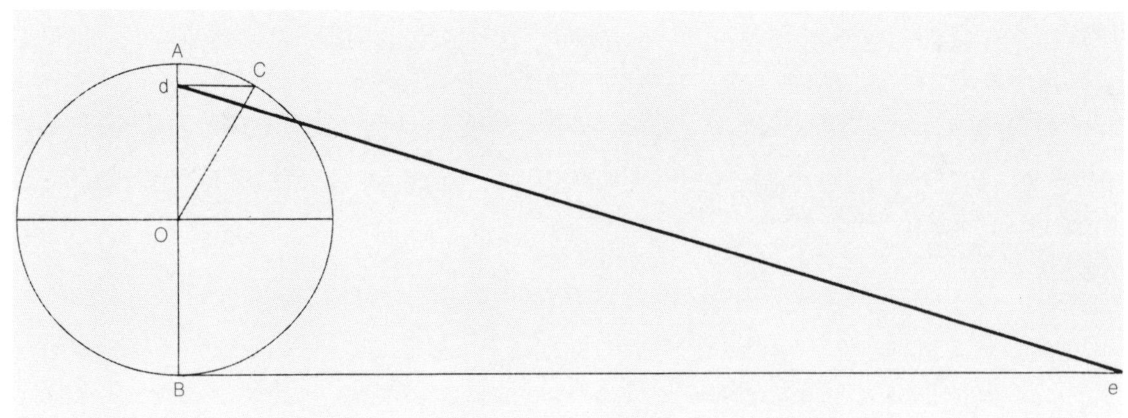

그림 5　원주와 같은 길이의 직선을 구한다

6　주어진 원에 내접하는 3개의 같은 원　　그림 6

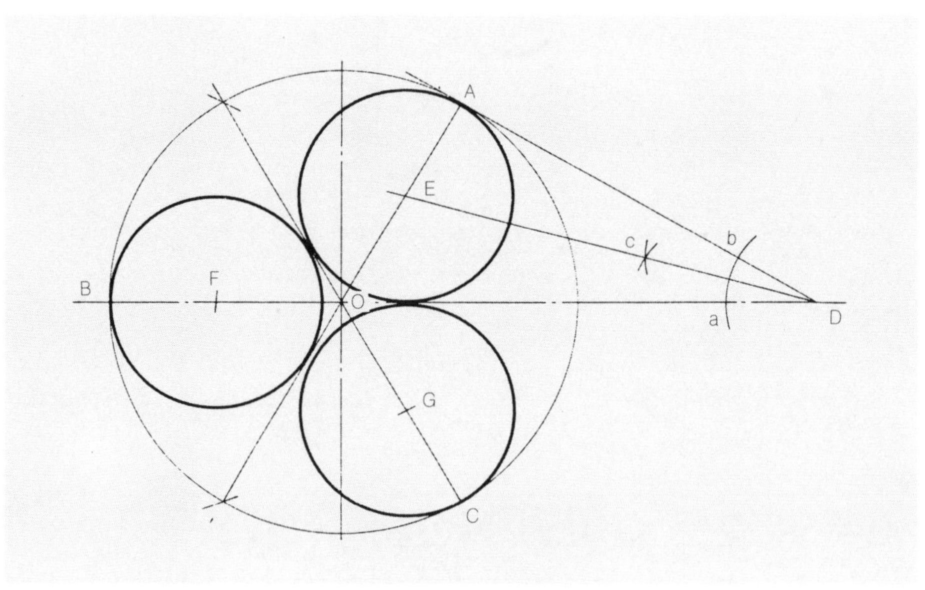

그림 6　주어진 원에 내접하는 3개의 원

① 주어진 원을 그린다.

② 이 원주를 3등분해서 그 각 점을 A, B, C로 한다. 원주의 등분할은 4항에서 설명한 방법으로 실시한다.

③ A점에서 원에 접선을 긋고 OB의 연장선과의 교점을 D로 한다.

④ 각 ADO의 2등분선을 긋고 선 AO와의 교점을 E로 한다(D에서 임의의 원을 그린다. 그리고 AD, OD와의 각 교점 a, b에서 같은 반지름 크기로 원을 그리고 그 교점 C와 D를 연결하면 각 ADO의 2등분선으로 된다).

⑤ OE의 반지름으로 OB와의 교점을 F, OC와의 교점을 G로 한다.

⑥ E, F, G를 중심으로 해서 AE를 반지름으로 하는 원을 그린다.

값을 구하기 위해 내선하는 3개의 같은 원으로 된다.

7 장축과 단축을 알고 타원을 그린다 그림 7

① 장축 AB와 단축 CD를 1항의 방법에 의해서 서로 다른 것을 수직 2등분하도록 그리고 그 교점을 O로 한다.

② 이 O를 중심으로 AB, CD를 지름으로 하는 원을 각각 그린다.

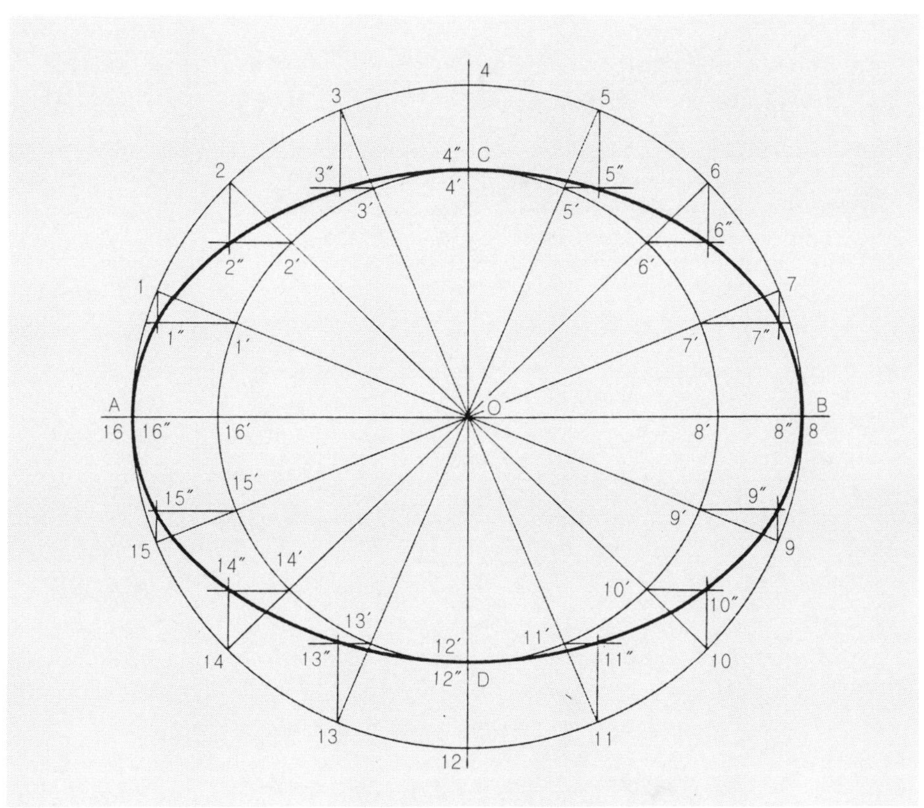

그림 7 장축과 단축을 알고 타원을 그린다

③ 다음에 AB를 지름으로 하는 원의 주변을 16등분하는 등분점 1, 2, ······ 16을 구하고 이 점과 중심 O를 지나는 지름을 긋는다. 그래서 이 지름과 CD를 지름으로 하는 원과의 교점을 각각 1′, 2′, 3′ ······ 16′로 한다.

④ 등분점 1에서 장축 AB에 수선을 그어서 1′에서 그은 장축 AB에 평행인 선과의 교점을 구해서 그것을 차례 차례 미끄러운 곡선으로 연결하면 타원이 된다.

8 주축, 정점 및 곡선상의 1점을 알고 포물선을 그린다　그림 8

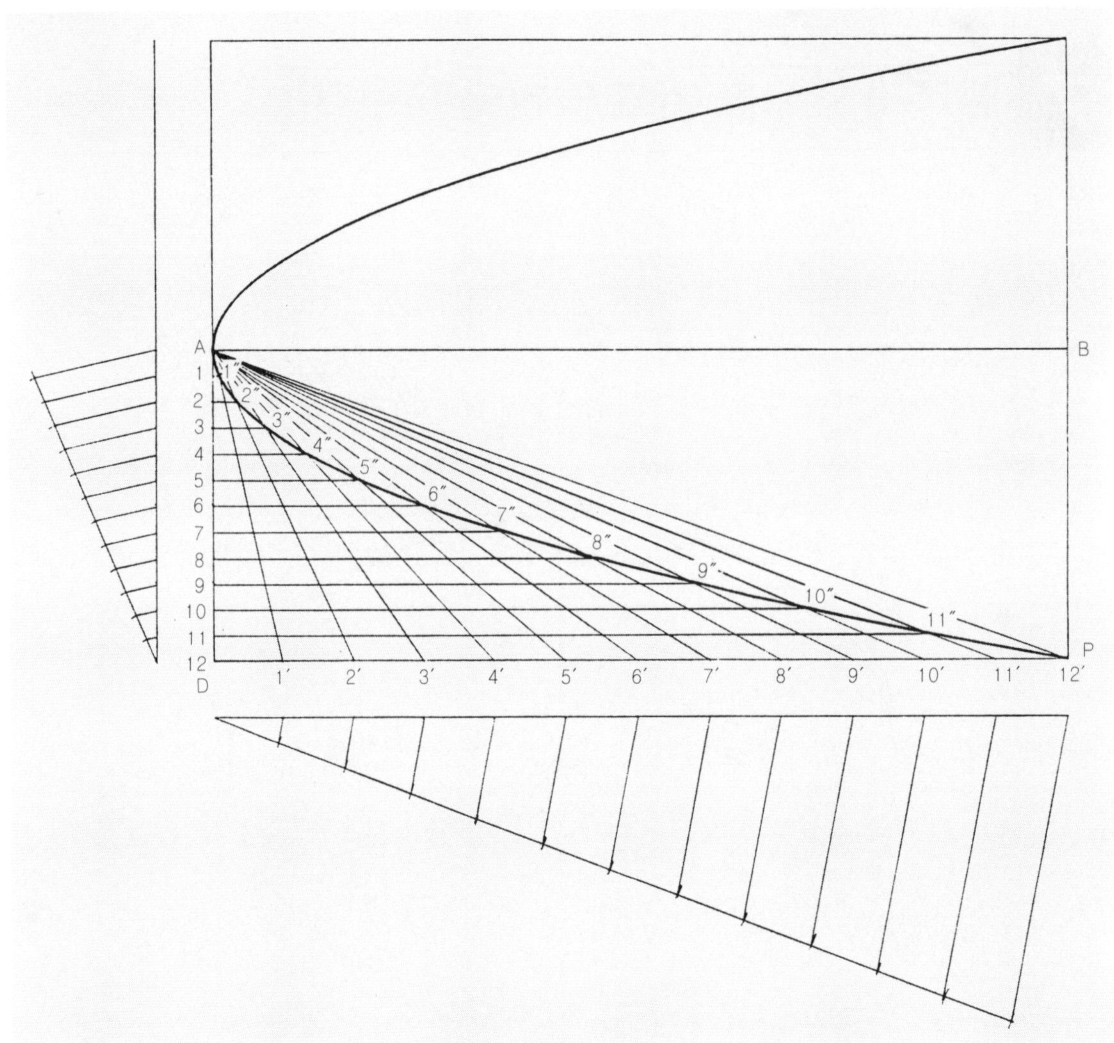

그림 8　주축, 정점 및 곡선상의 1점을 알고 포물선을 그린다

① 정점 A를 지나는 주축 AB, 수선 AD를 그린다.
② 주어진 점 P에서 주축에 수선을 긋고 BP가 되도록 P를 정한다.

③ AD 및 DP를 각각 12등분한다. 그리고 각 등분점을 A에서 D로 차례로 1, 2, 3 ⋯ ⋯ 12, 또 D에서 P로 차례로 1′, 2′, 3′ ⋯⋯ 12′로 한다.

④ 1을 지나서 주축 AB에 평행인 선을 긋고 1′A와의 교점을 1″로 한다. 마찬가지로 2″, 3″, 4″ ⋯⋯ 11″를 구해서 각 점을 매끄러운 선으로 연결한다.

⑤ 더욱이, 주축 AB에 대해서 반대쪽에도 대칭인 곡선을 그리면 구하는 포물선을 그릴 수 있다.

9 나사 곡선을 그리는 것 　　그림 9

① 중심 O, 반지름을 결정해서 반원을 그린다.

② 반원을 12등분해서 0, 1, 2, 3 ⋯⋯ 12로 번호를 붙이는데 되집어서 반대편으로 꺾는 것처럼 (13), (14), (15)⋯⋯(24)까지 붙인다.

③ O를 지나는 수평 중심선을 연장해서 리드(1회전으로 나가는 거리)의 위치를 정한다. 그것을 24등분해서 각 점에서 수평 중심선에 대해서 수선을 세운다.

④ 원의 등분점 1, 2, 3 ⋯⋯ 12에서 수평 중심선에 그은 선과 ③에서 구한 수선과의 교점을 P_1, P_2, P_3 ⋯⋯ P_{24}로 한다. 각 점을 매끈하게 연결하면 나사 곡선이 된다.

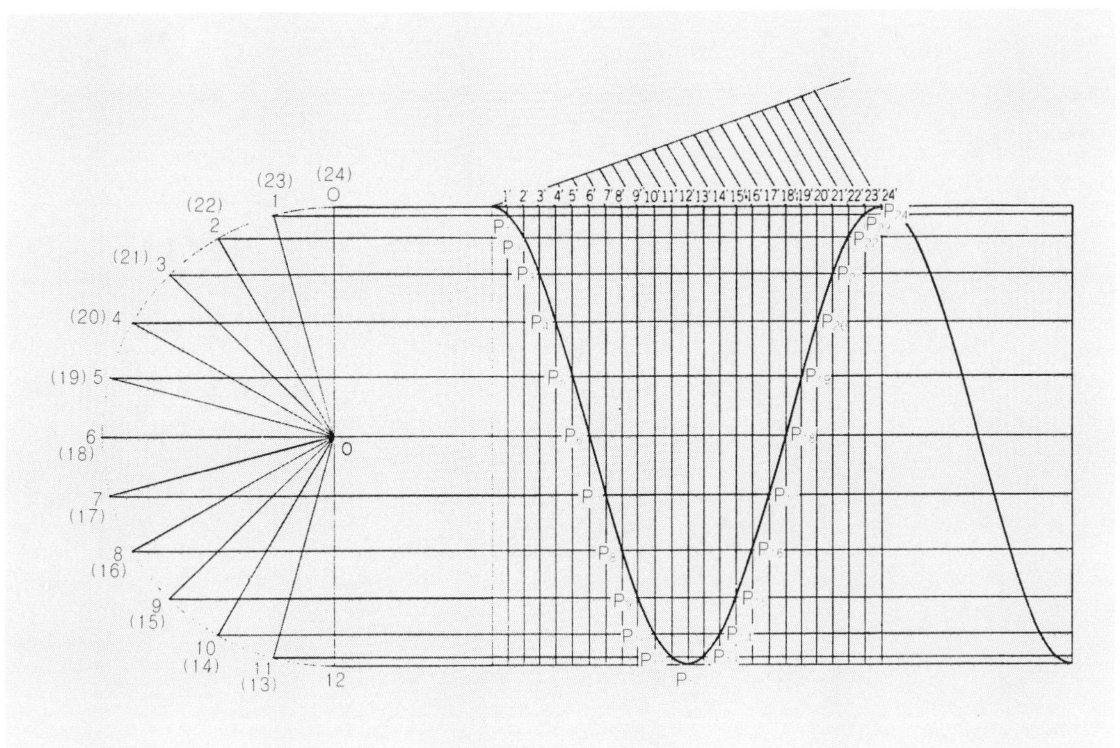

그림 9　나사 곡선

10　외전과 내전의 사이클로이드　　그림 10

① 기초원의 반지름과 중심 O를 정한다. 기초원에 외접 및 내접하는 주어진 크기의 전원(轉円)을 각각 O_1, O_2로 한다.

② O를 중심으로 기초원을 그리고 θ를 구해서 O에서 각도 θ의 선과 기초원과의 교점을 X, Y로 한다.

$$\theta = 360° \times (\text{전원 지름} \div 2 \times \text{기초원 반지름})$$

③ 전원 O_1을 12등분해서 그 분할점을 1, 2, 3 …… 11로 한다.

④ 기초원 XY를 12등분해서 1′, 2′, 3′ …… 11′로 한다.

⑤ 점 O에서 원호 XY의 각 분할점을 지나는 직선과 O를 중심으로 해서 OO_1을 반지름으로 한 원호와의 교점을 1″, 2″, 3″ …… 11″로 한다. 이들 점은 전원이 굴렀을 때의 중심의 이동점이 된다.

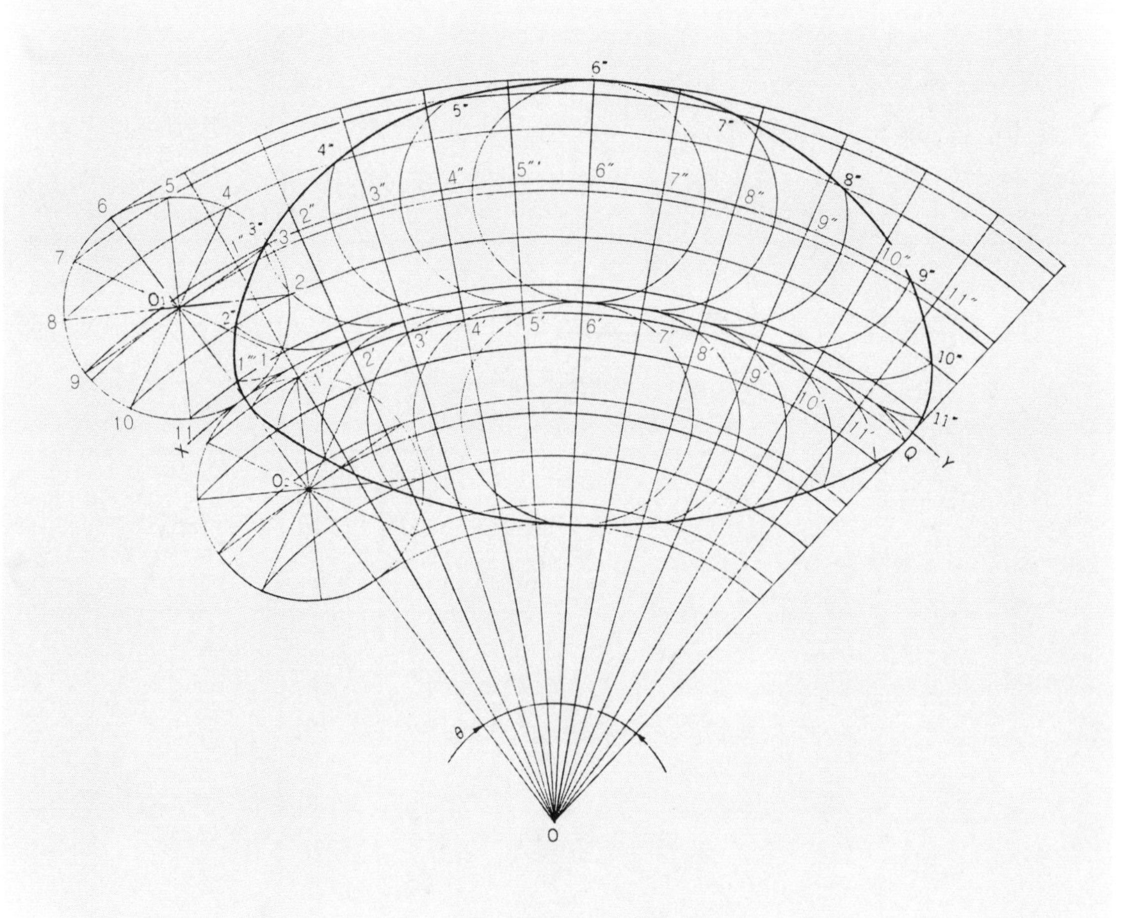

그림 10　외전과 내전의 사이클로이드

⑥ $O_1 1$의 반지름으로 $1''$, $2''$, $3'' \cdots\cdots 11''$를 중심으로 원호를 그리고 전원 O_1의 1, 2, 3 $\cdots\cdots$ 11의 각 점을 지나서 O를 중심으로 한 원호와 각각에 대응하는 교점을 $1'''$, $2'''$, $3'''$ $\cdots\cdots 11'''$로 한다. 각 점을 매끄러운 곡선으로 연결하면 외전 사이클로이드 곡선을 구할 수 있다.

⑦ 전원 O_2의 내전 사이클로이드 곡선도 외전 사이클로이드 곡선과 같은 방법으로 구할 수 있다.

기계 제도는 왜 3각법인가

지금, 어떤 물품을 만들려고 생각해서 도면에 물품의 형상을 표시하려고 했을 때, 어떻게 도시하면 되는 것인가. 도면 작성자의 의도를 물품 제작자에게 옳바르게 전달하는 것이 도면의 역할이고 도면화해서 물품을 제작하는데 필요한 정보를 포함시켜서 물품이 만들어지는 것이 목적이다. 따라서 도형의 정보를 정확하고 이해하기 쉽게 그리고 필요하고 충분하며 단순하게 표시하는 것이 필요하다.

그리고 국제적으로도 통용되는 표현이 아니면 안된다. JIS에서는 투영법을 정하고 있으나 그리는 사람의 기량이 도시의 좋고 나쁨을 도면상에 표현하게 되어 있다. 우선 기본적인 투영법에서 보다 좋은 투영도를 그리는 방법까지 설명한다.

투영법의 종류

(1) 투영법과 투영도의 종류

물품(대상물)에 일정한 법칙으로 광선을 비쳐서, 그 형상의 그림자를 평평한 화면에 비치는 것을 투영이라고 한다.

점 광선이냐 평행 광선이냐에 따라서 그림자의 형상이 다르다. 그리고 화면과 광선의 각도에 따라서도 그림자의 형상이 변화한다. **그림 1**을 중심 투영(투시 투영), **그림 2**를 평행 투영이라고 한다.

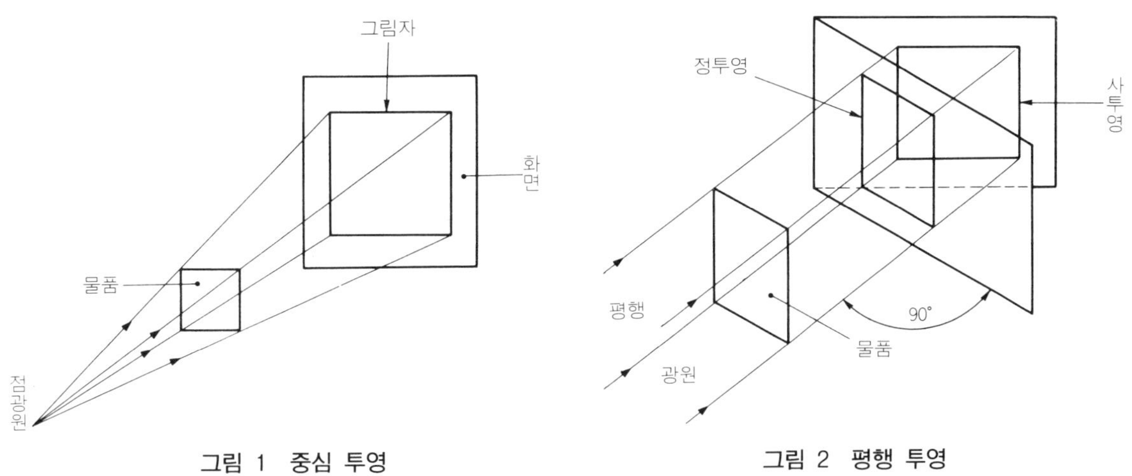

그림 1 중심 투영   그림 2 평행 투영

① **정투영의 제1각법과 제3각법**……**그림 3**에 표시한 것 같이 오른쪽 위의 수평 화면과 직교하는 수직 화면 사이를 왼쪽을 향해 돌려서 제1각, 제2각, 제3각, 제4각이라고 부른다.

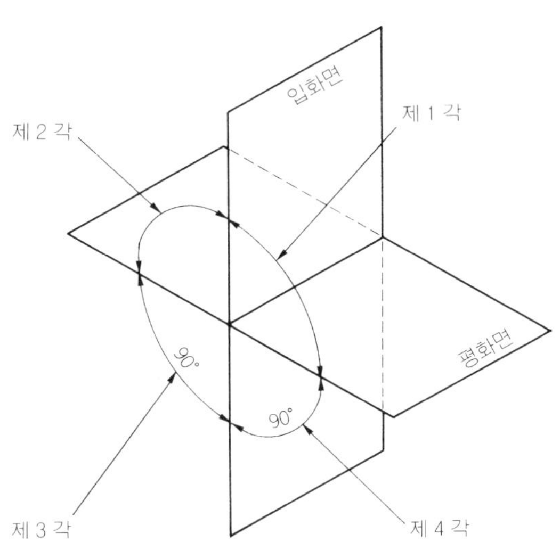

그림 3 투영면의 위치

제1 각내에 물품을 놓고 평행 광선으로 투영하는 방법을 제1 각법이라고 부른다(**그림** 4). 본 방향의 형상을 화면에 비쳐낸 것이다.

한편, **그림 5**와 같이 제3 각내에 물품을 놓고 평행 광선을 비친 면의 형상을 그 앞에 있는 화면에 찍어내는 방법을 제3 각법이라고 한다. 본 방향의 물품의 투영도의 배치는 정면도를 중심으로 배치가 정해져 있다.

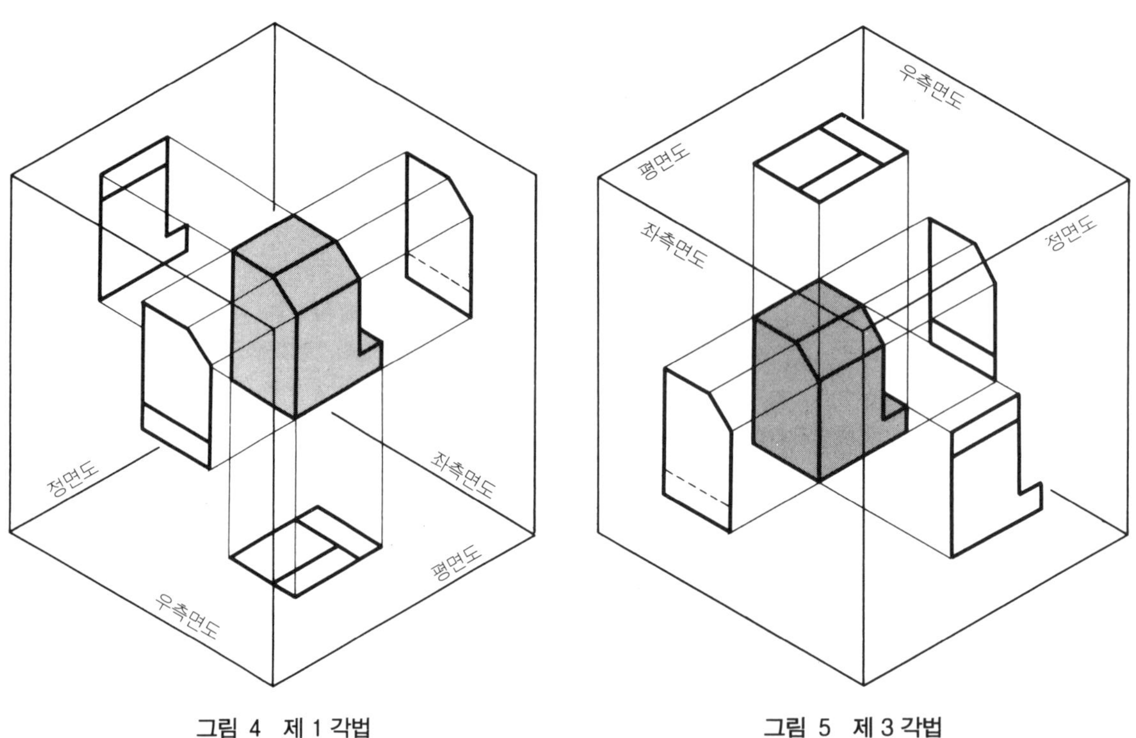

그림 4　제1 각법　　　　　　그림 5　제3 각법

② **축측 투영의 등각 투영도와 등각도**……축측 투영도는 입체적으로 투시하는 방법으로 사용되고 있다. 등각 투영도는 후절에서 해설하고 있으나 Z축을 수직으로 하고 X축과 Z축이 서로 120°가 되도록 기울여서 투영한 그림이고 X, Y, Z의 3축은 등각축이라 부르며, 등각 투영도를 그릴 때의 기준이 된다. 특히 수평선에 대해서 X축과 Y축의 방향이 각각 30°로 되어 있는 것이 특징이다.

각 축 위에 치수를 취할 때 입체가 투영 화면에 대해서 35°16′ 기울어져 있기 때문에 그 길이의 투영은 실제 길이보다 0.861배 낮게 된다. 여기에서는 그릴 때에 치수를 0.861 곱한 계산이 필요하여 불편하다.

그래서 각 축 위의 투영 길이를 실로 해서 그린 그림을 등각도라고 부르며, 일반적으로 많이 사용되고 있다.

③ **사(斜)투영**……이것은 실제로는 있을 수 없는 형상으로 그려서, 착각을 사용한 수법이다. 입체의 주투영면을 정투영으로 그리고 측면의 변은 일정한 각도로 기울여서 그린다. 이 방법에는 캐비닛도(측면의 변은 경사각 45°, 길이는 실제 길이의 1/2)와 가바리에도(경

사각 45°, 길이는 실제 길이로 표시)가 있다.

④ **중심 투영**……물품과 그것을 보는 눈(시점)과의 사이에 투명한 화면을 세우고, 물품을 본 시선이 그 화면과 교차하는 점을 연결해서 만들어진 도형을 중심 투영(투시 투영)이라고 한다. 중심 투영도는 실제 길이가 표시되지 않기 때문에 도면에는 사용하지 않는다. 주로 토목, 건축의 설명도에 이용되고 있다. 일점 투시 투영도, 이점 투시 투영도, 삼점 투시 투영도가 있고, 소점(공간에 있는 점을 시점과 반대 방향으로 무한으로 멀리 했을 때의 시선과 투영면과의 교점)의 수를 표시하고 있다.

⑤ **경상(鏡像) 투영 · 표고 투영**……경상 투영은, 건축물의 천장을 올려 본 형상으로 그리는 천장 평면도, 들보 평면도, 차량의 내장, 배전반의 내장 등에 사용되고 있다. 이 투영법은 거울에 비치는 형상을 표시한 것으로서 삼각법의 투영에 비해서 거울로 보는 것같이 좌우(상하)가 반대 방향으로 되어 있다. 특별한 이유가 있을 때 사용해도 된다.

표고 투영은 지형도나 자동차와 같이 복잡한 곡선으로 구성되어 있는 물건을 표시하는 곡면 선도에 사용되고 있다.

(2) 도면에 사용하는 투영법

도면에 사용하는 투영법은 그리기 쉽고 형상을 입체적으로 판단하기 쉬우며, 복잡한 형상에 대해서도 표현할 수 있는 방법으로 정확한 치수를 이해할 수 있는 방법이어야 된다. JIS에서는 공업의 각 분야에서 사용하는 도면은 평행 투영인 정투영을 사용하도록 정하고 있다. 그리고 정투영법은 제3각법에 의해서 그리도록 되어 있다(**표 1**).

표 1 도면에 사용하는 투영법의 종류

투영법의 종류	사용하는 그림의 종류	특　　　　　　　　징	주된 용도
정　　투　　영	정　투　영　도	형상을 엄밀, 정확하게 표시할 수 있다	일반적인 도면
등 각 투 영	등　　각　　도	하나의 그림으로 예컨대, 입방체의 3면을 같은 정도로 표시할 수 있다	설명용의 도면
사　　투　　영	캐 비 닛 도	하나의 그림으로 예컨대, 입방체의 3면 중에서 1면만을 중점적으로 엄밀, 정확하게 표시할 수 있다	

설명용의 도면에 사용되는 것은 등각도와 캐비닛도가 정해져 있다. 이들의 그림은 형상이 복잡하게 되면 정확하게 표현하는 것이 곤란하게 되고 그리기도 어렵게 된다. 그러나 일반적으로는 조립 순서 등의 부품 형상을 알거나, 독도(讀圖)가 약한 사람도 형상을 판단하기 쉽기 때문에 자주 사용되고 있다.

정투영의 제3각법으로 도면을 그릴 때는 투영법의 기호(**그림 6**)를 표제난이나 투영도 가까이 기입해서 표시한다. 제3각밖에 사용하지 않는다고 해서 기입하지 않는 것은 곤란하다. 오래된 도면에는 모두 투영법이 기입되고 있으므로 구별하기 위해서도 기입을 잊어서는 안된다. 곡면 선도나 투시도 등이 필요하면 투영도의 명칭을 써 붙여서 사용한다.

그림 6 제3각법의 기호

기계 제도에서는 왜 3각법인가

기계 제도와 같이 제작에 사용하는 도면은 정투영의 제3각법에 의해서 그린다(**그림** 7). 외국에서는 유럽 대륙의 나라와 영국이 제1각법으로 그린다. 영국에서는 일부에서 제3각법이 사용된다. 미국, 캐나다, 호주 등은 제3각법의 사용국이다.

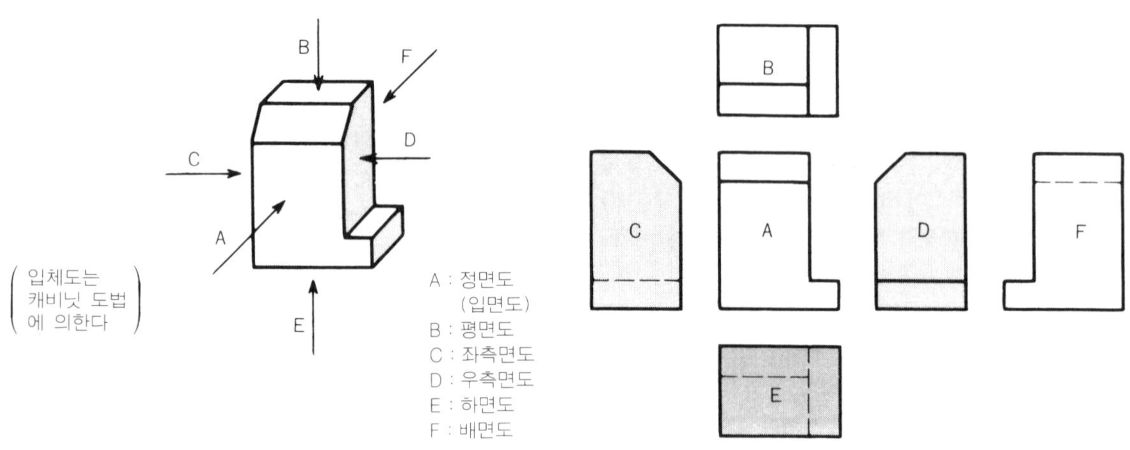

그림 7 제3각법의 도시

이와 같이 국제적으로 통일화되지 않은 것은 각국의 이해가 크기 때문이다. 일본에서 지금, 제1각법을 채택한다고 가정하면 지금까지의 도면이 대부분 제3각법으로 그려져 있고 그것을 저장하고 있기 때문에 컴퓨터에 들어 있는 도면을 포함해서 방대한 양의 수정을 하게 될 것이다.

그러기 때문에 ISO(국제 표준화 기구)에서는 제1각법과 제3각법은 동격으로 취급하고 있다. 일본에서는 소화 초기의 공업계에 영국, 미국, 독일 등의 제도 방식이 도입되어서 사용되고 있었다. 제1각법과 제3각법이 혼합되고 있었으나 독일 규격(DIN)을 기준으로 한 JES가 제정되고(1930년) 차차로 개정되어서 현재의 JIS Z 8315-84(1984년) "제도에 사용하는 투영법"으로 제1각법은 사용할 수 없게 되었다.

제3각법이 사용되는 것은 왜 그럴까, 그것은 합리성에 있다.

(1) 제1각법과 제3각법의 비교

그림 8에 표시한 것 같이, 본 방향과 반대쪽에서 본 형상을 도시하는 것이 제1각법인데 옆으로 긴 물품에서는 측면의 형상을 멀리 떨어진 쪽에 도시해야 된다.

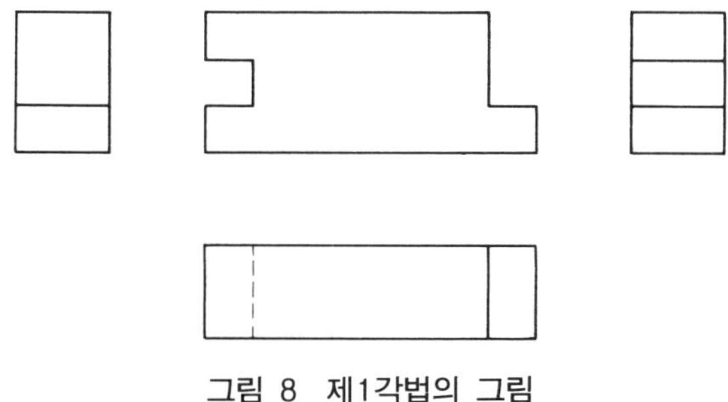

그림 8　제1각법의 그림

그림 9에 표시한 것 같이 제3각법은 보고 있는 방향쪽에서의 형상을 그리기 때문에 마주 보는 가까운 장소에 도시할 수 있는 것이 유리하다.

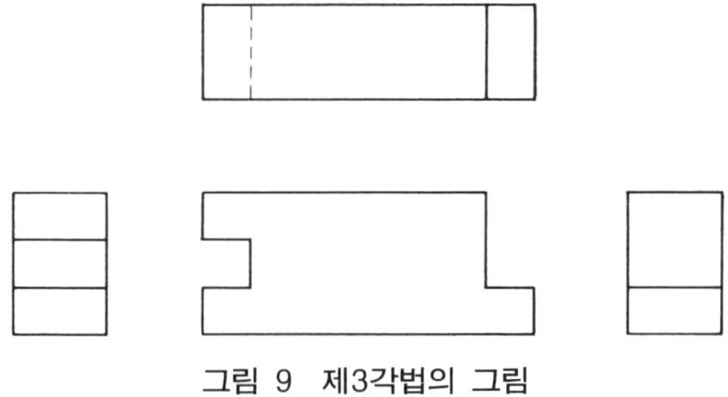

그림 9　제3각법의 그림

제1각법은 조선, 건축 분야에서 자주 사용되고 있었으나 **그림 10**에 표시한 것 같이 화살표를 사용하는 방법에 의해서 표시하는 것이 가능하다. 이 방법에 의해서 제1각법이 없어도 제3각법만으로 부자유하지 않을 것이다.

그리고 국부 투영도(나중에 기술)는 제1각법으로는 표현하기 어려운 수법이다. 영국에서는 이 수법이 제1각법에 섞여서 사용되고 있다.

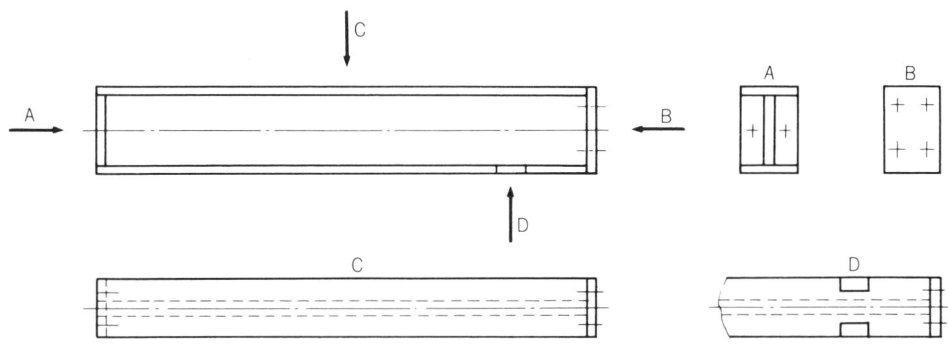

그림 10　화살표를 사용하는 방법

(2) 제3각법에 의한 합리적 도시법

제3각법에 의해서 물품의 형상을 도면 위에 표시할 때, 물품의 면을 하나 선택해서 정면으로 정한다.

　투영도는 배치가 정해져 있기 때문에 정면을 도면의 중앙에 놓고 도시하면 평면도는 정면도의 윗쪽에 위에서 수직으로 내려다 본 물품의 형상을 도시한다. 우측면도는 정면도의 우측에, 정면도의 오른쪽 90°에서 본 물품의 형상을 도시한다(**그림 11**).

　이것을 3면도라고 말하고 투영법에서는 다면 투영이라는 것이 되고 물품을 표시하는 최저의 도시 조건으로 된다. 각 그림 사이에는 서로 관련하여 대응하고 있지 않으면 성립하지 않는다.

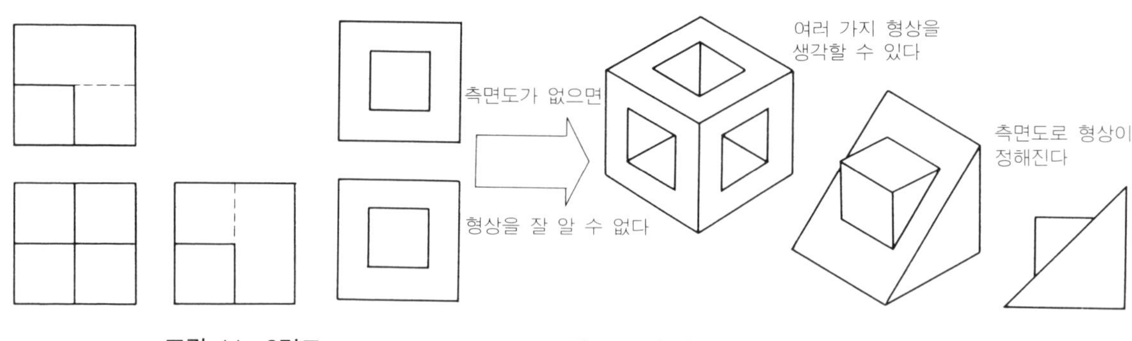

<table>
<tr><td>그림 11　3면도</td><td>그림 12　측면도가 없으면 형상이 결정되지 않는다</td></tr>
</table>

　일반적으로 투영도는 3면도로 표시하는 것으로 충분하지만 물품의 형상이 복잡하게 되면 이것만으로의 그림 수로는 부족하다. 보충하기 위해서 좌측면도, 단면도, 배면도 등이 필요하지만 아직 불충분한 경우는 나중에 기술하는 단면도, 보조 투영도, 부분 투영도, 국부 투영도, 전개도 등의 기법을 사용해서 완전 무결하게 도시해야 된다.

　그러면 투영도는 3면도가 있으면 충분한가 검토해 보도록 하자. 우선 **그림 12**인데 측면도가 없다. 이것으로는 형상이 불분명하다. 이것을 불완전한 그림이라고 한다. 측면도를 그려서 3면도로 하면 형상은 알 수 있을 것이다.

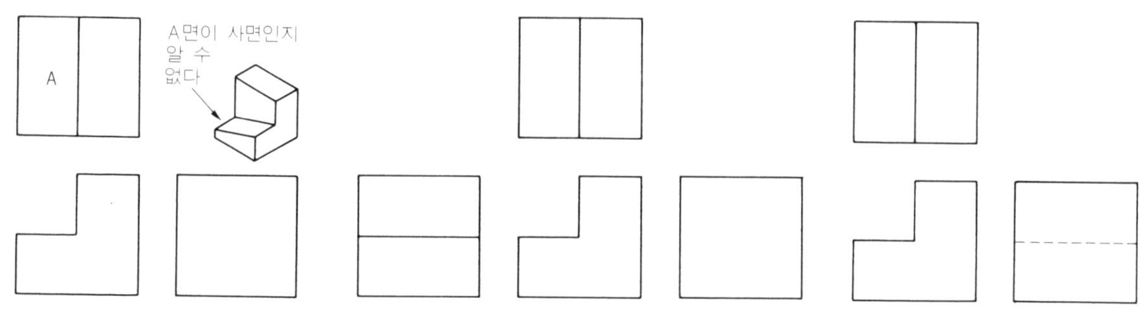

<table>
<tr><td>그림 13　3면도로는 불완전한
　　　　　그림</td><td>그림 14　완전한 그림①（좌측면도의 추가）</td><td>그림 15　완전한 그림②
　　　　　（은선을 추가）</td></tr>
</table>

　다음에 3면도만으로 충분한가 검토해 보자.

　그림 13은 입체도와 3면도이다. 입체도에서 알 수 있는 것 같이 3면도에서는 A면이 평평한가 기울어져 있는가 명확하지 않다. 이때 좌측면도를 추가하면 완전한 투영도(**그림 14**)로 되지만 필요한 선이 숨어 있기 때문에 A면이 두면밖에 그려져 있지 않아, 형상을

알 수 없기 때문에 숨은선(파선)으로 보충하면 **그림** 15와 같이 되어 완전한 형상을 그릴 수 있다.

이와 같이 투영도는 3개의 그림으로 도시되면 입체적으로 판단할 수 있다. 그러나 **그림** 16과 같이 어느 그림을 그려도 판단할 수 없는 경우가 있으며 복잡한 그림일수록 많은 것이다.

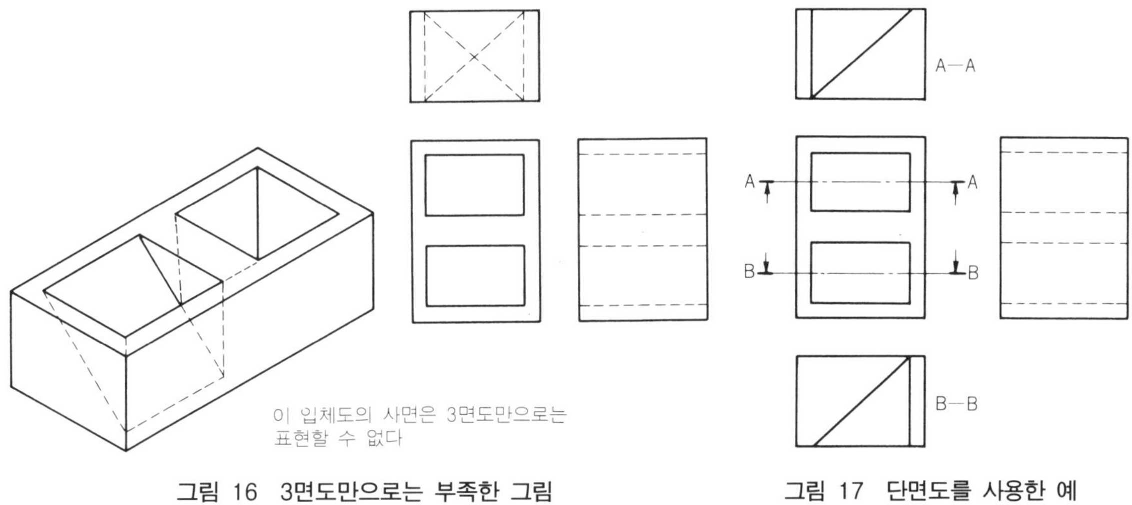

그림 16 3면도만으로는 부족한 그림   그림 17 단면도를 사용한 예

이때는 단면도를 측면도 대신에 사용하거나 별도로 표시하지 않으면 안된다(**그림 17**). 항상 물품 형상의 크기와 방향이 3방향에서 도시되고 있는가를 생각해서 투영도를 그리지 않으면 안된다. 그 위에 입체적으로 판단할 수 있는가를 확인해서 투영도를 도시하는 것이다.

■ 투영도의 선택 방법

(1) 주투영도(정면도)의 선택 방법

투영도를 표시하려고 할 때 정면도에 물품의 어느 면을 선택하느냐를 잘 생각할 필요가 있다. 정면도의 선택 방법이 나쁘면 투영도의 수가 많아지고 그리는 시간적 노력이 많아질 뿐이며, 반대로 입체적으로 판단하기 어려운 도면으로 되어 버린다. 도면은 될 수 있는 대로 적은 수의 투영도로 효율 좋게 그려서 도시할 필요가 있다. 그림을 그리고 싶어하지만 쓸데없는 노력은 반대로 그림의 크기가 복잡하게 되는 것을 초래하는 것뿐이다.

일반적으로 말하고 있는 정면도의 선택 방법은 물품의 형상이 잘 표시되고 있는 면을 선택하는 것이다. 예컨대 자동차, 선박, 전차의 정면은 작도상으로 정면도로서 형상이 잘 표현되고 있다고 할 수 없다. 측면을 정면도로 하면 자동차, 선박, 전차의 길이 형상이 보다 명확하게 된다. 똑같이 비행기나 물고기의 가자미는 평면을, 선풍기, 텔레비전이나 사람의 얼굴은 정면을, 각각 정면도를 선택하는 것이 형상을 가장 잘 나타내고 이해할 수 있다.

형상면의 선택을 하기 어려운 물품일 때는 많은 실선이 나오고 있는 면을 정면도로 선택하는 것이 기준이 될 것이다. 더욱 물품을 기울여서 사면의 방향을 정면도로 하는 것은 실형을 도시할 수 없기 때문에 피해야 된다.

그리고 「정면도」라고 부르는 것은 물품의 정면과 착각하기 쉬우므로 주투영도로 부르는 것이 좋을 것이다. 조립도, 계획도에서는 기계의 기능을 도시한다. 이때 주투영도(정면도)는 일반적으로 단면한 투영도를 사용하는 일이 많고 부품의 위치, 움직임 등 조립에 필요한 정보를 도시한다.

(2) 투영도의 배치

조립도, 계획도는 주투영도가 사용되고 기능하는 상태의 방향에서 그린다. 보통은 3각법의 배치 장소에 그리지만 그 중에는 조립도를 단면으로 표시하고 있을 때 2면 또는 1면을 도시해서 전체의 그림은 작게 별도로 도시하는 경우도 있다.

계획도의 목적은 설계된 기계의 움직임의 검토나 부품의 배치이다. 조립 치수, 부품 치수와 부품 번호 등 모든 정보가 함께 담긴 그림이므로 투영법의 배치에 구애받지 않는 케이스가 많다.

조립도는 조립에 필요한 치수와 부품 번호와 부품의 위치를 알면 되기 때문에 투영법의 배치를 지켜서 그리는 경우가 많은 것이다(**그림 18**).

부품도 등에서 가공하는 물품의 가공 도면에서는 가공하는 기계에 설치해서 가공하는 방향과 같은 방향으로 배치해서 그린다(**그림 19, 20**).

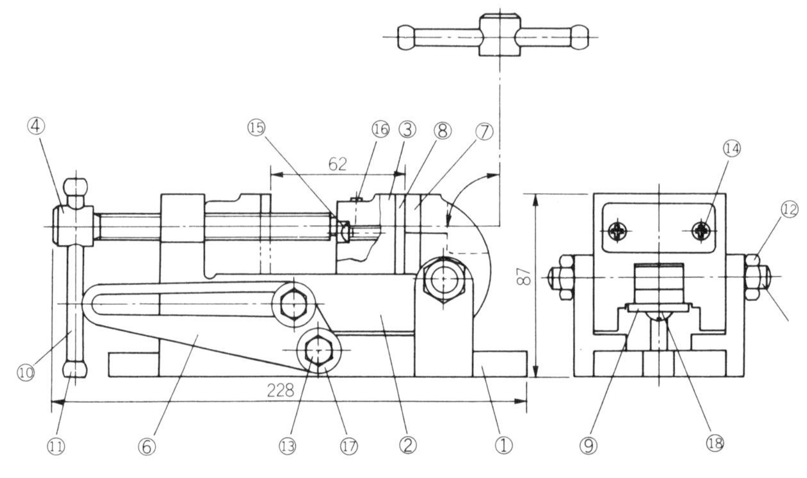

그림 18 조립도의 예

그림 19는 선반의 내경 절삭과 외경 절삭이다. **그림 20**은 밀링 머신이나 평삭반, 형삭반에서의 가공이다. 가공 방법이 여러 가지 있고 공정도 복잡한 부품도의 배치는 가공량이 많은 방향으로 배치하는 것이 좋은 것이다. 특별히 이유가 없는 물품의 주투영도는 가로로 길게 놓은 상태에서 그린다.

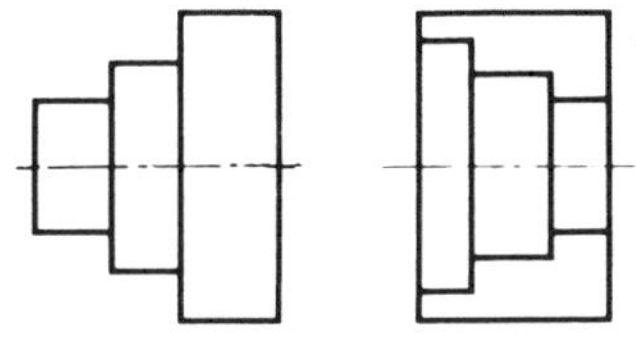

그림 19 선삭 가공의 그림

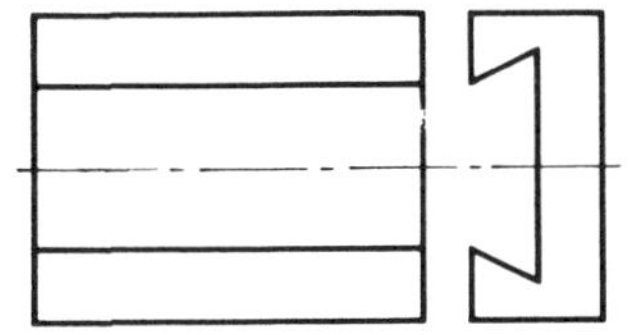

그림 20 밀링 가공 등의 그림

그리고 중심축이 있는 것으로 축, 기어, 코일 스프링, 볼트 등도 가로로 길게 그린다. 볼트 머리의 방향은 나사 절삭 가공을 할 수 있도록 좌측에 놓아서 그린다. 리벳과 같이 주투영도만으로 그릴 수 있는 것은 다른 투영도(주투영도를 보충한다)는 그리지 않도록 한다. 이 경우, 치수 보조 기호(치수의 기입 방법 참조)를 사용한다.

이와 같이 물품의 형상을 이해할 수 있으면 3각법의 3면도는 필요없게 된다. 주투영도만으로는 불충분한 경우에, 보충하는 그림을 필요한 수만큼 그리면 되므로 너무 생략하지 않도록 신경을 써야 할 것이다.

(3) 관련되는 그림의 배치

그림 21에 표시한 것 같이 서로 대응해서 그려지는 관련되는 그림은 외형선으로 그려지고 은선을 사용하지 않도록 잘 선택하여 배치한다.

그리고 은선은 할 수 없는 경우에는 기입하지만 생략할 수도 있기 때문에 필요한 은선만을 기입하는 방법도 있다.

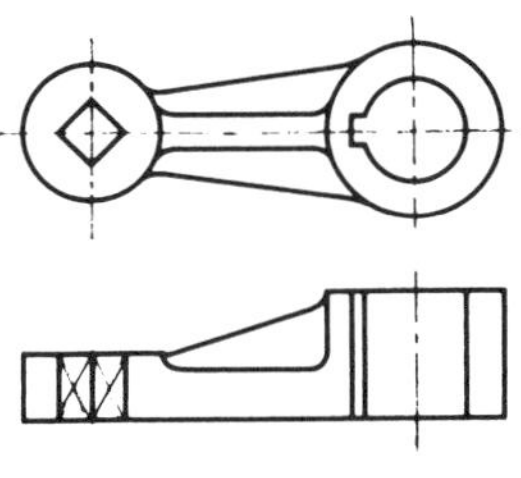

그림 21 관련되는 그림

그림 22 (a)에 표시한 것 같이 반대쪽에 측면도를 그리면 너무 멀기 때문에 (b)와 같이 관련되도록 가깝게 그림을 배치하고 은선이 그려져도 구멍의 중심 거리 등의 지시를 하기 쉬운 방법으로 표시하는 것이 좋은 것이다.

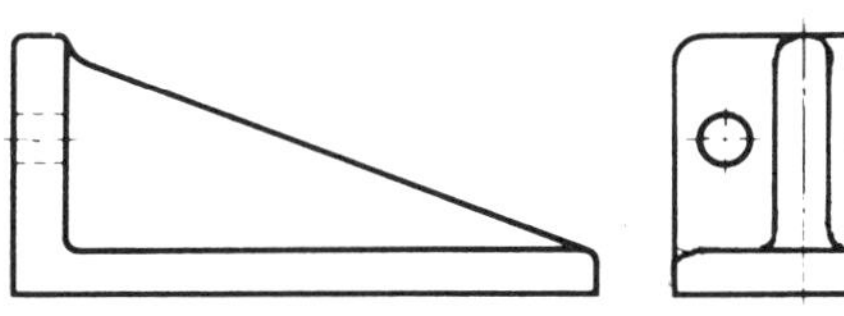
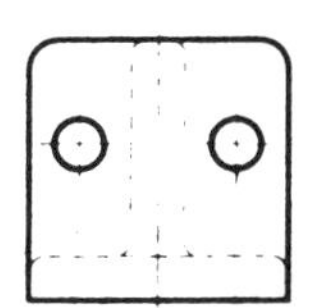
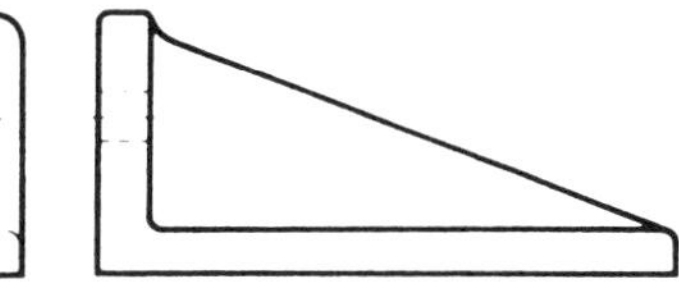

(a) 비교하기에 멀다   (b) 비교하기에 가깝다

그림 22 관련되는 그림은 가깝게 배치

회전, 국부, 부분 투영도

(1) 회전 투영도

그림 23에 표시한 것 같이 스포크가 3개의 핸들이나 보스에서 암(arm)이 수평 중심선에 대해서 어느 각도로 나오고 있는 물품을 그대로 투영해도 기울어진 암 등은 실형으로 그릴 수 없다. 이와 같은 경우에는 중심에서 암을 수평 중심선까지 회전해서 그리는 것이 좋은 것이다. 회전하는 중심이 정해지지 않은 형상이나 도중에서 구부러지고 있는 형상은 이 투영법을 사용할 수 없다.

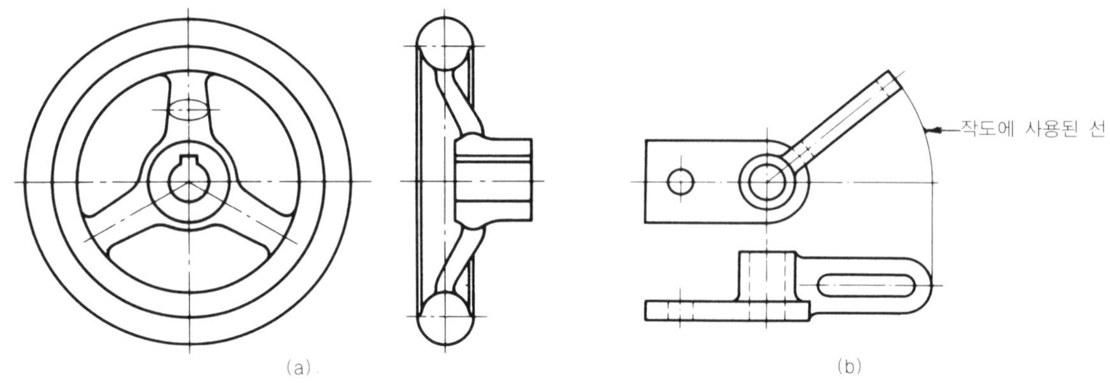

그림 23 회전 투영도

(2) 국부 투영도

그림 24에 표시한 것 같이 물품 일부의 구멍, 홈 등의 형상만을 도시하면 되는 경우, 구멍이나 홈의 형상에 수직인 방향에서 투영한 그림으로 중심선의 연장상이거나 기준선이나 치수 보조선 등으로 연결해서 표시한다.

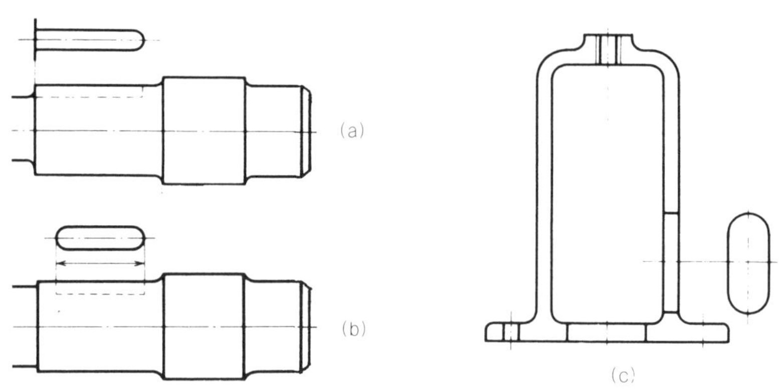

그림 24 국부 투영도

기울어졌거나 평면이거나 구멍이나 홈, 볼록부, 오목부의 형상만을 국부 투영도로 표시하고 주위 부분의 그림을 그리지 않는 도시법이다.

(3) 부분 투영도

그림의 일부만을 표시하면 물품의 형상이 표시될 때 사용한다(**그림 25**). 이 그림의 기울어진 부분의 투영은, 보조 투영도의 일부분이다.

하면도는 기울어진 부분이 실형으로 표시되지 않아서 그려도 소용이 없기 때문에 그 부분은 생략한다.

이때 생략한 부분과의 경계에 파단선을 기입해서 구획짓거나 생략한 것을 확실히 알 수 있는 형상의 그림에서는 이 구획짓는 것을 기입하지 않아도 된다.

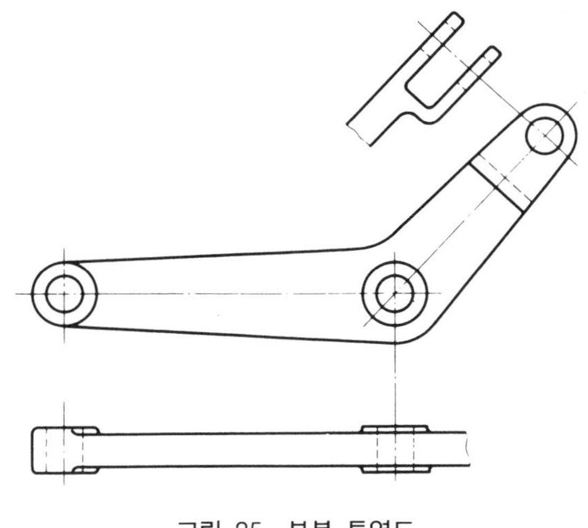

그림 25 부분 투영도

(4) 부분 확대도

도형 중에서 확대하지 않으면 형상이나 치수도 기입할 수 없는 특정 부분은 가는 실선으로 둘러싸고 영자의 대문자로 표시하여 그 부분을 도면의 다른 장소에 확대해서 그리고 표시 영자의 대문자와 척도를 기입한다(**그림 26**). 기입하는 글자는 모두 위를 향한다.

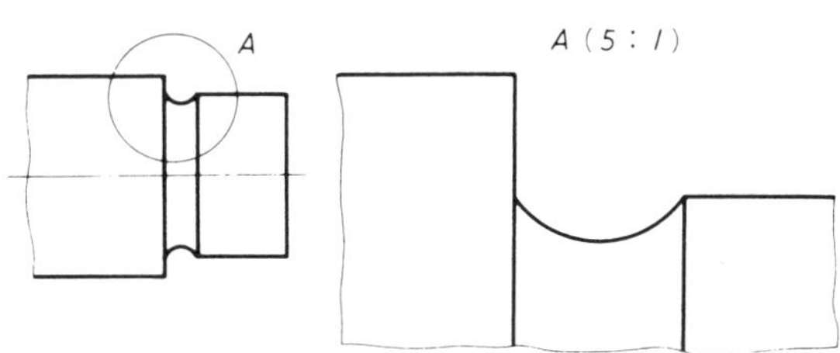

그림 26 사면이 있는 투영(보조 투영도)

그리고 가는 실선으로 둘러싸는 것은 원형이라고 지정되어 있지 않으나 일반적으로 원형으로 둘러싸는 것이 JIS의 그림대로라는 점에서 평이 좋은 것이다. 그리고 확대도의 척도를 표시할 필요가 없을 때는 척도 대신에 '확대도'라고 기입해도 된다.

보조 투영도의 필요성

(1) 사면의 실형을 표시하는 방법

그림 27과 같은 물품의 경우, 정투영법으로는 사면의 실형을 얻을 수 없다. 사면의 실형은 특히 보는 방향을 결정한 투영을 사용하지 않으면 얻을 수 없을 것이다.

이와 같은 투영은 정면도, 측면도, 평면도와 같은 삼각법의 배치에 놓은 투영법과 다르기 때문에 보조 투영도라고 부르고 물품의 사면에 대향(對向)하는 위치에 실형을 표시하는 그림으로 그려지는 것이 보통이다.

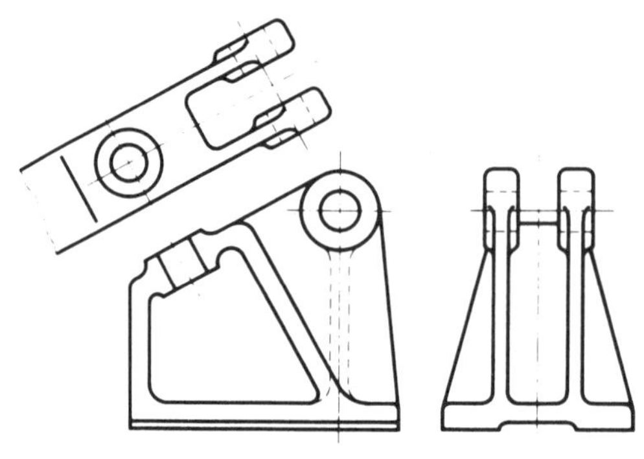

그림 27 부분 확대도

(2) 사정으로 사면에 대향하는 위치 이외의 도시법

지면 등의 사정으로 보조 투영도를 사면에 대향하는 위치에 배치할 수 없을 때는 **그림 28** (a)에 표시한 것 같이 화살표와 영자의 대문자로 표시한다. 그리고 (b)와 같이 중심선을 접어 구부린 위치에 기입해도 된다.

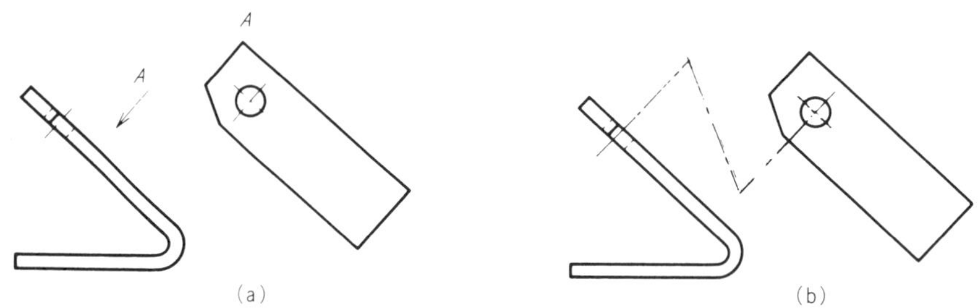

그림 28 대응해서 그릴 수 없을 때의 표시 방법(보조 투영도)

(3) 보조 투영도를 실제적으로 그리는 방법

보조 투영도는 3각법의 투영과 광선을 대는 방향이 다르다고 기술하였으나 실제로 복잡한 그림을 그릴 경우에 이 보조 투영은 응용 범위가 넓은 것이다.

　앞에서 제 1 각법에 의한 도시가 편리한 경우, 제 1 각법을 사용할 수 없기 때문에 대신 화살표와 문자로 표시할 수 있다고 기술하였으나 이것은 실제로는 이전부터 'A에서 본다' 등으로 사용되어 왔다. 지정된 장소에 투영도를 그릴 수 없는 경우, 물품의 내부에 있는 그림을 국부 투영으로 그릴 수 없는 경우 등 3각법의 투영중에서 많이 사용되고 있다.

　국부 투영과 보조 투영의 구별은 단지 사면에 대한 투영이 보조 투영도로 되는 것뿐이다. 그러나 주투영도 이외의 투영이기 때문에 기울어진 이외의 전투영을 도시하여도 소용 없게 된다. 그래서 보조 투영도에서는 생략하는 방법이 많이 사용되고 있다.

　그 하나는 앞에 나온 부분 투영도의 방법이다. 기울어진 부분의 생략에서 필요이외는 그리지 않도록 신경을 쓰는 것이다.

　그 둘째는 후절에서 나오게 되지만 간단 명료한 도시 방법이다. 보이는 도형을 전부 그려도 복잡하게 될 뿐이고 아무런 득으로도 되지 않는다. 반대로 불명확한 도시로 된다.

　이것은 일종의 국부 투영 방법으로 그린다. 필요한 부분밖에 그리지 않는 것이다. 그러나 이 방법을 부분 투영도로 그리면 생략하는 부분에 파단선이 필요하게 되지만 보조 투영도의 경우는 필요 이외의 부분은 그리지 않는 방법이기 때문에 많이 사용하면 좋을 것이다.

등각도를 그리는 방법

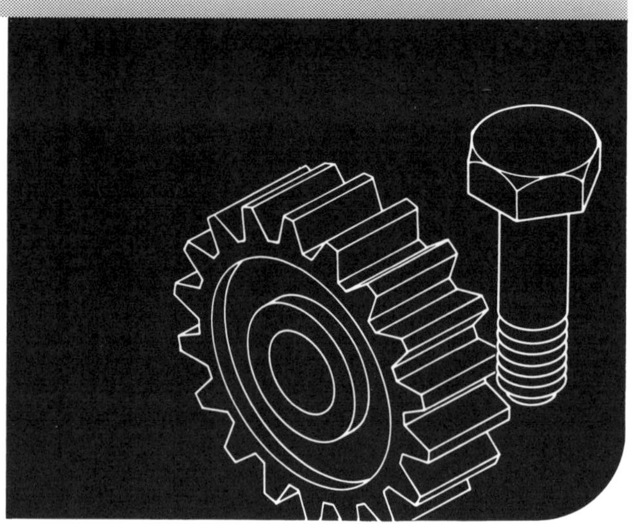

    플라스틱 모델의 조립도나 각종의 설명도에는 테크니컬 일러스트레이션(TI)이 많이 사용되고 있다. TI에는 넓은 의미에서 프리핸드의 삽화도 포함되지만 여기서는 기계 제도 등을 기본으로 해서 그려진다. 소위 입체도에 대해서 설명하고자 한다.

    기계 도면에 사용되고 있는 투영법「제3각법」을 이해하는 데는 상당한 연습이 필요하다. 더욱이 그 도면에서 제품을 만드는 경우, 도면을 옳게 읽고 있지 않으면 도면대로의 제품이 만들어 질 수 없다.

    이에 대해서 TI는 도면을 읽을 수 없는 사람에게도 물품 전체의 형상을 정확하고 직감적으로 이해시킬 수 있는 특징이 있다. 여기서는 TI 중에서도 이해하기 쉬운 등각도법에 대해서 설명해 간다.

등각도란

    등각도법은 주어진 도면의 치수를 그대로 사용해서 입체를 그리는 방법이다. 등각도법에 의해서 그려진 그림을 등각도(아이소메트릭도) 혹은 등측도라고 한다.

    그리고 같은 그림에 도면의 치수에 대해서 실제 치수×0.82의 소위 아이소메트릭 축척을 사용해서 그려진 등각 투영도(아이소메트릭 투영도 혹은 등측 투영도)라고 하는 것도 있다. 이것은 등각도에 비하면 전체는 약간 작게 되지만 형상에는 변함이 없다.

등각도를 그리는 방법

어떤 물품을 정면에서 봐서 기준점을 중심으로 좌우 45°로 나누어 놓고 이것을 등각도로 그리면 45° 방향의 선은 30°의 기울기로 표현된다.

그림 1과 같이 정방형의 판의 중심에서 45°로 교차하는 선을 그려서 이것을 기준으로 한다. 그 판을 수평에서 35°16′ 기울여서 화살표 방향에서 보면 기선이 수평선에서 30°의 각도로 보인다. 그것은 35°16′의 기울기 때문이다.

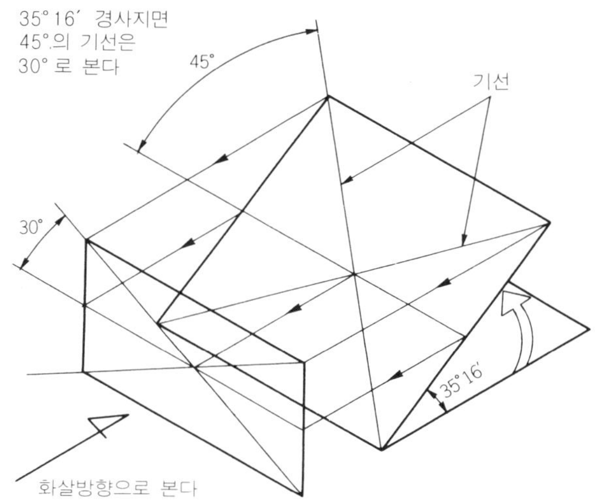

그림 1 등각도 인식 방법

등각도라고 하는 것은 **그림** 2 (a)에 표시하는 3면도의 A, B, C를 (b)에 표시하는 것 같이 한번 분리하고 30°를 기선으로 하는 곳에서 모은 것으로 생각하면 된다.

여기서 등각도의 특징을 정리해 본다.

① 45°의 선은 30°로 보인다. 수직선은 그대로 변함이 없다.

② 원은 타원으로 보인다(이 타원을 35°16′의 타원이라고 한다).

③ 주사위와 같은 입방체의 면에 그려진 세 방향의 원은 각각 **그림** 3에 표시한 것 같이 그려진다.

④ 35°16′ 기울기면 실제로는 실제 치수 1에 대해서 0.82로 축소되어서 보이지만 등각도에서는 이것을 편의상, 줄어지지 않는 것으로 생각해서 도면의 치수를 그대로 사용한다.

그러면 실제로 이 등각도를 어떻게 그릴 것인지를 설명한다.

등각도를 그릴 때는 우선 전체의 형상을 대략적으로 잡는다. 세부에 너무 신경을 쓰면 오히려 혼돈된다.

그래서 원래 도면(**그림** 2)의 요철을 묻어 버리고 **그림** 4 (a)와 같이 단순한 직방체의 상자로 생각하면 알기 쉽게 된다.

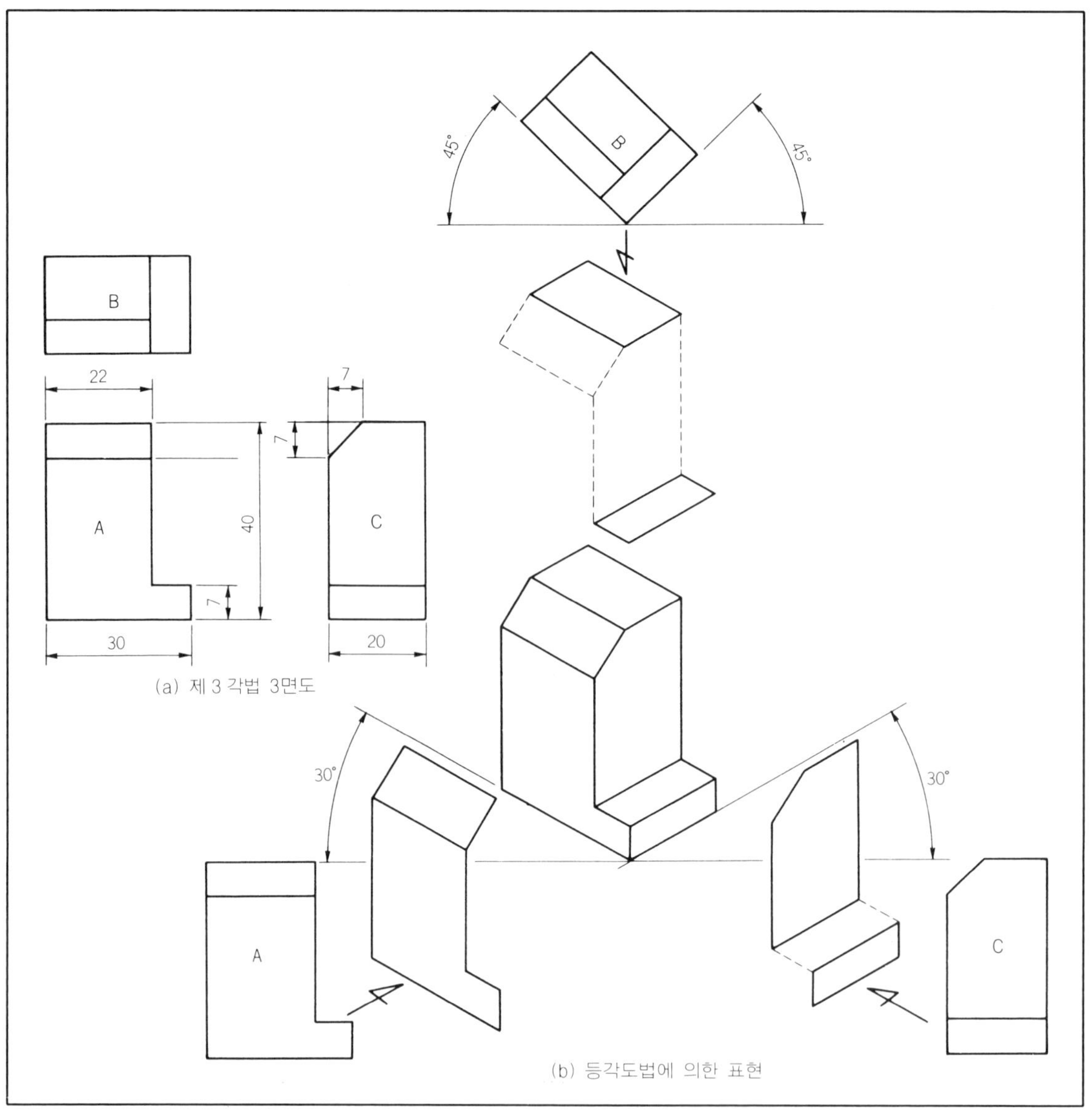

그림 2 등각도법에 의한 표현

이 상자에서 지우개를 나이프로 잘라 내는 것 같이 그려가는 방법을 상자에 채우는 법이라고 부르고 있다. **그림 4** (b)의 상자 채우기의 기본형을 기본으로 (c), (d)순으로 등각도를 그려 간다.

① 기준점을 정해서 축선 X, Y, Z 방향으로 요철을 묻어서 상자로 한 전체의 실제 치수를 잡는다.

② 원래의 도면(**그림 2**)의 치수를 상자 속에 취하고 선으로 연결한다.

③ 여분의 선을 지워서 완성한다.

등각도를 그리는 데는 사안지(30°로 교차한 선과 수직인 선이 인쇄된 것)를 사용하면 편리하다.

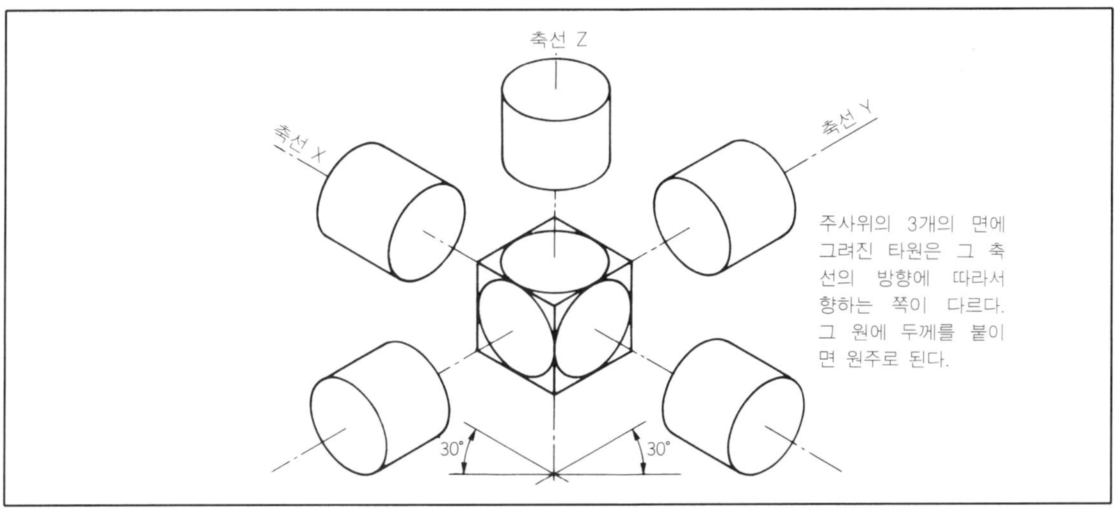

그림 3 타원의 3방향 (35°16'의 타원)

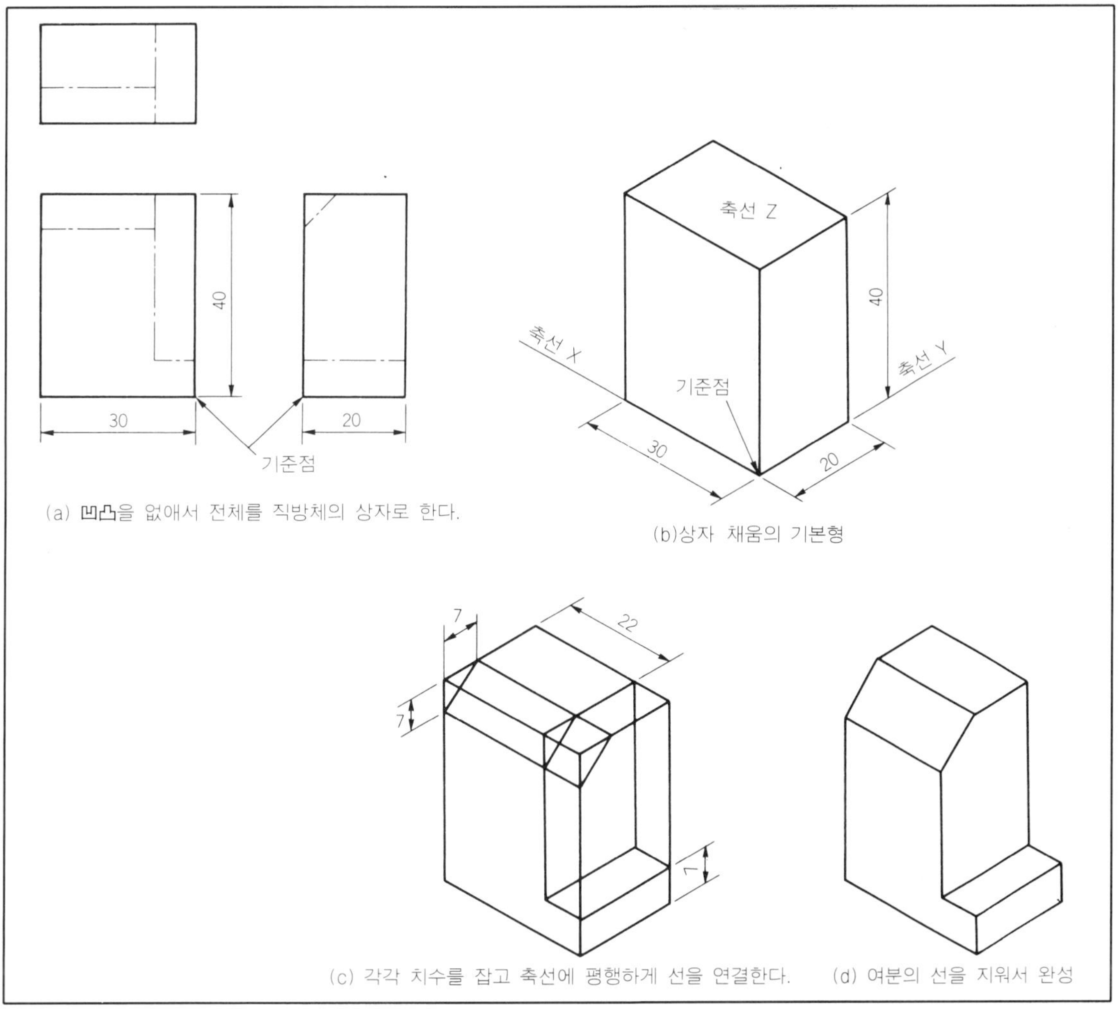

(a) 凹凸을 없애서 전체를 직방체의 상자로 한다.

(b)상자 채움의 기본형

(c) 각각 치수를 잡고 축선에 평행하게 선을 연결한다.　(d) 여분의 선을 지워서 완성

그림 4 상자 채움법에 의한 등각도를 그리는 방법

다음에 등각도의 원을 그리는 방법에 대해서 설명한다. 원은 35°16′의 타원 플레이트를 사용한다. 타원 플레이트는 여러 메이커에서 나오고 있으나 장축만이 아니라 사축에도 치수가 들은 플레이트를 선택하기 바란다.

도면의 원의 지름은 사축의 치수와 같게 된다. 장축의 치수는 실제 치수 1에 대해서 × 0.82의 등각 투영도를 그릴 때 사용한다.

그림 5 (a)에 표시한 것 같은 핀의 등각도를 그릴 때는 우선 어느 방향으로 그리는가를 결정한다. 세로 방향으로 그린다고 하면 **그림 5** (b), (c)에 표시하는 순서로 된다.

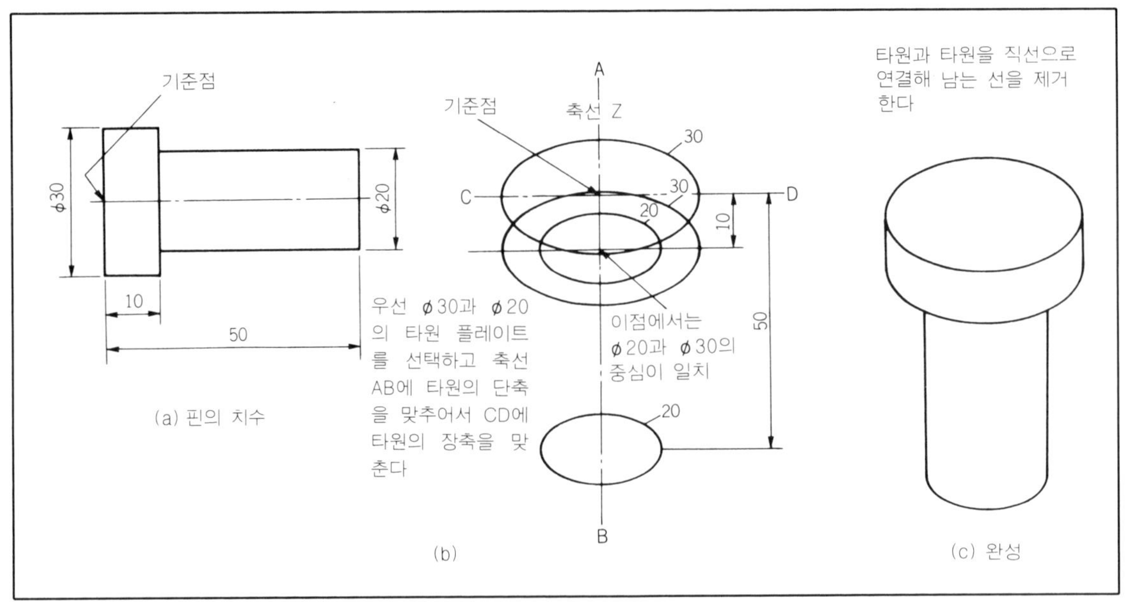

그림 5 핀의 등각도를 그린다 (세로 방향)

① 축선 Z 위에 기준점을 정한다. 기준점에서 핀의 전체 길이 50 mm, 머리의 두께 10 mm의 치수를 원치수로 축선 Z 위에 잡는다.

② 핀 머리의 지름은 30 mm이므로 타원 플레이트의 사축이 30 mm인 것을 선택한다. 그래서 축선 Z(이것을 AB 방향으로 한다), 그리고 축선에 치수를 잡은 기준점의 위치를 CD로 한다. 타원 플레이트의 단축을 AB의 방향에 맞추고, 장축을 CD의 방향에 맞춰서 타원을 그린다.

다음에 핀의 축인데 사축이 20 mm의 타원 플레이트를 사용해서 같은 순서로 그려 간다. 기준점에서 10 mm인 곳에서는 30 mm와 20 mm인 타원의 중심이 일치하고 있기 때문에 겹쳐서 20 mm인 타원은 보이지 않게 된다. 따라서 20 mm인 타원은 그릴 필요가 없다.

③ 각각의 타원을 직선으로 연결해서 마지막으로 여분의 선을 지우면 핀의 등각도가 완성된다.

축선을 X방향, Y방향으로 취했을 때와 같이 축선과 단축의 방향을 일치시킨다.

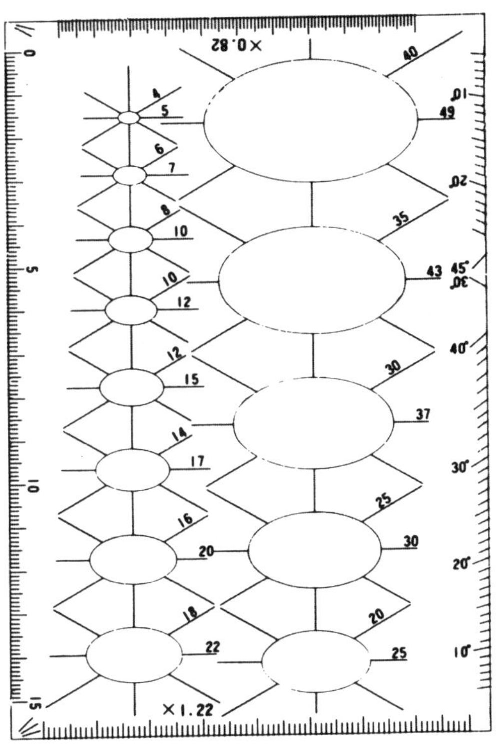

그림 6 35°16′의 타원자의 예

도면 속에 각도가 나오게 되었을 때는 타원 분도기를 사용한다. 그 사용 방법은 타원 플레이트를 사용할 때와 같은 요령으로 등측축(等測軸)의 축선에 타원 분도기의 단축 방향을 맞추어서 보통의 분도기와 마찬가지로 눈금을 재서 사용한다.

＊　　　　　＊　　　　　＊

등각도를 그리는 데는 사안지(斜眼紙)나 **그림 6**과 같은 35°16′의 타원자(사축에 치수가 들어 있는 것), 삼각자(15 cm 정도의 것), 입체 분도기 등이 있으면 그릴 수 있다.

복잡한 형상에서 3면도만으로는 알기 어려운 제품은 등각도에 치수를 넣어서 3면도와 함께 작업자에게 넘겨 주면 도면을 잘못 읽어서 생기는 형상의 착오는 보다 적게 된다고 생각된다.

지금까지 설명한 점에 신경을 쓰면 누구나 등각도를 그릴 수 있게 된다. 우선, 간단한 그림부터 그리도록 해보자.

입체 분해도를 그리는 방법

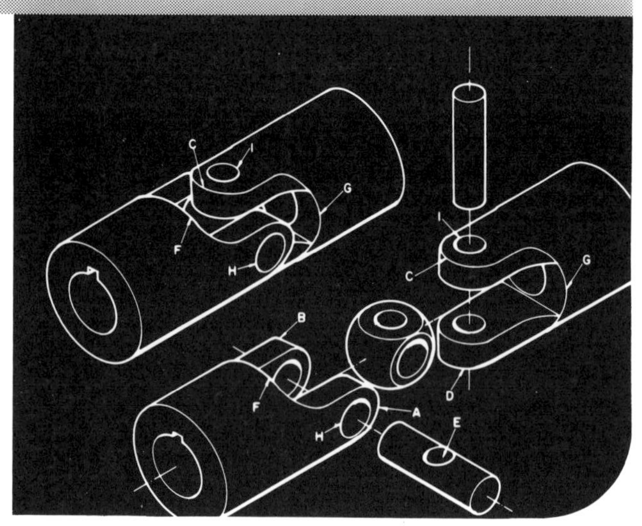

입체 분해도란

　기계의 카탈로그나 기기의 서비스 매뉴얼에서 잘 볼 수 있는 것처럼 부품이 어떻게 늘어서 있는가 혹은 제품의 분해 순서 등을 표시한 것이 입체 분해도이다.

　입체 분해도는 exploded illustration, exploded view(축 방향으로 폭발시키기 쉽다는 의미의 미국 속어)를 해석해서 확산 분해도라고도 부르고 있으나 본래대로라면 조립한 형상으로 사용되는 기계나 기기의 구성 부품을 「분해」 혹은 「조립」의 순으로 흩어져서 부품이 공중에서 정지하고 있는 것같이 그린 그림이다. 각 부품은 등각도법으로 그려지고 있다.

　사진 1은 그 한 예로 기어 펌프의 실물과 그것을 입체 분해도로 표시한 것이다.

입체 분해도의 기본적인 사고 방식

　입체 분해도는 **그림 1**과 같이 기준선(플로 라인 - 연락선이라고도 한다) 위에 부품을 배치해 가지만 이 기준선을 잡는 방법은 등각도의 경우와 같고, 기준의 축선 X, Y, Z의 3방향이 기준이 된다.

　입체 분해도에서는 기준선 X, Y, Z의 3방향 각각의 축선에 있어서 부품을 구성하는 면

을 등측면, 개개의 부품을 화면상에 배치할 때, 그들 부품과 번호를 연결하는 선을 호출선
(콜 아웃 또는 인덱스 라인), 각 부품에 붙인 번호를 색인 번호(인덱스 넘버)라고 한다.

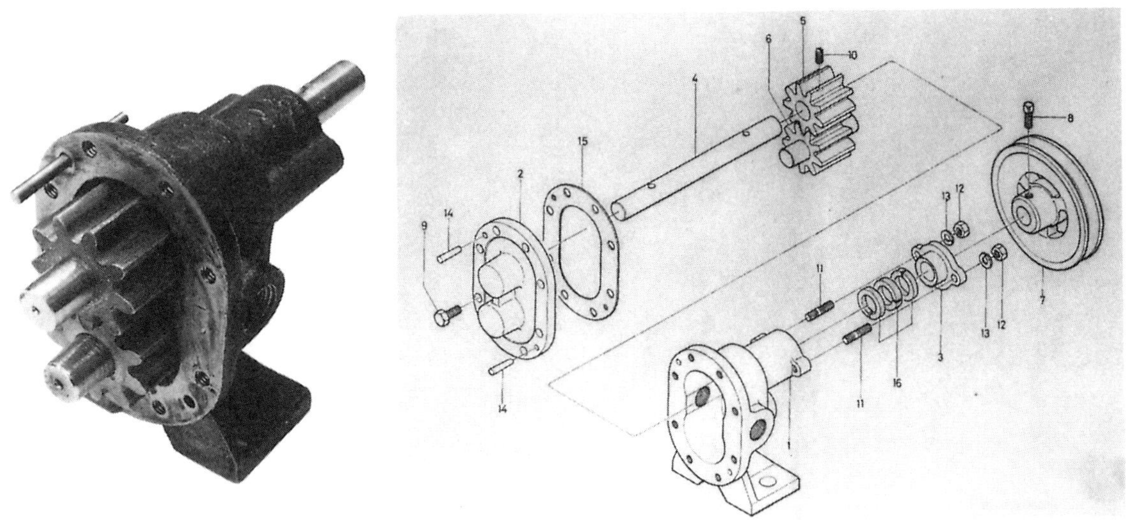

사진 1 기어 펌프의 실물(좌)과 그의 입체 분해도

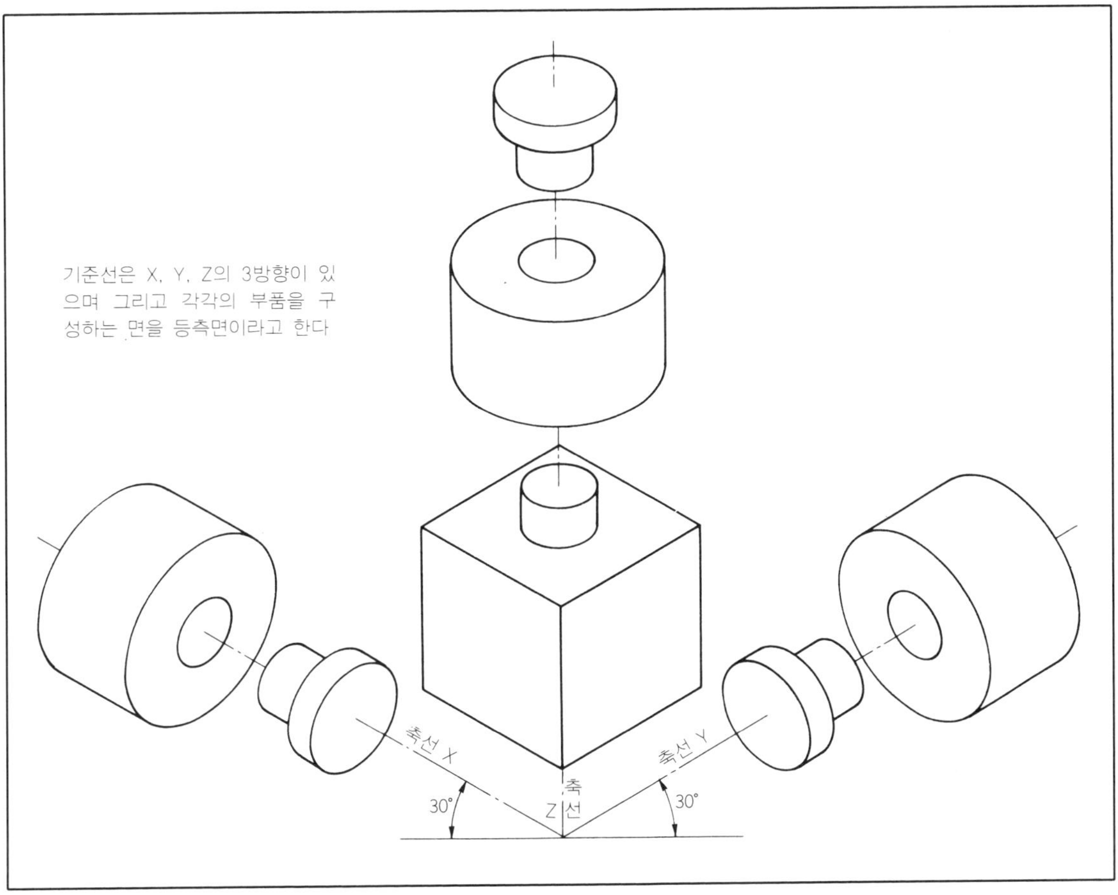

그림 1 기준선의 3방향

그리고 그림과 호출선, 색인 번호를 포함한 전체의 구성을 레이아웃이라고 한다. 레이아웃은 개개의 부품을 단순히 깔끔하게 늘어 놓으면 되는 것이 아니다.

입체 분해도를 그릴 때의 주의 사항을 들어 본다.

① 그리려고 하는 기계나 기기의 기구, 기능을 중시하는 것이다. 이것은 가장 중요한 것이다.

② 레이아웃은 기준선 위에 부품을 배열한다.

기준선에는 가는 일점 쇄선을 사용한다. 경우에 따라서는 그 선을 생략하는 일도 있다. 그리고 **그림 2**에 표시하는 것 같이 기준선을 접어 구부려서 표시하는 일이 있으나 이 경우에는 입체각 90°로 등측면 내에서 접어 구부린다.

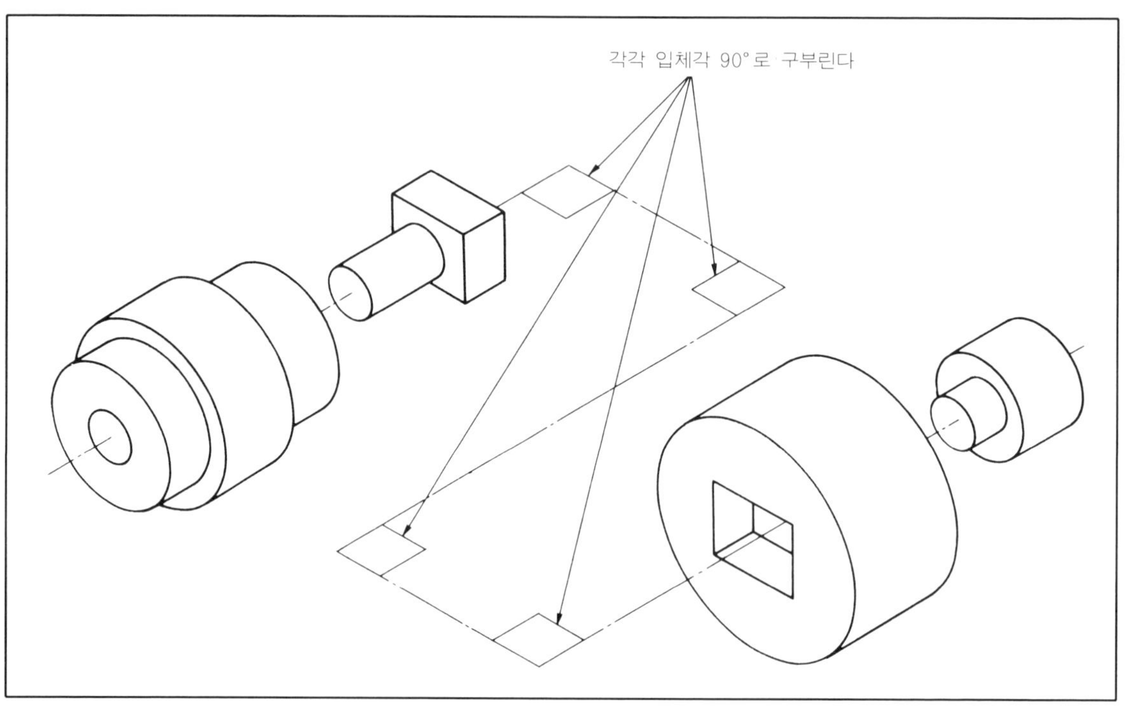

그림 2 기준선의 접어 구부리기 (등측면을 수평으로 한 예)

③ 부품은 분해하는 순서로 늘어 놓는다.

④ 입체 분해도에서는 개개의 부품이 독립해서 인식할 수 있는 것이 중요하다. 부분적으로 부분끼리 겹치거나 부분적으로 조립한 상태에서 그리는 경우에는 오해를 일으키지 않도록 겹치게 하여야 한다.

⑤ 개개의 부품을 같은 간격으로 레이아웃하는 것이 아니라 큰 부품에 부속된 볼트 등은 다소 큰 부품에 가깝게 그린다.

⑥ 호출선의 인출 방법은 **그림 3**과 같이 기준선이 OX, OY 방향에서는 수직 방향으로 OZ 방향에서는 수평 방향으로 그리도록 하면 임의로 그려 넣는 것보다 훨씬 보기 쉬운 그림이 된다.

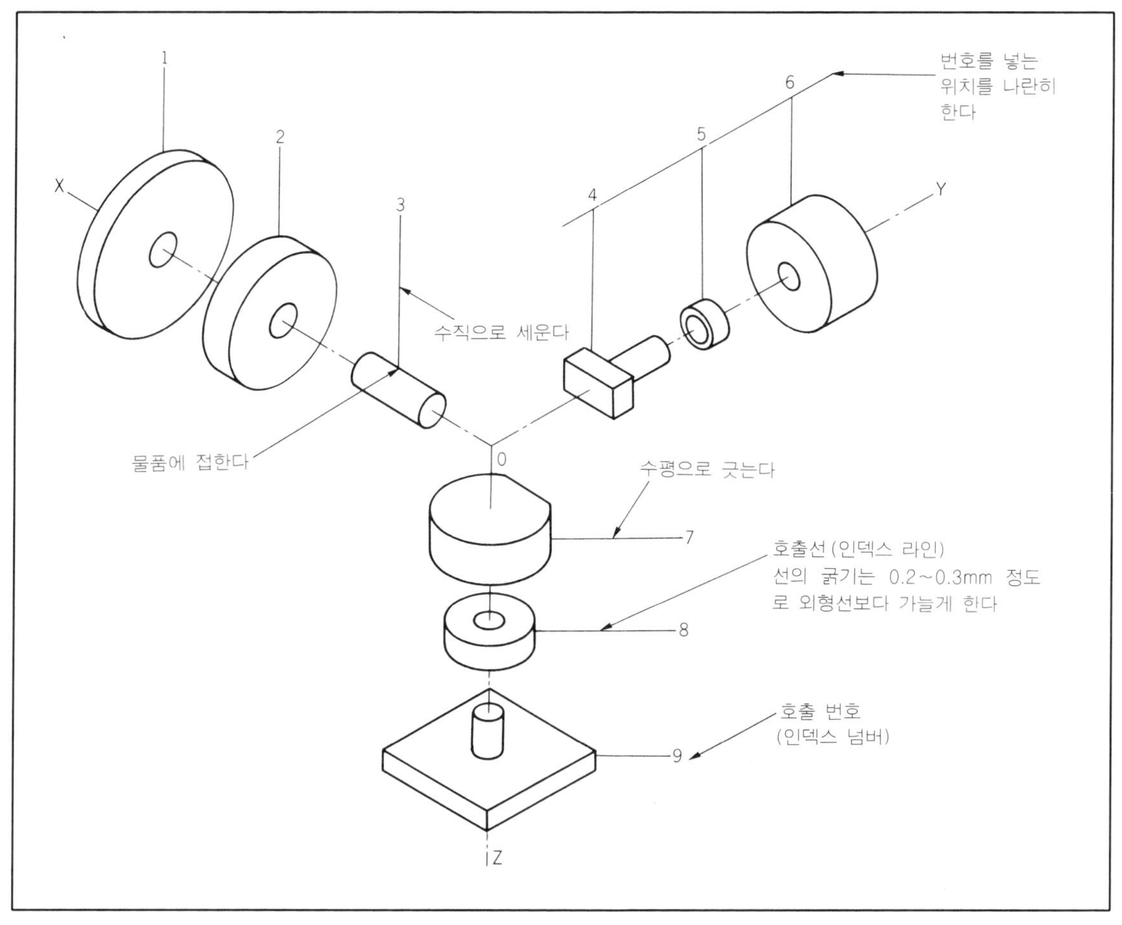

그림 3 호출선의 인출 방법

이 호출선은 너무 길게 하지 않는 것이 그림이 간결하다. 그림의 크기나 레이아웃의 상
태에도 따르지만 A2판에서는 5~6 cm 정도가 좋을 것이다. 그리고 부품의 가짓수가 많고
부품 상호의 간격이 좁은 것에서는 **그림 4**와 같이 색인 번호를 부채 모양으로 펼치는 일
도 있다(부채꼴 방식이라고 한다).

⑦ 입체 분해도를 그리는데 있어서는 부품수나 전체의 크기를 생각해서 적절한 크기의
용지를 선택하는 것이 중요하다.

입체 분해도를 그리는 방법

전체의 레이아웃에 있어서는 무턱대고 그림을 그리지 말고, 프리핸드에 의한 밑그림이
필요하다. 부품수가 많고 복잡한 제품에서는 배열하는 방향을 정하고 각각의 부품을 한가
지씩 그리고 그것을 기준선 위에 늘어 놓고 배치를 정해 간다.

개개의 부품을 그리는 방법에 대해서는 등각도법 항을 참고해 주기 바란다.

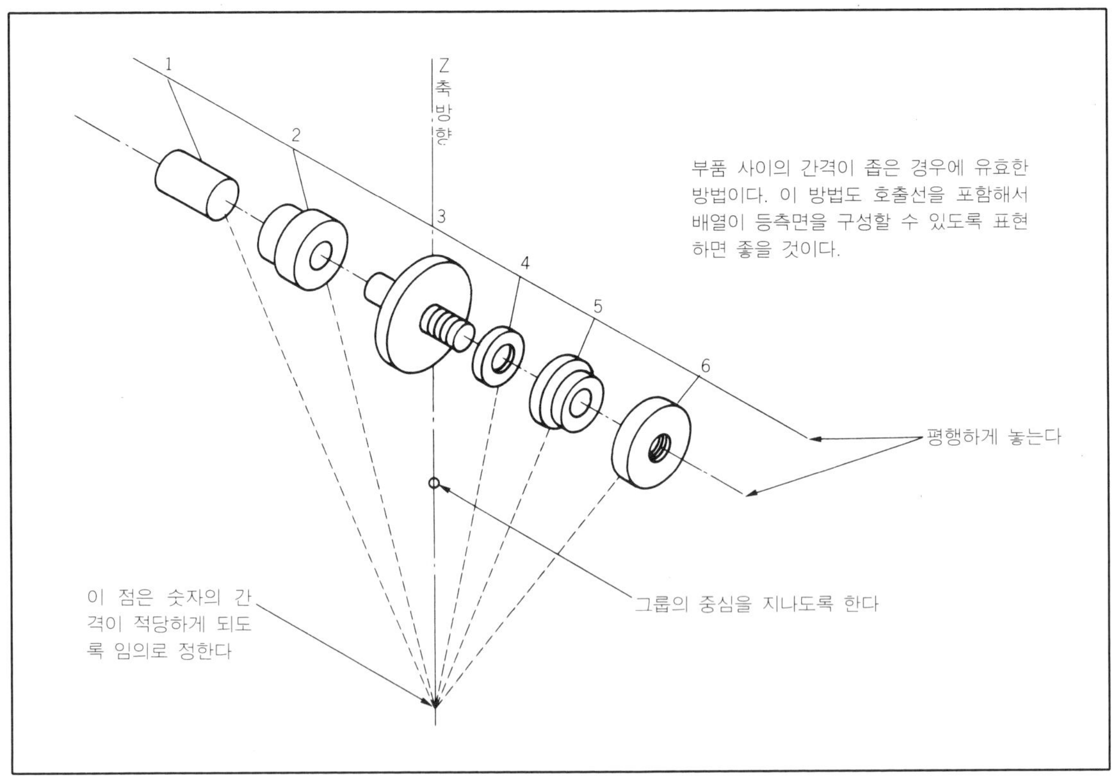

그림 4 부채꼴 방식

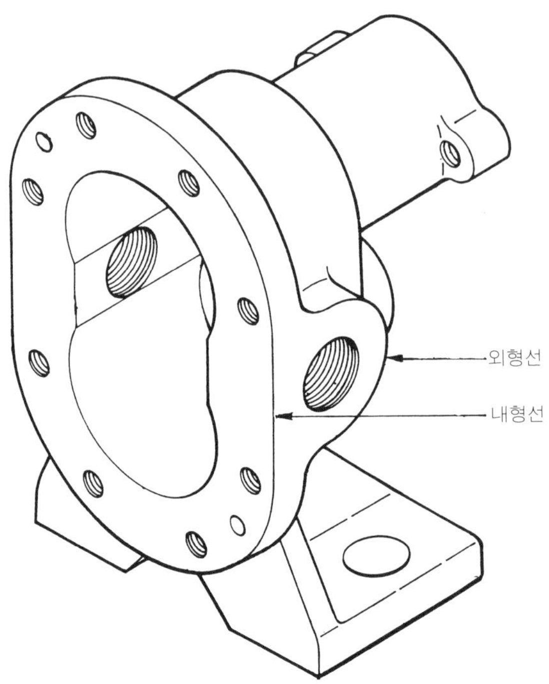

그림 5 외형선과 내형선

대지에 붙이는 순서로는

① 두꺼운 트레이싱 페이퍼에 기준선을 긋는다(뒷면에 연필로 그으면 작업 중에 선이 지워지지 않고 완성된 다음에 지울 수 있어서 편리하다).

② 기준선 위에 각 부품을 배치한다.

③ 호출선, 색인 번호를 넣는 스페이스도 생각하면서 각 부품도를 움직여서 조정해 레이아웃을 결정한다.

대지에 붙이는 일이 완료된 그림을 밑그림이라 한다. 밑그림을 기본으로 해서 연필이나 먹물로 트레이스 마무리를 한다. 그 마무리에는 선에 강약을 붙인다.

기본적으로는 그림의 외형선은 굵은 실선으로 하고 내형선(두면의 경계선)은 가는 실선으로 한다(**그림 5**).

입체 분해도에서 좋은 작품이란 한 눈으로 봤을 때, 그림이 떠올라 보이고 그림과 호출선의 관계로 명료하게 알 수 있는 것이다. 또한 부품의 가짓수가 많은 경우에도 전체의 균형이 좋고 산뜻하게 보이는 것이 좋은 레이아웃이라고 할 수 있을 것이다.

단면도를 표시하는 방법

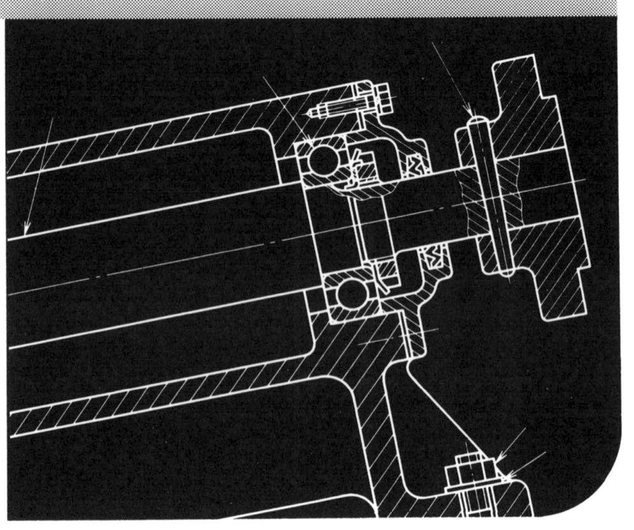

　물품 등의 내부의 보이지 않는 부분의 형상은 은선을 사용해서 그릴 수 있으나 복잡한 것에서는 은선을 많이 그리게 되어서 이것들이 중복하게 되면 대단히 보기 싫은 도면이 되어 버린다. 그리고 은선은 파선을 사용하기 때문에 제도의 능률면에서도 그다지 사용하고 싶지 않은 일도 있을 것이다.

　이와 같은 경우에는 물품의 보이지 않는 부분이나 가장 보고 싶은 곳을 절단면으로 물품을 절단한 것 같은 형상으로 해서 도시할 수 있다.

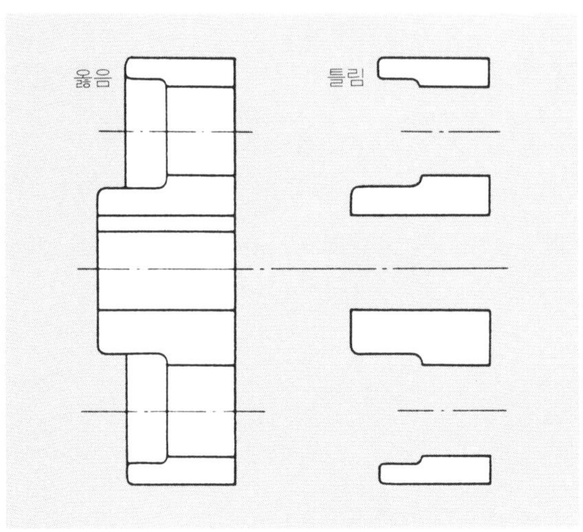

그림 1　단면도는 자른면의 안도 그린다

그렇게 하면 은선을 사용할 것 없이 내부의 상태를 알기 쉽게 표현할 수 있으므로 가공 도면 등에는 대단히 많이 사용되고 있다.

그림 1은 어떤 물품의 단면도와 벤 자리를 표시한 것이다. 이 경우, 단면도는 벤 자리의 도형만으로는 부족하고 벤 자리에서 속에 보이는 부분까지 그릴 필요가 있다. 벤 자리의 그림만으로는 물품의 형상을 알 수 없고 4개 부품의 배치를 표시한 것처럼 보이게 되어 버린다.

전단면도

물품의 기본적인 형상을 가장 좋게 나타내는 절단면을 정해서 얻을 수 있는 단면을 생략하지 않고 전부를 그린 도형이다.

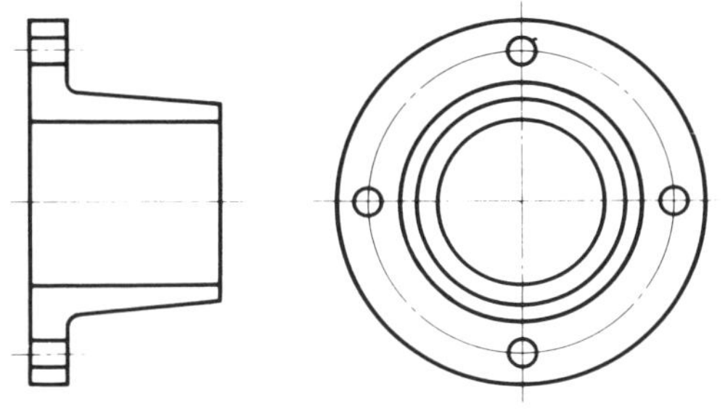

그림 2 회전체는 축선을 포함하는 평면을 절단면으로

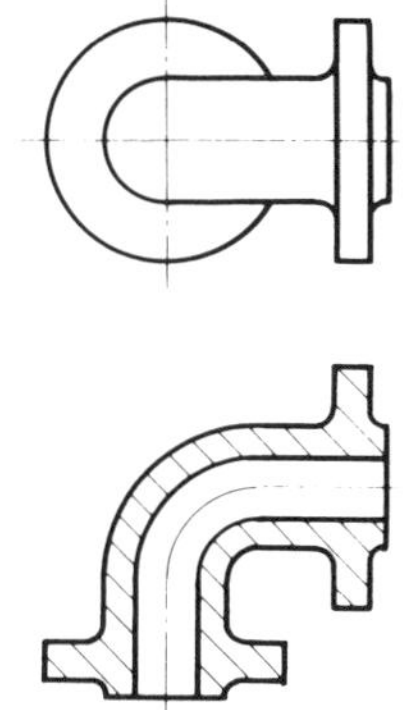

그림 3
세로 축선으로 절단

그림 2와 같은 회전체의 경우에는 그 축선을 포함하는 평면을 절단면으로 하고 **그림** 3과 같은 경우는 축선이 접어 구부러져 있으나 세로·가로 양축선을 포함한 평면을 절단면으로 한다.

이와 같은 기본 중심선으로 절단한 전단면도에서는 절단선은 기입하지 않는다.

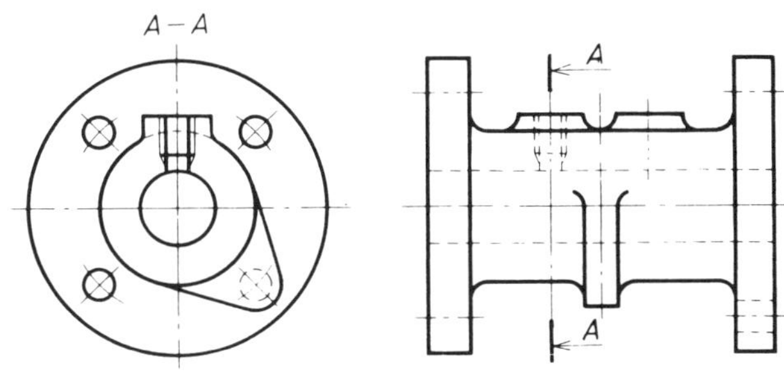

그림 4 특정한 부분을 표시할 때는 절단 위치를 표시한다.

그리고 물품의 특정한 위치를 표시하기 위해서 기본 중심선을 포함하지 않는 절단면을 사용하는 경우도 있다. 그러나 이 경우는 절단선에 의해서 절단의 위치를 표시할 필요가 있다(**그림 4**).

  이 그림에서는 절단선의 양쪽에 보이는 방향을 표시하는 화살표가 붙어 있지 않으나 이 것은 3각법에 있어서 왼쪽에서 본 그림이 되기 때문에 화살표는 특별히 필요하지 않다.

한쪽 단면도

  물품의 형상이 대칭인 경우, 그 대칭 중심선에서 한쪽을 단면도 로 해서 다른 한쪽을 외형도로 표시하는 방법으로 내부의 형상과 외부의 형상을 동시에 표시할 수 있다(**그림 5**).

  한쪽 단면도를 그릴 때는 대칭 중심선의 상, 하, 좌, 우의 어느 위치를 단면도로 하느냐 하는 규정은 없다.

  따라서 그 도면의 목적, 치수, 기호 등의 배치에 따라서 가장 사정이 좋은 면을 택한다.

  그러나 기본적으로는 윗쪽에서 오른쪽을 단면도로 하는 경우가 많은데, 또 이것이 보기 쉬운 도면이다.

부분 단면도

  외형도 일부분의 내부를 은선을 사용하지 않고 알기 쉽게 표시 하고 싶을 때 필요로 하는 개소를 부수고 단면도로 표시하는 방법이다(**그림 6**).

  이 경우는 파단선을 사용해서 외형도와의 경계를 만든다.

  그러나 이 경계는 단이나 이음매, 구김살 등에 의해서 표시되는 외형선의 개소에 따라 서는 안된다.

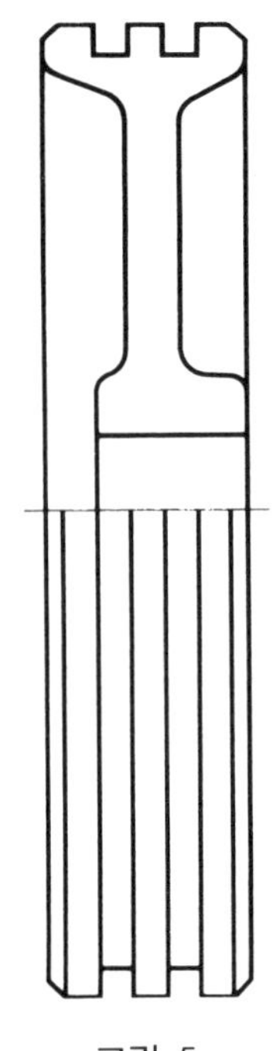

그림 5
특정한 부분을 표시할
때는 절단 위치를
표시한다

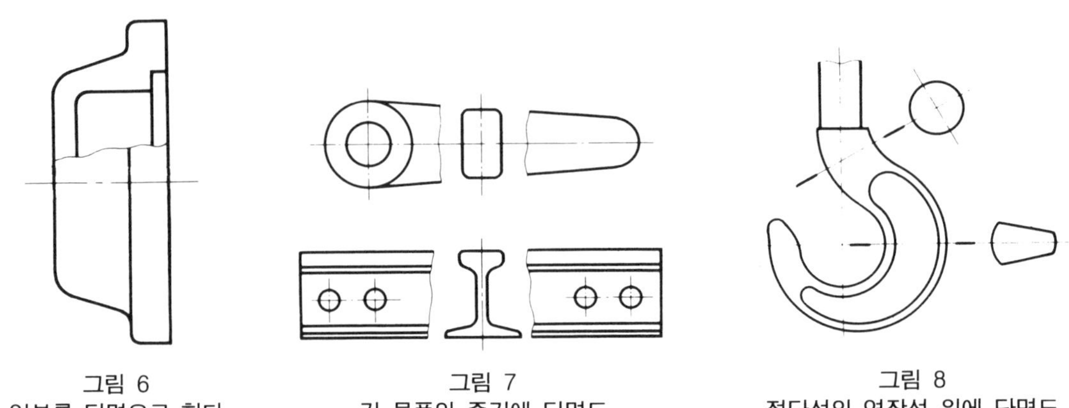

그림 6
일부를 단면으로 한다

그림 7
긴 물품의 중간에 단면도

그림 8
절단선의 연장선 위에 단면도

회전 도시 단면도

　지금까지의 단면도는 물품을 투영한 면에 평행한 절단면을 그린 것이지만 회전 도시 단면도는 투영면에 수직인 절단면에 의해서 생기는 자른 면의 도형이다.

　그림 7은 어느 정도 길이가 있는 물품의 중간을 잘라 내서 스페이스를 잡고 그 위치에 자른 면을 90° 회전해서 그린 것이다.

　그리고 **그림** 8과 같이 단면의 형상이 도중에서 변화하는 경우에는 전술한 것처럼 그릴 수는 없기 때문에 절단 위치를 표시하는 절단선을 긋고 그 연장선 위에 90° 회전해서 그린다.

　그림 9는 그림의 중간을 잘라 내서 스페이스를 내는 여유가 없는 경우에 사용하는 방법으로 자른 면을 그대로 도형 속에 그려도 자른 면끼리 간섭하지 않으면 단면을 그림 속에서 90° 회전해서 그릴 수 있다. 이때 단면은 가는 실선을 사용한다.

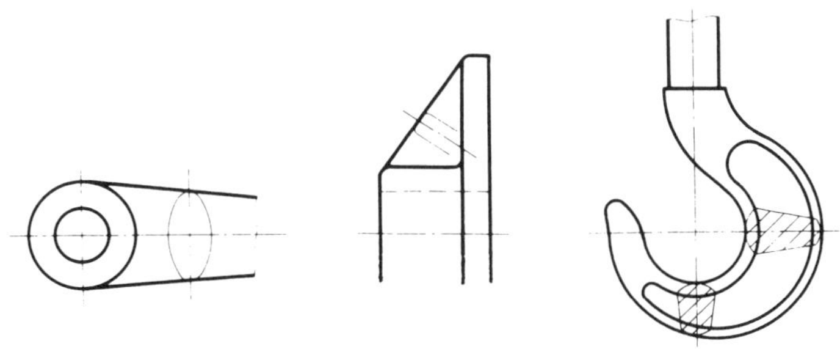

그림 9　단면을 도형 속에 그린다

조합에 의한 단면도

　이것은 2개 이상의 절단면을 사용해서 물품을 표시할 때의 단면도를 그리는 방법이다. 이 경우, 필요에 따라서 단면을 보는 방향을 표시하는 화살표와 문자 기호를 붙인다. 문자 기호는 보통 알파벳의 대문자를 사용하고 절단선이나 화살표의 방향과 관계없이 전부 상향으로 기입한다.

　물품이 대칭형이거나 그에 가까운 형상의 경우는 대칭 중심선에서 한쪽을 한쪽 단면도로 그리고 또 한 편은 소정의 형상을 포함하는 절단면으로 절단해서 자른 면을 투영도까지 회전해서 표시한다. 회전하는 방향은 **그림** 10과 같이 앞으로 회전하거나 **그림** 11과 같이 반대쪽으로 하거나 소정의 형상이 있는 위치에 따라서 선택한다.

　그리고 2개의 절단면이 끼는 각도는 90° 이하로 되지 않도록 하는 것이 일반적이며 **그림** 12가 한도이다.

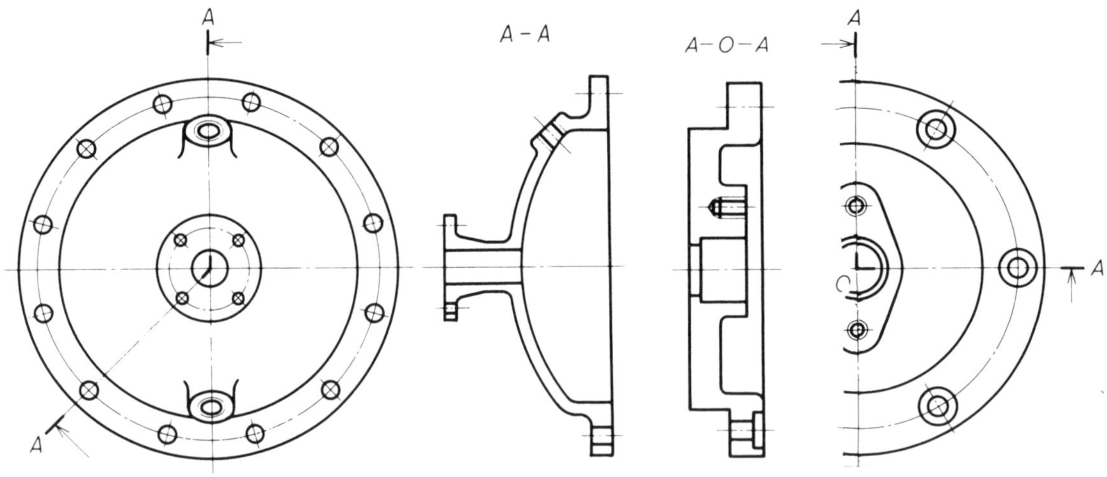

그림 10 대칭형에 가까운 물품의 조합 단면도   그림 12 두개의 단면이 끼는 각도가 90°

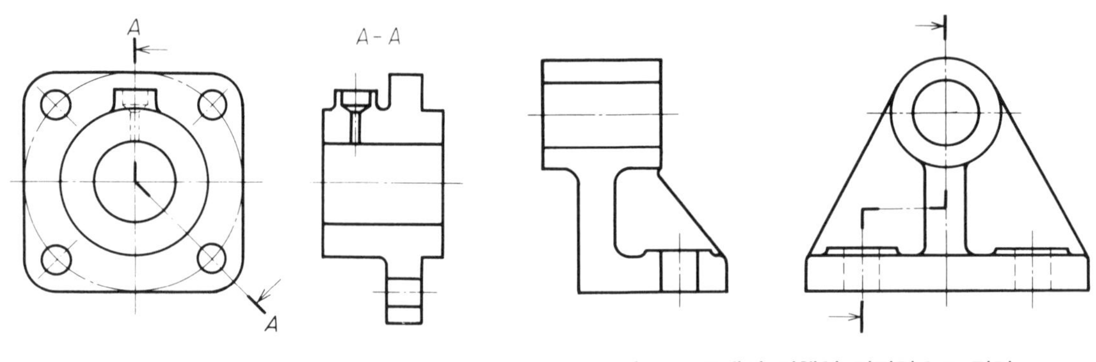

그림 11 조합 단면도   그림 13 두개의 평행인 절단면으로 절단

물품을 2개 이상의 평행인 절단면으로 절단하고 그 단면도를 합성해서 표시하는 경우도 있다(**그림 13**). 이 경우, 절단선은 평행이기 때문에 그것에 직각으로 임의의 위치에서 절단선끼리를 연결한다. 이 연결된 선은 이론적으로는 단면도에 나타나야 할 것이지만 이 선은 그리지 않기로 되어 있다.

그러면 물품이 구부러져 있거나 꾸불꾸불하고 있는 경우는 어떠한가, JIS에서는 구부림에 따른 절단면을 절단해서 단면도를 그릴 수 있다고 되어 있다(**그림 14**).

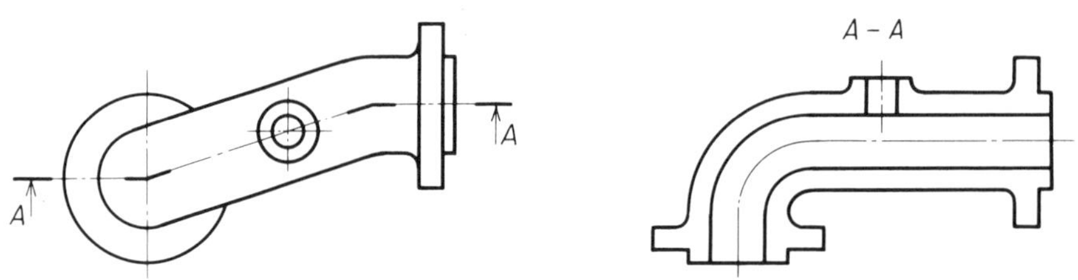

그림 14 구부림에 따른 절단

이때 단면도는 절단면의 전체 길이로 표시하는 것이 아니고 물품의 투영면에 수직으로 투영한 그림을 그린다.

그러나 **그림** 14와 같은 단순한 구부림에서는 투영도로 표시할 수 있으나 병풍과 같이 꺾어 구부려서 배치된 구멍 등은 구멍이 겹쳐서 표시되는 경우도 나타나게 된다. 이와 같은 경우에는 전개해서 표시하는 방법이 사용된다.

더욱 복잡한 형상의 물품을 표시할 때는 지금까지 기술한 단면법을 사용해서 많은 단면도를 그릴 필요가 있다(**그림** 15).

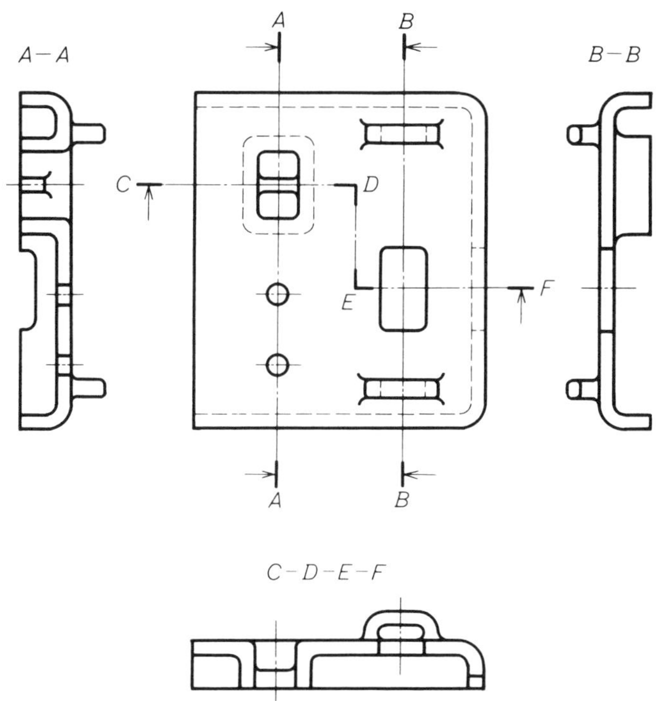

그림 15 복잡한 형상에는 다수의 단면도

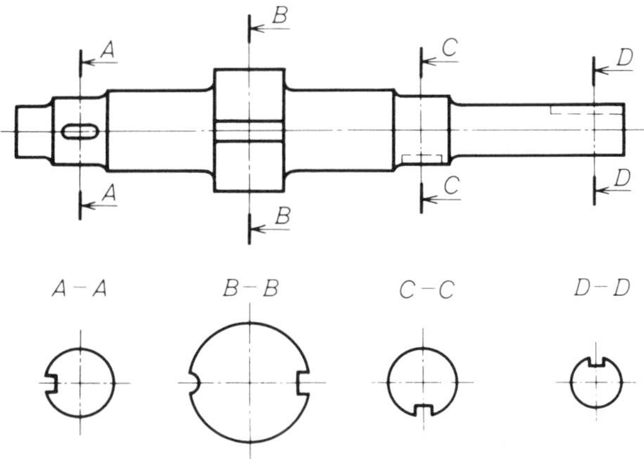

그림 16 축의 단면 형상을 절단면의 연장에 그린다

　그리고 **그림 16, 17**과 같이 축에 여러 가지 형상의 홈이 여러 가지 위치에 있는 것을 표시한 단면도는 절단면의 연장상이거나 중심선상에 그리고 절단면을 보는 방향을 같게 하도록 한다.

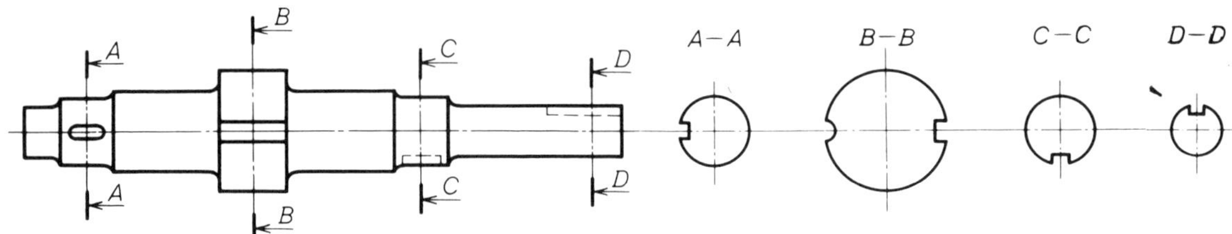

그림 17　축의 단면 형상을 축의 중심선 위에 늘어 놓고 그린다

　이 그림의 B-B 단면을 보면 좌측에 둥근 홈, 우측에 모난 홈이 있어서 어느 것이 투영도의 앞쪽에 있는가를 명시하기 위해서, 절단선에 보는 방향을 표시하는 화살표가 필요하다. 따라서 다른 절단면도 이것과 맞춘 방향에서 보이도록 한 것이 좋을 것이다.

　그림 18은 터빈 블레이드의 그림인데 이와 같이 물품의 형상이 서서히 변화하는 경우는 다수의 단면도를 사용해서 표시할 수 있다. 실제의 형상은 단면도로 표시된 다수의 절단면을 매끄러운 곡선으로 연결한 것이 되기 때문에 단면도의 수를 많이 할수록 곡면을 보다 정확하게 표시하게 된다.

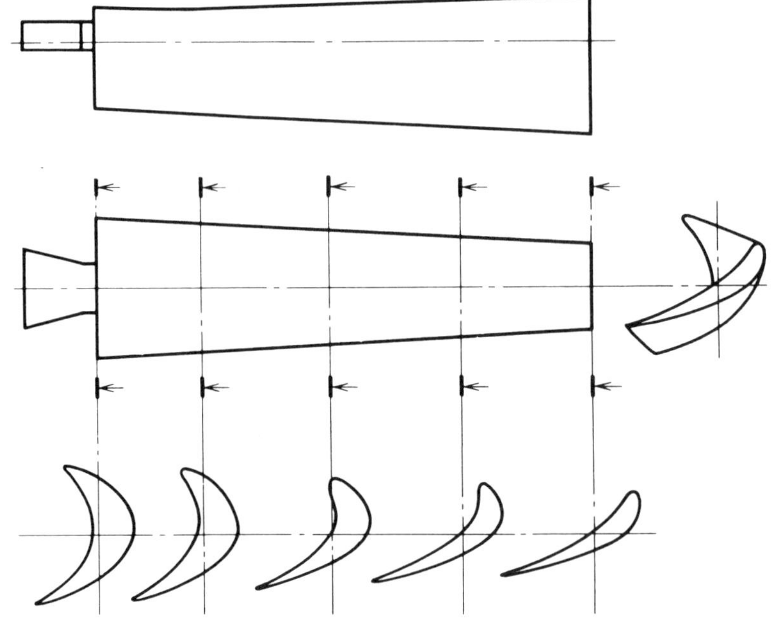

그림 18　형상의 변화를 다수의 단면도로 표시한다

　따라서 그 사용 목적이나 편차의 범위에 의해서 절단면의 수가 결정되는 것이다. 지금까지 단면의 방법과 그 표시 방법에 대해서 기술해 왔으나 절단하면 오히려 이해하기 어

렙게 되는 것 또는 절단해도 의미가 없는 것도 있다.

　예컨대 축, 핀, 리브, 볼트, 너트, 와셔, 리벳, 기어 등이 그것이고 이것들은 원칙적으로 길이 방향으로는 절단하지 않는다.

　6각 볼트를 길이 방향으로 절단했다고 생각해 보면 내부에 무엇인가 있는 것도 아니고 오히려 6각 볼트인가, 4각 볼트인가 또는 원형의 두부(頭部)인가 알지 못하게 되어 버린다. 따라서 특수한 중공축에서 그 내부를 표시하고 싶다는 경우를 제외하고는 절단하는 의미가 없다.

　가령, 축 일부에 외형선으로 표시하고 싶은 것이 있는 경우에는 부분 단면도를 사용해서 표시한다.

　단면도를 그렸을 때 그 자른 면에 해칭이나 스머징을 하는 경우가 있다. 이것을 하면 자른 면이 다른 것과 구별될 수 있고 보기 쉽게 되는 이점도 있으나 특별히 하지 않아도 관례에 따라서 해소할 수 있는 것이고 해칭이나 스머징을 하는 데는 시간도 걸린다.

　그 때문인지 JIS에서는 해칭, 스머징을 하는 경우의 규격은 있으나 '…을 하지 않는다'라고 하는 규정은 없다.

　그러나 ISO를 위시해서 해외 주요국의 규격에서는 해칭을 하는 것을 규정하고 있으므로 주의하여야 한다.

　그러면 해칭, 스머징을 하는 경우의 규정을 들어 본다.

　① 같은 절단면 위에 나타나는 동일 부품의 자른 면에는 같은 해칭 또는 스머징을 한다. 그러나 계단 형상의 절단면의 각 단에 나타나는 부분을 구별할 필요가 있는 경우에는 해칭을 비켜 놓을 수가 있다(**그림 19**). 그리고 해칭은 주된 중심선에 대해서 45°로 하는 것이 좋다.

　② 인접하는 자른 면의 해칭은 선의 방향 또는 각도를 바꾸거나 그 간격을 바꾸어서 구분한다. 또 자른 면의 면적이 넓은 경우에는 그 외형선에 따라서 적절한 범위에 해칭을 한다. 해칭하는 부분 안에 문자, 기호 등을 기입할 필요가 있을 때는 해칭을 중단한다.

　③ 단면도에 재료 등을 표시하기 위해서 특수한 해칭을 하여도 된다. 그 경우에는 그 의미를 그림 속에 명확하게 지시하거나 해당 규격을 인용해서 표시한다.

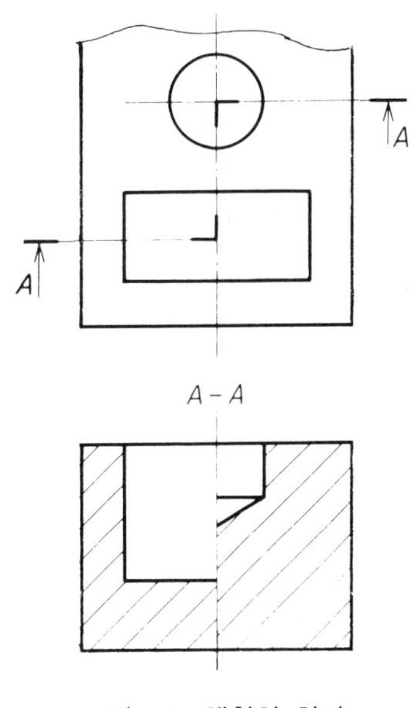

그림 19　해칭의 처리

도형의 생략

(1) 대칭 도형의 생략

물품을 도형으로 만드는 경우, 물품의 전체를 표시하지 않아도 상하 또는 좌우 각각 대칭이 되는 선(대칭 중심선)에 대해서 대칭인 경우에는 그 일부분을 생략해서 표시할 수 있다. 이 도시 방법은 종래부터 활용되고 있는 것이지만 어디까지나 도면을 보는 사람이 보기 쉬운 것을 주안으로 한 것으로 제도의 생략화를 목적으로 한 것은 아니다.

따라서 복잡한 도면에서 이 방법이 적용될 수 있는 것이라면 독도자의 시간 절약이 되고 잘못 보는 것도 줄 것으로 생각한다.

물품이 대칭 중심선에 대해서 완전 대칭이면 대칭 중심선의 한쪽을 생략할 수 있다. 그 때 JIS에서는 **그림 1**과 같이 중심선의 양끝에 짧은 2개의 평행 세선(대칭 도시 기호라고 한다)을 붙이게 되었다.

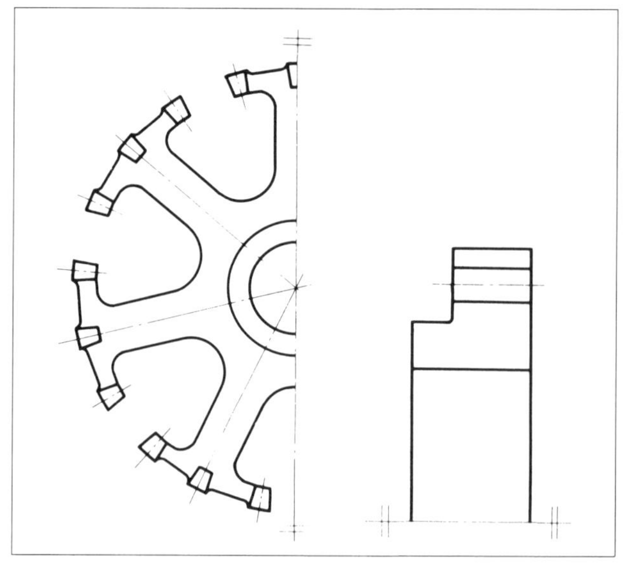

그림 1　두 개의 가는 선으로 대칭 도형의 생략을 표시한다

이 기호는 종래 사용하고 있지 않았으나 ISO의 규정에 JIS도 정합시킨 것이다. 그러나 대칭 도형을 이 방법으로 그렸을 때 대칭 중심선에 걸친 것 ―― 예컨대, 핀 구멍, 키 홈, 작은 나사 등――의 형상을 표시하는 선은 애매하게 되고, 정확한 형상을 알 수 없게 된다. 그래서 이와 같은 경우에는 **그림 2**와 같이 대칭 중심선을 넘어서 구멍이나 홈의 형상을 명확하게 그릴 수 있도록 한다.

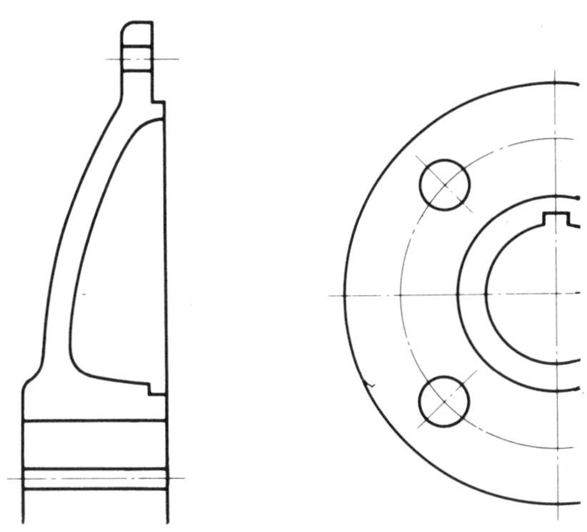

그림 2 대칭 중심선을 넘은 부분까지 그려도 된다

(2) 반복 도형의 생략

반복 도형이란 같은 형상 부분이 몇 번이나 반복해서 나오는 그림을 말한다. 이와 같은 경우에는 그 전체를 그리지 않고 그림 기호나 인출선에 의한 주기에 의해 생략해서 그릴 수 있다.

제작이나 가공을 목적으로 한 그림에서는 이 생략을 잘 이용하는 것이 그림을 보기 쉽게 하는 요령으로 되고 제도 작업의 생략화에도 연결된다.

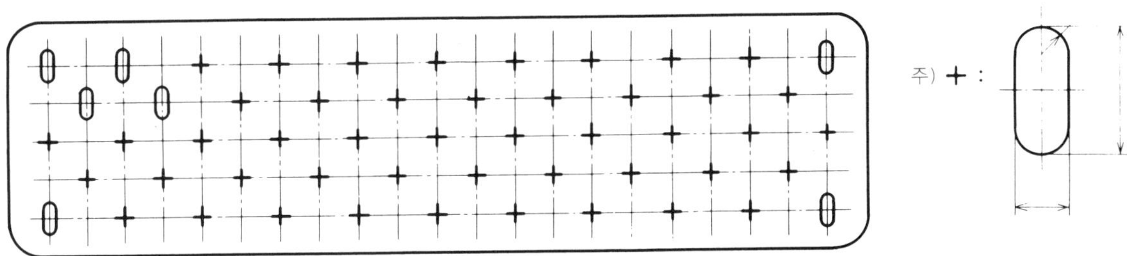

그림 3 그림 기호를 교점에 기입해서 실형을 주기(注記)한 예

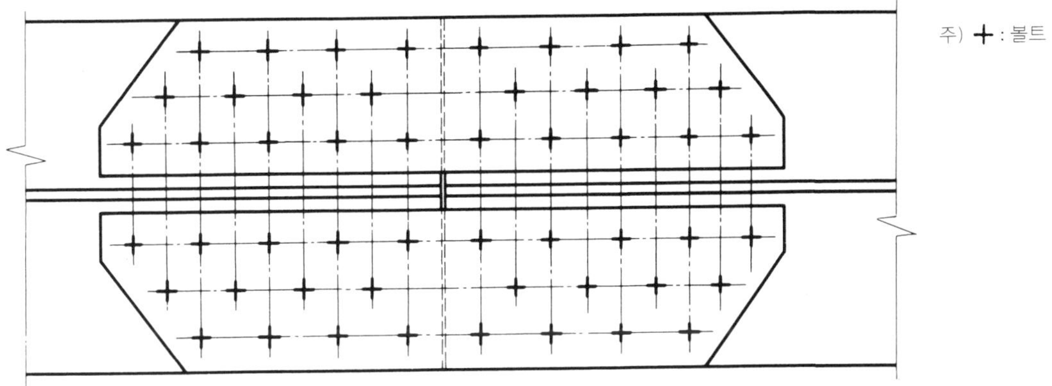

그림 4 그림 기호의 실형이 분명하기 때문에 치수만을 기입

그림 3은 실형 대신에 그림 기호를 피치선과 중심선과의 교점에 기입한 예로서 우측에 주)로 해서 그 실형을 그린 것이다. 이 경우는 요소와 늘어선 방법을 표시하는 일조만은 실형을 그릴 필요가 있다.

그림 4, 5는 그림 기호로 표시된 부분의 형상(볼트)이 확실하기 때문에 그 치수만을 주기한 예이다.

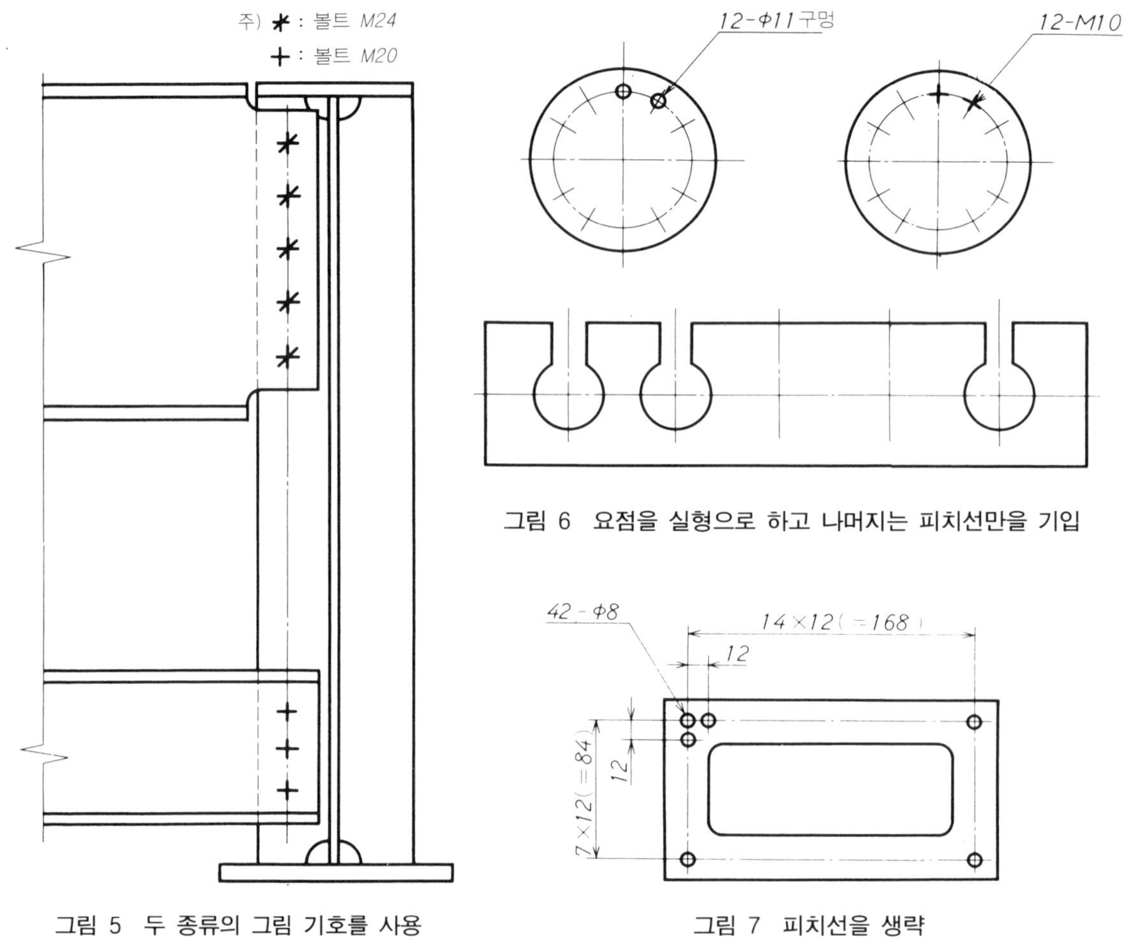

그림 6 요점을 실형으로 하고 나머지는 피치선만을 기입

그림 5 두 종류의 그림 기호를 사용

그림 7 피치선을 생략

그림 5에서는 2종의 반복 도형이 있기 때문에 그림 기호를 2종 사용해서 구분하고 있다.

그리고 잘못 읽을 염려가 없는 경우에는 **그림 6**과 같이 양단부(일단은 1피치분) 또는 요점만을 실형 또는 그림 기호에 따라서 표시하고 다른 것은 피치선과 중심선과의 교점에서 표시한다. 그러나 치수를 기입함으로서 교점의 위치와 수가 확실할 때는 **그림 7**과 같이 중심선에 교차하는 피치선을 생략해도 상관이 없다.

(3) 중간 부분의 생략

같은 단면형을 갖는 긴 물품은 그 중간 부분을 잘라 내어 단축해서 지면을 절약할 수 있다.

공작 기계의 어미나사와 같은 긴 나사, 긴 테이퍼, 봉, 관, 형강 등이 이것에 해당하고 잘라내어 단축한 단면에는 당연히 파단선을 그리게 되어 있다(**그림 8**).

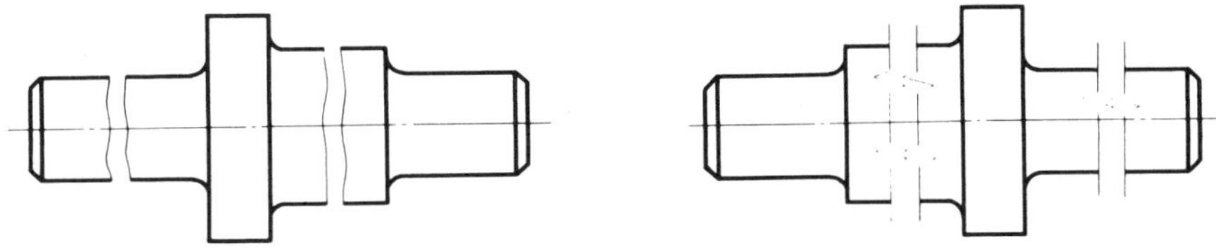

그림 8 긴 물품은 잘라내고 줄여서 표현

그리고 요점만을 도시할 경우에는 번거롭지 않다면 **그림 9**의 오른쪽 3개소나 **그림 10**과 같이 파단선을 생략해도 상관없다.

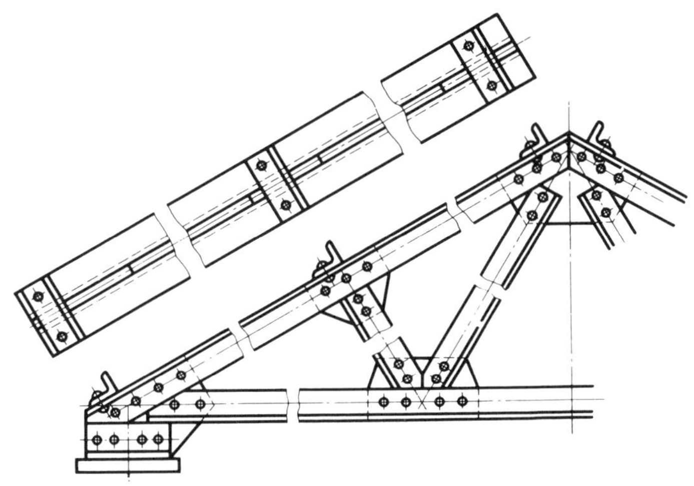

그림 9 전체 길이를 잘라 줄이고, 우측 파단선은 생략

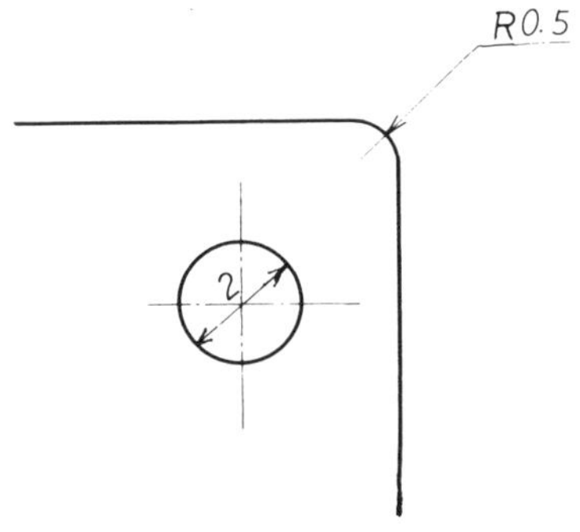

그림 10 파단선의 생략

긴 테이퍼 부분이나 구배를 잘라 내어 단축한 그림에서는 **그림 11** (b)와 같이 그 경사가 느슨한 것은 실제의 각도로 표시하지 않아도 상관이 없다.

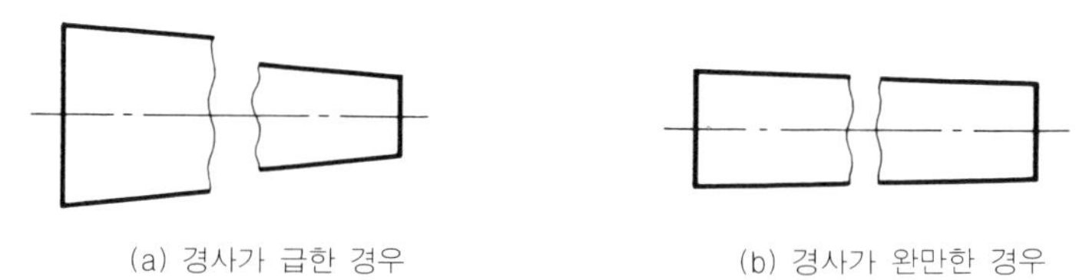

그림 11　실제의 각도로 표시하지 않아도 된다

　파단선을 그릴 경우, 이전에는 프리핸드로 그린 굵은 실선, 직선과 지그재그선을 조합한 가는 실선, 둥근 물품인 경우는 원호 형상으로 자른 면을 표시한 굵은 실선 등이 규정되어 있었으나 현재는 전부 가는 실선으로 표시하게 되어 있다.

　그리고 원호 형상으로 표시하는 방법은 삭제되어 있다. 그것은 둥근 물품이라는 것은 치수 숫자 앞에 기호 「∅」가 붙어 있으면 알 수 있기 때문이다.

　또 파단선을 가는 프리핸드의 선(파형의 선)으로 그리거나, 지그재그선으로 그리는 것은 자유이지만 일반적으로 기계 관계에서는 전자를 사용하는 것이 많은 것 같다.

　그러나 자동 제도기 등으로 그릴 경우에는 프로그램을 짜기 쉬운 후자를 사용하게 되는 경우도 있다.

특별한 도시 방법

(1) 간단하고 알기 쉬운 그림을 그릴 것

물품을 투영법에 의해서 충실하게 그리면 오히려 복잡한 그림이 되고, 보기에도 어렵게 되는 경우가 있다. 이와 같은 경우에는 보기 쉽고, 이해하기 쉽게 하기 위해서 생략, 보충 등을 해서 도형의 간략화를 도모할 필요가 있다.

투영도를 그리는 경우, 원칙적으로는 보이는 선과 보이지 않는 선(은선)의 전부를 그려야 한다. 그러나 도면에는 치수나 기호가 있어서 물품의 형상을 정확하고 빠르게 이해할 수 있으면 되기 때문에 쓸데없는 것이나 은선은 생략해도 된다.

그림 1은 은선을 생략한 예이지만 실제로는 이와 같은 단순한 형상의 것보다 복잡한 도면이 될수록 생략할 수 있는 은선이 많은 것이다.

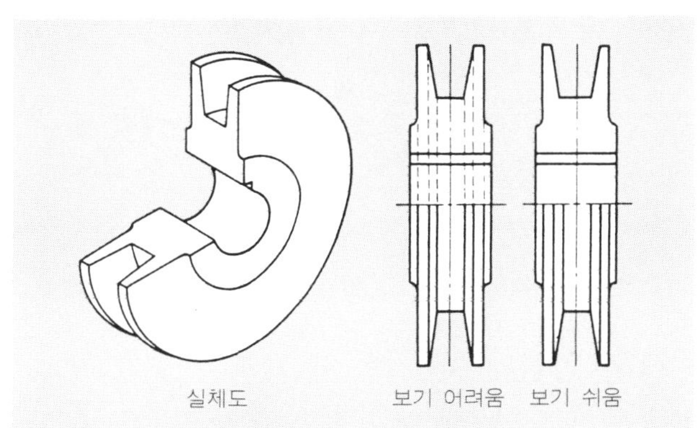

그림 1 은선을 생략한 것이 보기 쉽다

그리고 측면도, 평면도 등에 표시되는 형상을 전부 그리게 되면 **그림 2**(a)와 같이 그림이 복잡하게 되어서 이해하기 어렵게 되는 물품도 있다. 이와 같은 경우에는 **그림 2**(b)와 같이 부분 투영도로 하거나 **그림 3**과 같이 보조 투영도로 표시해서 보다 알기 쉬운 도면이 되도록 신경을 써야 할 것이다.

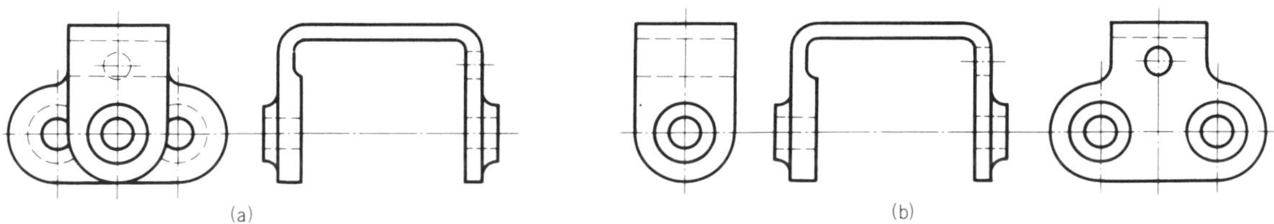

그림 2 그림이 복잡하게 될 때는 부분 투영도로

물론 이 경우의 보충도는 반대쪽까지 꿰뚫어 보는 그림으로 하지 않고 필요한 부분의 속까지만 그린다.

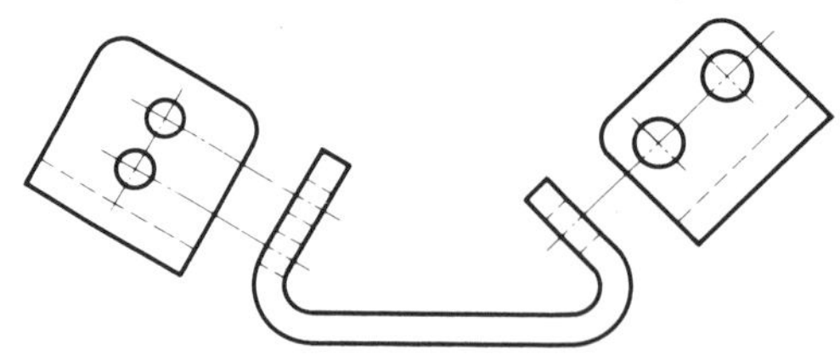

그림 3　보조 투영도로 알기 쉽게

이것과 닮은 것 같지만 **그림 4**와 같이 측면이 곡면인 경우라면 **그림 4** (a)에서는 절단면의 앞쪽에 보이는 선까지 정확하게 그려야 하기 때문에 오히려 복잡하게 된다고 한순간 생각하게 되어 버린다. 그래서 이것을 **그림 4** (b)와 같이 생략하면 표시하고 싶은 부분이 훨씬 명확하게 된다.

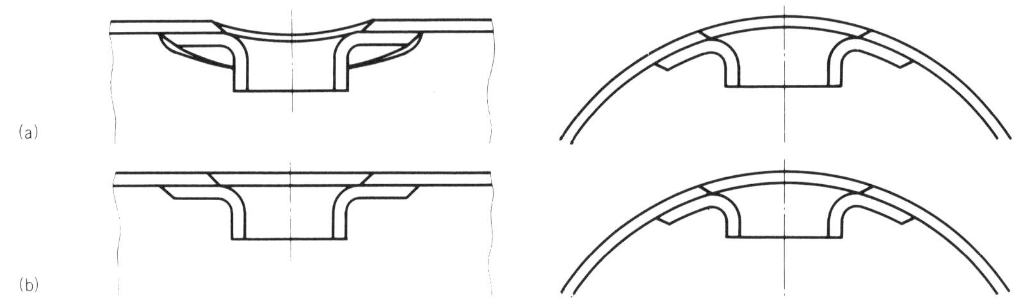

그림 4　정확하게 그리고 알기 어려울 때는 간략하게

이와 같이 그림의 이해를 방해하지 않는 한 간략화해서 보기 쉽게 할 것이다.

도면이 보기 쉽다는 점에서는 이외에 물품의 일부에 특정한 형상이 있는 경우에는 그 부분을 그림의 윗쪽에 놓도록 그리는 것이 규정되어 있다. 예컨대, 키 홈을 갖는 보스 구멍이나 벤 자리가 있는 링 등에서는 키 홈과 벤 자리를 윗쪽이 되도록 그리는 것이다(**그림 5**).

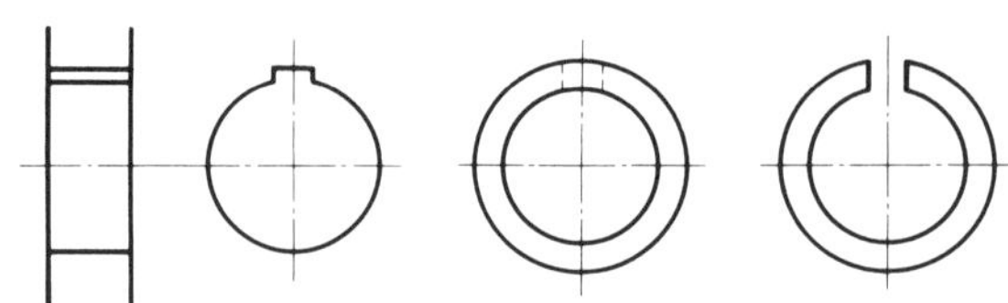

그림 5　키홈이나 벤 자리는 위에 그린다

이것은 특수한 형상 부분을 못 보고 넘기지 않도록 강조하는 동시에 가공 순서에도 적합하기 때문이다. 물론 기능상 다른 부분과의 관계 등으로 윗쪽으로는 사정이 나쁜 경우에는 이 범위에 들지 않는다.

(2) 2개의 면의 교차를 표시하는 방법

2개의 면이 둔각으로 교차하고 있는 경우, 이것을 투영도로 표시하면 당연히 선으로 표시하게 된다. 그러나 여기에 라운드가 붙어 있는 경우는 어떻게 그리면 되는 것일까.

JIS에서는 2개의 면이 라운드를 갖지 않고 교차한 경우의 교차선의 위치를 **그림 6**과 같이 굵은 실선(외형선)으로 표시하도록 규정하고 있다.

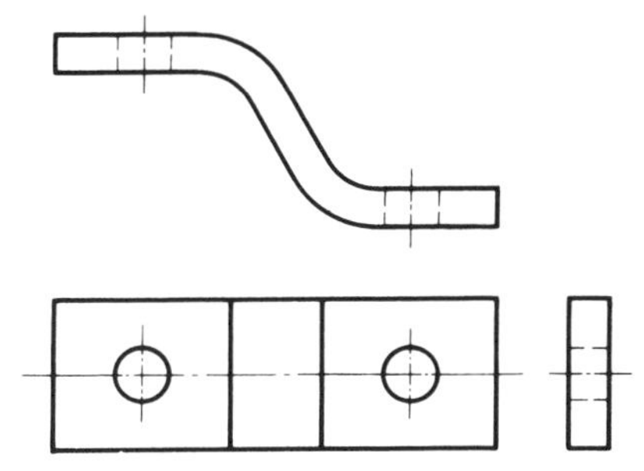

그림 6 두 면의 교차부에 라운드 있을 때

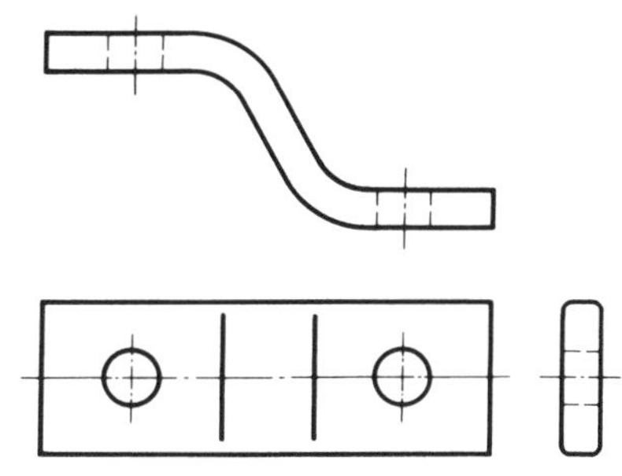

그림 7 교차부에 라운드 있고 네 구석에도 라운드 있을 때

그림 7은 박판 단면의 네 구석에도 라운드가 있는 경우이고, 이 경우는 선의 양단을 조금 뗀 것이 그것인 것같이 보이도록 추가시켰다. 이 떼어 낸 치수는 단면 각의 라운드의 반지름 정도가 좋을 것이다.

그리고 2면이 교차하는 선을 그리지 않으면 안되는 것은 어느 정도의 각도로 어느 정도의 라운드일 때인가 하는 문제가 있으나, 이것은 제도자의 판단에 맡기고 있다. 그리고 ISO에서는 가는 선으로 표시하도록 규정되어 있다.

그러면 리브 등의 라운드를 표시하는 경우는 어떤가. 리브가 평면에 경사져서 접촉하고 평면과 일체로 되어 있는 부분을 평면적으로 본 그림을 그리는 방법에는 종래 특별한 규정은 없었다. 현재의 JIS에서도 이렇게 그리라는 규정은 없고 **그림 8**과 같은 방법으로 표시해도 된다.

이상은 면끼리 교차할 때의 표시 방법이지만 입체끼리 서로 관통하는 경우 — 예컨대 원통과 원통, 원통과 각주, 원통과 원추 등 — 도 있다.

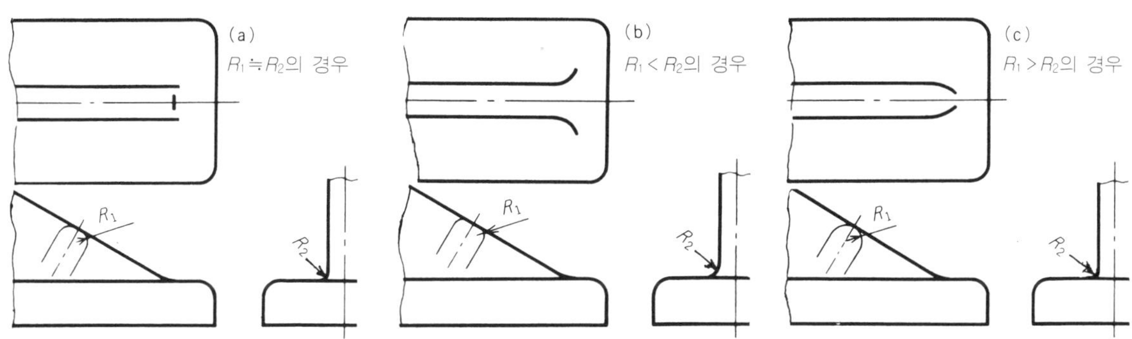

그림 8 라운드 부분의 표시 방법

이 경우에 표시되는 선을 상관선(相貫線)이라 하고 도학적으로는 특별한 곡선이 된다. 그러나 기계 제도에서는 이 상관선을 그려도 의미없는 경우가 많고 간략적으로 그려진 도형쪽이 알기 쉽다. 그래서 그리는 방법으로는 **그림 9**와 같이 직선 또는 원호로 표시한다. 직선으로 표시하는 것은 2개의 원통의 지름비가 큰 경우이고 원호로 표시하는 것은 지름비가 작은 경우이다.

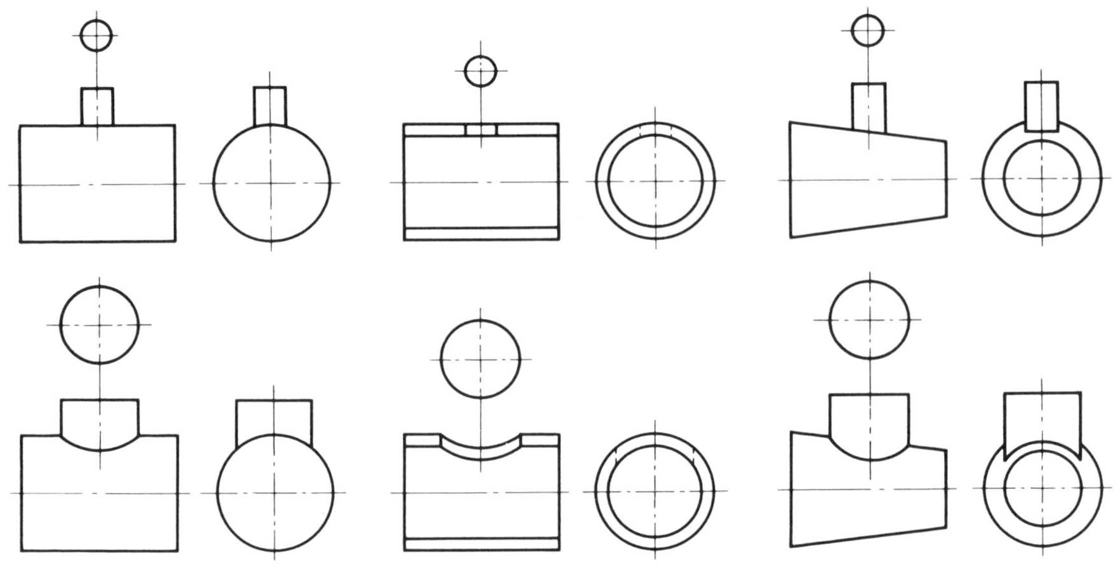

그림 9　상관선은 지름비의 대소에 따라 직선 또는 원호로 표시한다

(3) 평면을 표시한다.

도면 위에서 어느 일부분이 평면인 것을 명확하게 표시하고 싶은 경우가 있다. 이 경우에는 **그림 10**과 같이 가는 실선으로 교차하는 2개의 대각선을 기입한다. 물론 한번 봐서 평면인 것을 알 수 있으면 기입할 필요는 없다. 이 가는 실선은 평면을 표시하는「기호」로 생각할 수 있으므로 숨은 부분이라도 실선으로 그리는 것에 주의하여야 한다.

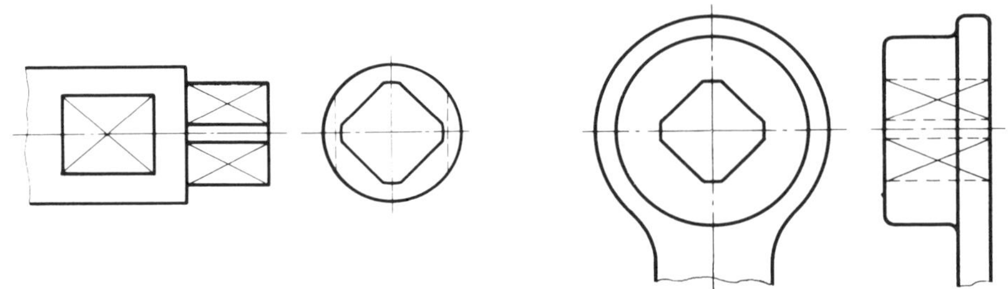

그림 10　평면은 2개의 대각선으로 표시한다

(4) 가상선(2점 쇄선의 사용 예)

① **가공 전 또는 후의 형상의 도시**……도면에 물품의 가공 전이나 가공 후의 형상을 표

시해 놓고 싶은 경우가 있다. 이런 경우에는 **그림** 11과 같이 2점 쇄선을 사용해서 표시한다. 이와 같이 판금을 굽혀서 제작하는 물품 등은 굽히기 전의 판금을 표시해 놓으면 알기 쉬운 그림이 된다.

그리고 코킹 가공을 하는 것은 코킹 가공의 형상과 코킹 후의 형상을 가상선으로 표시해 놓으면 한장의 도면으로 2개의 목적을 달성할 수 있다(**그림** 12).

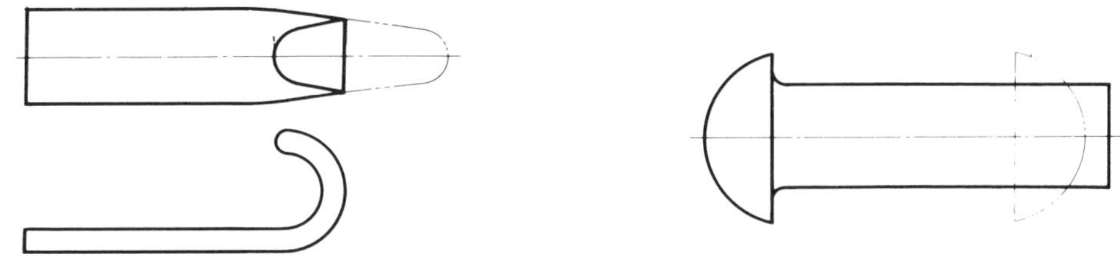

그림 11 가공 전의 형상을 2점 쇄선으로 표시한다   그림 12 가공 후의 상상도를 2점 쇄선으로 표시한다

② **가공에 사용하는 공구·지그 등의 형상의 도시**……제작도나 가공도에서는 가공 방법을 지정하고 싶은 경우가 있다. 이와 같은 경우에는 공구의 형상이나 위치, 지그의 고정 방법 등을 2점 쇄선으로 도시할 수 있다(**그림** 13).

③ **절단면 앞쪽에 있는 부분의 도시**……물품을 단면도로 한 경우, 제거한 쪽에 있는 특정의 형상 부분은 그 단면도 위에는 존재하지 않으므로 일반적인 투영법으로는 도시할 수 없다. 이때 단면상에 표시하는 방법으로 가상선이 사용된다.

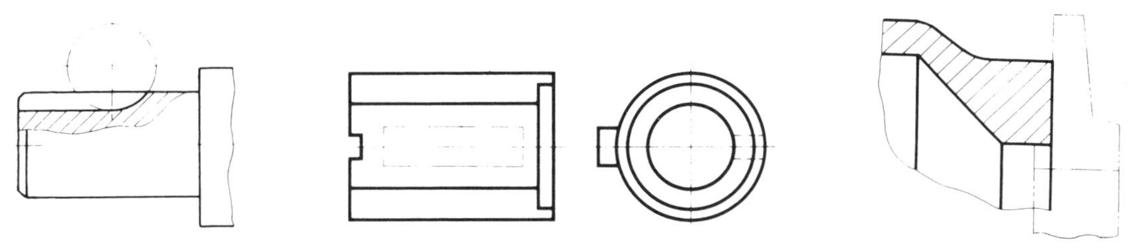

그림 13 공구 형상을 도시   그림 14 절단면 앞부분의 도시   그림 15 인접 부분의 도시

그림 14는 원통 외면에 장방형의 돌기가 붙어 있는 쪽을 제거한 것이다. 만약 이 돌기 쪽을 남긴 단면도로 하고 싶을 때는 왼쪽의 홈을 2점 쇄선으로 표시해야 된다. 어쨌든 제거된 부분의 형상은 도시해야 된다.

④ **인접 부분의 도시**……물품에 인접하고 있는 부분의 개요를 그림으로 하고 싶은 경우에도 2점 쇄선으로 표시할 수 있다. 가상선으로 그린 인접 부분은 물품에 은폐되어도, 가상선으로 반대로 물품이 이 인접 부분에 은폐되어도 은선으로는 되지 않는다(**그림** 15).

(5) 특별한 가공 부분의 표시

물품의 면의 일부분에 특수한 가공을 하는 경우에는 그 범위를 외형선에서 조금 떼어서 그은 굵은 일점 쇄선으로 표시한다.

특수한 가공이란 **그림** 16과 같은 담금질이나 도장, 치수 허용차, 면의 표면, 기하 공차 등이고, 도장과 같이 어느 평면적인 범위를 표시하고 싶은 경우는 그 부분을 굵은 일점 쇄선으로 둘러 싼다.

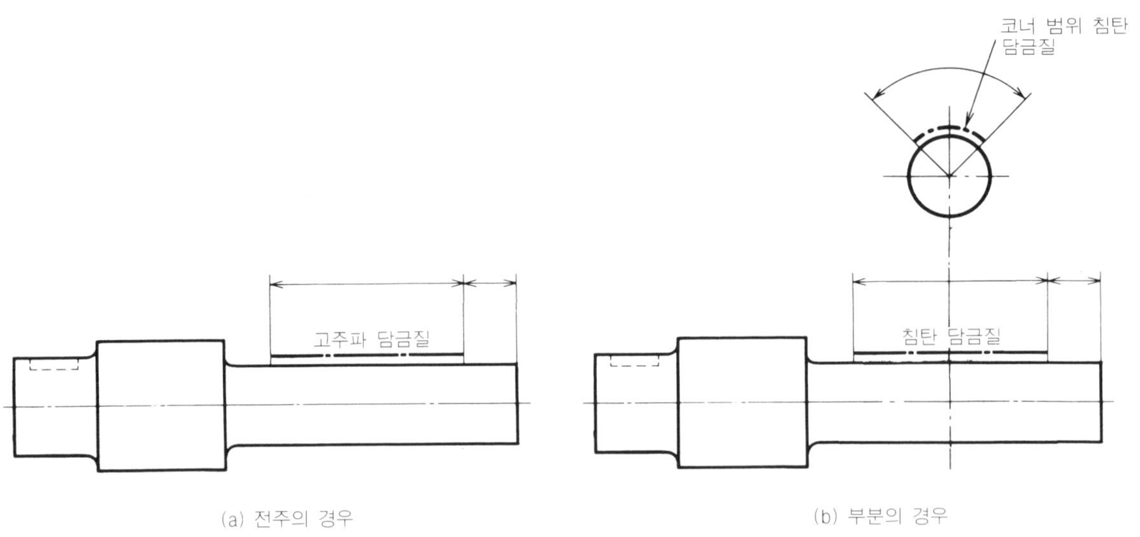

그림 16 특수한 가공의 지시

(6) 조립도중의 용접 구성품의 표시 방법

용접 부분의 용접부를 참고로서 표시하고 싶은 경우에는 **그림** 17과 같이 한다. 이 그림 이 표시하고 있는 내용을 차례로 설명하면 다음과 같이 되어 있다.

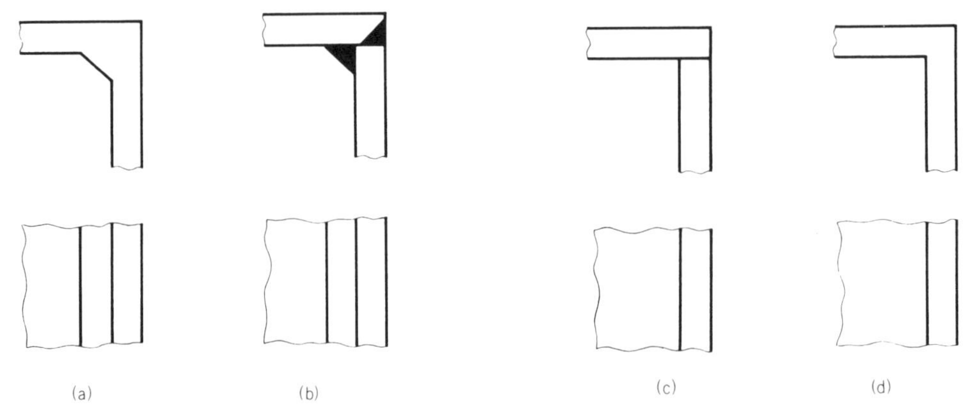

그림 17 용접 구성품의 표시 방법

(a) 용접 구성품의 비드의 크기만을 표시하는 경우
(b) 용접 구성 부재의 겹치기의 관계 및 용접의 종류와 크기를 표시하는 경우
(c) 용접 구성 부재의 겹치기의 관계를 표시하는 경우
(d) 용접 구성 부재의 겹치기, 용접 비드의 크기를 표시하지 않아도 되는 경우

이 그림을 읽을 수 있는가

● 해답은 253페이지에 있음.

1 이 도면은 정면도, 평면도, 측면도 다같이 선이 빠져 있다. 그러나 문제를 푸는 포인트를 알면 간단하다. 빠져 있는 선을 보충해서 도면을 완성해 보아라.

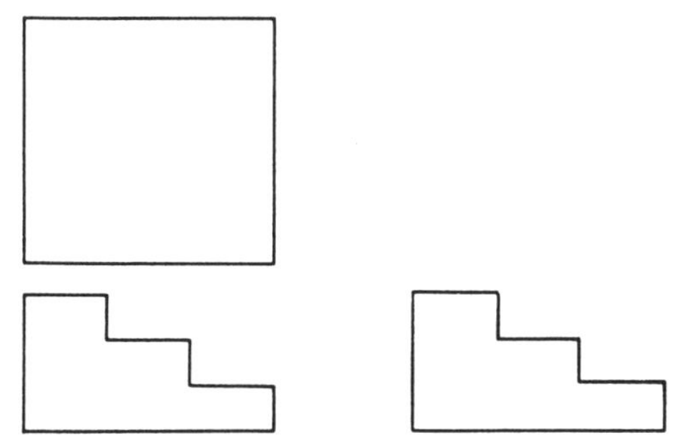

2 이 도면은 정면도와 우측면도는 옳게 그려져 있으나 평면도의 선이 빠져 있다. 그래서 정면도와 우측면도에서 물품의 입체도를 생각해서 빠져 있는 선을 보충해 보아라.

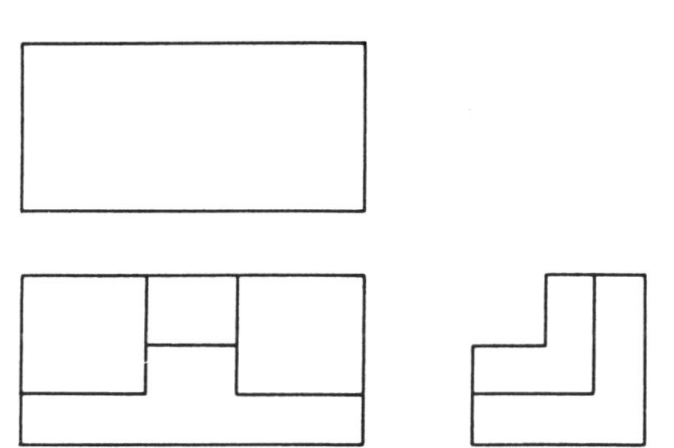

3 대단히 간단한 도면이지만 선이 적기 때문에 오히려 이미지를 알 수 없을지도 모른다. 어떤 형상이 되는가, 실형도를 그려 보아라.

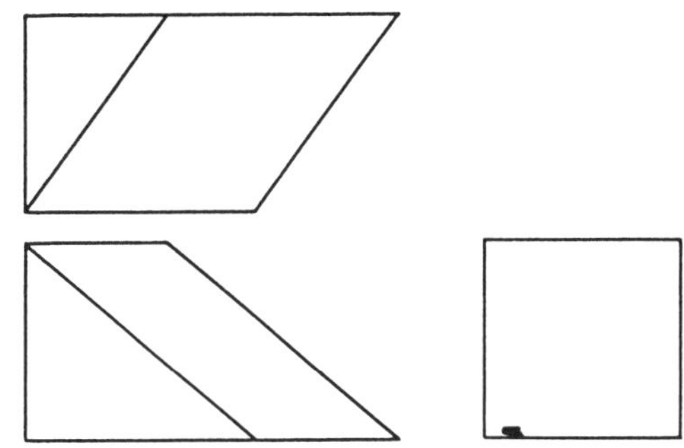

4 이 도면도 선이 빠져 있다. 그러나 아무리 어려운 문제에도 그것을 푸는 열쇠가 있는 것과 같이 이 그림에도 그것이 있다. 잠시 도면을 보고 입체도를 생각하면 알게 될 것이다.

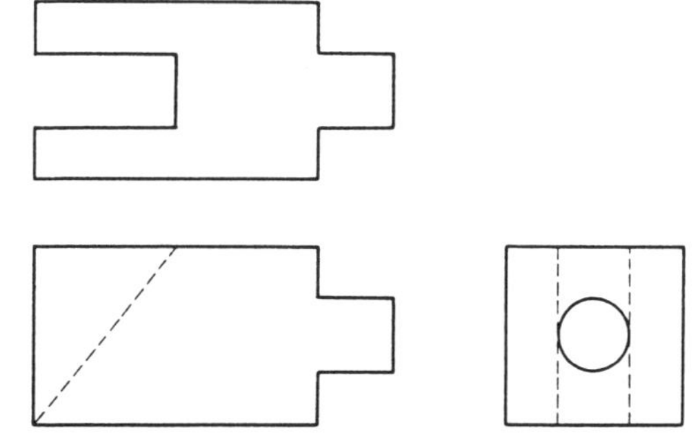

5 이 도면에도 몇개의 선이 빠져 있다. 이 빠져 있는 선을 보충해 보아라. 이 정도의 도면이면 극히 상식적인 형상이고 틀린 것은 아주 분명하다.

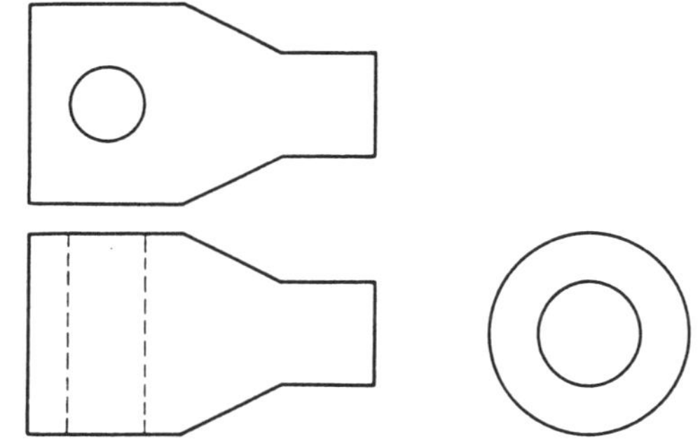

치수를 표시한다

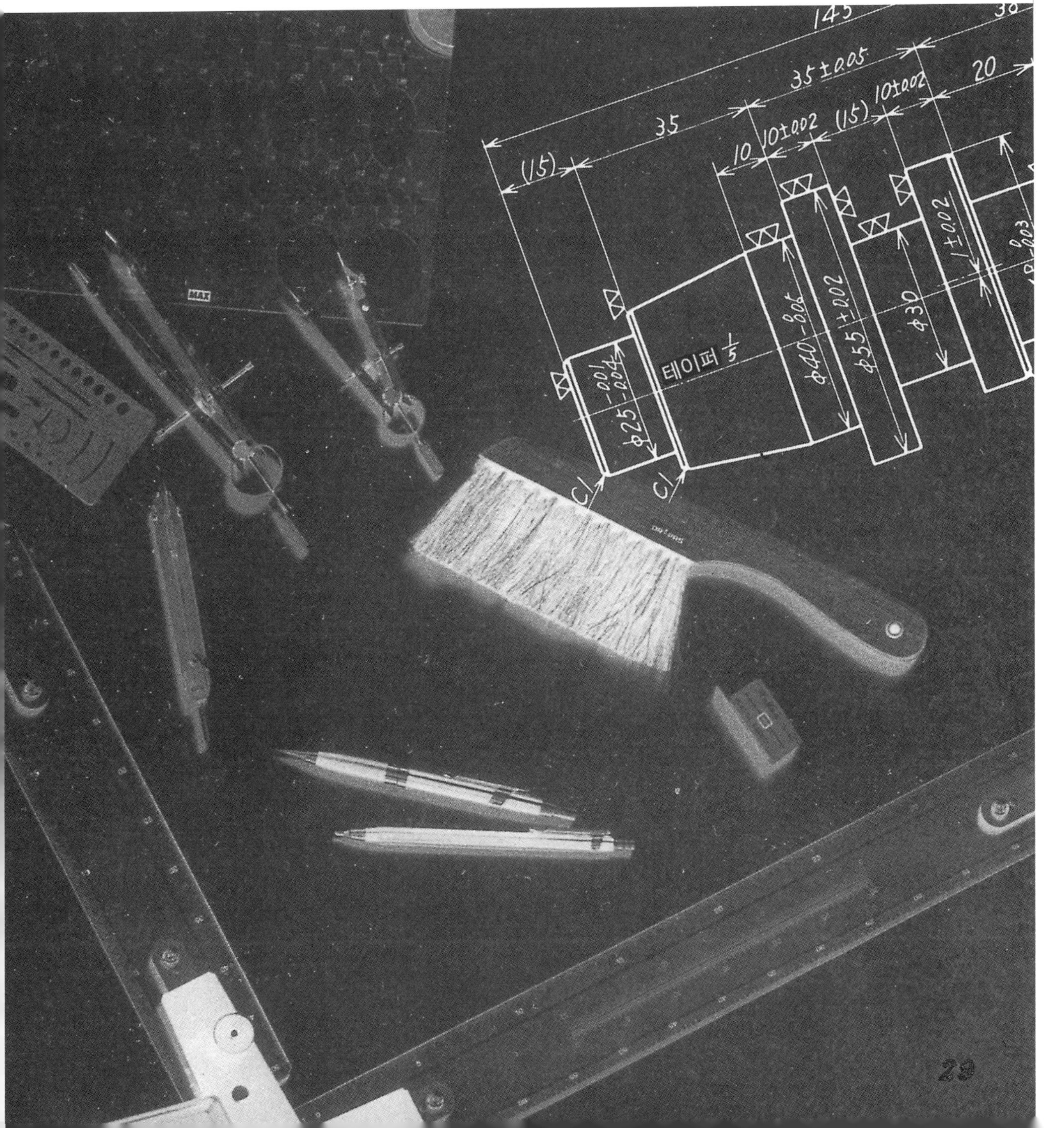

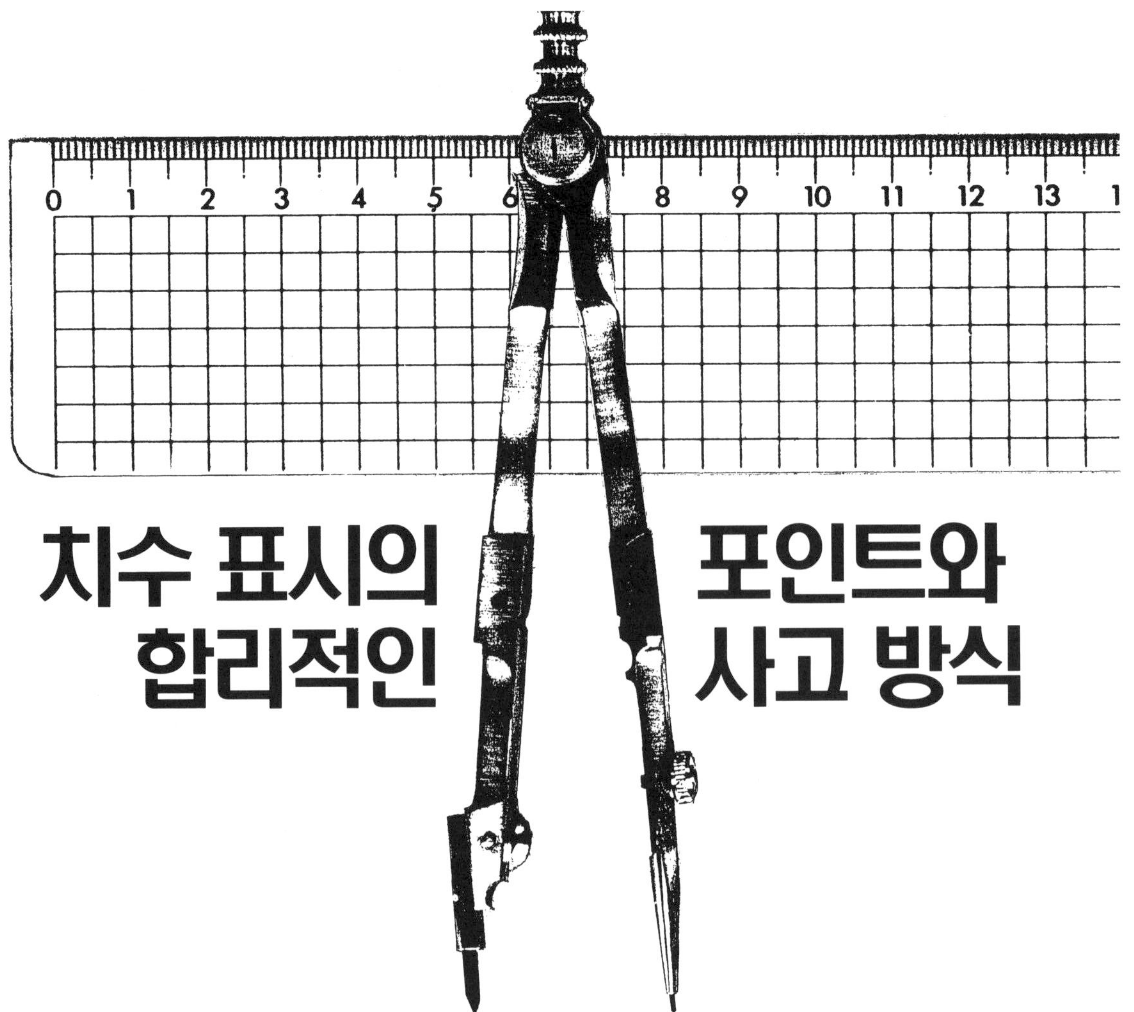

치수 표시의 합리적인   포인트와 사고 방식

투영법의 원칙에 따라서 그린 투영도에 치수를 기입해서 물품의 크기를 명시하려고 할 때 치수를 어떻게 기입하면 되는 것인가.

무엇이든 좋으니 아무렇게나 기입해 버려서는 물품을 만들 수 없는지도 모른다. 치수의 기입이 없는 그림에서는 물품을 만들 수 없으나 기입되어 있어도 만들 수 없는 것은 왜 그런가.

이것은 만드는 사람의 입장을 생각해서 치수가 기입되어 있지 않기 때문이다.

치수의 부정확, 기입 누락이 있으면 한 가지가 빠질지라도 물품을 만들 수 없는 것은 당연한 일이다. 한편 보다 합리적으로 기입된 그림에서는 보다 좋은 제품이 될 것이다.

가공자, 제작자가 작업 순서가 좋고 능률적으로 제작에 착수할 수 있고 제품의 정밀도를 충분히 유지할 수 있는 치수 기입은 제도의 베테랑이 되면 누구라도 할 수 있는 일이다. 오랜 경험 속에서 치수 기입의 합리성을 배웠기 때문이다. 그러면 합리성이란 어떤 것일까, 치수의 기입법의 해설 속에 기술하도록 한다.

치수 기입의 원칙

(1) 도형과 치수의 표시 방법

치수에는 다듬질 치수, 소재 치수, 재료 치수 등이 있으나 도면에 그린 도형에는 다듬질 치수로 표시하는 것이 원칙이다. 가령, 용접한 물품이 있다고 했을 때, 원부재가 아니라 완성된 물품의 치수로 도형을 표시해서 치수를 기입한다. 가공 목적에 사용하는 그림 중에는 주조, 단조의 가공 여유를 포함한 소재 치수를 기입한 도형도 있다.

도면에 그린 도형은 물품(대상물)의 형상을 표시하지만 그 크기, 위치, 자세를 정량적으로 표시하는 것이 치수이다. 자세란 구부러져 있고, 기울어져 있는, 수평·수직 등의 방향을 표시한다.

정량법이란 일정한 크기를 수치로 표시하는 것이다. 도형을 재서 물품을 만들어서는 안 된다. 기입되어 있는 치수로 물품을 만들 것을 표시하고 있다.

표 1 치수 보조 기호

구　분	기　호	읽　기	사　　용　　법
지　름	Ø	파이	지름 치수의 수치 앞에 붙인다
반지름	R	아르	반지름 치수의 수치 앞에 붙인다
구의 지름	SØ	에스 파이	구의 지름 치수의 수치 앞에 붙인다
구의 반지름	SR	에스 아르	구의 반지름 치수의 수치 앞에 붙인다
정사각형의 변	□	사각	정사각형의 한변의 치수의 수치 앞에 붙인다
판의 두께	t	티	판 두께 치수의 수치 앞에 붙인다
원호의 길이	⌒	원호	원호의 길이 치수의 수치 위에 붙인다
45° 모떼기	C	시	45° 모떼기 치수의 수치 앞에 붙인다
이론적으로 정확한 치수	☐	테두리	이론적으로 정확한 치수의 수치를 둘러싼다
참고 치수	( )	괄호	참고 치수의 수치(치수 보조 기호를 포함한다)를 둘러싼다

이것은 설계자나 도면을 그리는 사람에게 있어서는 치수 기입에 실수가 있어서는 안된다. 모든 형상이 수치로 기입되어 있어야 된다.

사실 제작도에 기입 누락이 있어도 도면의 치수를 독단적으로 만들지는 않는다. 반드시 클레임이 되어서 제도자, 설계자에게 되돌아 온다. 반대로 가공자에게 있어서는 치수 기입에 누락이 있는 경우, 그 개소에 자를 대서 실 치수가 추측되었다고 해도 그대로 가공해서는 안되는 것이다.

치수의 표시 방법은 치수선, 치수 보조선, 치수 보조 기호(**표 1**) 등을 사용해서 수치로 표시한다. 그리고 필요하면 치수의 허용 한계를 기입할 수 있다.

치수 수치의 표시 방법은 길이는 원칙적으로 mm 단위로 기입하고 단위 기호는 붙이지 않는다. 각도는 일반적으로 도, 분, 초를 기호로 표시해서 기입한다(예컨대 6°21′5″). 또는 단위 기호 rad을 사용해서 라디안의 단위로 기입할 수도 있다(예컨대 0.52 rad).

(2) 물품의 기능, 제작, 조립 등을 고려해서 필요하다고 생각되는 치수를 명료하게 도면에 지시한다.

치수는 도면이 조립도이면 조립에 필요한 치수(예컨대 부품과 부품의 틈새, 움직임 크기의 치수 등)를, 또한 제작에 필요하다고 생각되는 치수를 필요한 최소량으로 기입한다. 치수 공차가 붙은 것, 다듬질 치수의 치수 허용차 등도 기입하고 특별히 가공하고 싶은 장소의 가공 방법의 지시(담금질 지시, 도금 지시) 등도 기입한다.

그런 투영도는 형상을 표시할 목적으로 ±1~2 mm 이내의 정밀도로 그려지는 것이 보통이다. 이 때문에 치수의 크기는 수치뿐만 아니라 눈으로 보아도 짐작할 수 있어서 형상을 입체적으로 판단할 수 있다. 기능을 표시하는 치수나 조립에 필요한 치수는 중요하지만 도형에서 읽어 낼 수 없는 것이 많기 때문에 기입하는 것을 잊으면, 아마도 조립된 기계가 클리어런스(틈새) 부족으로 움직이지 않는 것 등으로 될 지도 모른다. 파악할 치수도 정확하게 파악하는 것이 중요하다.

(3) 치수는 대상물(물품)의 크기, 자세 및 위치를 가장 명백하게 표시하는데 필요하고 충분한 것을 기입한다.

치수 기입에는 크기의 치수, 위치의 치수, 방향의 치수 이렇게 세 가지가 있다. 물품의 어떤 면의 치수를 기입할 때는 반드시 위치와 방향을 생각해야 된다.

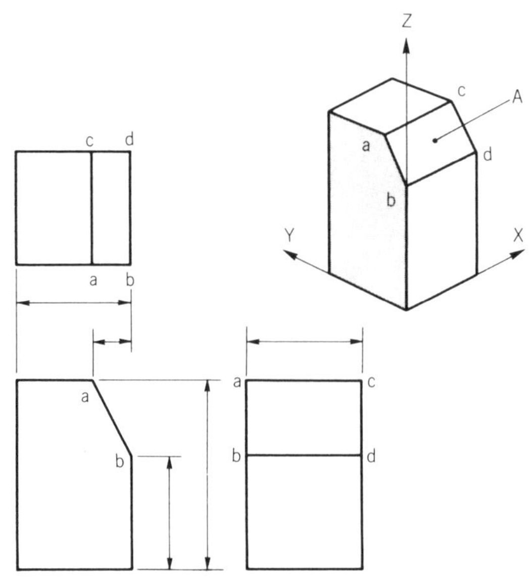

그림 1 위치와 크기의 치수 기입

　가령 **그림** 1과 같이 A면의 치수를 생각할 때 a의 위치와 b의 위치에서 선 $\overline{ab}$가 구해지므로 c의 위치를 표시하면 A면의 입체적인 위치가 정해진다. 그리고 A면의 크기는 선 $\overline{ab}$의 크기와 선 $\overline{ac}$의 크기를 치수로 표시하면 구할 수 있다.

　그렇게 하기 위해서는 a, b의 위치를 표시해야 된다. 선 $\overline{ac}$의 방향은 X축에 평행이므로 각도의 기입은 없으나 **그림** 2와 같이 각도가 붙어 있을 때는 각도의 기입이 필요하다. 이와 같이 면에서는 자세(姿勢)를 기입할 필요가 있다.

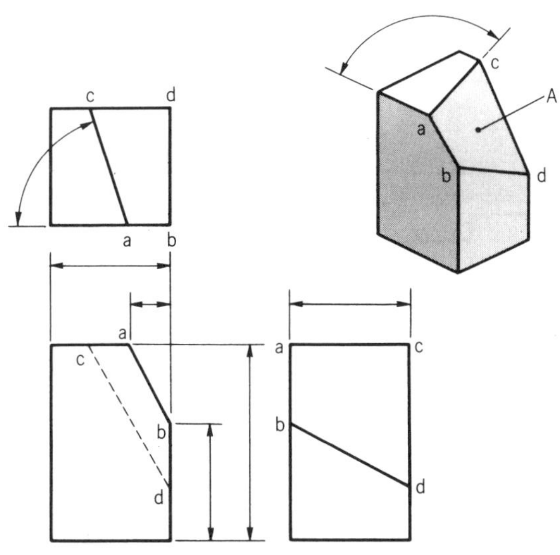

그림 2　각도를 포함하는 위치와 크기의 치수 기입

(4) 치수는 가급적 주투영도에 집중한다

　치수를 기입하는 장소는 **그림** 3과 같이 주투영도를 중심으로 한다. 치수 기입의 구역은 연한 먹물 부분이 좋을 것이다.

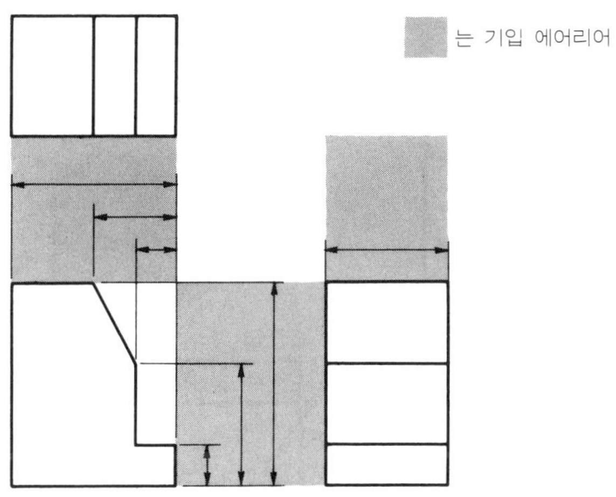

그림 3　치수 기입의 구역과 기입 예

　실제로는 이 구역에만 모든 치수가 기입되어 버리는 것은 무리이고 필요에 따라서 관련하는 장소에 기입한다.

　치수를 기입하는 것은 물품쪽에 작은 길이 치수를, 바깥쪽에 전체의 치수를 기입하도록 한다. 치수선을 가로지르는 것을 피하기 위해서이다. 치수선의 간격도 일정하게 유지하는 것이 도면의 깨끗함, 마무리가 좋은 것으로 중요한 것이다.

(5) 치수는 중복 기입을 피한다

　중복 기입이란 같은 장소에 2번 이상 치수를 기입하는 것이다. 다른 것에서 구할 수 있는 치수 기입에도 그것이 해당된다. **그림 4**에 표시한 것 같이 a+b+c에서도 d와 중복 기입이 된다. 그리고 R는 중심선과의 관계로 중복 기입이 된다.

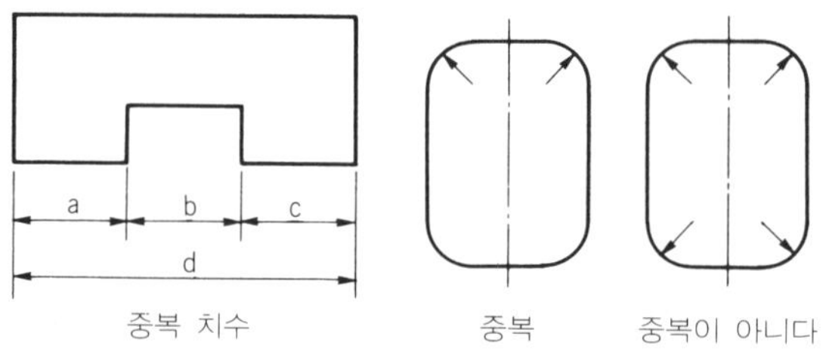

그림 4　중복 기입

　치수에는 치수 공차의 지정을 하지 않을 때, 가공 방법의 지시를 하지 않을 때는 보통 허용차가 붙어 있다. 가공 방법에 따라서 절삭 가공 치수의 보통 허용차, 주철품 보통 허용차, 금속 프레스 가공품 보통 허용차 등이 있다.

　예컨대 50 mm의 치수에서는, 보통 허용차는 14급(중급의 거칠기)이고 30 mm를 넘어 120 mm 이하에서 ±0.3 mm이다. 50 mm의 치수 공차는 0.6 mm이다. 이 때문에 **그림 4**에서 a+b+c=d가 되지 않는 경우도 있는 것이다. 그리고 치수의 오차가 누적되기 때문에 정밀도가 나빠진다.

　한편, 제작하는 입장에서는 치수의 측정 방법이 여러 가지 있기 때문에 측정 방법에 따라서는 기입된 치수로 되지 않는 경우도 있다.

　이와 같이 제작자의 입장에서 오차가 생길 수 있는 치수 기입은 좋지 않다. 치수를 지나치게 기입하는 데는 주의가 필요하다.

　그러나 이해를 돕기 위해서 떨어진 장소나 다른 종이에 같은 치수를 기입할 때는 치수에 주기를 붙여 주면 도움이 될 것이다.

(6) 치수는 가급적 계산해서 구할 필요가 없도록 기입한다

　생산 현장에서 수치를 계산해서 구하게 되는 도면의 치수 기입법은 좋지 않다. 불량품의 원인으로도 된다.

　제작하는 사람의 입장에서 치수를 기입하면 이와 같은 일은 없어진다.

그림 5 (a)의 기입에서는, 치수가 기입되어 있어서 부족하지는 않으나 필요한 구멍의 깊이는 계산하지 않으면 나오지 않는다. (b)와 같이 기입하는 것이 좋을 것이다.

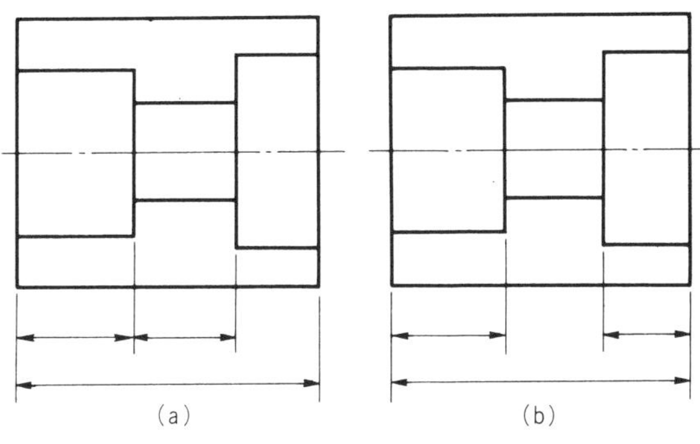

그림 5 계산하는 치수

(7) 치수는 필요에 따라서 기준으로 하는 점, 선 또는 면을 기초로 해서 기입한다.

치수의 기입에서는 물품의 어디서부터 재느냐 하는 것이 중요하다. 가공 방법에 따라서 그리고 설계상의 기능을 표시하는 장소를 파악하는 치수로 기준을 잡는 방법이 중요하게 된다.

치수 기입의 합리성이란, 이것을 잘 생각해서 기입하고 있는가 라고 하는 것이 큰 요소로 된다. **그림 6**과 같이 면을 기준으로 하느냐, 구멍을 기준으로 하느냐를 결정해서 그리는 것도 좋은 방법이다.

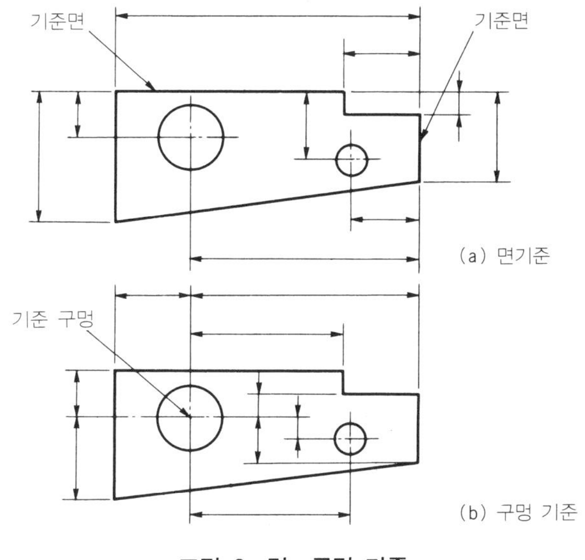

그림 6 면·구멍 기준

구멍은 위치를 표시하는 중심선과 기준면으로부터의 치수, 구멍의 크기 치수, 구멍의 방향을 표시하는 중심선과 각도 등의 기입이 필요하다(**그림** 7).

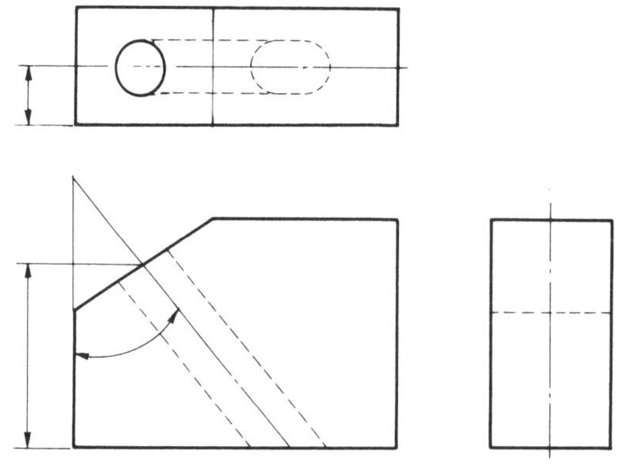

그림 7　구멍의 중심선과 치수 기입

　이와 같은 구멍은 중심선이 구멍의 위치, 구멍의 크기, 구멍의 방향을 표시하는 기준으로 된다.

　중심선에는 도형 중심선이라는 것이 있다. **그림 8** (a)와 같이 대칭형의 물품에서 꺾어 접는 형상의 접은 금에 일반적으로 도형 중심선이 기입된다. 이것은 도형 중심선이 기준이라는 것을 표시하고 있는 것이다.

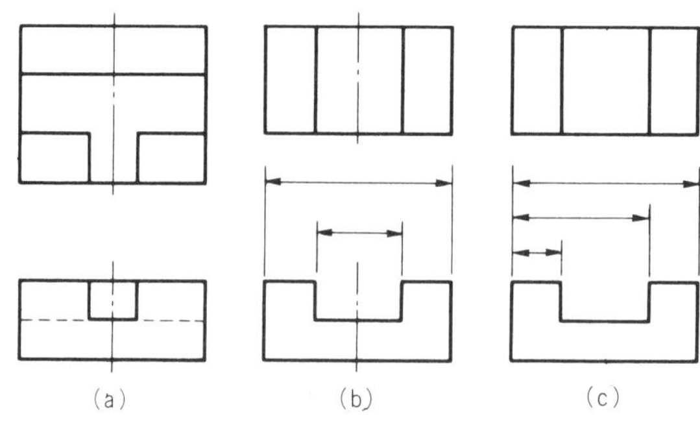

그림 8　대칭형의 도형 중심선과 치수

　그림 8 (b)의 예에서는 중심선에서 좌우 같은 치수에 있는 것을 표시하였으며 화살표의 단면이 기준인 것은 아니다. **그림 8** (c)는 대칭형이지만 중심선을 기입하고 있지 않다. 좌측면을 기준면으로 해서 치수 기입을 했기 때문이다.

　또 상대가 있는 '끼워 맞춤' 등의 경우에는 상대와 기준을 맞추도록 한다. 같은 기준이 아닌 예를 표시하면 **그림 9**와 같이 원형의 홈과 원통의 기준이 일치해서 기입되어 있지 않으면 치수의 오차 때문에 '끼워 맞춤'으로는 되지 않는다.

　도형에는 원형의 중심선, 원통의 축 중심선 등은 반드시 기입해야 된다. 그외에 홈의 방향, 구멍의 방향, 반지름의 중심 등 위치와 방향을 표시하기 위한 중심선의 기입도 치수 기입을 위해서는 필요하다.

　이와 같이 치수를 표시하기 위해서 중심선을 기입할 도형은 많이 있고 중심선의 기입에 의해서 그것이 치수 기입의 기준이 되는 도형도 많이 있다.

중심선을 기준으로 하는가, 면을 기준으로 하는가는 물품의 기능과 가공 정밀도 등을 생각해서 선택한다.

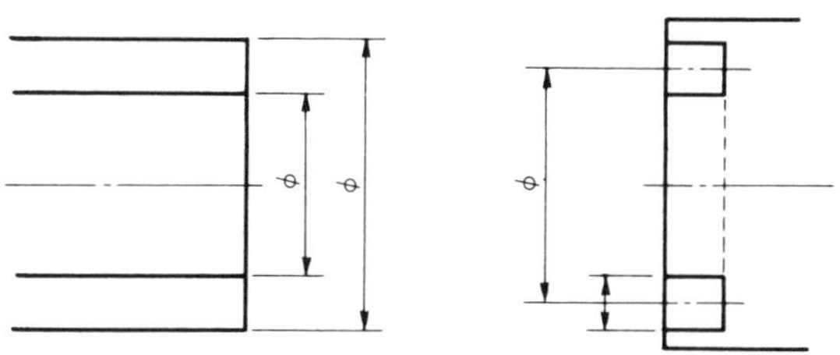

그림 9 원통과 둥근 홈의 기준을 잡는 예

(8) 관련 치수는 한 곳에 모아서 기입한다.

플랜지 등의 중심원 위에 배치된 구멍의 개수, 크기, 피치원 지름, 키 홈의 폭과 깊이 등을 기입하는 포인트는 국부 투영도나 부분 투영도 등에서는 하나의 도형으로 될 수 있는대로 근접해서 그리는 것이다(**그림 10**).

이것은 구멍의 깊이, 피치원 지름, 수, 구멍의 크기 등을 하나의 정보로서 읽어 내기 쉽게 하기 위한 것이다.

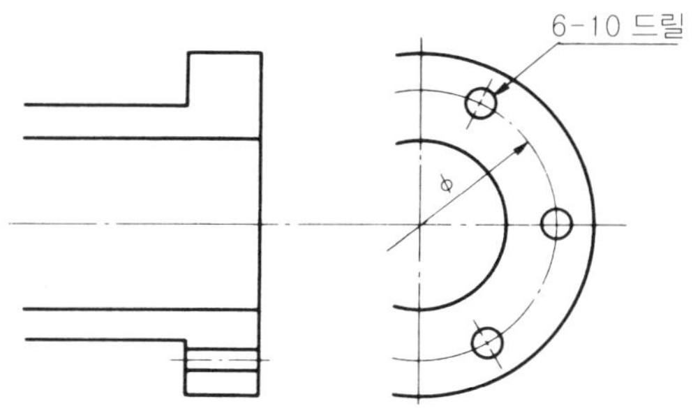

그림 10 플랜지 부분의 예

(9) 치수는 되도록 공정마다 배열을 나누어서 기입한다

가공 공정도는 분업화되고 있는 제작 현장에서 사용할 때 가공자에게 있어서 자기의 작업이 보기 쉽다는 이점이 있다. 복잡하게 뒤섞인 가공물일 때는 전용의 가공도를 공정마다 그리는 것이 편리하다. 도면은 마무리 치수로 그리므로 모든 그림에 공정별로 배열을 꼭 들어 맞추는 것은 곤란하지만 주의하여 기억해 둘 필요가 있다.

(10) 치수 중에서 참고로 표시하는 것은 치수 수치에 괄호를 한다

그림 11 (a)에 표시한 것 같이 기준이 되는 면에서 치수를 기입한 경우, 홈의 폭을 알고 싶을 필요가 있을 때는 ( )를 붙여서 참고 치수로 기입해 놓으면 이 홈 폭의 크기를 알 수 있다. 이때, 참고 치수는 각 치수의 오차 범위에서 자연히 정해지는 치수이기 때문에 제작에는 사용할 수 없다.

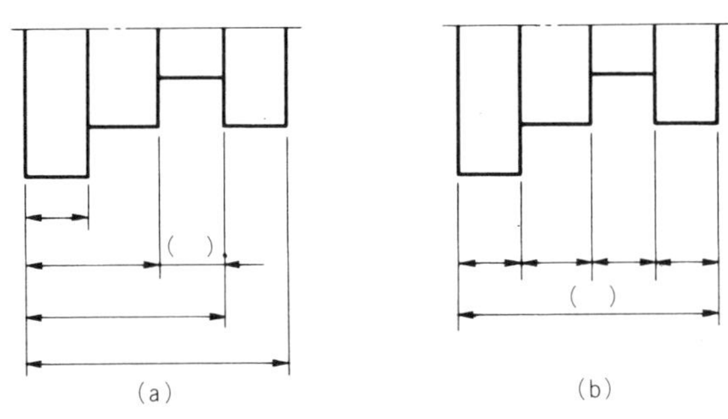

(a)　　　　　　　　(b)

그림 11　참고 치수는 (　)로

　그림 11 (b)와 같은 치수 기입에서는 전체 길이의 기준이 없기 때문에 재료의 길이를 구할 때 알고 있으면 좋은 경우에는 (　)를 붙여서 참고 치수로 기입한다.

치수 기입 방법의 일반 형식

　치수는 치수선, 치수 보조선, 치수 보조 기호, 인출선, 단말 기호 등을 사용해서 치수 수치를 기입해서 표시한다.

(1) 치수선
　치수선은 가는 실선으로 그린다.
　기본적인 형식으로는 **그림 12**와 같이 원칙적으로 지시하는 길이나 각도를 측정하는 방향에 평행으로 긋고 선의 양단에 단말 기호를 붙인다.

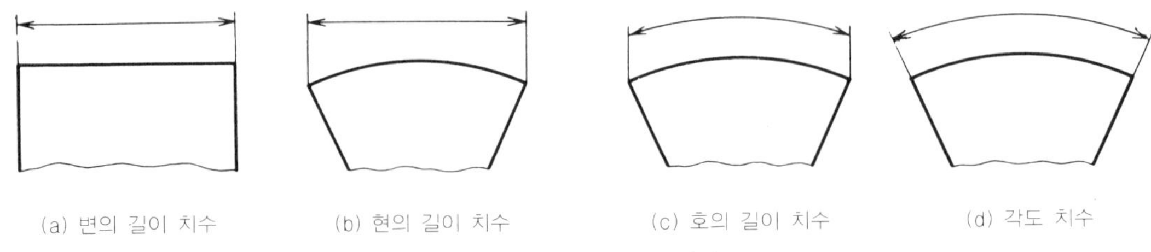

(a) 변의 길이 치수　　　(b) 현의 길이 치수　　　(c) 호의 길이 치수　　　(d) 각도 치수

그림 12　치수선의 기입

　그림 12 (b)와 (c)를 비교해 보면 (b)는 치수선과 평행인 현의 길이이다. (c)는 호와 같은 치수선이 호와 평행으로 같은 원을 그리고 있다. 치수선의 방향을 잰 방향으로 하고 있는 것에 주의해 주기 바란다.
　경사면 부분에 치수를 기입해서 길이를 표시할 때는 **그림 13**과 같이 경사면과 평행하게 기입한다.
　그리고 **그림 14**는 링의 끝부분을 표시한 것이지만 링의 폭을 치수 기입할 때 면과 평행하게 기입하는 것이 아니라 중심선 방향과 평행하게 치수선을 기입한다.

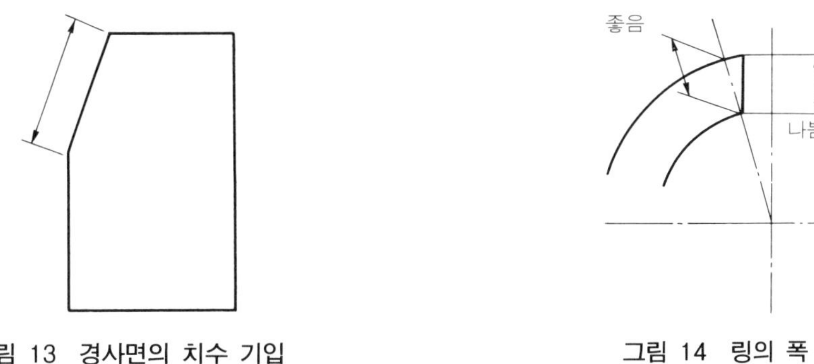

그림 13 경사면의 치수 기입

그림 14 링의 폭

(2) 단말 기호

그림 15는 단말 기호이다. 이 중에서 어느 한 종류를 선택해서 한장의 그림이나 한조의 그림 속에서는 혼용할 수 없다. 화살표는 원칙적으로 치수선에서 바깥 방향으로 붙인다. 화살표를 기입할 수 없는 좁은 장소에는 치수선을 연장해서 치수선을 끼워서 원을 향해서 화살표를 기입해도 된다(**그림 16**).

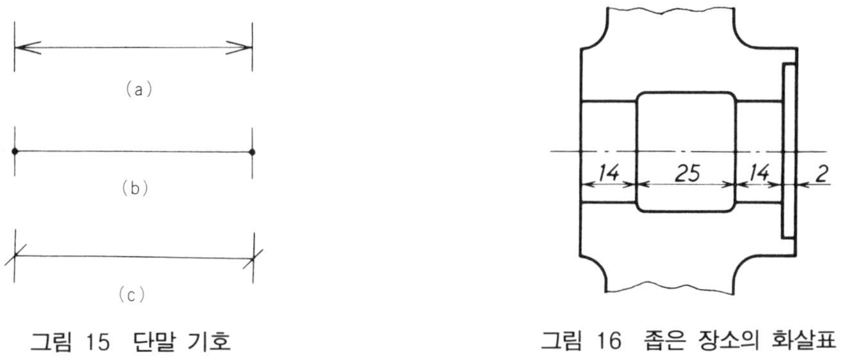

그림 15 단말 기호

그림 16 좁은 장소의 화살표

그림 15 (a)의 화살표의 각도는 90°를 포함하는 90° 이하의 적당한 각도이다. 한번 정했으면 같은 도면에서는 변경하지 않는 것이 깨끗하다. 기계 제도에서는 1958년 제정한 JIS Z 8302에서 약 30°로 열린 화살로 정해져 있었기 때문에 그렇게 기입하고 있는 도면이 많은 것 같다.

그리고 **그림 15** (b)의 검은 동그라미는 치수선의 끝을 칠한 작은 원으로 정해지고 있다. 건축계의 도면에는 이 기입이 많은 것 같다.

그림 15 (c)의 사선은 치수 보조선을 가로 질러서 왼쪽 밑에서 오른쪽 위를 향해서 약 45°로 교차하는 짧은 선으로 정해지고 있다.

이 방법은 ISO와 같다. 제도의 능률화를 생각하면 좋은 방법이라고 할 수 있으나 일본에서는 그다지 친숙하지 않은 기호이다.

단말 기호의 예외로서 반지름의 지시, 누진 치수 기입법, 좁은 장소에서의 기입법이 있으나, 각각의 다른 설명 속에서 기술한다.

(3) 치수 보조선

치수선은 원칙으로 치수 보조선을 사용해서 기입한다(**그림 17**). 치수 보조선은 가는 실선으로 그린다. 그러나 치수 보조선을 끌어낼 경우, 그림이 헷갈리기 쉬워지면 **그림 16**과 같이 물품의 외형선에 직접 기입할 수도 있다.

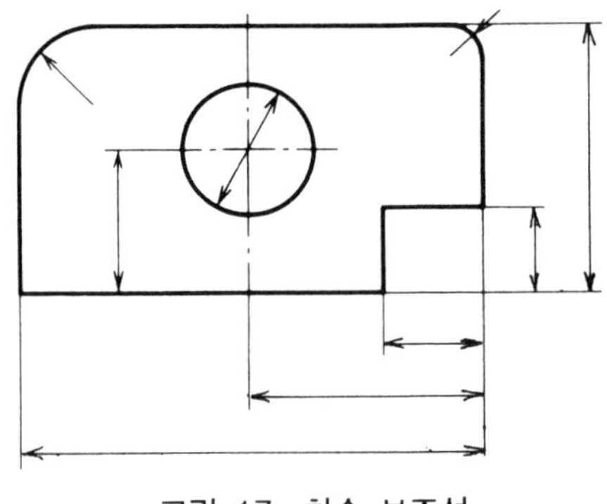

그림 17　치수 보조선

치수 보조선은 치수를 지시하는 끝의 도형상의 점 또는 선의 중심에서 치수선을 직각으로 긋고, 치수선에서 약간 넘는 곳까지 연장한다. 약 2~3 mm가 적당한 것으로 되어 있다. 도형과의 사이를 약간 떼어도 상관없다.

치수를 지시하는 점이라든가, 선을 명확하게 하기 위해서 특히 필요할 때는 치수선에 대해서 적당한 각도(가급적이면 60°가 좋다)를 갖는 서로에 평행한 치수 보조선을 그을 수 있다(**그림 18**). 이 그림의 치수 기입 위치는 이것을 표시하기 위해서 가는 실선(특수 용도의 선으로 위치를 명시하는데 사용한다)을 사용해서 표시한다.

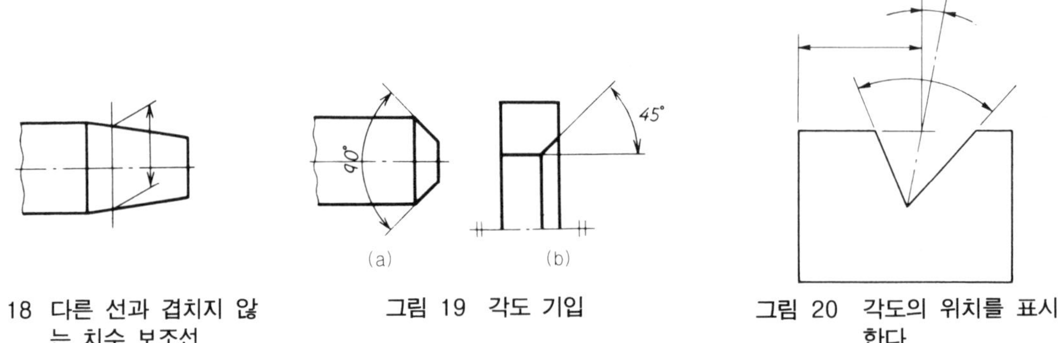

그림 18　다른 선과 겹치지 않는 치수 보조선　　**그림 19　각도 기입**　　**그림 20　각도의 위치를 표시한다**

(4) 각도의 기입

각도를 기입하는 치수선은 각도를 구성하는 2변 또는 그 연장선(치수 보조선)의 교점을 중심으로 해서 양변 또는 그 연장선 사이에 그린 원호로 표시한다(**그림 19**).

그림의 (a)는 90°의 중심이 도형의 중심축 위에 있는 것을 표시하고 있다. (b)는 내경의 면에 대해서 45°의 예이다. 내경의 면이 중심축과 평행이면 각도의 연장선은 중심축과 교차하게 된다.

각도를 기입할 때는 그 중심점이 어디에 있는가가 문제이다. 각도의 원호는 중심점에서 그리지만 각도의 중심축의 방향이 수평, 수직 이외이면 그 방향을 표시할 필요가 있다(**그림** 20).

(5) 치수 기입의 위치와 방향

치수 수치의 기입에는 기입하는 위치와 방향에 방법 Ⅰ과 방법 Ⅱ가 있다. 이 방법은 동일 도면 또는 한 조의 도면 속에서는 혼용할 수 없다(누진 치수 기입 방법을 제외).

① **방법** Ⅰ······**그림 21**에 표시한 것 같이 치수 수치는 수평 방향의 치수선에 대해서는 도면의 아랫변에서(숫자를 세운 모양), 수직 방향의 치수선에 대해서는 도면의 우변에서 (숫자를 왼쪽으로 눕힌 모양) 읽을 수 있도록 쓴다.

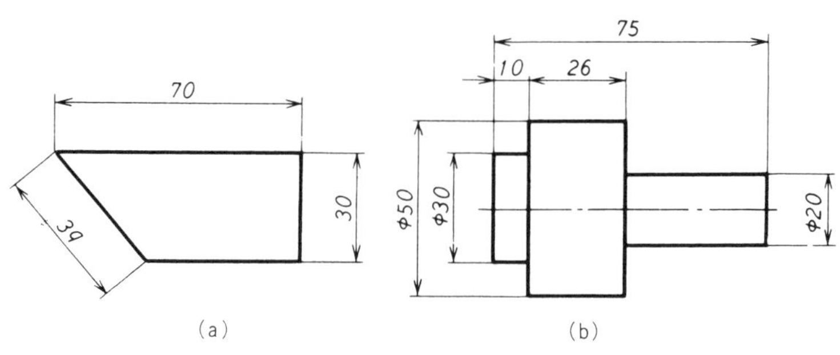

그림 21 수치 기입의 방법 Ⅰ

이 기입 방법은 인간 공학적으로 쓰기 쉽고 오른손으로 기입할 때, 시계 바늘 회전과 반대로 도면 주변을 90° 돌면서 기입하게 된다(실제로는 몸을 비틀어서 기입한다). 이것은 일반적으로 많이 실시되고 있는 기입 방법이다.

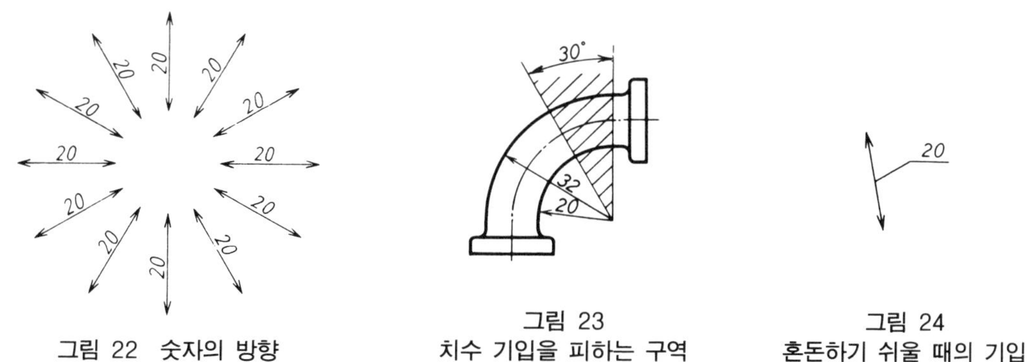

그림 22 숫자의 방향

그림 23
치수 기입을 피하는 구역

그림 24
혼돈하기 쉬울 때의 기입

기울어진 방향의 치수선에 대해서는 이에 준해서 기입한다. 이때 왼쪽 위에서 오른쪽 밑으로 약 30°선에서 숫자의 방향이 바뀌는데 주의하여야 한다(**그림 22**).

그림 23에 표시한 것 같이 수직선에 대해서 왼쪽 위 약 30°까지 사이 방향에는 치수선을 기입하지 않는 것이 좋다. 아무리 해도 도형 관계로 기입하지 않으면 안 될 경우에는

그림 24와 같이 혼동되지 않도록 기입한다.

치수 수치의 기입은 치수선을 중단하지 않고 이에 따라서 그 윗쪽에 치수선에서 조금 떼어서 기입한다. 기입 장소는 중앙 정도가 좋을 것이다(**그림** 21).

그림 25와 같이 각도의 수치 기입은 (a)와 (b)가 있다. (a)는 수평선에 대해서 윗쪽은 치수선의 바깥쪽에, 아래쪽은 치수선의 안쪽에 기입한다.

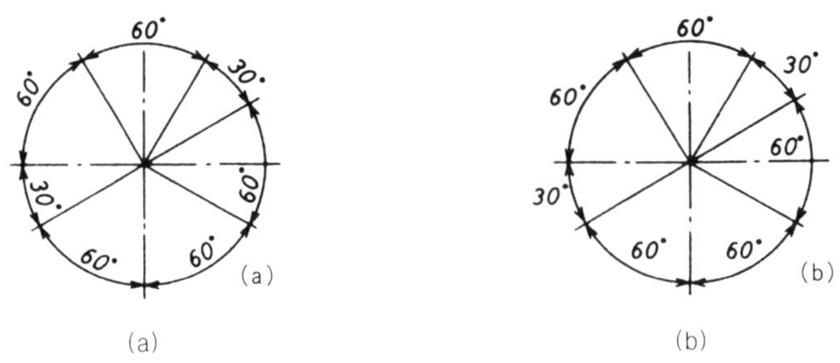

그림 25　각도 수치의 방향

② **방법** Ⅱ……**그림** 26에 표시한 것 같이 치수 수치를 도면의 밑변에서 읽을 수 있도록 쓰는 방법이다. 전체의 숫자, 기호를 서있는 모양으로 쓴다. 수평 방향 이외의 치수선은 중앙 부분을 중단해서 치수 숫자를 기입한다. 그리고 각도 숫자는 **그림** 27과 같이 기입한다.

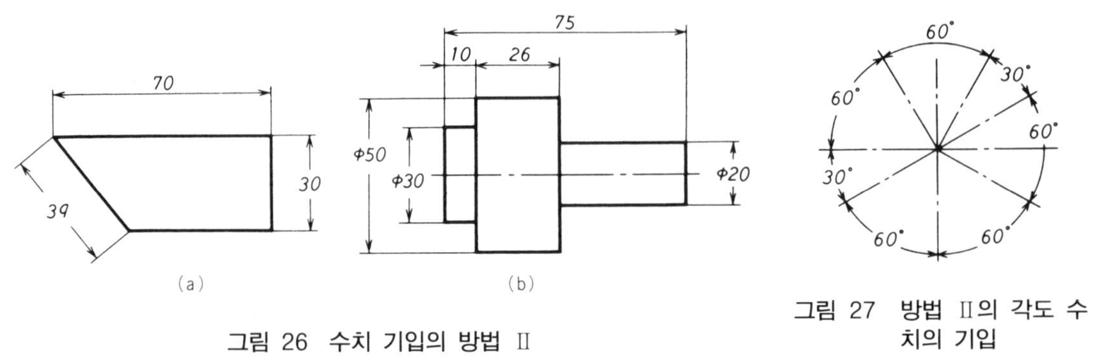

그림 26　수치 기입의 방법 Ⅱ

그림 27　방법 Ⅱ의 각도 수치의 기입

(6) 좁은 곳에 대한 치수 기입 방법

좁은 곳의 치수 기입은 부분 확대도를 그려서 기입하거나 **그림** 28과 같이 인출선을 치수선에서 비스듬히 그어내서 그 끝을 수평하게 구부려서 그 윗쪽에 치수 숫자를 기입한다. 이때 그어내는 쪽 끝에는 아무 것도 붙이지 않는다. 좁은 장소에서 많은 인출선을 사용해서 기입하는 그림에서는 부분 확대도로 하는 것이 좋을 것이다.

치수선이 짧아서 정해진 위치에 치수를 기입할 수 없을 때는 치수선을 연장해서 그 윗쪽(방법 Ⅰ=**그림** 29) 또는 그 바깥쪽(방법 Ⅱ)에 기입할 수 있다. 이 방법 Ⅰ, Ⅱ는 치수 기입법과 같으며 어느 것을 사용해서 기입하고 있는가로 정해진다.

치수 보조선의 간격이 좁아서 화살표를 기입할 수 없는 경우에는 화살표 대신에 검은 동그라미(**그림 29**) 또는 사선을 사용해서 표시할 수 있다.

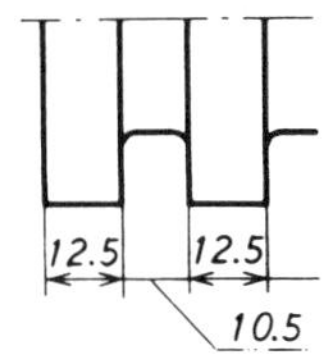

그림 28 좁은 곳의 기입

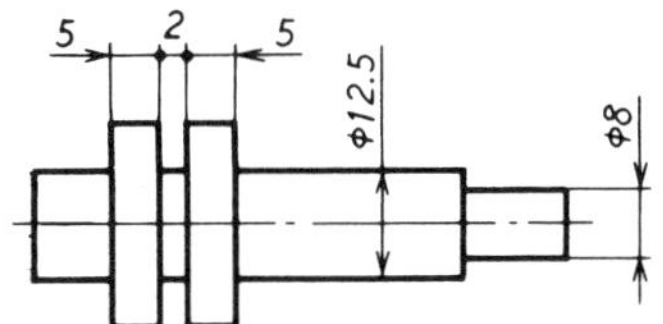

그림 29 치수선이 **짧을** 때의 기입

가공 방법의 지시, 주기, 부품 번호 등을 기입하기 위해서 사용하는 인출선은 원칙적으로 경사 방향으로 그어 낸다. 수직, 수평 방향에 대한 인출은 치수선, 치수 보조선과 구분하기 어렵게 되기 때문에 피하는 것이 좋다.

인출선을 물품의 외형선(형상을 표시하는 선) 등에서 그어 낼 때는 그어내는 점을 나타내는 화살표를 붙인다. 그리고 물품의 내부(형상을 표시하는 선의 안쪽)에서 그어 낼 때는 그어내는 곳에 검은 동그라미를 붙인다(**그림 30**). 주기 또는 가공 방법의 지시에는 인출선의 한쪽 끝을 원칙으로 해서 수평 방향으로 접어 구부려서 그 윗쪽에 기입한다(**그림 31**).

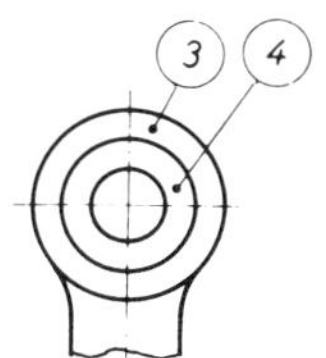

그림 30 인출하는 방법

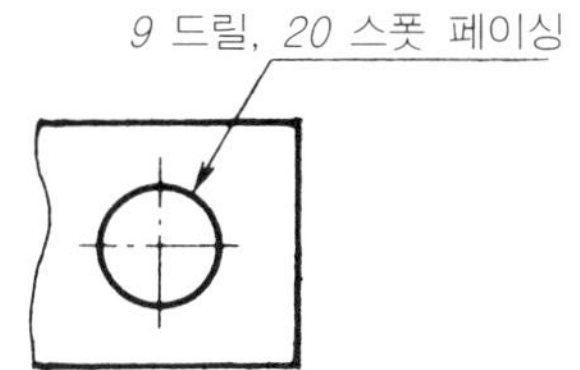

그림 31 가공 방법의 지시

치수의 배치

치수를 기입할 때 한 방향으로 줄지어 있는 치수를 차례차례로 기입하는 방법(직렬 치수 기입법)과 하나의 공통된 위치에서 따로따로 치수를 기입하는 방법(병렬 치수 기입법), 그것을 간략화한 방법(누진 치수 기입법) 또는 그것에 좌표를 사용한 방법(좌표 치수 기입법)이 규정되고 있다.

(1) 직렬 치수 기입법

그림 32와 같이 직렬로 줄지어진 치수 기입법이다. 개개의 치수에 오차가 있는 경우(치수에는 치수 허용차가 붙어 있다), 그것이 누적되어도 좋은 경우에 사용한다.

예컨대 **그림 32**에 보통 허용차의 14급(중 다듬질)을 적용하였다고 하자. 6~30 mm 이하는 ±0.2 mm이므로 전체에 ±0.2 mm의 허용차가 붙게 된다.

이 때문에 전체 길이 116±1.4 mm가 되는 공차는 2.8 mm가 된다. 116 mm의 보통 허용차는 ±0.3 mm이기 때문에 공차는 0.6 mm이다.

이와 같이 오차가 누적되는 치수 기입 방법이기 때문에 끼워 맞춤 등과 같이 상대가 있는 치수 기입이나 정밀도에 영향이 있는 치수 기입에는 사용되지 않는다

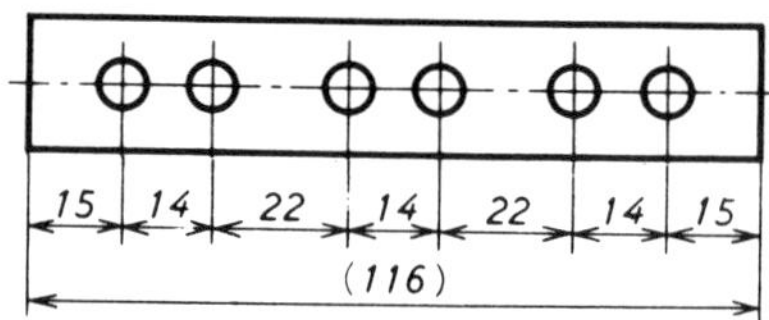

그림 32   오차가 누적되는 기입법

(2) 병렬 치수 기입법

그림 33에 표시한 것 같이 개개 치수의 오차가 다른 치수에 영향을 주지 않는 기입법이다. 이 경우, 공통의 기준이 되는 위치(기하 공차의 데이텀을 제외한다)는 기능, 가공 등을 고려해서 결정할 필요가 있다. 위치가 변동하는 중심, 변형하는 면, 표면이 거칠은 면, 원형인 면 등은 오차를 생각하면 공통의 위치로 되기 어려울 것이다.

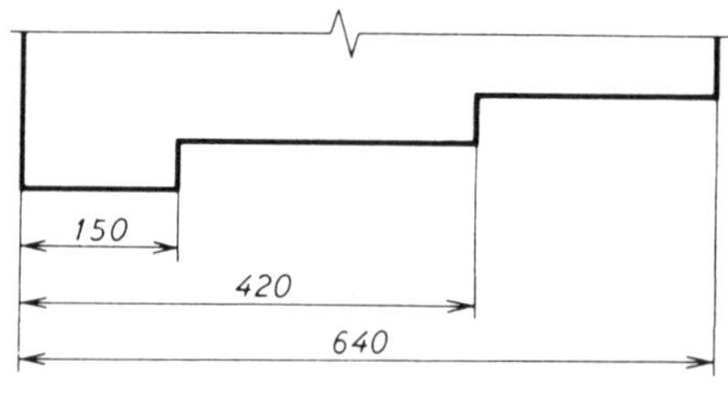

그림 33   병렬 기입법

(3) 누진 치수 기입법

이 방법은 병렬 치수 기입법의 간략형이다. 치수 공차에 관해서는 병렬 치수 기입법과 전적으로 같은 의미를 가지면서 치수선은 한개의 연속된 표시로 끝난다. **그림 34**와 같이 치수의 공통 기점의 위치를 기점 기호(○)로 표시하고 치수선의 다른 끝부분은 화살표로 표시한다.

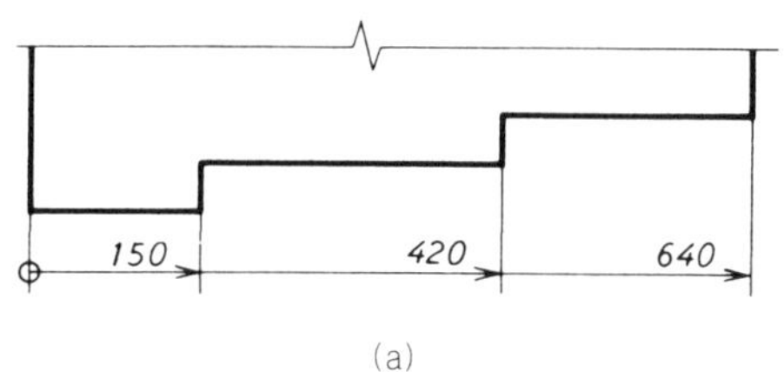

(a)

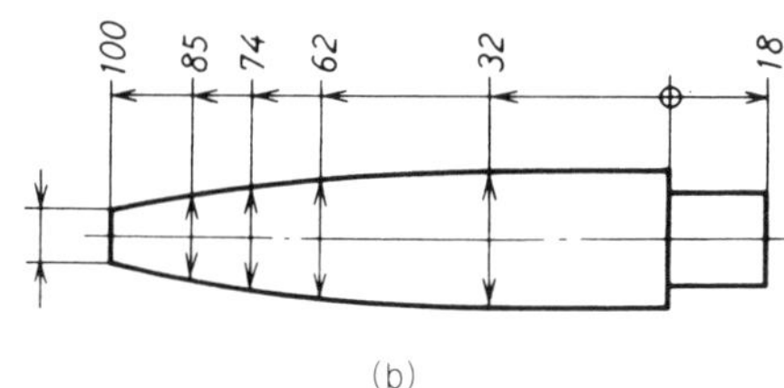

(b)

그림 34   누진 치수 기입법의 예

치수 수치는 치수선의 화살표에 가깝게 치수선의 윗쪽에 따라 기입(**그림** 34 (a))하거나 치수 보조선에 나란히 기입한다(**그림** 34 (b)). 화살표 가까이 기입하는 것은 한 쪽 화살표로 기입 누락으로 오해받지 않기 위해서이다.

이 방법은 일반 치수와 혼용해서 사용하는 경우에는 적당하지 않기 때문에 기입할 때는 주의하여야 한다. 그리고 이 방법은 **그림** 34(b)와 같이 2개의 형태를 표시했을 때도 사용된다.

(4) 좌표 치수 기입법

구멍의 위치 또는 크기 등의 치수는 좌표를 사용해서 표로 표시해도 좋은 것이다(**그림** 35).

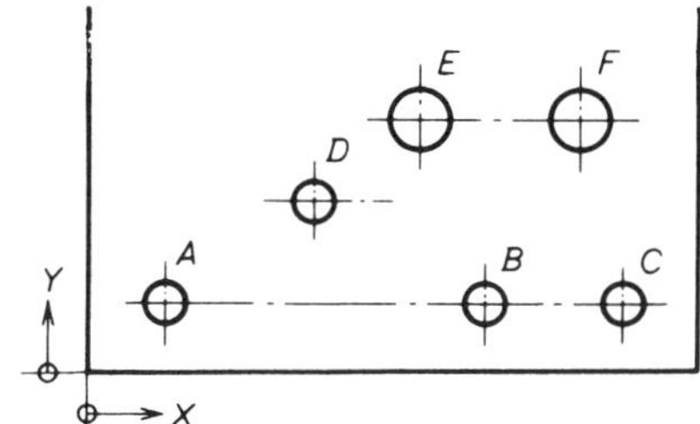

	X	Y	φ
A	20	20	13.5
B	140	20	13.5
C	200	20	13.5
D	60	60	13.5
E	100	90	26
F	180	90	26

그림 35 좌표 치수 기입법

X, Y의 수치는 기점으로부터의 거리이다. 기점은 물품의 한 구석 또는 기준 구멍 등 기능, 가공의 조건을 생각해서 적절하게 선택하는 것이 필요하다.

이 방법의 기점으로부터의 거리는 수치를 표에 하나로 정리하고 있으나 누진 치수 기입법과 같은 것이 된다.

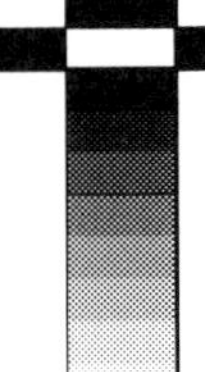

지름 · 반지름의 치수 표시

　기계 가공에서는 축류를 선삭하거나 연삭하거나 혹은 구멍 뚫기, 보링 가공이나 곡면의 가공이 대단히 많고 그리고 판금 등의 프레스 가공에서도 똑같이 구멍을 펀칭하거나 원통 형상으로 인발하거나 R 형상으로 구부리는 가공이 많이 있다.

　따라서 이들의 가공 도면에서는 축이나 구(球), 구멍의 지름, 곡면 등의 반지름의 치수 표시가 많이 나오게 될 것이다. 그들은 공정 설계상에서도 가공자를 비롯해서 제3 자가 잘 알 수 있도록 표시, 기입되어야 한다.

　여기서는 JIS에 따른 지름, 반지름의 표시 방법을 기술하려 한다.

(1) 지름의 치수 표시

　제3 각법에서는 주투영도를 보충하는 다른 투영도(측면도, 평면도 등)는 가급적 적게 하고 주투영도만으로 표시할 수 있는 것에 대해서는 다른 투영도는 그리지 않아도 된다. 가공자에 있어서도 그렇게 하는 것이 도면이 보기 쉽게 되어서 편리하다.

　가령, 축류와 같이 원통 형상의 것은 지름을 표시하는 치수 보조 기호인 ϕ를 사용하면 주투영도만으로 끝맺을 수 있다. **그림 1**은 그 표시 예이다. 치수 수치 앞에 ϕ를 치수 수치와 같은 크기로 기입하고 다른 투영도는 생략한다.

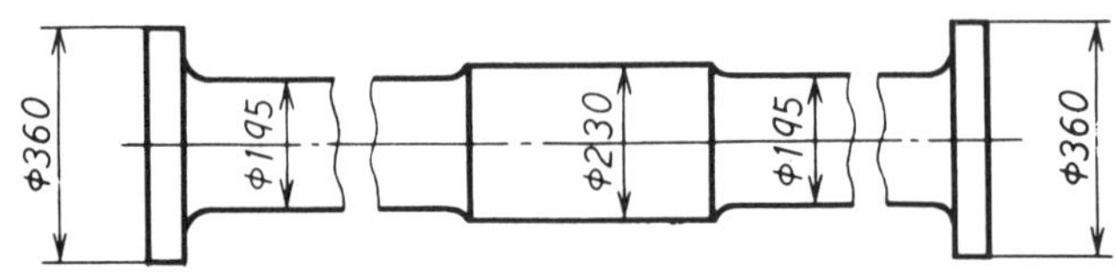

그림 1　주투영도만으로 지름을 표시

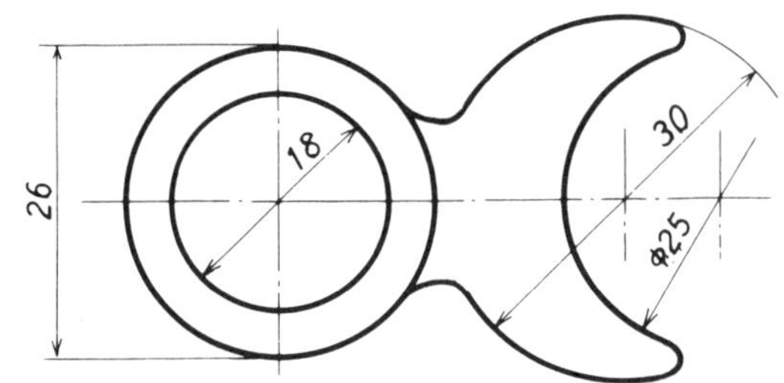

그림 2　ϕ기호의 생략과 원형의 일부가 결여된 경우의 표시

　한편, 도면의 생략 예는 아니지만 **그림 2**를 보자. 이와 같이 원형이 투영도에 나타나고

있는 경우에는 이미 도형이 원이라는 것이 표시되고 있기 때문에 치수 수치 앞에 지름의 기호 ϕ를 더 붙이지 않는다. 과잉 표시가 되기 때문이다. 그러나 이 그림의 $\phi25$ 표시와 같이 원형의 일부가 없는 도형에서 치수선의 단말 기호가 한쪽만인 경우는 반지름의 치수 표시와 오해할 염려가 있기 때문에 지름의 치수 수치 앞에 기호 ϕ를 기입한다.

그리고 지름이 다른 원통이 연속되어 있어서 그 치수 수치를 기입할 스페이스가 없을 때는 **그림 3**에 표시하는 예와 같이 한쪽에 치수선, 화살표, ϕ, 치수 수치를 모아서 표시한다.

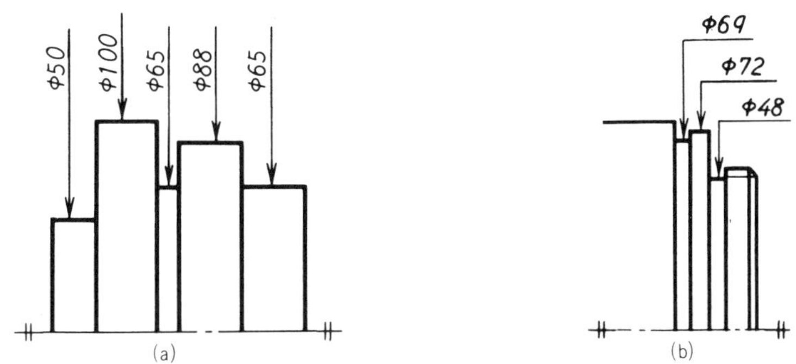

그림 3 지름 치수의 수치를 기입하는 스페이스가 없을 때의 표시

(2) 반지름의 치수 표시

반지름의 치수는 치수 보조 기호의 반지름을 표시하는 R를 치수의 수치 앞에, 치수의 수치와 같은 크기로 기입해서 표시한다.

그림 4 (a)는 기호 R를 사용한 반지름 치수 표시의 예이다. 보통, 치수선은 그 양단에 단말 기호의 화살표 등을 붙이지만 반지름을 표시하는 치수선에서는 원호쪽에만 화살표를 붙인다.

그림 4 반지름 기호 R의 기입과 생략

그러나 **그림 4** (b)와 같이 반지름을 표시하는 치수선을 원호의 중심까지 긋는 경우에는 기호 R를 생략해도 된다. 그때 원호의 중심 위치를 명확하게 하기 위해서 +자 또는 검은 동그라미를 붙일 때가 있으나 이것은 어디까지나 원호의 중심을 표시하는 것으로 단말 기호를 의미하는 것은 아니다. 그리고 원호의 반지름이 작아서 치수 수치를 기입할 스페이스가 없는 경우에는 **그림 5**와 같이 기입한다.

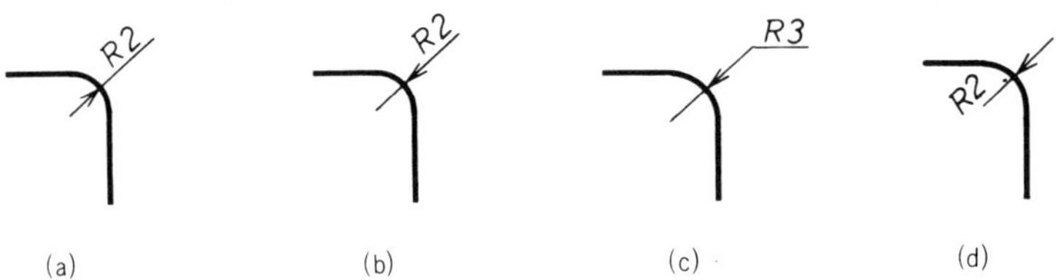

그림 5　반지름 치수의 수치를 기입하는 스페이스가 없을 때의 표시

　반대로 원호의 반지름이 커서, 그 중심의 위치를 표시할 필요가 있을 경우에 지면 등의 제약이 있을 때는 **그림 6**과 같이 반지름의 치수선을 접어 꺾어서 표시한다. 그 경우, 치수선의 화살표가 붙은 부분은 옳바른 중심 위치를 향해 있어야 된다.

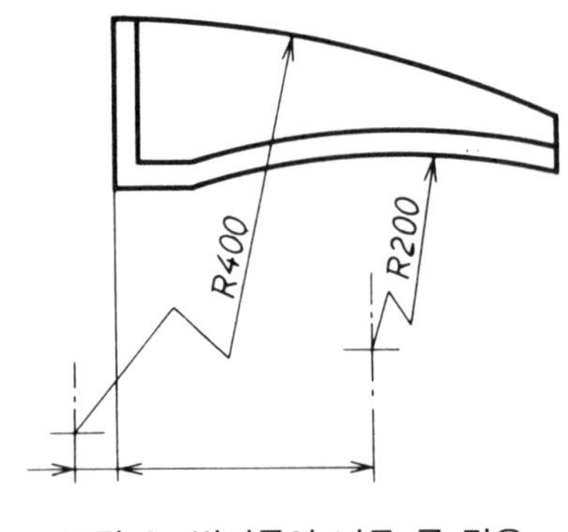

그림 6　반지름이 너무 큰 경우

　그 외에 같은 중심을 갖는 반지름은 길이 치수의 경우와 같게 누진 치수 기입법을 이용하여 표시한 것이다. **그림 7**은 누진 치수 기입법에 의한 반지름의 치수 표시를 한 예이다.

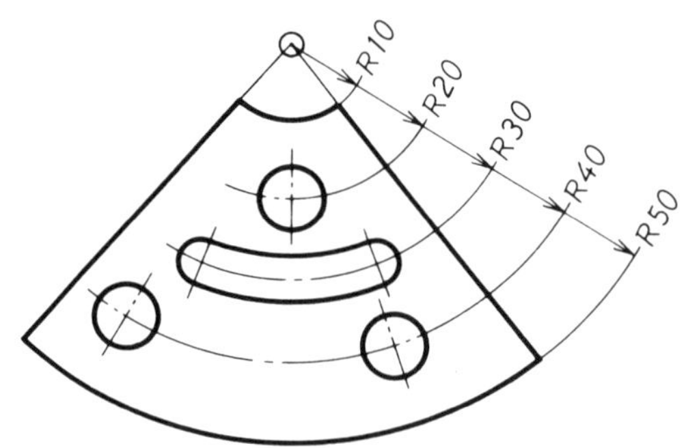

그림 7　반지름의 누진 치수 기입법

(3) 구(球)의 지름 또는 반지름의 치수 표시

　구의 지름 또는 반지름의 치수는 그 치수의 수치 앞에 치수 숫자와 같은 크기로 구를 표시하는 치수 보조 기호 $S\phi$ 또는 SR를 기입해서 표시한다. **그림 8**은 구의 지름 또는 반지름의 치수 표시의 예이다.

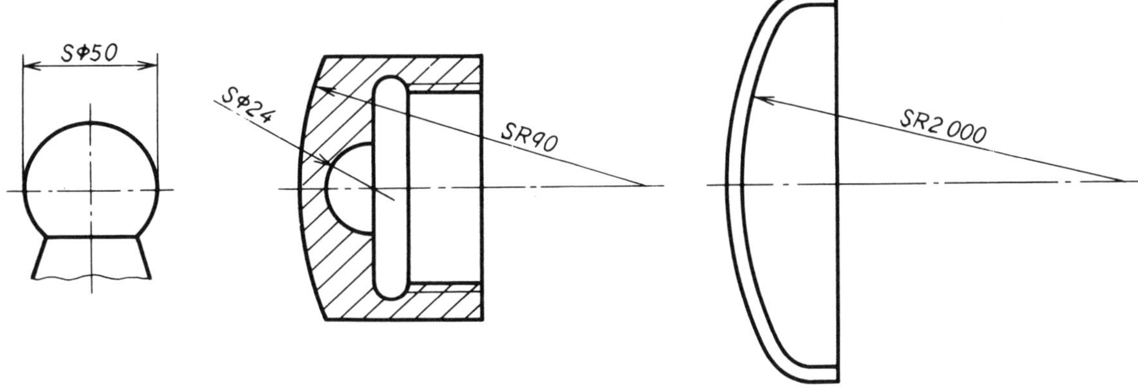

그림 8 구의 지름 또는 반지름의 치수 표시

여기서 주의하지 않으면 안되는 것은 앞의 지름 기호 ϕ, 반지름 기호 R는 도형에서 명확한 경우에는 생략할 수 있었으나 구의 기호 $S\phi$ 또는 SR는 생략할 수 없게 되어 있다.

구멍의 치수 표시

  기계 가공에서 구멍 가공은 붙어 다니는 것으로서 일반적으로 절삭 가공 전체에 구멍 가공이 차지하는 시간 비율은 50%라고 할 정도이다. 한 마디로 구멍 가공이라고 하여도 관통 구멍이나 멈춤 구멍, 단붙이 구멍, 긴 원의 구멍이거나 경사지게 뚫린 구멍 등 구멍의 형상은 여러 가지이다.

  그리고 가공 방법도 드릴링, 보링, 리밍 등 공구, 공작 기계에 따라서 가지 각색이다. 최근에는 방전 가공, 레이저 가공이라고 하는 전기 가공에 의한 가공도 일반화되고 있다.

  이와 같이 구멍 가공은 실로 범위가 넓은 것이다. 당연한 일이지만 기계 도면에는 구멍의 표시가 많아지고 있다.

(1) 가공 방식에 의한 구별을 표시

  가공 도면에 드릴 구멍(드릴), 펀칭 구멍, 주물에서 빼낸 구멍 등 구멍의 가공 방식에 의한 구별을 표시할 필요가 있는 경우에는 원칙적으로 공구의 호칭 치수 또는 기준 치수를 표시하고 그 다음에 선삭, 밀링 절삭, 방전 가공 등 가공 방법의 구별을 지시한다. 가공 방법의 구별은 가공 방법의 용어를 규정하고 있는 JIS에 따른다.

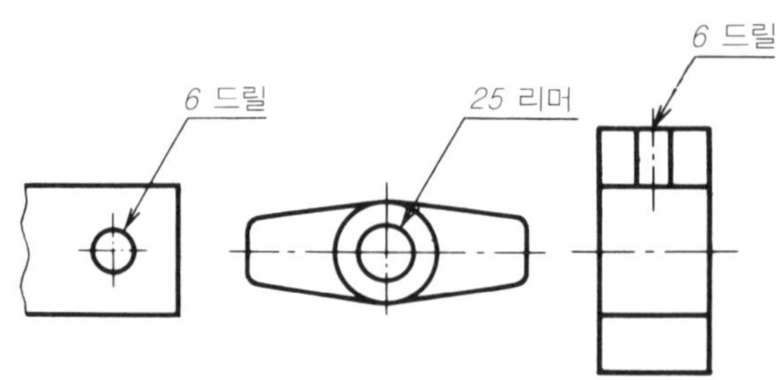

그림 1 인출선을 사용해서 구멍 지름과 가공 방법을 지시

  그림 1, 2는 공구의 호칭 치수 또는 기준 치수 다음에 이 가공 방법을 도시한 예이다. 그러나 이 예에서는 드릴(드릴 가공), 리머(리머 가공), 펀칭(프레스 천공), 주물 빼기와 같은 가공 방법이 간략 지시로 되어 있다. JIS에서는 이 네개의 가공 방법에 한해서 간략 지시에 의해서도 좋은 것으로 되어 있다.

  그리고 볼트, 너트를 사용하는 기계 도면에는 구멍 가공 지시와 같이 엔드 밀이나 드릴로 실시하는 스폿 페이싱(자리 파기)의 지시를 할 때가 있다.

  스폿 페이싱은 볼트, 너트가 닿는 자리를 좋게 하기 위해서 흑피를 제거하는 정도의 경우와 볼트 머리를 가라앉게 하기 위한 깊은 스폿 페이싱의 경우가 있다. 깊은 스폿 페이싱은 스폿 페이싱의 깊이의 지시도 필요하게 된다.

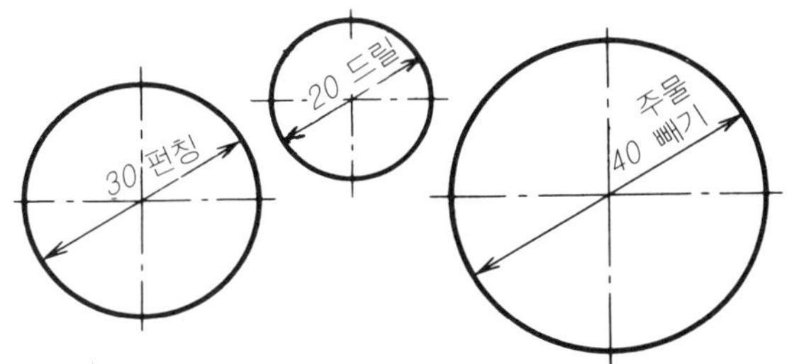

그림 2 치수선을 사용해서 구멍 지름과 가공 방법을 지시

흑피를 제거할 정도의 일반적인 스폿 페이싱의 표시는 **그림 3**에 표시한 것 같이 구멍의 가공 지시 다음에 스폿 페이싱의 지름을 표시하는 치수와 '스폿 페이싱'이라고 이어서 기입한다. 스폿 페이싱의 깊이와 스폿 페이싱을 표시하는 도형은 그리지 않는다.

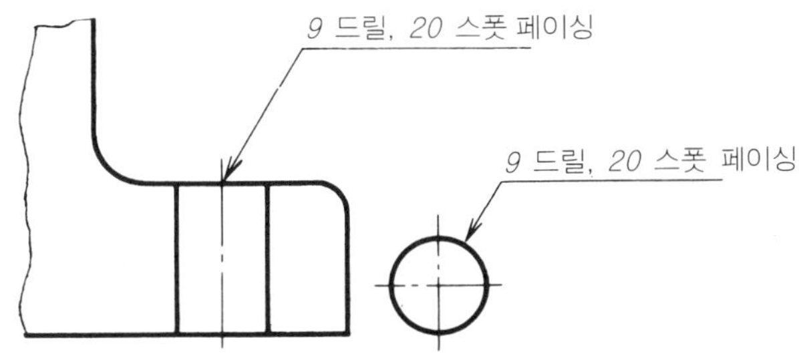

그림 3 스폿 페이싱의 표시 방법

(2) 같은 치수 구멍 무리의 표시

한 무리의 같은 치수의 볼트 구멍, 작은 나사 구멍, 핀 구멍, 리벳 구멍 등의 치수 표시는 **그림 4**와 같이 구멍에서 인출선을 그어 내서 구멍의 총수를 표시하는 숫자 다음에 짧은 선을 끼워서 구멍의 치수를 기입한다.

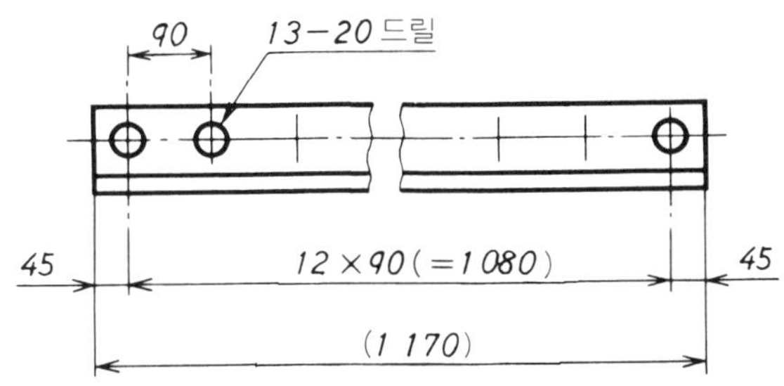

그림 4 같은 치수 구멍 무리의 표시(길이 치수에 의한 경우)

이 때 기입하는 구멍의 총수는 동일 개소의 한 무리의 구멍의 총수(양쪽에 플랜지를 갖는 관 이음이면 한쪽의 플랜지에 대한 총수)를 지시한다.

　그리고 등간격의 구멍 표시 방법은 **그림 4**와 같이 「(간격의 수)×(피치의 치수)」 즉, 12×90(＝1080)로 표시한다.

　여기서 (　) 속의 1080은 참고 치수이므로 이와 같이 90과 1080의 2개의 치수 수치 중에서 어느 쪽이 주 치수이고 어느 쪽이 참고 치수인가를 지시하는 것도 필요하다. 각도 치수의 경우도 **그림 5**에 표시한 것 같이 지시 방법은 같은 사고 방식에 기초를 두고 있다.

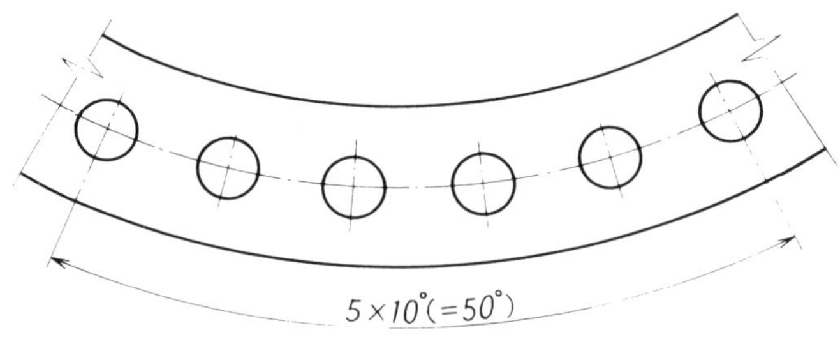

그림 5　같은 치수 구멍 무리의 표시(각도 치수에 의한 경우)

(3) 구멍의 깊이 표시

　구멍 가공에서 멈춤 구멍의 경우, 구멍의 가공 깊이를 지시해야 된다. 관통 구멍의 경우에는 가공물의 높이, 두께 등의 지시가 따로 있고 중복 치수로 되기 때문에 구멍의 깊이는 기입하지 않는다. 이 경우의 구멍의 깊이라고 하는 것은 드릴 선단의 원추부나 리머 선단의 모떼기부 등을 포함하지 않는 원통부 길이를 말한다.

　구멍 깊이의 표시 방법은 **그림 6**(a)와 같이 치수선을 사용하는 기입 방법과 **그림 6**(b)와 같이 인출선을 사용해서 문자로 표시하는 방법이 있다.

그림 6　구멍 깊이의 표시

　그리고 깊은 스폿 페이싱의 경우는 스폿 페이싱 깊이가 필요하기 때문에 **그림 7**에 표시한 것 같이 구멍 가공 지시에 이어서 깊은 스폿 페이싱의 지시를 한다.

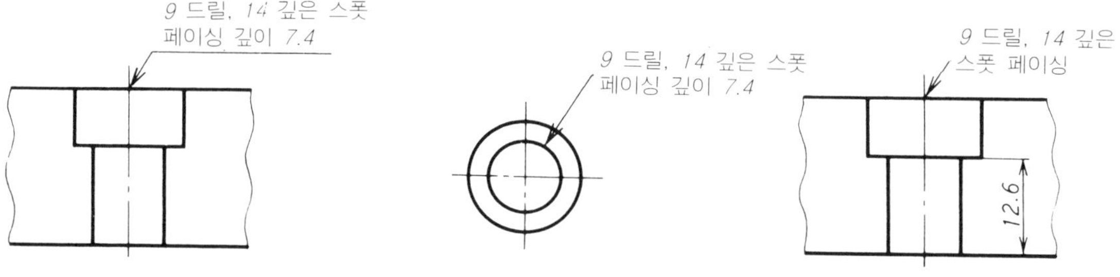

그림 7　깊은 스폿 페이싱의 표시 방법

(4) 긴 원의 구멍, 경사진 구멍의 치수 표시

엔드 밀 등으로 가공하는 긴 원의 구멍은 양끝의 반원의 치수와 폭의 치수가 중복되기 때문에 중복 치수를 피하기 위해서 구멍의 기능 또는 가공 방법에 따라 **그림** 8에 표시하는 어느 방법으로 치수를 표시한다.

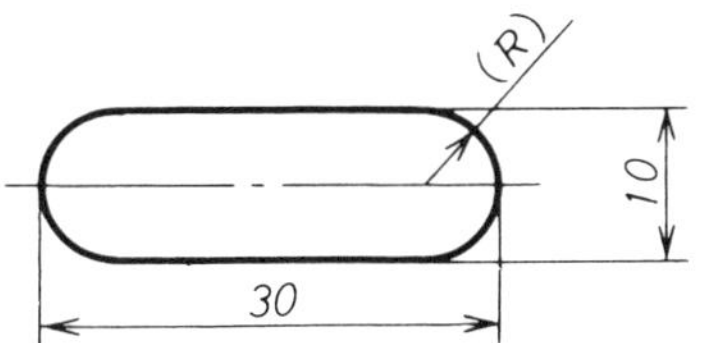
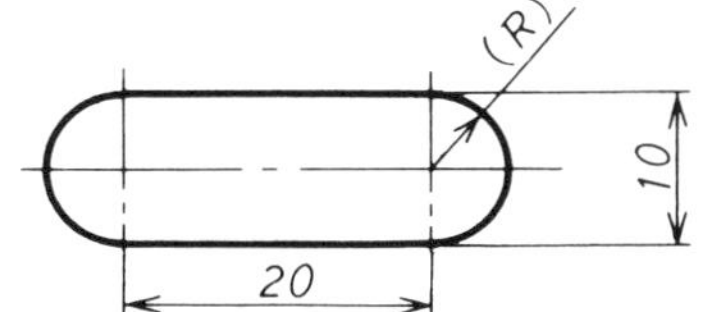
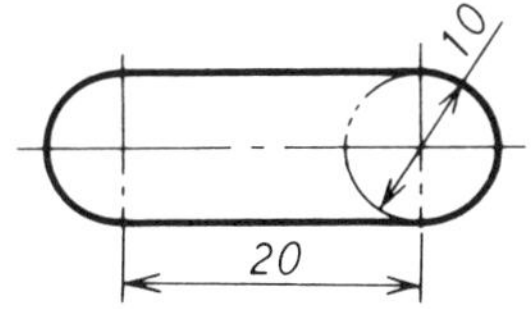

그림 8 긴 원 구멍의 치수 표시

그리고 가공물의 사면이나 곡면에 드릴 등으로 구멍을 뚫게 되는 경우, 그 깊이는 공구의 이송량으로 표시하는 것이 편리하기 때문에 **그림** 9 (a)에 표시한 것 같이 구멍의 중심선 위의 깊이로 표시한다. 그렇게 할 수 없는 경우에는 **그림** 9 (b)와 같이 치수선을 사용해서 표시한다.

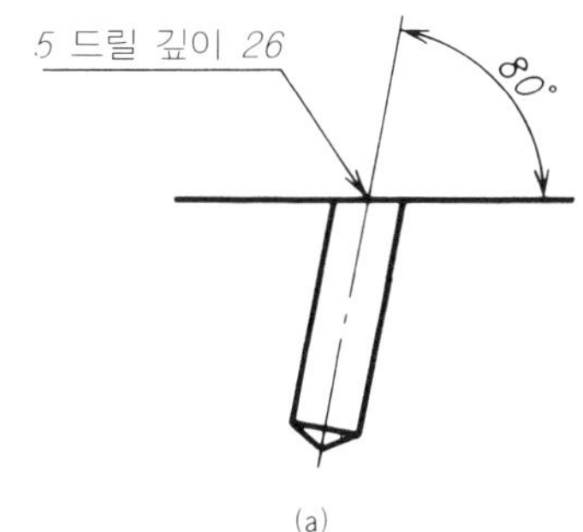

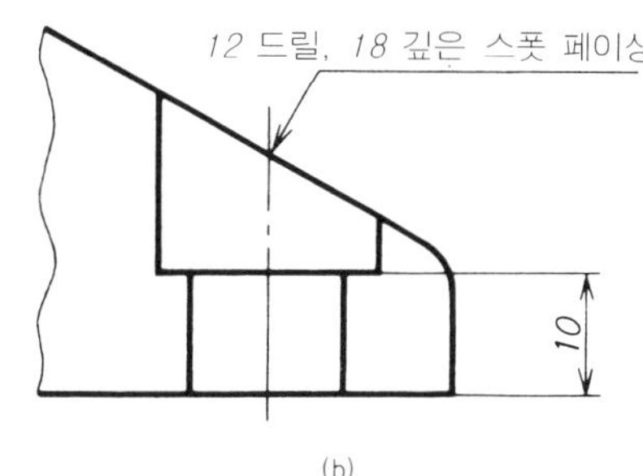

그림 9 경사진 구멍의 치수 표시

현·원호·곡선의 치수 표시

　원호라는 것은 원주의 일부분이고 현이란 원호 위의 2점 사이를 연결하는 직선을 말한다. 따라서 현은 원호보다 항상 짧은 것이다. 한편 곡선은 원호와 원호, 원호와 직선으로 구성되어 있는 것이나, 원호가 아닌 자유로운 곡선으로 구성된 것, 그것들이 조합되어서 구성된 것 등 여러 가지이다.

　복잡 형상화되는 최근의 기계 부품 도면에서는 현, 원호 길이의 치수 표시, 곡선의 치수 표시가 많아지고 있는 것 같다. 특히 플라스틱 등의 성형 금형에는 3차원의 복잡한 형상의 것을 자주 볼 수 있다.

　따라서 금형의 가공 도면, 성형품의 부품도에는 현, 원호의 길이, 곡선의 치수 표시가 많아지게 되는 것은 당연한 결과라고 할 수 있을 것이다.

(1) 현 길이의 치수 표시

　JIS 기계 제도에서는 현의 길이는 원칙적으로 현에 직각으로 치수 보조선을 긋고 현에 평행한 치수선을 사용해서 표시한다고 규정되어 있다(**그림 1**).

　이와 같이 원칙적으로는 치수 보조선을 현에 직각으로 긋지만 다른 치수선, 치수 보조선과 간섭하거나 도형의 배치 관계에서 반드시 이상대로의 치수 기입을 할 수 있다고는 한정할 수 없다.

　그래서 **그림 2**와 같이 치수 보조선을 비스듬하게 그어서 표시하는 경우도 있다. 이때 치수 보조선은 기울어져도 치수선은 현과 평행이므로 주의하여야 한다.

(2) 원호 길이의 치수 표시

　원호도 현의 경우와 같이 현에 직각인 치수 보조선을 긋고 그 원호와 동심의 원호를 치수선으로 한다.

　그래서 치수 수치 위에 원호의 길이를 표시하는 치수 보조 기호 ⌒ 를 붙여서 표시한다. **그림 3**에 그 표시 예를 나타내었다.

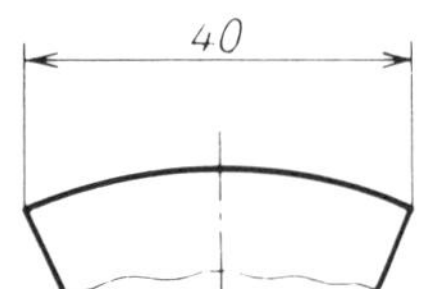

그림 1　현의 길이 치수 표시

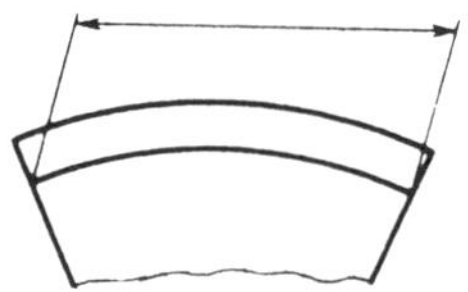

그림 2　치수 보조선을 비스듬히 그은 표시

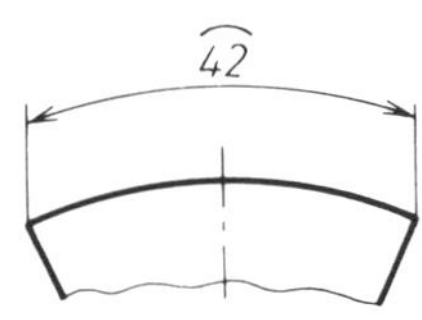

그림 3　원호의 길이 치수 표시

복잡한 곡선 형상을 가진 플라스틱 등의 성형 금형이나 프레스의 드로잉 다이 등에서는 여러 가지 원호, 곡선을 도면에 표시해야 된다.

곡률 반지름이 큰 원호의 길이는 한 눈으로 직선과 구별하기 어렵거나 각도의 표시와 잘못 보기 쉬운 일이 있다.

그래서 이것은 원호라는 것을 명확하게 도시하기 위해서 원호를 표시하는 치수 보조 기호 ⌒를 치수 수치의 바로 위에 붙이고 있는 것이다.

전에는 치수 수치 앞에 '호'라고 쓴 일도 있었지만 국제적으로 통용되지 않기 때문에 치수 보조 기호인 ⌒를 사용하게 되었다.

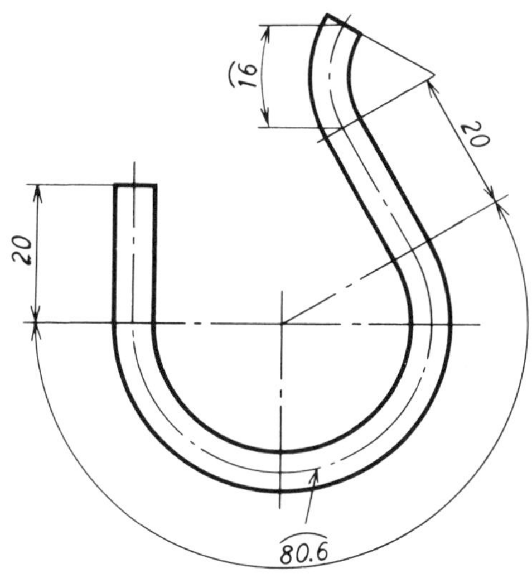

그림 4 원호를 구성하는 각도가 클 때

그리고 **그림 4**에 표시하는 것 같이 원호를 구성하는 각도가 클 때나 **그림 5**와 같이 연속해서 원호의 치수를 기입할 때는 원호의 중심에서 방사상으로 그은 치수 보조선에 치수선을 대어서 표시해도 상관없다. 그 때 그림과 같이 외경·내경·중심선의 어느 원호의 치수 수치인가를 확실하게 화살표로 표시하는 것을 잊어서는 안된다.

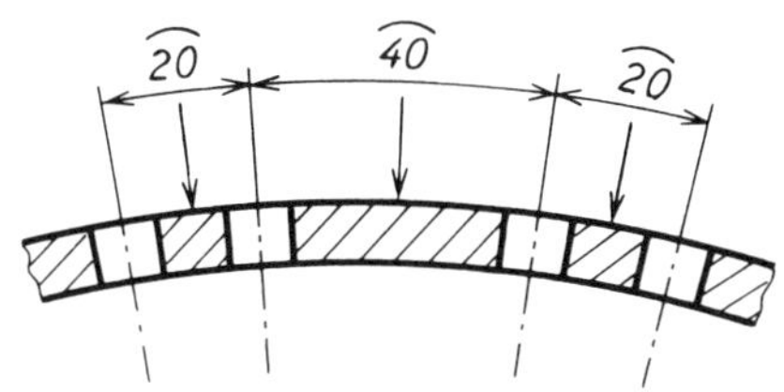

그림 5 연속해서 원호의 치수를 기입할 때

그외에 도면 속에 원호의 곡률 반지름을 지시하는 것이 좋은 경우에는 **그림 6**과 같이 그 원호를 화살표로 표시하는 대신에 원호의 길이 치수 수치 뒤에 반지름의 수치와 같은 것을 괄호로 묶어서 표시할 수 있다.

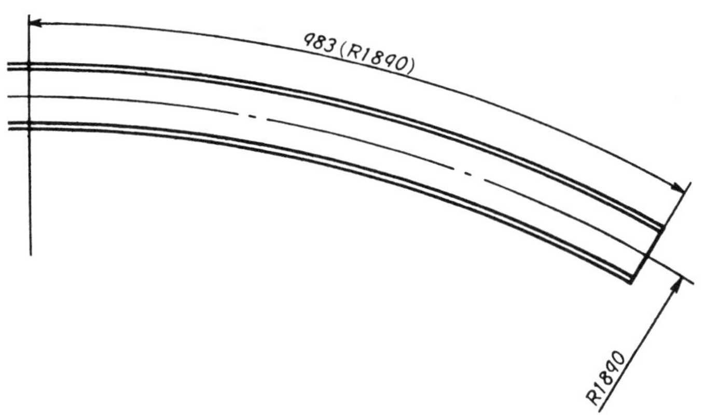

그림 6 원호의 곡률 반지름을 기입한 원호 치수 표시

(3) 곡선의 치수 표시

곡선의 치수 표시는 그 곡선을 구성하는 선의 요소에 따라 다르다. 원호로 구성되는 곡선의 치수 표시는 일반적으로 **그림 7**과 같이, 이들 원호의 반지름과 그 중심 또는 원호의 접선의 위치로 표시할 수 있다.

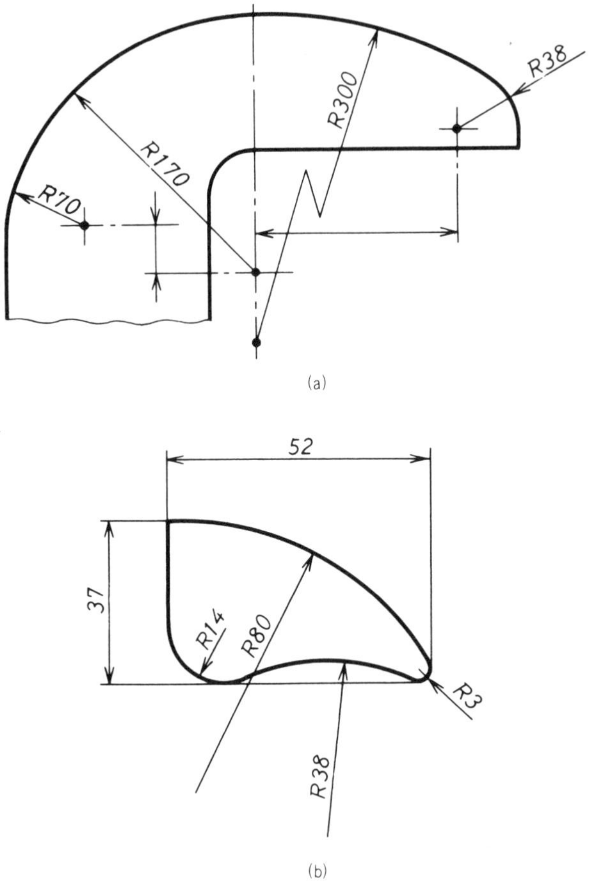

그림 7 원호로 구성되는 곡선의 치수 표시

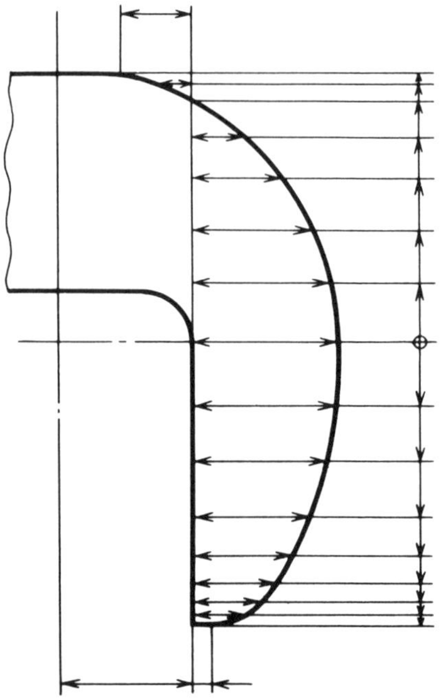

그림 8 좌표 치수로 나타낸 곡선의 예

   한편, 원호로 구성되지 않은 곡선의 경우는 **그림** 8에 표시한 것 같이 곡선 위의 임의의 점의 좌표 치수로 표시한다.

   복잡한 곡선에서는 임의의 점을 많이 설정해서 표시하게 된다. 3차원의 자유 곡면을 갖는 물품에서는 이와 같은 곡선 표시와 같이 임의의 단면 형상도 연속적으로 설정해서 도시한다. 그리고 **그림** 8의 표시 방법은 원호로 구성하는 곡선이라도 필요하면 사용하게 된다.

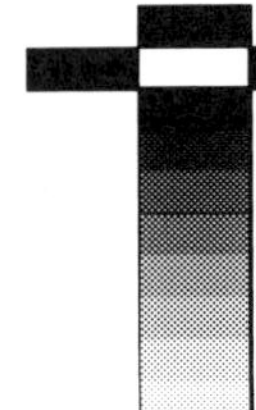

정사각형 · 판 두께 · 테이퍼 · 구배

(1) 정사각형의 변의 치수 표시

도면에 표시하는 물품의 단면이 정사각형인 경우에는 치수 보조 기호 □를 사용하면 주투영도만으로 그 물품의 형상, 치수를 표시할 수 있다.

그림 1은 그 예이지만 중앙의 플랜지 부분에서 우측은 한 변 10 mm의 정사각형을 표시하고 있으며 측면도는 생략돼 있다. 실체도로 표시하면 **그림 2**와 같은 형상의 것이다.

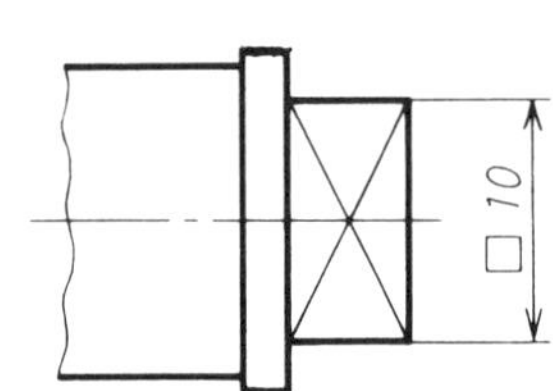

그림 1　정사각형의 변의 표현

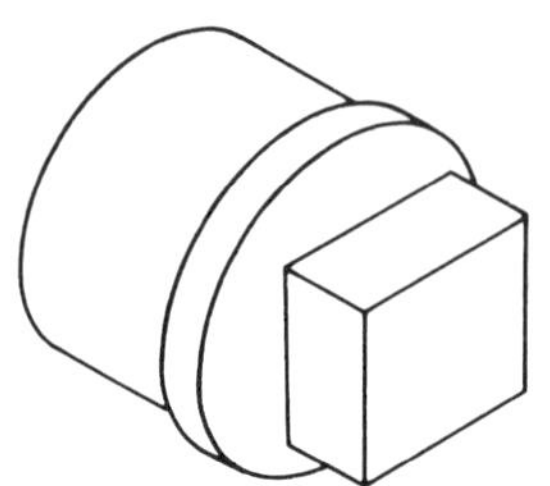

그림 2　실체도

이와 같이 표시하는 부분의 단면이 정사각형인 경우에는 그 형상을 그림에 표시하지 않고 한변의 길이를 표시하는 치수의 수치 앞에 치수 수치와 같은 크기로 □를 기입한다. 그 때 정사각형의 측면이 되는 평면에는 평면인 것을 표시하기 위해서 그림과 같이 가는 실선으로 ×표가 되도록 대각선을 긋는다.

그리고 정사각형에 직접 치수를 기입할 때는 서로 이웃인 2변에 각각 기입해야 된다.

(2) 두께의 치수 표시

얇은 강판 등을 재료로 한 가공 도면에서는 두꺼운 판을 그리면 외형선이 겹쳐져 보기 흉한 도면이 되어 버린다. 이와 같은 경우에는 판 두께가 나타나는 그림은 생략하고 주투영도에 두께의 치수 보조 기호 t를 판 두께 숫자와 같은 크기로 그 앞에 기입한다. 기입 장소는 그 도면의 부근 또는 도면 속의 보기 쉬운 위치에 한다.

그림 3은 그 표시 예로 판의 두께 0.7 mm를 표시하는 $t\,0.7$이 그림 속에 기입되어 있다. t는 영어의 두께 thickness의 머리 문자이다.

(3) 테이퍼 · 구배의 표시

선반에 의한 테이퍼 절삭, 캠 가공, 쐐기 기구 등의 가공 도면에는 테이퍼나 구배를 표시해야 된다.

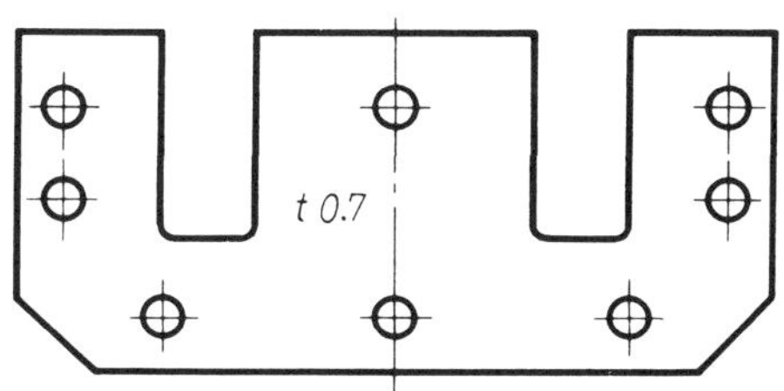

그림 3 판 두께를 지시한 주 투영도

테이퍼는 원칙적으로 **그림 4**에 표시한 것 같이 중심선에 따라서 기입, 구배는 원칙적으로 **그림 5**에 표시하는 것 같이 변에 따라서 기입한다.

그림 4 테이퍼의 표시   그림 5 구배의 표시

그러나 테이퍼 또는 구배의 비율과 방향을 특히 확실하게 할 필요가 있을 경우에는 **그림 6**과 같이 따로 표시한다. 그리고 **그림 7**과 같이 테이퍼면에서 인출선을 그어내서 기입할 때도 있다.

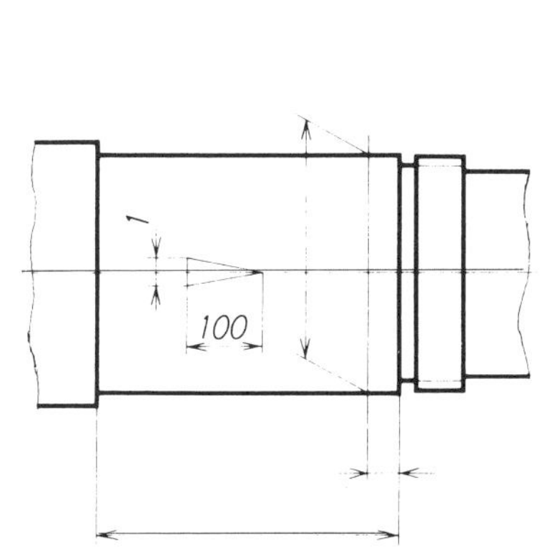

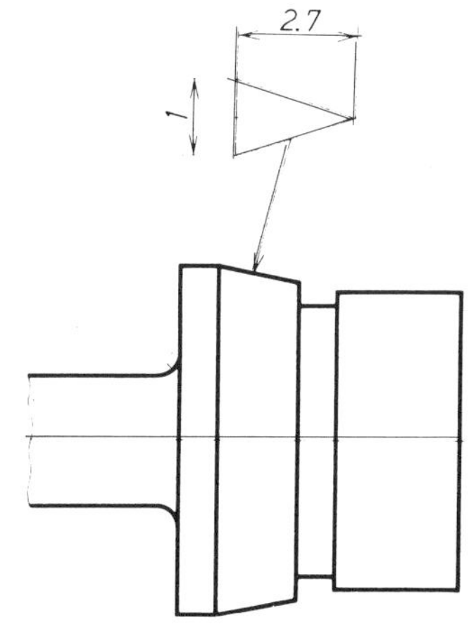

그림 6 방향을 명백하게 한 테이퍼의 표시   그림 7 인출선을 사용한 테이퍼의 표시

모떼기 치수의 표시

머시닝 센터, 선반, 드릴링 머신 등으로 절삭한 대로의 가공물은 모서리 부분에 버 (burr)가 나와 있거나 예각으로 뾰족하기 때문에 작업자가 버에서 손을 다치거나 가공물끼리 흠이 생기거나 한다.

그리고 서로 끼워맞춘 가공물에서는 조립 작업을 하기 어렵게 되거나 버의 영향으로 조립 후의 치수 정밀도를 내기 어렵게 되며 불량품의 원인이 되고 만다.

이와 같은 장해를 없애기 위해서 또는 가공물의 볼품을 좋게 하기 위해서 각을 제거하는데 그것을 모떼기라고 한다.

보통, 모떼기 작업은 기계 가공이나 줄을 수작업으로 하지만 어느 정도의 양을 어떤 형상으로 제거하면 좋은 것인가가 문제로 된다. 그것을 도면에 명확하게 지시할 필요가 있다.

특히 최근에는 전기·전자 부품 관련을 중심으로 대단히 고정밀도의 가공이 요구되고 가공 도면에 있어서 명확한 모떼기 지시의 필요성이 점점 높아지고 있다.

이 모떼기는 **그림 1** (a)~(f)에 표시한 것 같이 길이 치수와 모떼기 각도를 지시할지, 2방향의 길이를 지시한다.

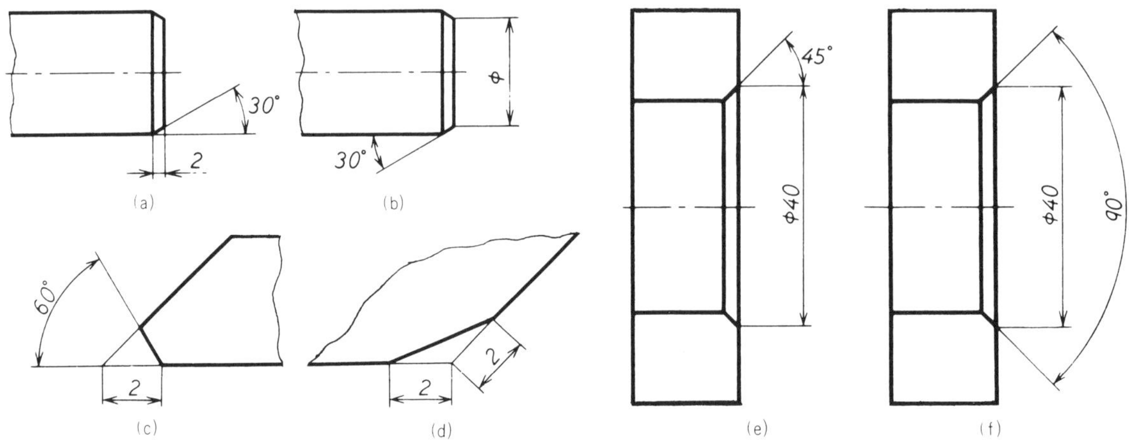

그림 1 모떼기 치수의 일반적 표시

예컨대, 축의 원통면이 중요한 경우에는 (a)와 같이 모를 때는 깊이를 구멍 등이 있는 단면이 중요한 경우에는 (b), (e), (f)와 같이 지름을 지시해 두면 좋을 것이다.

그리고 모떼기 각도가 45°인 경우에는 **그림 2, 3**과 같이 지시한다. **그림 2**의 2×45°는 모떼기의 깊이가 2 mm이고 각도가 45°라는 의미이다.

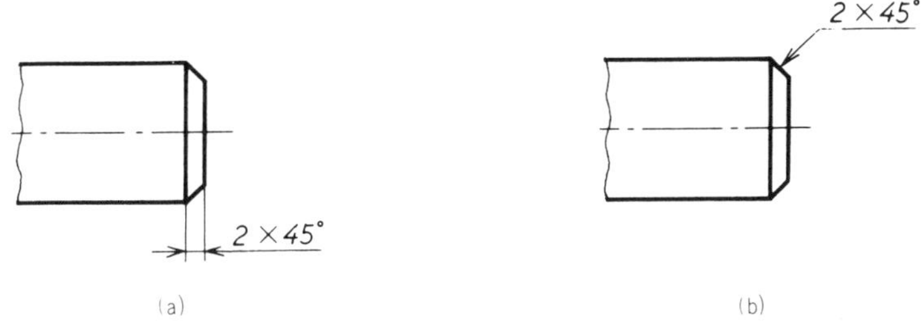

그림 2 모떼기 각도 45°인 경우의 표시

그림 3의 C 2, C 3도 마찬가지로 숫자는 모떼기 깊이 치수(mm)를 표시하며 각도는 45°라는 뜻이다.

C는 45°의 모떼기 치수 보조 기호로 치수 숫자의 앞에 치수 숫자와 같은 크기로 기입해서 표시한다. Chamfer(모떼기)의 머리 문자 C를 치수 보조 기호로 한 것이다.

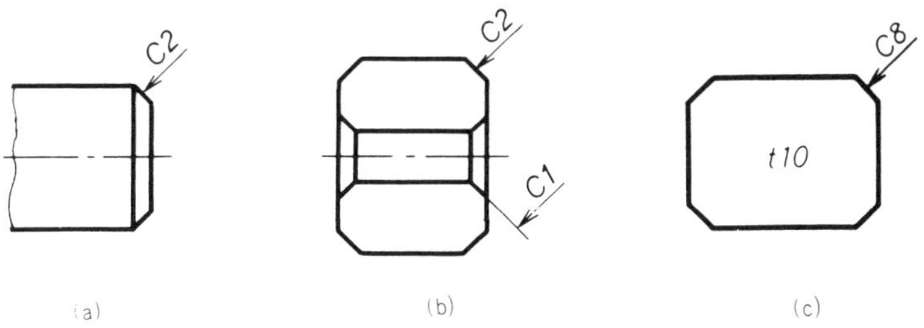

그림 3 모떼기 기호 C를 사용한 표시

키 홈의 치수 표시

　기어나 벨트 풀리 등은 동력 전달의 기계 요소로서 빠뜨릴 수 없는 것이지만 그것들이 축에 고정되어 있기 때문에 토크의 전동을 할 수 있는 것이다. 이 축과 기어, 벨트 풀리 등을 고정하는데 사용하는 가늘고 긴 형상의 부품을 키라고 한다.

　키에는 성크 키, 반달 키, 미끄럼 키 등 여러 가지 형상의 것이 있으며 사용 목적에 따라 구분해서 사용한다.

　키를 실제로 사용하는 데는 축 지름 면이나 기어, 벨트 풀리의 축을 끼우는 구멍에 키를 끼는 홈, 즉 키 홈이 필요한데 이것은 JIS 기계 제도에 형상, 치수가 상세하게 규정되어 있다.

　키와 키 홈에 필요 이상의 덜거덕거림이 있어서는 효율이 좋은 토크의 전달을 할 수 없다. 그만큼, 가공쪽에 대해서는 신경을 쓰기 때문에 확실한 가공 도면이 요구된다.

　JIS 기계 제도에도 축과 구멍에 있어서의 키 홈 치수의 표시 방법이 규정되어 있다.

(1) 축의 키 홈의 표시 방법

　축의 키 홈은 엔드 밀이나 홈 커터 등의 공구를 사용해서 가공한다. 최근에는 회전 공구를 탑재한 터닝 센터가 보급되어 있기 때문에 축을 선삭 가공한대로 처킹해서 키 홈의 가공도 할 수 있게 되었다. 어쨌든 키 홈은 키의 종류나 키를 사용하는 위치에 따라서 필요로 하는 치수나 가공 방법이 달라진다. 따라서 가공 방법, 측정 방법에 맞는 치수 표시가 편리하다.

　우선, 축의 키 홈의 치수는 **그림 1**에 표시한 것 같이 키 홈의 폭, 깊이, 길이, 위치 및 단부를 나타내는 치수를 표시한다. 여기서 주의할 것은 키 홈의 깊이이다. 축의 키 홈 깊이라는 것은 키 홈과 반대쪽의 축 지름 면에서 키 홈의 바닥까지의 치수 H 로 표시하는 것이 일반적이다.

　그러나 특히 필요한 경우에는 **그림 2**와 같이 키 홈의 중심면에 있어서의 축 지름면에서 키 홈의 바닥까지의 치수(절삭 깊이) h 로 표시해도 된다. 반달 키 홈의 경우에는 (b)에 표시한 것 같이 절삭 깊이로 표시한 것이 가공하기 쉬운 것이다.

　그리고 홈 밀링 공구 등에 의해서 단부를 깍아 올리는 경우에는 축 단면의 기준 위치에서 공구의 중심까지의 거리와 절삭 공구의 지름을 표시한다. **그림 3**은 그 예로 코터 키 홈의 경우이고, **그림 2**(b)에 표시한 것은 반달 키 홈의 경우이다.

　이와 같은 치수 표시를 하면 가공이 쉽게 된다.

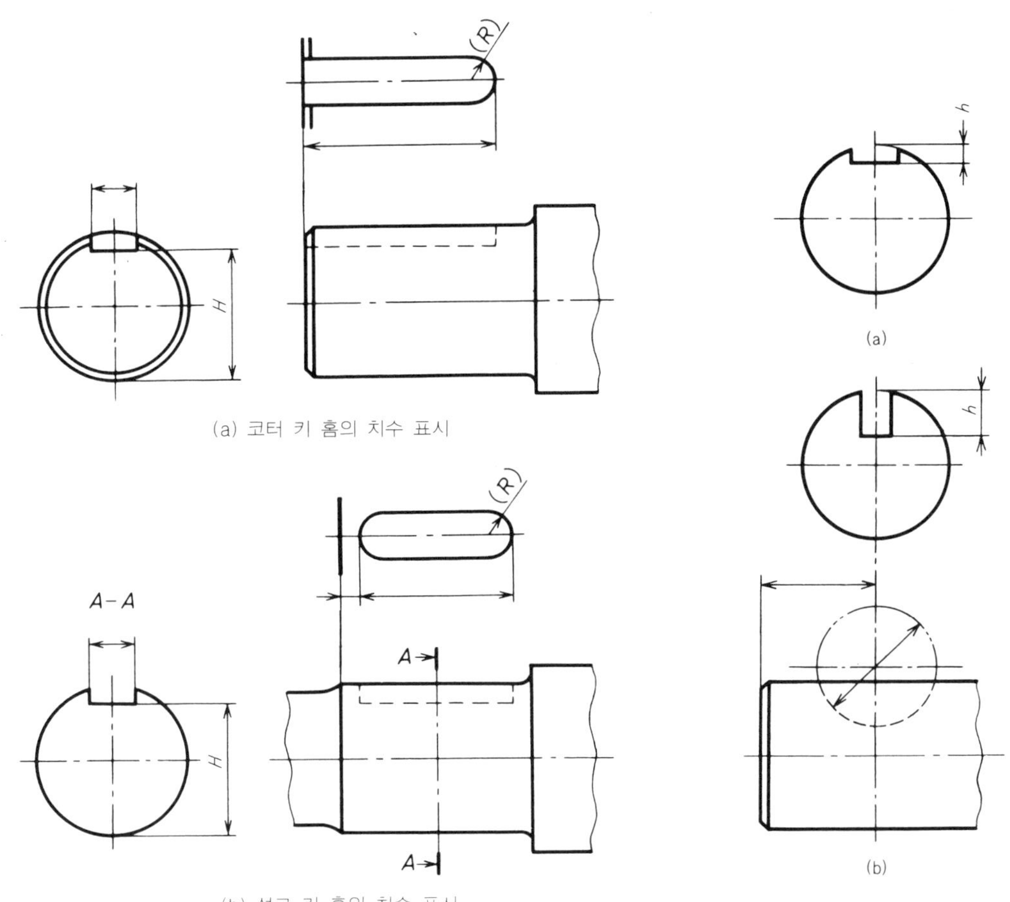

(a) 코터 키 홈의 치수 표시

(b) 성크 키 홈의 치수 표시

그림 1 키 홈의 치수 표시의 예

그림 2 키 홈 깊이를 공구의 절삭 깊이로 표시하는 경우

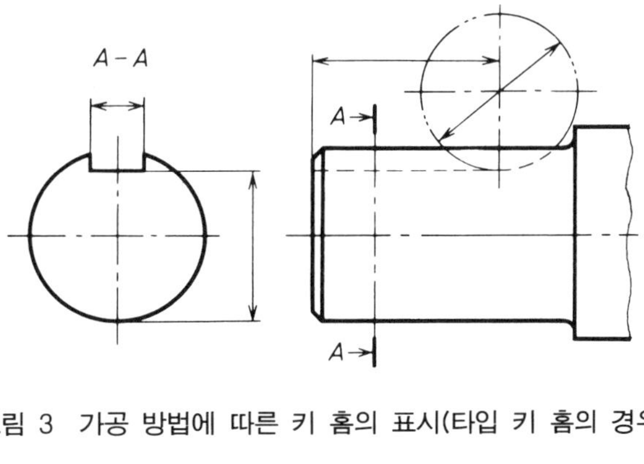

그림 3 가공 방법에 따른 키 홈의 표시(타입 키 홈의 경우)

(2) 구멍의 키 홈의 표시 방법

기어나 벨트 풀리 등의 축을 끼는 구멍에도 같은 키 홈의 가공이 필요하다. 일반적으로 슬로터나 키 홈 전용기로 가공하지만 가공 도면에서는 **그림 4**에 표시하는 것 같이 키 홈의 폭 및 깊이의 치수를 표시한다.

　이 경우의 키 홈 깊이는 축의 경우와 마찬가지로 생각해서 **그림 4**에 표시하는 것 같이 키 홈과 반대쪽의 구멍 지름면에서 키 홈의 바닥까지의 치수 H 로 표시한다. 특히 필요한 경우에는 **그림 5**와 같이 키 홈의 중심면상에 있어서의 구멍 지름면에서 키 홈의 바닥까지의 치수 h 를 표시해도 된다.

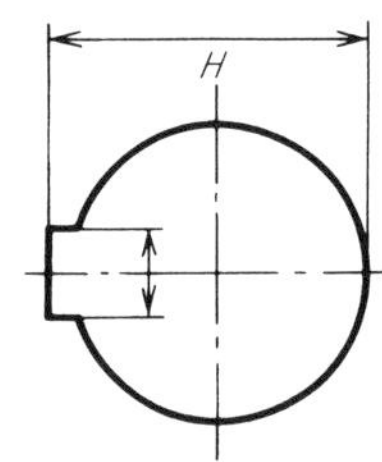

그림 4　구멍의 키 홈 표시

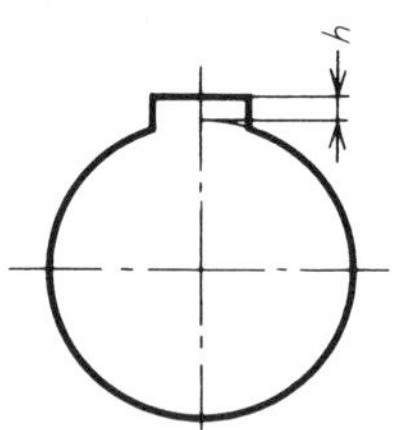

그림 5　구멍의 키 홈 깊이 표시

　그리고 구배 키용 보스의 키 홈의 깊이는 **그림 6**과 같이 키 홈의 깊은 쪽의 치수를 표시한다. 테이퍼 구멍의 키 홈은 임의의 개소의 단면 형상을 그려서 키 홈의 깊이를 표시하는 것이 무난할 것이다.

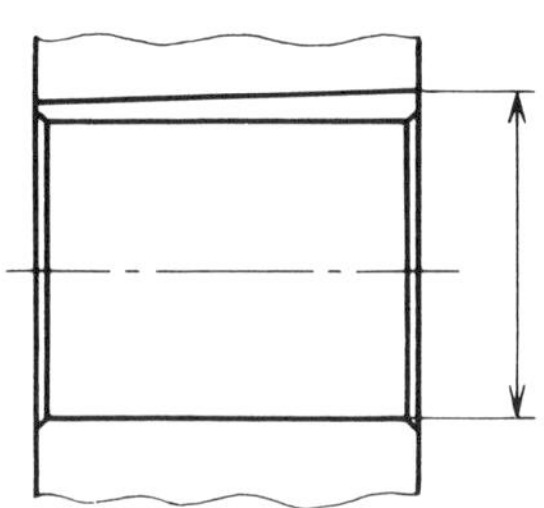

그림 6　구배 키용의 키 홈의 깊이 표시

　이와 같이 키 홈은 축이나 구멍에 대해서도 가공 방법이나 측정 방법을 고려한 치수 표시를 하는 것이 좋은 방법이다.

형강 · 강관 · 각강의 치수 표시

판금 구조의 공작물이나 유·공압 유닛 등에서는 형강이나 강관이 사용된다. 그 각부의 치수를 치수선을 사용해서 표시하면 도면이 복잡해져 읽어 내기가 어렵게 된다.

그래서 **표** 1에 표시하는 방법에 의해서 **그림** 1에 표시하는 것 같이 도형에 따라서 기입한다.

단, 부등변 ㄱ형강 등의 강재에서는 그 변이 어디에 위치해 있는가를 확실히 하기 위해서 **그림** 1과 같이 단면 치수의 하나를 기입한다.

표 1 형강, 각강, 강관의 치수 표시 방법

종 류	단면 형상	표시 방법	종 류	단면 형상	표시 방법
등 변 ㄱ형강		L $A×B×t-L$	경Z형 강		ℓ $H×A×B$ $×t-L$
부등변 ㄱ형강		L $A×B×t-L$	립ㄷ형 강		ㄷ $H×A×C$ $×t-L$
부등변 부 등 ㄱ형강		L $A×B×t_1$ $×t_2-L$	립Z형 강		ℓ $H×A×C$ $×t-L$
I형강		I $H×B×t-L$	모자형 강		∏ $H×A×B$ $×t-L$
ㄷ 형강		ㄷ $H×B×t_1$ $×t_2-L$	환 강 (보통)		φ $A-L$
구평형 강		J $A×t-L$	강 관		φ $A×t-L$
T형강		T $B×H×t_1$ $×t_2-L$	각강관		□ $A×B×t$ $-L$
H형강		H $H×A×t_1$ $×t_2-L$	각 강		□ $A-L$
경ㄷ형 강		ㄷ $H×A×B$ $×t-L$	평 강		▭ $B×A-L$

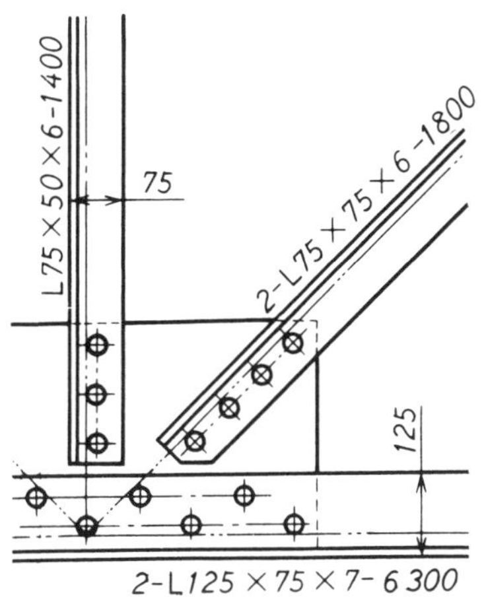

그림 1　부등변 ㄱ형강은 단면 치수를 표시

가공 정밀도를 표시한다

145
38
35±0.05
20
35
10±0.02
(15)
10±0.02
10
(15)
테이퍼 1/5
φ40-0.06
φ55±0.02
φ30
φ25-0.01 -0.04
C1
C1

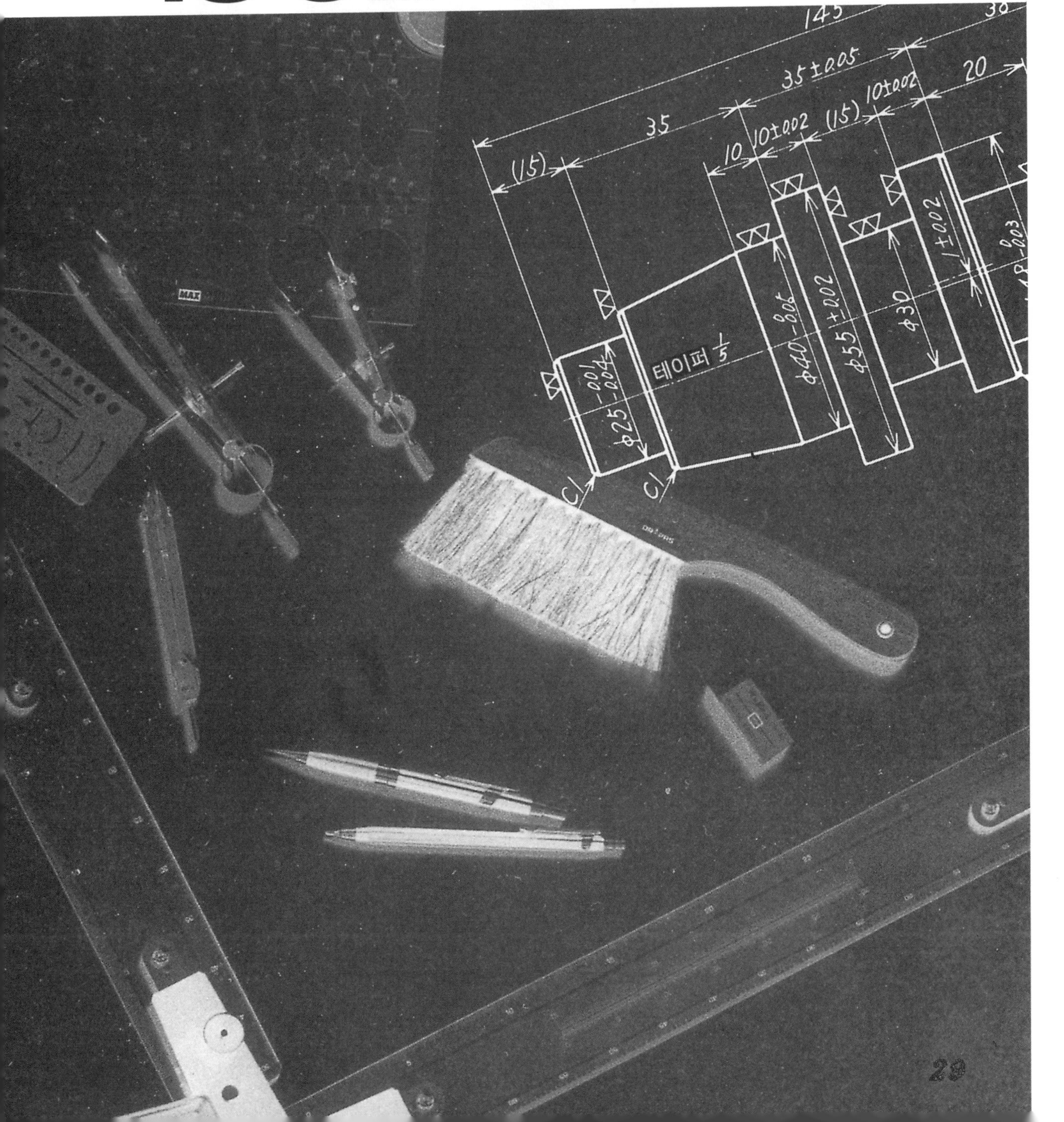

기하 공차의 필요성과 표시의 포인트

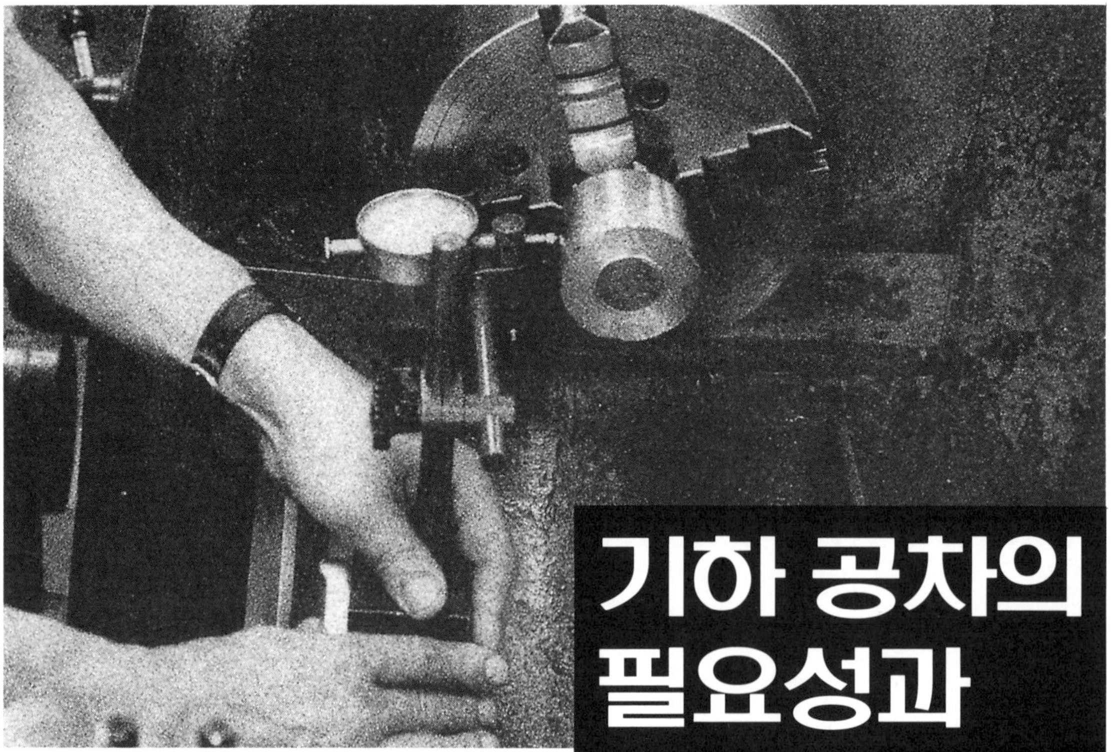

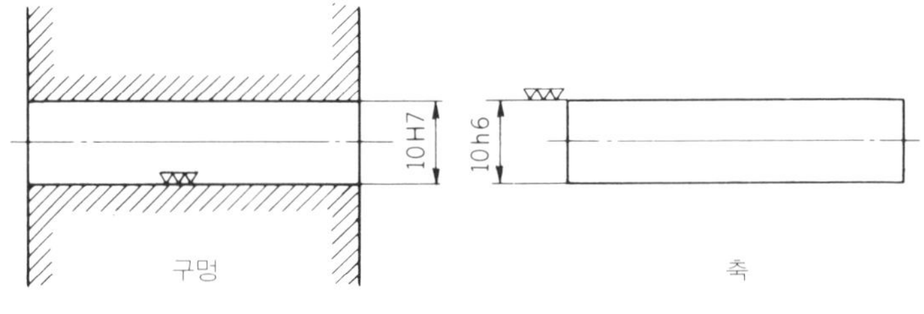

▼ 기하 공차는 왜 필요한가

그림 1은 구멍과 축과의 관계를 나타내는 종래의 끼워 맞춤 기호에 의한 도면이고 여기서 축은 구멍에 끼는 것으로 되어 있다.

그림 1

그러나 이것만으로는 **그림** 2와 같은 축의 구부러짐에 대한 규제는 아무것도 없기 때문에 반드시 구멍에 축이 들어 간다고는 할 수 없다.

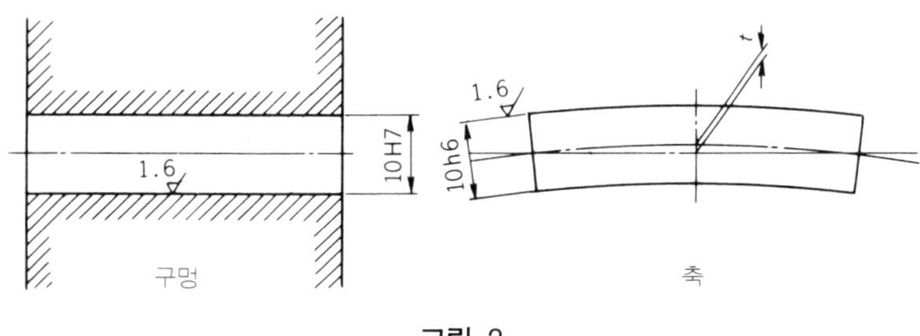

그림 2

그래서 **그림** 3과 같은 기호를 사용해서 $t < 0.05\,\text{mm}$로 해서 축 중심선의 구부러짐의 정도를 규제해 주면 축은 구멍에 들어 가게 된다. 이것이 기하 공차라고 하는 것으로 축의 진직도 공차를 규제한 것이다.

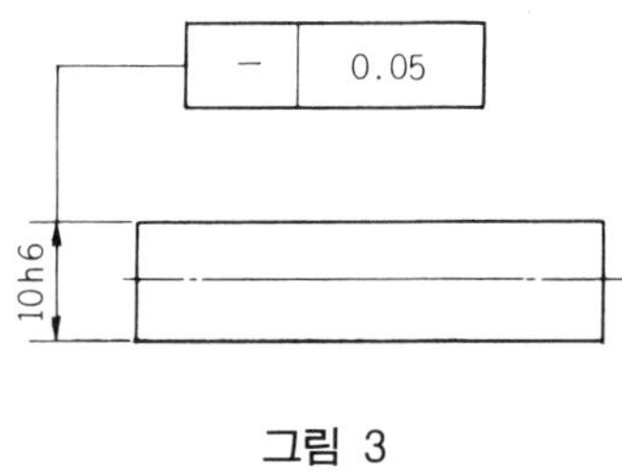

그림 3

이전에 기계 가공이 끝난 유압의 기어 펌프를 조립해서 막상 모터와 접속하려고 했을 때 수평이어야 할 펌프 축과 모터 축의 축선이 일치하지 않고 기울어진 대로 접속되었기 때문에 무거워서 구동할 수 없다고 하는 트러블을 경험했다.

원인을 조사하였더니 밀링 가공 공정에서 기어 케이스의 밑면과 설치 지그 사이에 작은 이물질이 긴 채로 가공되고 있던 것이다. 그 때문에 펌프 축이 베이스와 수평하게 되지 않고 수평이 되어 있는 모터 축과의 접선이 잘 되지 않았던 까닭이다.

결국, 밀링 가공된 기어 케이스 정면과 밑면이 직각으로 되어 있지 않기 때문에 펌프 축이 기울어져 버린 것이다.

이와 같은 트러블을 방지하는 데는 기어 케이스의 저면에 수직인 이상적인 면에 대해서 밀링 가공면의 하단과 상단이 어느 정도의 거리차(정면 밀링 가공면의 경사)로 억제할 수 있는가를 규제해 주면 되는 것이다. 이것이 기하 공차이고 직각도를 규제하게 된다.

이와 같은 트러블은 가공 도면에 기하 공차의 표시가 있으면 미연에 방지할 수 있으나 도면에 지시가 없기 때문에 여기까지는 공장의 경험이나 관례에서 작업자가 조정하면서 끼우거나 접속하거나 해서 일을 운영해 왔다.

설계자도 가공 작업자도 특히 그것을 의식하고 있던 것도 아니다. 그리고 지시가 없는 도면이 일반적이었다.

그런데 최근에는 고정밀도의 제품에 대한 요구가 많아지며 이 기하 공차의 필요성도 점점 높아지고 있다.

표 1　기하 공차의 종류와 그 기호

적용되는 형체	공차의 종류		기　호
단　독　형　체	형상 공차	진직도 공차	——
		평면도 공차	▱
		진원도 공차	○
		원통도 공차	⌀
단독 형체 또는 관련 형체		선의 윤곽도 공차	⌒
		면의 윤곽도 공차	◠
관　련　형　체	자세 공차	평행도 공차	//
		직각도 공차	⊥
		경사도 공차	∠
	위치 공차	위치도 공차	⊕
		동축도 공차 또는 동심도 공차	◎
		대칭도 공차	=
	휨 공차	원주 휨 공차	↗
		전 휨 공차	⤢

　도면에 지시한 기하 공차대로의 가공을 하면 목적의 물품을 얻을 수 있다는 점에서도 기하 공차는 설계상, 가공상 대단히 중요한 것이다.

　이와 같이 공작물의 점, 직선, 곡선, 평면, 곡면의 형상, 자세, 위치, 휨의 허용 한계(공차)를 총칭해서 기하 공차라고 하지만 기호에 의한 표시와 도시 방법에 대해서는 JIS B 0021 「기하 공차의 도시 방법」에 자세하게 규정되어 있다. 결국 직각도, 진원도, 평면도는 어디까지 벗어나도 되는가, 평행도, 동축도는 어디까지 허용되는가 등을 도면 위에 지시하는 방법을 규정한 것이다.

　JIS에서는 **표 1**에 표시한 것 같은 14종류의 기하 공차가 규정되고 있다. 그리고 기하 공차와 관련해서 사용하는 부가 기호는 **표 2**와 같다. **그림 3**에서 문제로 한 것은 진직도 공차, 기어 펌프에서 문제로 한 것은 직각도 공차이지만 JIS의 각각의 예를 **표 3, 4**에, 그리고 다른 종류에 대해서는 일부를 표시한다.

▼ 데이텀과 공차역의 측정

(1) 기하학적 기준 「데이텀」이란

전술한 각 표속에 데이텀(datum)이라는 말이 자주 나오고 있으나 이것은 공작물의 기하 공차를 지시하기 위해서 설정한 이론적으로 정확한 기하학적 기준을 말한다.

그것에는 점, 직선, 축의 중심선, 평면, 입체의 중심 평면 등의 경우가 있고 각각 데이텀 점, 데이텀 직선, 데이텀 축 직선, 데이텀 평면, 데이텀 중심 평면 등으로 부른다. 결국 이 것들의 총칭이 데이텀이 되는 것이다.

표 2 부가 기호

표시하는 내용		기 호 (P, M 이외의 문자는 예)
공차붙이 형체	직접 표시하는 경우	
	문자 기호로 표시하는 경우	
데 이 텀	직접 표시하는 경우	
	문자 기호로 표시하는 경우	
데이텀 표적 기입 테		
이론적으로 정확한 치수		50
돌출 공차역		P
최대 실체 공차 방식		M

기계 가공하는 공작물에서는 실제로 사용할 때의 설치면, 가공할 때 공작 기계의 테이 블에 닿는 면 등 사용이나 가공의 기준이 되는 면을 데이텀으로 하지만 이것은 공작물의 실제면이기 때문에 다소의 요철이나 만곡이 있어서 이상적인 기준면이라고는 할 수 없다.

그래서 이 면에 정밀하게 다듬질한 평면 즉, 정반을 접촉시켜서, 데이텀을 설정한다. 이 와 같이 데이터 설정을 위해서 사용하는 공작물의 실제의 형체(표면, 구멍 등)를 JIS에서 는 데이텀 형체라 하고 정반외에 베어링, 심봉 등이 사용되어 그 표면을 실용 데이텀 형 체(접촉면)라고 한다. 그 관계를 표시하면 **그림 4**와 같이 된다.

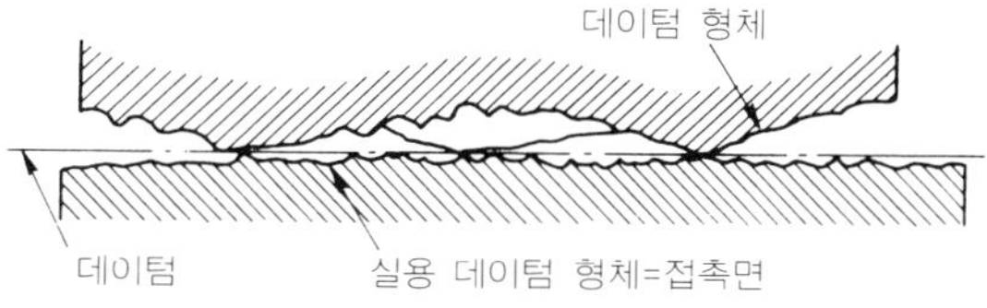

그림 4 데이텀

표 3 진직도 공차

공차역의 정의	도시 예와 그 해석
1. 선의 진직도 공차	
공차 역은 하나의 평면에 투영되었을 때는 *t* 만큼 떨어진 2개의 평행인 직선 사이에 낀 영역이다. 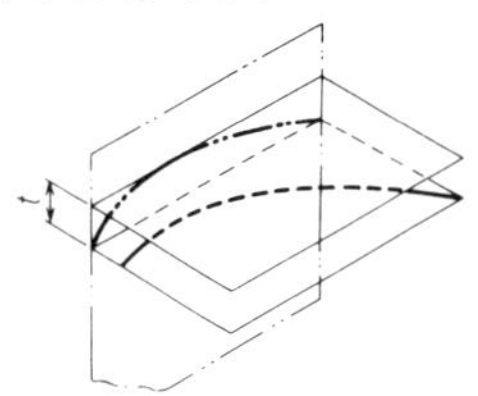	지시선인 화살로 표시한 직선은 화살 방향에 0.1mm만큼 떨어진 2개의 평행한 평면 사이에 없어서는 안된다. 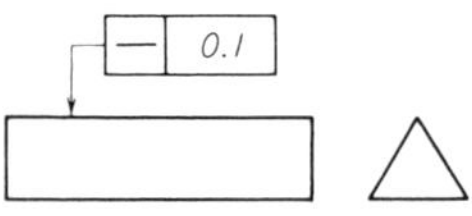
2. 표면의 요소로서의 선의 진직도 공차	
공차 역은 지정된 방향의 절단면내에서 *t* 만큼 떨어진 2개의 평행인 직선에 낀 영역이다. 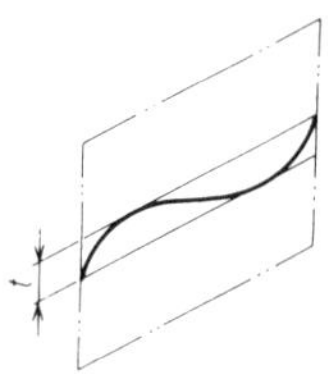 특히 축 대칭물의 형체에 대해서는 그 축선을 포함하는 평면 위에 놓을 수 있는 것이다. 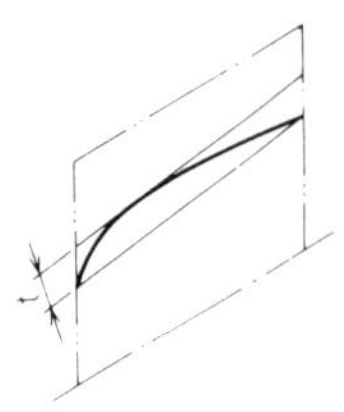	지시선인 화살로 표시한 면을 공차 기입 틀을 표시한 도형의 투영면에 평행인 임의의 평면으로 절단했을 때 그 절단면에 나타난 선이 화살 방향으로 0.1mm만큼 떨어진 2개의 평행인 직선 사이에 없어서는 안된다. 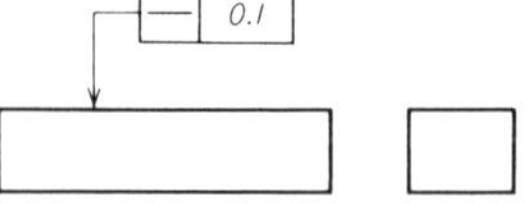 지시선인 화살로 표시하는 원통면 위의 임의의 모선은 그 원통의 축선을 포함하는 평면내에 있어서 0.1mm만큼 떨어진 2개의 평행인 직선 사이에 없어서는 안된다. 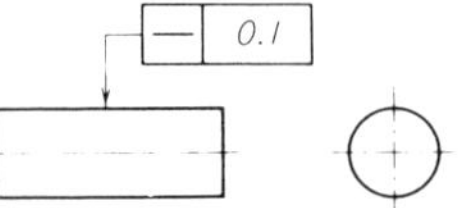 지시선인 화살로 표시하는 원통면의 임의의 모선 위에서 임의로 선택한 길이 200mm의 부분은 축선을 포함하는 평면 내에 있어서 0.1mm만큼 떨어진 2개의 평행인 직선 사이에 없어서는 안된다. 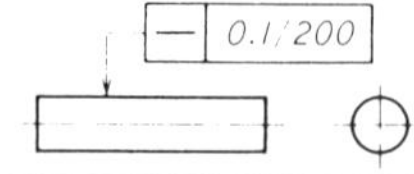
3. 축선의 진직도 공차	
공차 역의 지정이 서로 직각인 2 방향에서 되고 있는 경우에는 이 공차 역은 단면 $t_1 \times t_2$ 인 직방체 속에서의 영역이다. 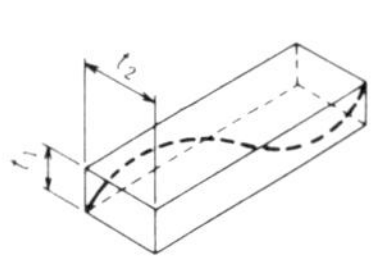 공차 역을 표시하는 수치 앞에 기호 ϕ 가 붙어 있는 경우에는 이 공차 역은 지름 *t* 의 원통 속의 영역이다. 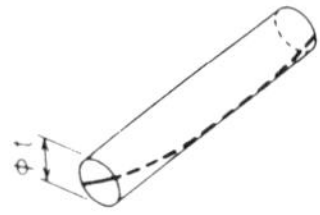	이 각봉의 축선은 지시선인 화살이 표시하는 방향에서 각각 0.1mm 및 0.2mm의 폭을 갖는 직방체 속에 없어서는 안된다. 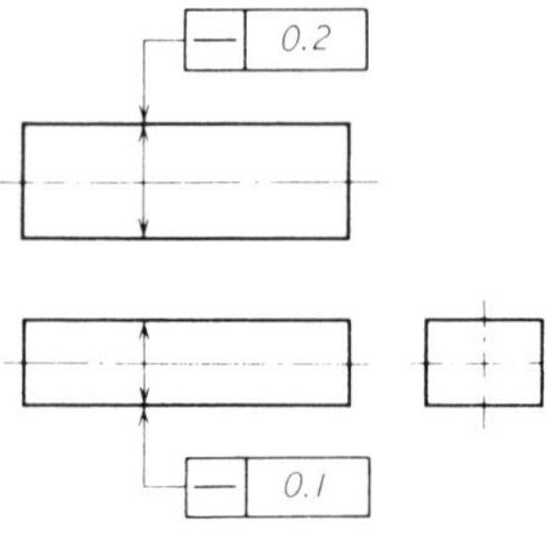 원통의 지름을 표시하는 치수에 공차 기입 틀이 연결되어 있는 경우에는 그 원통의 축선은 지름 0.08mm의 원통 속에 없어서는 안된다. 

주) 공차 역의 정의란에 사용하고 있는 선은 다음의 의미를 나타내고 있다.
    굵은 실선 또는 파선 : 형체   가는 1점 쇄선 : 중심선
    굵은 1점 쇄선 : 데이텀   가는 2점 쇄선 : 보충 투영면 또는 절단면
    가는 실선 또는 파선 : 공차역   굵은 2점 쇄선 : 보충 투영면 또는 절단면에의 형체의 투영

표 4 직각도 공차

공차역의 정의	도시 예와 그 해석

1. 데이텀 직선에 대한 선의 직각도 공차

공차 역은 한 평면에 투영되었을 때는 데이텀 직선에 수직이고 t만큼 떨어진 두 개의 평향인 직선에 낀 영역이다.

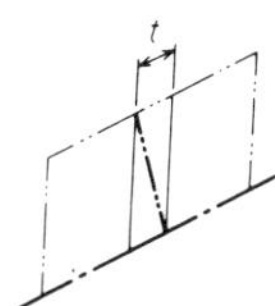

지시선인 화살로 표시하는 경사진 구멍의 축선은 데이텀 축 직선 A에 수직이고 또 지시선인 화살 방향으로 0.06mm만큼 떨어진 두 개의 평행인 평면 사이에 있어야 한다.

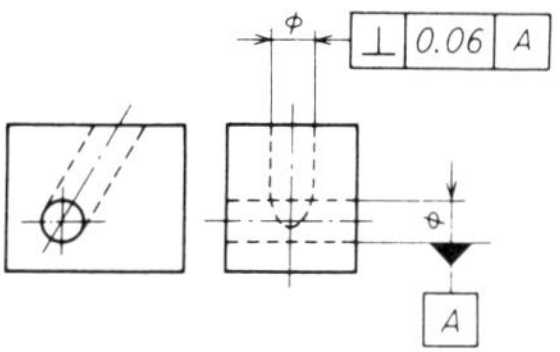

2. 데이텀 평면에 대한 선의 직각도 공차

공차의 지정이 한 방향으로만 실시되고 있는 경우에는 한 평면에 투영된 공차 역은 데이텀 평면에 수직으로 t만큼 떨어진 두개의 평행인 직선에 낀 영역이다.

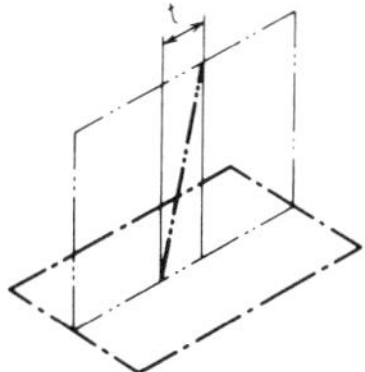

지시선인 화살로 표시하는 원통의 축선은 데이텀 평면에 수직이고 또 지시선인 화살 방향으로 0.2mm만큼 떨어진 두 개의 평행인 평면 사이에 있어야 한다.

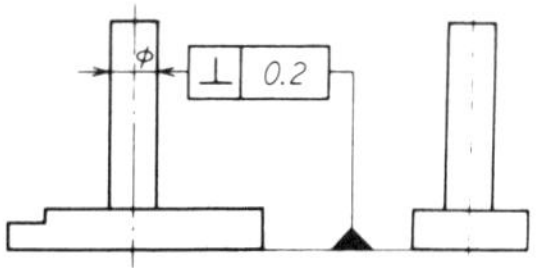

공차의 지정이 서로 직각인 두 방향에서 실시되고 있는 경우에는 이 공차 역은 단면 $t_1 \times t_2$ 이고 데이텀 평면에 수직인 직육면체 속의 영역이다.

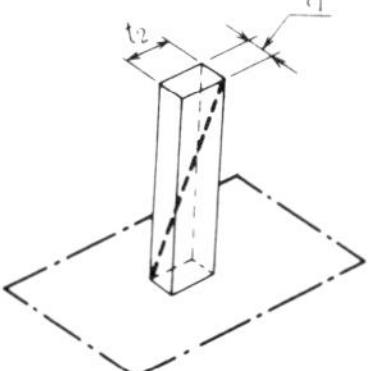

지시선인 화살로 표시하는 원통의 축선은 각각의 지시선인 화살 방향으로 각각 0.2mm, 0.1mm의 폭을 갖고 데이텀 평면에 수직인 직육면체 속에 있어야 한다.

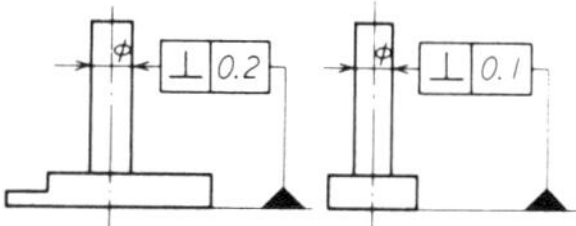

공차를 표시하는 수치 앞에 기호 ϕ 가 붙어 있는 경우는 이 공차 역은 데이텀 평면에 수직인 지름 t인 원통 속의 영역이다.

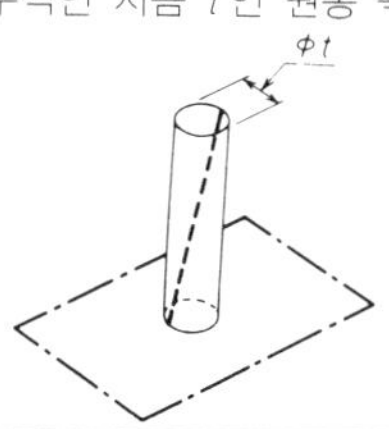

지시선인 화살로 표시하는 원통의 축선은 데이텀 평면 A에 수직인 지름 0.01mm의 원통 속에 있어야 한다.

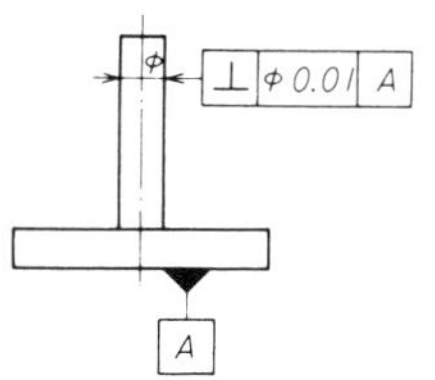

3. 데이텀 직선에 대한 면의 직각도 공차

공차 역은 데이텀 직선에 수직이고 t만큼 떨어진 두 개의 평행인 평면 사이에 낀 영역이다.

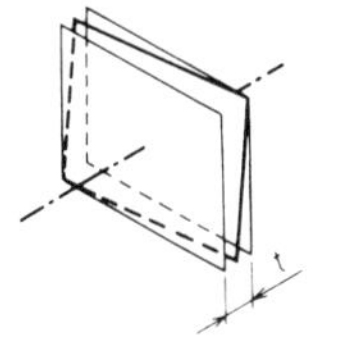

지시선인 화살로 표시하는 면은 데이텀 축 직선 A에 수직이고 또 지시선의 화살 방향으로 0.08mm만큼 떨어진 두개의 평행인 평면 사이에 있어야 한다.

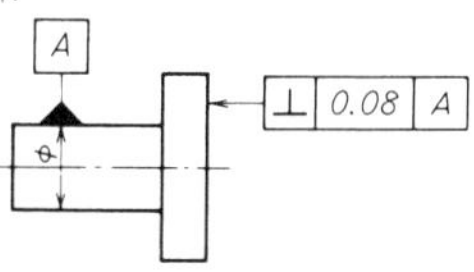

4. 데이텀 평면에 대한 면의 직각도

공차 역은 데이텀 평면에 수직이고 t만큼 떨어진 두 개의 평행인 평면 사이에 낀 영역이다.

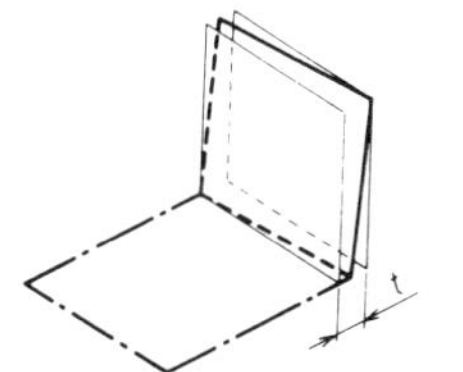

지시선인 화살로 표시하는 면은 데이텀 평면 A에 수직이고 또 지시선의 화살 방향으로 0.08mm만큼 떨어진 두 개의 평행인 평면 사이에 있어야 한다.

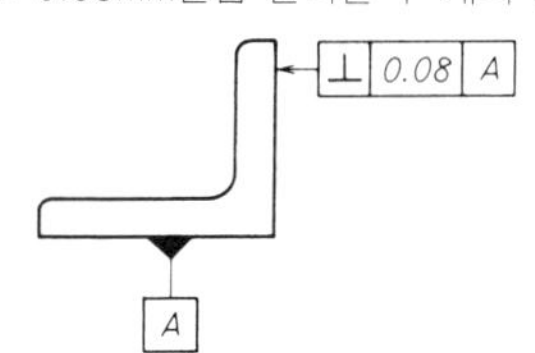

표 5 평행도 공차(일부)

공차역의 정의	도시 예와 그 해석
1. 데이텀 직선에 대한 선의 평행도 공차	
공차 역은 한개의 평면에 투영되었을 때는 데이텀 직선에 평행이고 *t* 만큼 떨어진 두개의 평행인 직선 사이에 낀 영역이다. 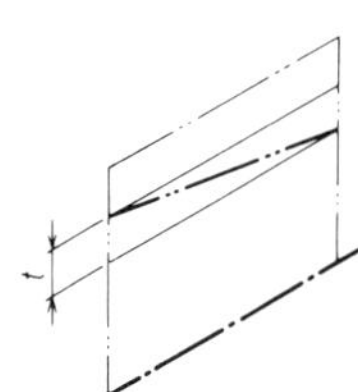	지시선인 화살로 표시하는 축선은 데이텀 축 직선 A에 평행이고 또 지시선인 화살 방향(수직 방향)에 있는 0.1mm만큼 떨어진 두개의 평면 사이에 있어야 한다. 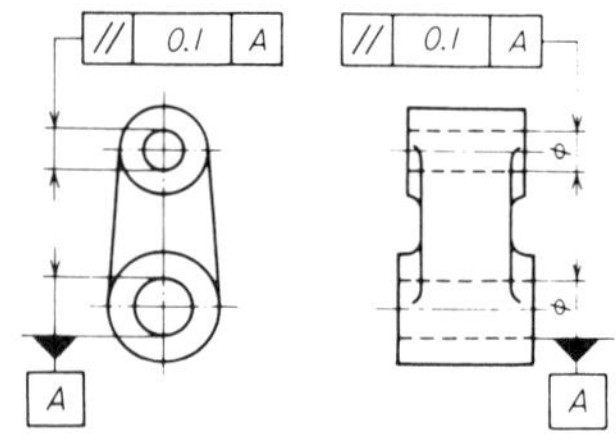
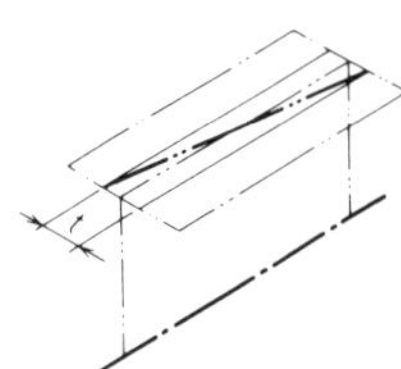	지시선인 화살로 표시하는 축선은 데이텀 축 직선 A에 평행이고 또 지시선인 화살 방향(수평 방향)에 있는 0.1mm만큼 떨어진 두개의 평면 사이에 있어야 한다. 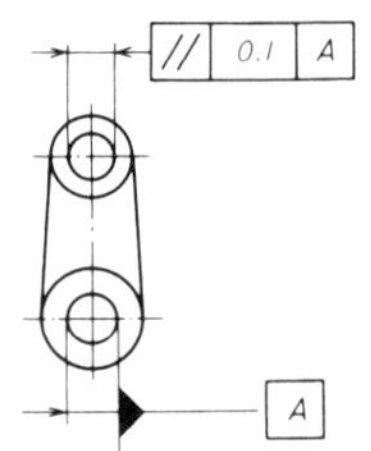
공차의 지정이 서로 직각인 두개의 평면에서 실시되고 있는 장소에는 이 공차 역은 단면 $t_1 \times t_2$ 이고 데이텀 직선에 평행인 직육면체 속의 영역이다. 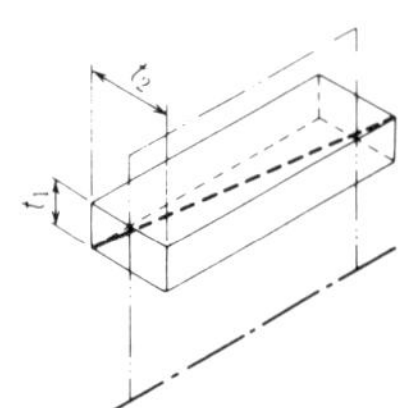	지시선인 화살로 표시되는 축선은 각각의 지시선의 화살 방향 즉, 수평 방향으로 0.2mm, 수직 방향으로 0.1mm의 폭을 갖고 데이텀 축 직선 A에 평행인 직육면체 속에 있어야 한다. 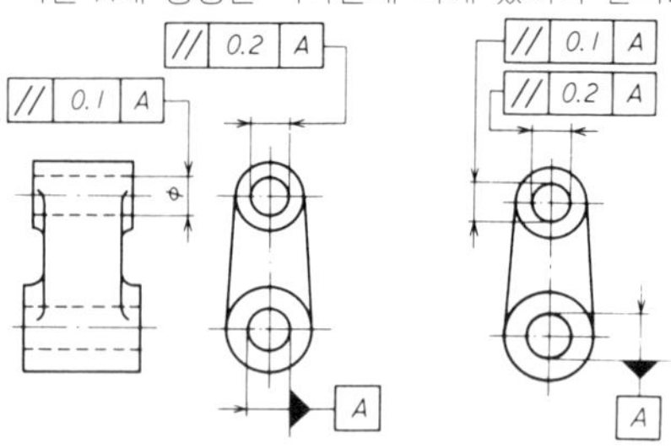
공차를 표시하는 수치 앞에 기호 ϕ 가 붙어 있는 경우는 그 공차역은 데이텀 직선에 평행인 지름 *t* 의 원통 속의 영역이다. 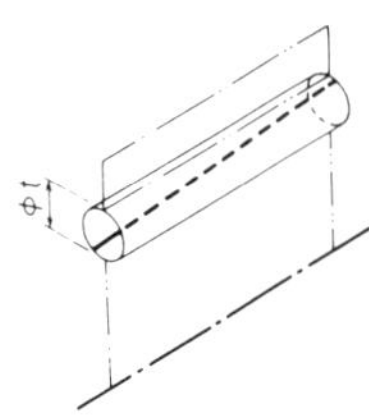	지시선인 화살로 표시하는 축선은 데이텀 축 직선 A에 평행인 지름 0.03mm의 원통 속에 있어야 한다. 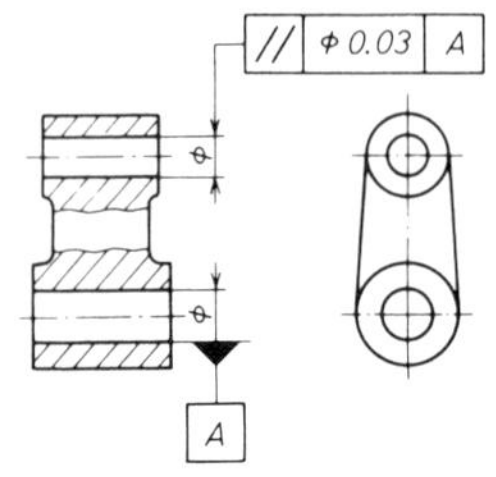
2. 데이텀 평면에 대한 선의 평행도 공차	
공차 역은 데이텀 평면에 평행이고 서로 *t* 만큼 떨어진 두개의 평행인 평면 사이에 낀 영역이다. 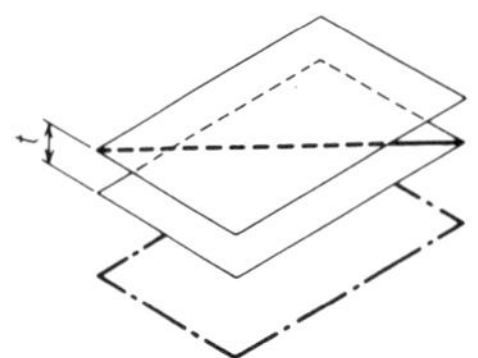	지시선인 화살로 표시하는 축선은 데이텀 평면 B에 평행이고 또 지시선인 화살 방향으로 0.01mm만큼 떨어진 두개의 평면 사이에 있어야 한다. 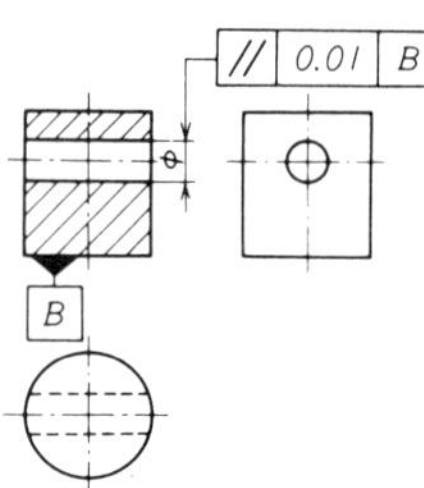

표 6 평면도 공차

공차역의 정의	도시 예와 그 해석
공차역은 t만큼 떨어진 두개의 평행인 평면 사이에 낀 영역이다.	이 표면은 0.08mm만큼 떨어진 두개의 평행인 평면 사이에 있어야 한다.

표 7 진원도 공차

공차역의 정의	도시 예와 그 해석
대상으로 하고 있는 평면내에서의 공차 역은 t만큼 떨어진 동심원 사이의 영역이다.	외경 면의 임의의 축 직각 단면에 있어서의 외주는 동일 평면상에서 0.03mm만큼 떨어진 두개의 동심원 사이에 있어야 한다. 임의의 축 직각 단면에 있어서의 외주는 동일 평면상에서 0.1 mm만큼 떨어진 두개의 동심원 사이에 있어야 한다.

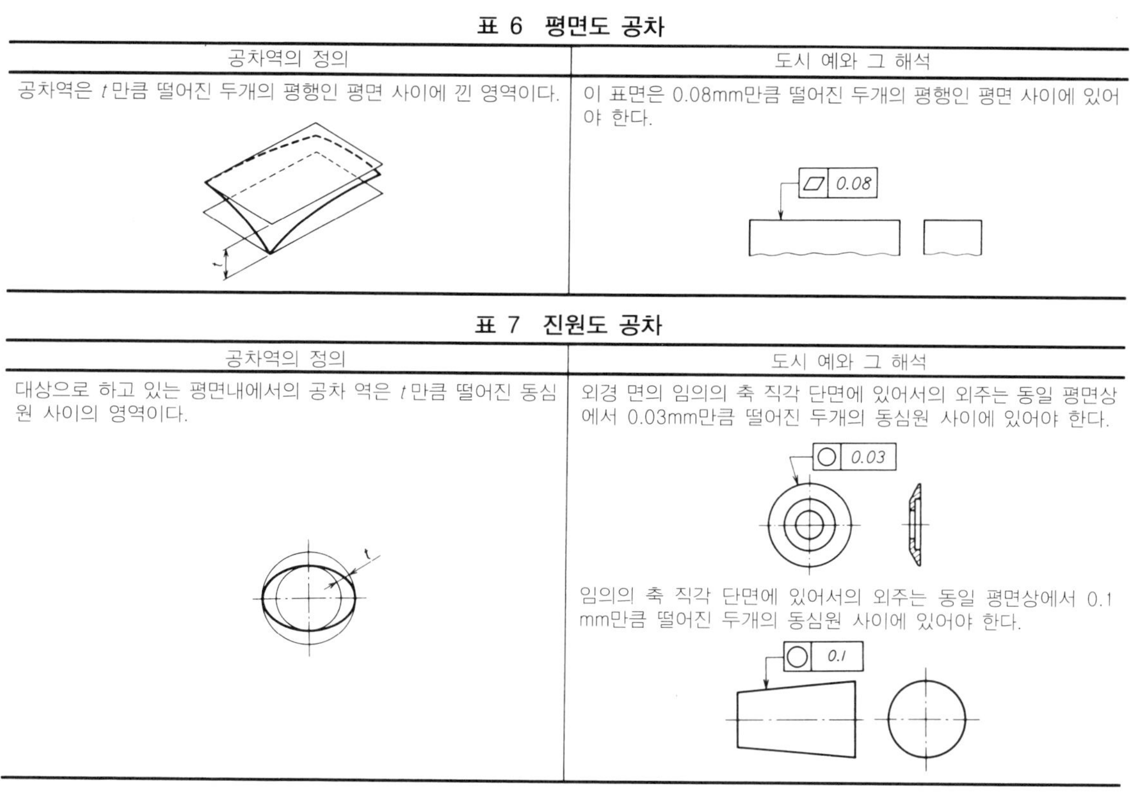

(2) 공차 역의 측정

JIS에서는 **표 1**에 표시한 것 같이 14 종류의 기하 공차가 규정되고 있으며 예컨대 직각도 공차에는 ① 데이텀 직선에 대한 선의 직각도 공차, ② 데이텀 평면에 대한 선의 직각도 공차, ③ 데이텀 직선에 대한 면의 직각도 공차, ④ 데이텀 평면에 대한 면의 직각도——4개가 있다. 앞의 기어 케이스의 가공에서 문제가 된 직각도는 ④의 데이텀 평면에 대한 면의 직각도에 해당한다.

형상의 허용값의 범위는 공차역이라 하는데 JIS B 0021의 각 항목은 공차역을 도해와 문장으로 표시하고 있다.

표 4에 표시된 직각도 공차의 예에서도 상세하게 읽으면 각각의 데이텀에 대한 선, 면의 공차 역을 알 수 있다. 여기서는 앞의 기어 케이스와 관계가 있는 데이텀 평면에 대한 면의 직각도의 공차 역에 대해서 설명하고자 한다.

이 경우의 공차 역, 요컨대 기어 케이스의 정면 밀링 가공면의 직각도 허용값의 범위는 데이텀 평면 즉, 직각도를 측정하기 위해서 펌프를 놓기 위한 정반에 수직이며 t만큼 떨어진 두 개의 평행인 평면에 끼워진 영역이다. 이것을 실제로 측정하는데는 **그림 5**와 같이 한다.

펌프 축과 평행인 선회 축(**그림 5**의 다이얼 게이지 선회 축)과 그 베어링을 설치해서 선회 축에 반지름 R로 휘돌릴 수 있는 다이얼 게이지를 설치하고 다이얼 게이지의 측정

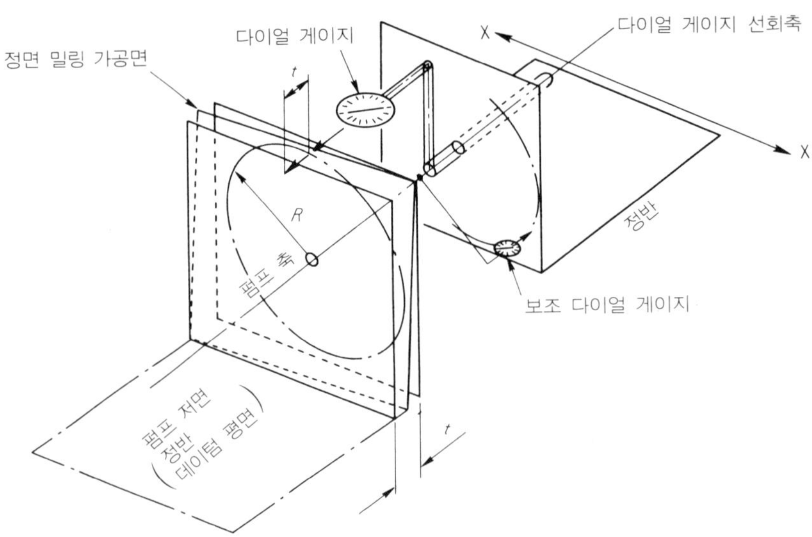

그림 5　데이텀 평면에 직각인 면의 공차역(유압 기어 펌프의 경우)

자를 밀링 가공면에 접촉시킨다. 이 상태에서 다이얼 게이지를 휘돌렸을 때의 바늘의 읽기의 최대차를 공차 역으로 한다.

R는 밀링 가공면의 넓이에 따라서 가급적 큰 값으로 해서 같은 면의 모든 위치가 측정될 수 있도록 다이얼 게이지 선회 축, 베어링을 $X-X$ 방향으로 이동해서 측정한다.

그리고 **그림 5**에서 보조 다이얼 게이지는 다이얼 게이지 선회 축을 펌프 축과 평행하게 설치할 때 사용한다. 펌프 축에 보조 다이얼 게이지를 설치해서 베어링 단면(선회 축에 직각)의 방향을 측정하는 것이다.

이와 같이 해서 직각도 공차를 측정해 나가면 기어 펌프와 모터의 축이 수평으로 접속할 수 없다고 하는 트러블은 미연에 방지할 수 있는 것이다.

▼ 기하 공차 표시에 의한 장점

어느 유압 유닛 메이커의 예인데 각형 탱크를 판금 용접으로 제작하고 그 탱크 위에 모터, 펌프, 유압 배관의 베이스 겸용의 뚜껑을 올려 놓았다. 뚜껑을 탱크 본체에 볼트로 조이고 그 위에 모터, 펌프, 제어 밸브, 스위치 박스 등을 설치한다.

다음에 배관을 하는 것인데 펌프에 연결된 관과 각 밸브에 연결된 관의 형상, 치수가 좀체로 일치하지 않아서 접속을 할 수 없게 된다. 그래서 용접에 의해서 강제적으로 접속해 버린다. 다른 개소의 배관 작업도 마찬가지로 실시하고 있다.

따라서 유닛 조립 작업에서는 용접에 의한 배관 작업의 시간적 부담이 높고 그리고 1~2명의 같은 사람이 처음부터 끝까지 붙어서 작업을 진행하고 있기 때문에 작업 능률도 좋지 않다. 또 유압 유닛끼리의 배관에 호환성이 없고 최후의 압력 테스트에서는 기름 누설이 빈번하게 발생하게 된다는 결과가 생긴다.

이것은 기하 공차를 표시하고 있지 않은 도면에 의한 현물 맞춤을 중심으로 한 극단적인 작업 예이지만 또 하나의 절삭 예를 소개한다.

그림 6에 표시한 기어 펌프 부품의 부시인데 $\phi 12$ H7의 구멍 가공이 있다. 기하 공차 표시 전의 가공 방법으로는 정밀도를 필요로 하기 때문에 구멍 가공 전에 부시를 기어 케이스에 짜넣어서 구동축을 아직 끼워 넣지 않는 상태에서 좌측과 우측의 부시를 동시에 가공하고 있었다.

동시에 구멍을 뚫기 때문에 좌우의 양 부시의 구멍 중심이 일치되어 안성 맞춤이지만 부시를 개별로 분담해서 가공할 수 없을 뿐만 아니라 기어 케이스에 짜넣어서 하는 가공이기 때문에 케이스도 점령해 버리기 때문에 공정의 흐름이 상당히 나쁘고 조립 작업에도 영향을 주고 있었다.

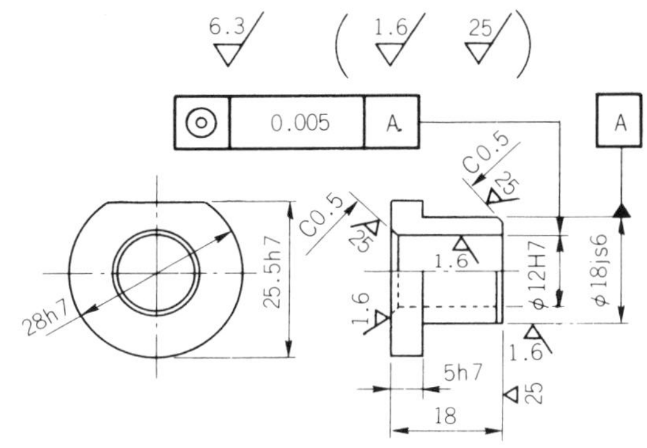

그림 6 기하 공차를 표시한 부시의 도면

그런데 유압 유닛의 경우나 기어 펌프의 경우에도 **그림 6**과 같이 필요한 기하 공차를 표시해서 그 지시에 따라 작업 절차, 가공 지그 등을 고려해 가면 작업이 분담되고 호환성이 있는 부품을 능률 좋게 가공할 수 있게 된다.

예컨대 유압 유닛에서는 탱크는 윗면, 뚜껑의 표면, 이면을 평면 연삭해서 평행도를 내고 각 밸브, 배관은 처음에는 용접으로 해도 최종 가공은 절삭 또는 연삭 가공을 해서 진직도, 진원도, 원통도, 평면도가 나와 있는 밸브, 배관 부품으로 조립하는 것이다.

그리고 기어 펌프의 부시도, 같은 축 위의 좌우 양 부시를 같은 재료에서 외경과 같이 구멍도 동시에 가공해서 기어 케이스의 가공에도 지그류의 활용을 연구해 나가면 가공의 분담이 쉽게 된다. 이들의 예와 같이 종래, 한 사람 또는 한 그룹에서 가공에서 조립까지 현물 맞춤식으로 하고 있던 작업을 기하 공차를 표시한 부품도, 유닛 조립도에 의한 작업으로 전환함으로써 생기는 최대의 장점은 기계 가공이나 조립 작업이 분산, 분담될 수 있고 생산성의 향상도 도모할 수 있다는 것이다.

공장내의 작업 분담만이 아니라 떨어진 공장끼리의 분담 그리고 시간적으로 차이를 둔 분담도 가능하게 된다. 따라서 생산성의 향상과 더불어 작업자의 정신적 부담의 경감에도 연계되고 있다. 그리고 작업 개선책을 강구하기 쉽다는 장점도 있을 것이다.

▼ 기하 공차에 대한 가공자의 각오

가공 도면에 기하 공차가 표시되어 있지 않았기 때문에 종래의 습관, 작업자만의 판단으로 기계 가공을 하면 결과적으로 기어 펌프의 예와 같이, 펌프 축과 모터 축이 맞지 않는 좋지 않는 상태나, 유압 유닛의 예와 같이 용접 불량에 의한 기름 누설이라는 트러블이 생기는 일이 없도록 설계자나 가공 작업자도 주의하여야 할 것이다.

그리고 기하 공차가 표시된 도면을 도입한 경우에는 다음의 것에도 주의하여야 한다.

① **공작 기계에 공작물을 설치할 때는 공작 기계, 공작물 및 지그의 설치면을 청소한다**……종래부터 실시하고 있던 것이겠지만 기하 공차를 의식해서 작업자 자신이 자주적으로 작업 표준을 정해서 청소를 꾸준히 하면 목적대로의 공작물을 얻을 수 있을 뿐만 아니라 설치면의 요철, 친 흔적 등을 발견해서 빨리 수리할 수 있다.

② **지그의 점검, 수리와 정리, 정돈을 잘한다**……최근과 같이 다품종 소량 생산화가 진행되고 필요할 때 필요한 수량밖에 생산하지 않는 경우에는 ①과 같이 가공에 앞서서 지그의 결함을 발견해서는 납기에 대지 못하게 된다.

그래서 가공 종료시에는 반드시 지그의 점검을 하고 수리를 필요로 하는 경우에는 즉시 손을 쓴다. 그리고 보관 방법은 현상대로가 좋은지, 놓는 방법이 불안정해서 바닥으로 떨어질 염려는 없는지 등을 재차 체크할 필요가 있다. 특히 다품종 생산화로 지그의 종류, 수량이 많아지면 꺼내고 넣는 시간의 단축, 파손 방지를 위해서도 정리, 정돈은 중요한 포인트이다.

③ **지그는 절삭력에 의해서 변형되지 않도록 구조를 역학적으로 검토한다**……지그는 공작물의 설치하고 떼는 것이 간단하고 그리고 지그 자체의 공작 기계에 대한 설치가 쉬운 것으로서 경량화가 필요하다. 그로 인해서 강성이 부족해서 절삭력으로 변형되는 일이 없도록 지그 구조의 검토는 충분히 하도록 하자.

④ **공작물은 기하 공차대로 가공될 수 있도록 강성이 높고 지그나 기계의 테이블 위에서의 놓임새가 좋은 형상으로 설계한다**……설계자는 절삭력으로 공작물이 변형하거나 기울어지거나 해서 기하 공차를 벗어나지 않도록 가공에 대응한 형상 설계를 충분히 음미할 필요가 있다.

*   *   *

기계 가공된 부품의 모임이 제품이 되는 것이므로 개개의 부품의 기하 공차는 성능 확보면에서도 중요한 포인트이고 하나라도 소홀히 할 수 없다.

기하 공차라고 하는 것은 이제까지 기술해 온 것 같이 조립 작업을 보증하는 동시에 공작 기계의 운동 정밀도도 보증하는 것이다. JIS에서는 각 공작 기계의 정밀도 검사 방법을 규정하고 있다. 공작 기계의 운동 정밀도를 보장하는 면에서도 기하 공차는 중요한 것이라고 할 수 있다.

따라서 평상시 설계자, 가공 작업자가 서로 의식해서 설계에서 작업 관리, 공작 기계의 보전 관리 등에 적극적으로 맞붙어 가면 헛된 비용을 들이지 않고 로 코스트로 기하 공차를 도입한 생산 형태가 실현될 것이다.

기계 가공된 부품의 모임이 제품이 되는 것이므로 개개 부품의 기하 공차는 성능 확보 면에서는 중요한 포인트이고, 하나라도 소홀히 할 수 없다.

기하 공차라고 하는 것은 이제까지 기술해 온 것 같이 조립 작업을 보증하는 동시에 공작 기계의 운동 정밀도도 보증하는 것이다. JIS에서는 각 공작 기계의 정밀도 검사 방법을 규정하고 있다. 공작 기계의 운동 정밀도를 보장하는 면에서도 기하 공차는 중요한 것이라고 할 수 있다.

따라서 평상시 설계자, 가공 작업자가 서로 의식해서 설계에서 작업 관리, 공작 기계의 보전 관리 등에 적극적으로 맞붙어 가면 헛된 비용을 들이지 않고 로 코스트로 기하 공차를 도입한 생산 형태가 실현될 것이다.

치수 공차

① 기준 치수와 최대·최소 허용 치수

부품 제작에 있어서 도면에 그려진 치수대로 정밀하게 같은 치수의 것을 만드는 것은 어렵고 반드시 다소의 오차가 생긴다.

예컨대, 환봉을 $\phi 30$으로 가공할 때 실제로 만들어진 치수는 30.03 mm로 되거나 29.97 mm로 되거나 해서 정확히 30.00 mm로 가공하는 데는 대단한 시간과 비용이 필요하게 된다. 그래서 부품의 기계적 기능에 지장이 없는 범위내에서 허용할 수 있는 오차를 정하고 있다.

이 오차의 범위를 치수 공차, 혹은 단지 공차라고 한다.

제작도에서 $30^{+0.015}_{-0.010}$ 이라고 치수 지정이 있는 경우에는 0.015−(−0.010)=0.025가 치수 공차로 된다. 그리고 당연히 이 부품의 허용되는 최대 치수는 30.015 mm이고 이것을 최대 허용 치수라고 부른다. 똑같이 허용되는 최소 치수는 29.990 mm이고 이것을 최소 허용 치수라고 부른다.

그리고 다듬질의 기준이 되는 30 mm를 기준 치수라 하고 실제로 다듬질된 치수를 실치수라고 부르고 있다. 더욱이 최대 허용 치수와 기준 치수와의 차, 즉 0.015 mm를 위의 치수 허용차, 최소 허용 치수와 기준 치수와의 차 −0.010 mm를 밑의 치수 허용차라고 한다.

치수 공차를 도면에 기입하는 데는 최대 허용 치수, 최소 허용 치수로 표시하는 허용 한계 치수를 기입하거나 기준 치수 다음에 위의 치수 허용차, 밑의 허용 치수차를 기입하거나 두가지 방법이 있다(**그림 1**).

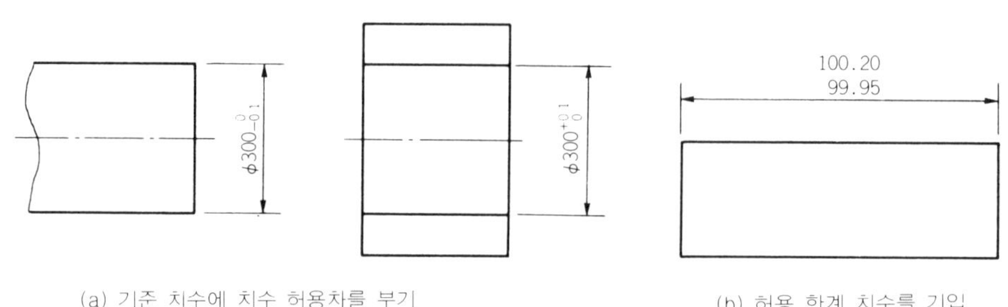

(a) 기준 치수에 치수 허용차를 부기   (b) 허용 한계 치수를 기입

그림 1 치수 공차의 기입

어느 방법으로 기입하는가의 규정은 없으나 허용 한계 치수를 기입하면 기준 치수를 알기 어려우므로 상·하의 치수 허용차를 기입하는 것이 일반적이다.

그래서 같은 도면에 치수 공차가 같은 치수가 몇개 있는 경우에는 이것들을 모아서 보통 허용차로 해서 별난에 기입한다. 그리고 부품마다에 보통 허용차가 다를 때는 부품 번호에 따라서 보통 허용차를 기입한다.

이 때는 공차가 들어 있지 않는 치수에 대해서는 모두 그 부품마다의 보통 허용차로 지시되고 있는 것이 된다.

② 공차가 없는 참고 치수의 필요성

그러나 물품에 따라서 치수의 대소가 심할 때는 보통 허용차로서 하나의 수치를 정하게 되면 치수와 공차의 비율에 큰 차가 생겨서 가공하는데 있어서 무리가 생긴다. 그래서 치수의 구분에 따라서 공차를 바꾸는 방법이 사용되고 있다.

JIS B 0405(절삭 가공 치수의 보통 허용차 : **표 1**)도 그 하나의 규정이다. 여기서는 보통 허용차를 「정급(精級)」, 「중급(中級)」, 「조급(粗級)」의 3개로 나누고 치수의 크기에 의해서 허용차를 바꾸고 있다. 이것으로라면 예컨대 별난에 「정급」으로 기입되어 있으면 도면 속의 각 치수에 대응한 공차가 자동적으로 결정된다.

표 1 절삭 가공 치수의 보통 허용차(JIS B 0405)

[단위 : mm]

치수의 구분	등 급		
	정 급 (12급)	중 급 (14급)	조 급 (16급)
0.5이상 3 이하	±0.05	±0.1	–
3을 넘어서 6 이하			±0.2
6을 넘어서 30 이하	±0.1	±0.2	±0.5
30을 넘어서 120 이하	±0.15	±0.3	±0.8
120을 넘어서 315 이하	±0.2	±0.5	±1.2
315을 넘어서 1000 이하	±0.3	±0.8	±2
1000을 넘어서 2000 이하	±0.5	±1.2	±3

그러나 여기에 한 가지 문제가 있다. 치수에 허용차가 따른다는 것은 복수의 치수가 나란히 줄지어 있으면 허용이 겹쳐져 전체로서 큰 허용차가 되어 버리는 것이다.

한 예로서 **그림 2**와 같은 경우를 생각해 보도록 한다. 이 부품의 A면과 B면 사이는 300 mm이지만 이 사이가 10~30 mm의 8개의 구간으로 구획되어 지고 있다. 여기서 표 1의 「중급」의 허용차가 지정되어 있으면 어떠한가.

각 구간에는 ±0.2 mm의 허용차가 있으므로 A면과 B면 사이에서는 ±1.6 mm의 허용차가 있는 것이 된다. 그런데 전체 길이 300 mm에 대한 허용차는 ±0.5 mm 밖에 없다.

이와 같은 모순을 피하기 위해서 이들의 치수 속에 괄호가 붙은 치수, 즉 공차가 없는 참고 치수를 한군데 넣어 둔다(**그림 2**).

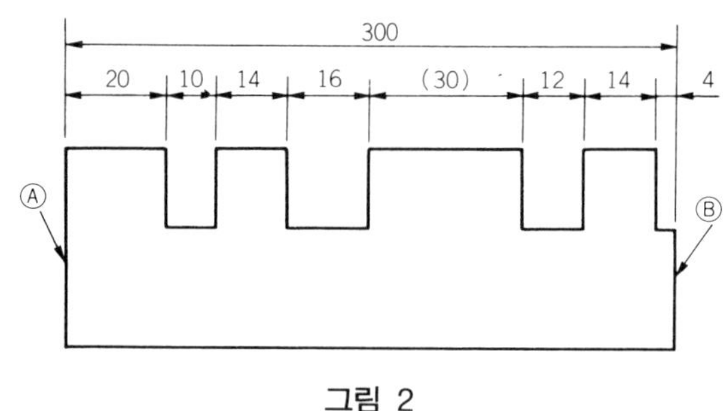

그림 2

참고 치수는 중요도가 적은 치수이므로 허용차가 제한되지 않는다.

마지막으로 각도 치수에 허용 한계를 기입하는 경우로서 이것은 길이 치수와 똑같이 한다. 그러나 각도의 경우에는 반드시 수치에 각도의 단위를 붙이지 않으면 안된다. **그림 3**에 기입 예를 표시한다.

이와 같이 도·분·초나 rad(라디안) 등의 단위를 명확하게 한다.

그리고 각도의 치수 공차는 대상으로 하는 물품의 선의 방향(자세)만을 규제하고 그 형상 편차는 규제하지 않으므로 필요에 따라 기하 공차를 지시하는 것이 좋다.

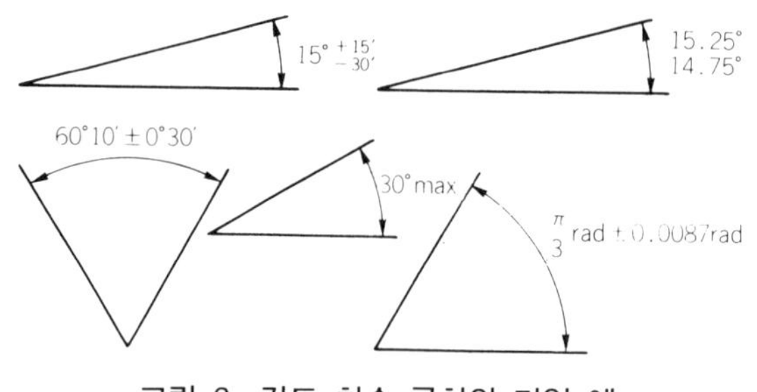

그림 3　각도 치수 공차의 기입 예

③ 가공에서는 공차의 중심을 겨눈다

공차에 대해서 위의 치수 허용차와 밑의 치수 허용차 속에 있으면 된다는 사고 방식으로 가공하고 있는 일은 없는가, 만약 그렇다고 하면 불량품을 내는 위험성이 상당히 높아진다.

그림 4를 보자. 이것은 어느 시험 과제의 조립된 일부인데 부품의 ③, ④, ⑤ 다같이 각각 칼라의 두께가 「±0.02」로 되어 있고 조립되었을 때 부품 ④와 ⑤의 폭은 「±0.04」로 되어 있다.

여기서 공차내에 들어 있으면 된다고 하게 되면 부품별의 공차에 대해서는 좋다고 해도 조립했을 때의 치수 「80±0.04」를 공차 안에 넣는 것은 대단히 곤란한 것으로 생각한다. 이 경우에는 부품 ④의 내경이 테이퍼로 되어 있기 때문에 다소의 조정은 할 수 있다고 하지만 다른 것과의 관련도 있기 때문에 절대적이라고는 할 수 없다.

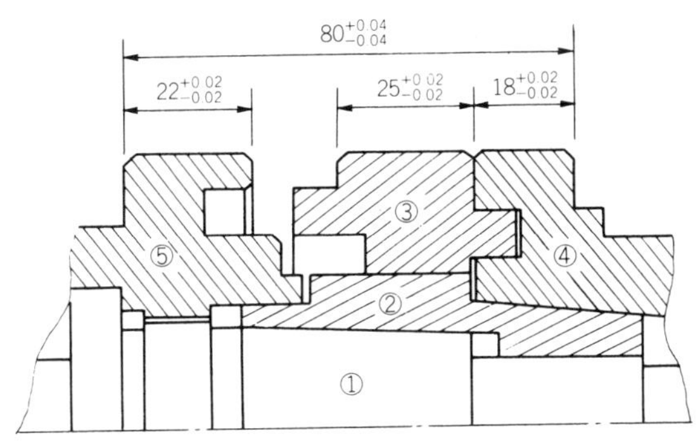

그림 4 조립 부품의 공차

이 때 각각의 부품의 치수가 공차의 가운데 들어가서 조립된 것으로 하면 「80±0.04」의 공차에 넣는 것은 그다지 어려운 것은 아닐 것이다.

이와 같이 가공에 있어서는 각각의 공차에는 편차가 있는 것을 이해하고 항상 공차의 가운데에 넣을 수 있도록 신경을 쓸 필요가 있다.

끼워 맞춤

치수 공차와 끼워 맞춤에 대해서는 JIS B 0401에 규정되어 있다. 앞에서는 치수 공차에 대해서 기술하였으나 이것들은 아무렇게나 정해도 된다는 것이 아니라 어느 치수에 대해서는 어느 정도로 한다라고 하는 국제적인 규격이 정해지고 있다. 이것이 **표 1**에 표시한 「IT 기본 공차」이다(IT는 ISO Tolerance의 약자).

표 1 IT 기본 공차의 수치

(단위 μm=0.001mm)

치수의 구분(mm)		등									급				
을 넘어	이하	IT1 (1급)	IT2 (2급)	IT3 (3급)	IT4 (4급)	IT5 (5급)	IT6 (6급)	IT7 (7급)	IT8 (8급)	IT9 (9급)	IT10 (10급)	IT11 (11급)	IT12 (12급)	IT13 (13급)
—	3	0.8	1.2	2	3	4	6	10	14	25	40	60	100	140
3	6	1	1.5	2.5	4	5	8	12	18	30	48	75	120	180
6	10	1	1.5	2.5	4	6	9	15	22	36	58	90	150	220
10	18	1.2	2	3	5	8	11	18	27	43	70	110	180	270
18	30	1.5	2.5	4	6	9	13	21	33	52	84	130	210	330
30	50	1.5	2.5	4	7	11	16	25	39	62	100	160	250	390
50	80	2	3	5	8	13	19	30	46	74	120	190	300	460
80	120	2.5	4	6	10	15	22	35	54	87	140	220	350	540
120	180	3.5	5	8	12	18	25	40	63	100	160	250	400	630
180	250	4.5	7	10	14	20	29	46	72	115	185	290	460	720
250	315	6	8	12	16	23	32	52	81	130	210	320	520	810
315	400	7	9	13	18	25	36	57	89	140	230	360	570	890
400	500	8	10	15	20	27	40	63	97	155	250	400	630	970

이것은 500 mm까지의 치수를 표와 같이 구분하고 또, 공차를 01급에서 16급까지의 18단계로 구분해서 각 치수 구분마다에 치수 공차를 정한 것이다. 이 표에서 1급을 보면 100 mm(외경, 내경, 길이 등)의 공차는 2.5 μm=0.0025 mm로 되어 있다. 이와 같은 정밀도가 높은 공차에서는 도저히 끼워 맞춤에 사용할 수 없다.

그래서 01급에서 4급까지의 고정밀도의 공차는 게이지류의 공차로 사용되고 11급 이상은 끼워 맞춤이 없는 일반 부품의 공차에 사용되고 있다. 끼워 맞춤에 사용되는 것은 5급에서 10급까지이다.

1 끼워 맞춤의 종류

부품 제작에 있어서는 그 사용 목적에 따라 기준 치수에 대해서 끼워 맞춤 기호를 사용하게 되는 것인데 그 기호로 표시되는 위의 치수차가 허용차의 최대이고 밑의 치수차가 허용차의 최소가 된다.

　기준 치수와 치수 공차와의 관계는 **그림** 1과 같이 되고 위의 치수 허용차는 「최대 허용 치수−기준 치수」, 밑의 치수 허용차는 「최소 허용 치수−기준 치수」로 표시할 수 있다. 여기서 단순히 치수 공차라고 부르는 경우가 있으나 치수 공차란 위의 치수 허용차와 밑의 치수 허용차와의 차라고 하는 것이 된다.

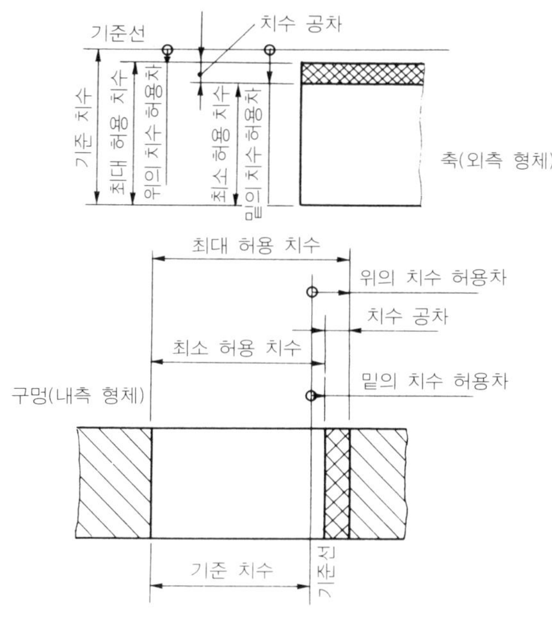

그림 1　기준 치수와 치수 공차의 관계

　끼워 맞춤은 치수를 잡는 방법에 따라서 다음 3종류로 나눌 수 있다.

　① **헐거운 끼워 맞춤**……구멍과 축 사이에 반드시 틈새가 있는 끼워 맞춤. 즉, 구멍의 최소 허용 치수가 축의 최대 허용 치수보다 크다. **그림** 2와 같이 구멍의 최소 허용 치수에서 축의 최대 허용 치수를 뺀 값을 최소 틈새, 구멍의 최대 허용 치수에서 축의 최소 허용 치수를 뺀 값을 최대 틈새라고 한다.

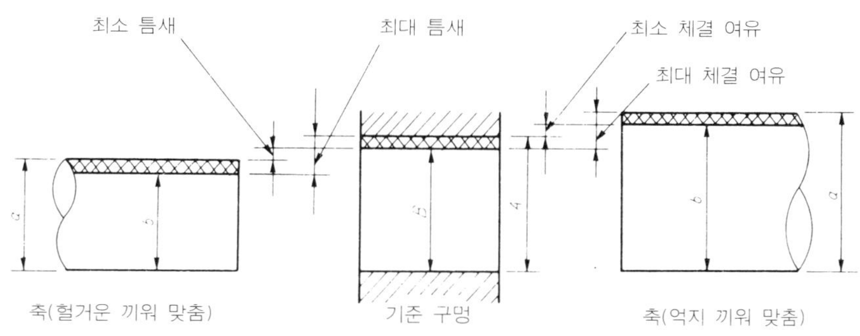

그림 2　끼워 맞춤의 종류

② **억지 끼워 맞춤**……구멍과 축 사이에 반드시 죔새가 있는 끼워 맞춤. 즉, 구멍의 최대 허용 치수가 축의 최소 허용 치수와 같거나 또는 그보다 크다. **그림 2**와 같이 축의 최대 허용 치수를 뺀 값을 최소 죔새라고 한다.

③ **중간 끼워 맞춤**……구멍의 최소 허용 치수가 축의 최대 허용 치수보다 작고, 또 구멍의 최대 허용 치수가 축의 최소 허용 치수보다 큰 경우의 끼워 맞춤이고 구멍과 축의 실 치수의 크기에 따라서 헐거운 끼워 맞춤이 되거나 억지 끼워 맞춤이 되거나 한다.

2 끼워 맞출 때의 구멍과 축의 표시 방법

끼워 맞춤 부분의 공차의 대소에 따라 끼워 맞춤의 등급과 기호가 정해져 있다. 그리고 끼워 맞춤에는 구멍을 기준으로 한 「구멍 기준」과 축을 기준으로 한 「축 기준」이 있으며 구멍 기준의 구멍 기호는 항상 대문자의 알파벳(A, B, C ……)으로 표시하고 축 기준의 축 기호는 소문자(a, b, c ……)를 사용해서 그 우측에 등급을 표시하는 숫자(1, 2, 3 ……)를 붙여 기입한다.

기본 치수 100 mm의 경우를 예를 들면, 7급의 경우는 **표 1**에서 공차가 35 μm＝0.035 mm인 것을 알 수 있다. 그러나 이것만으로는 위의 치수 공차와 밑의 치수 공차가 각각 얼마나 되는지 알 수 없다. $100_{+0.072}^{+0.107}$ 의 경우도 있으며 $100_{-0.093}^{-0.058}$, $100_{-0.025}^{+0.010}$ 등 여러 가지 경우를 생각할 수 있다.

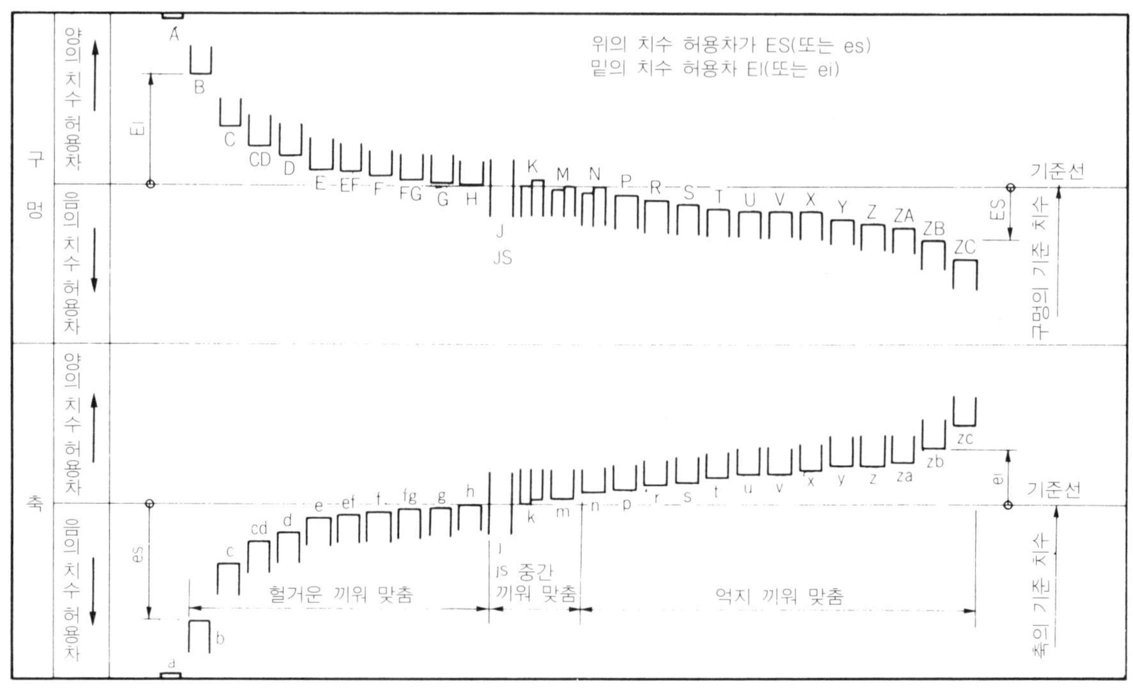

그림 3 구멍과 축의 종류를 표시하는 기호 (치수 공차는 JIS 참고)

그래서 JIS에서는 기준 치수에 대해서 치수 허용차가 어느 위치에 있는가에 따라서 구멍과 축을 **그림 3**과 같이 분류하고 전술한 것 같이 알파벳으로 구분하도록 하였다.

여기서 실제로, $100^{+0.107}_{+0.072}$ 는 **그림 3**의 E에 해당하고 $100^{-0.058}_{-0.093}$ 은 S, $100^{+0.010}_{-0.025}$ 는 K에 해당하는 구멍으로 되어 있다. 따라서 이들의 구멍은 E7, S7, K7이라고 쓰게 되는 것이다.

그런데 끼워 맞춤을 어느 종류로 하는가는 우선 구멍의 종류를 정해서 상대가 되는 축을 적당히 선택하면 되는 것인데 곤란한 것은 구멍, 축 다같이 종류가 많기 때문에 일일이 어느 조합으로 하는가를 생각해야 된다는 일이다. 그래서 또 한번 그림 4를 보면 H 기호의 구멍은 밑의 치수 허용차가 ‘0’ 즉, 최소 허용차와 기준 치수가 일치되고 있다.

앞에서의 기준 치수 100 mm의 경우이면 H7은 $100^{+0.035}_{-0}$ 을 표시하게 되는 것이다. 따라서 H 구멍을 기준으로 해서 축의 치수를 조정하여 헐거운 끼워 맞춤, 억지 끼워 맞춤, 중간 끼워 맞춤 등의 필요한 끼워 맞춤을 얻을 수 있도록 하면 상당히 간단하게 된다.

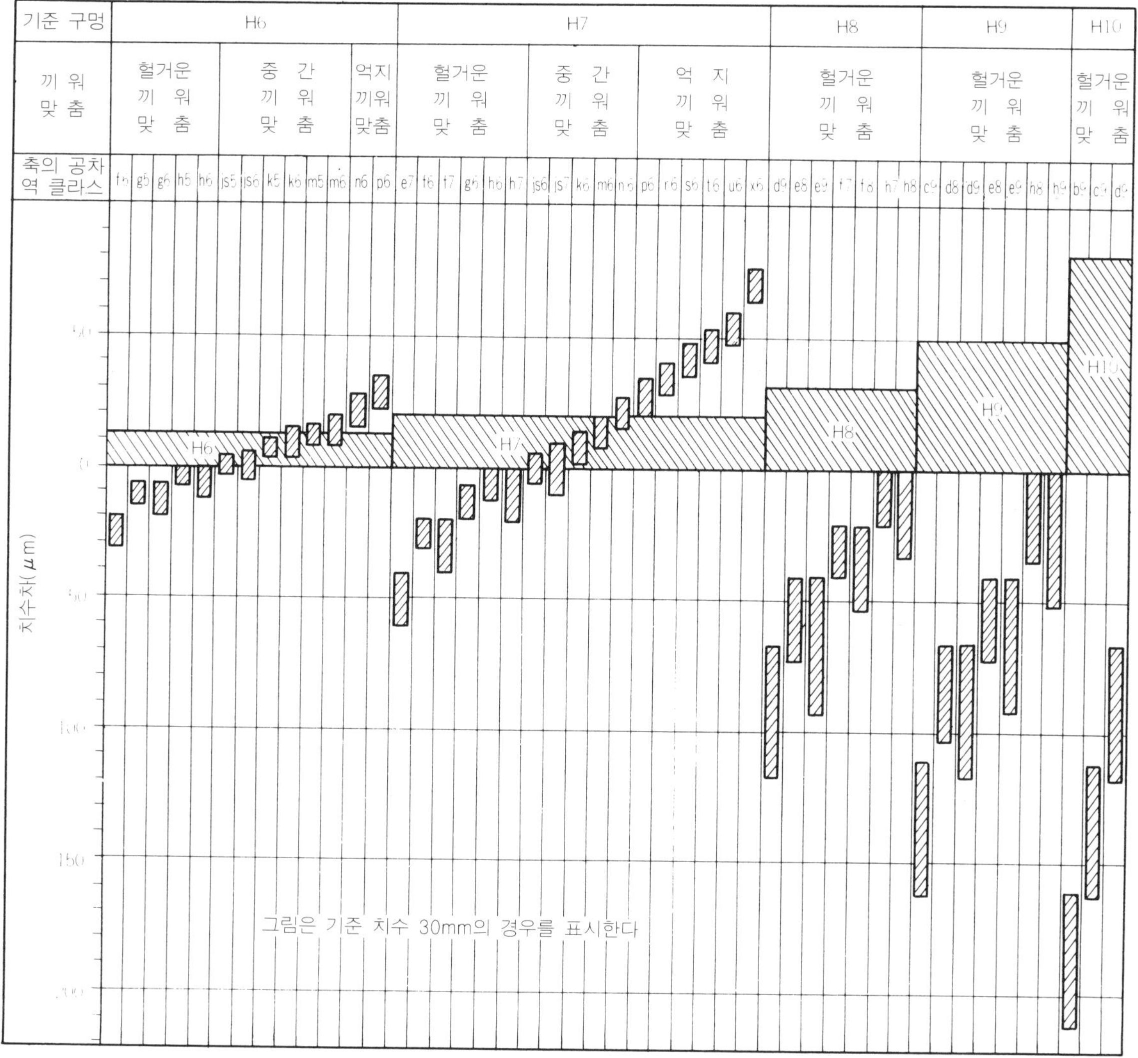

그림 4 상용하는 구멍 기준 끼워 맞춤도

　결국 **그림 3**에 표시한 것 같이 헐거운 끼워 맞춤일 때는 g보다 왼쪽의 축, 억지 끼워 맞춤일 때는 h에서 우쪽의 축, 중간 끼워 맞춤일 때는 그 중간 축을 사용하면 되는 것이다.

　끼워 맞춤에 있어서 구멍과 축의 조합에서는 수없이 많은 것 같이 보이지만 이렇게 보면 실제로는 일반적으로 사용되는 조합이 JIS에 표시되어 있고 의외로 적다. 기계 현장에서 실제로 사용되는 끼워 맞춤은 6급에서 9급까지가 대부분이다. 이 실용적인 끼워 맞춤의 공차를 **그림 4**에 표시한다.

③ 왜 구멍을 기준으로 하는가

　끼워 맞춤 부품의 기계 도면에서는 대부분 구멍 기준으로 표시되고 있다. 이것은 축을 기준으로 해서는 안된다는 것이 아니다. 전술한 바와 같이 h축 위의 치수 허용차는 '0'으로 되어 있다. 그래서 이것을 기준으로 적당한 구멍을 선택하면 마침 구멍 기준의 경우와는 반대의 관계로 소요의 끼워 맞춤을 얻을 수 있게 되는 것이다.

　그림 4에서도 알파벳의 대문자(소문자)를 소문자(대문자)로 고쳐서 숫자 앞의 부호(+와 −)를 반대로 하면 축 기준의 끼워 맞춤에 있어서 구멍의 공차를 나타낸 표로 사용할 수 있다. 그러나 예를 들면 한개의 축 위에 헐거운 끼워 맞춤이나 억지 끼워 맞춤 등 몇 개의 끼워 맞춤이 번갈아 연속되는 경우에는 반대로 축 기준으로 끼워 맞춤시킨 것이 유리한 경우가 있다.

　결국 헐거운 끼워 맞춤이 되는 부분의 표면을 상하지 않도록 끼워 맞추는 데는 그 부분만을 절삭하는 단붙이 가공을 해야 되는데, 이것은 오히려 가공비가 높게 되기 때문이다.

　실제로는 이와 같은 부품은 적지만, 일반적으로 구멍 기준의 끼워 맞춤에서 문제는 없다. 다음에 구멍 기준의 이점을 들어 본다.

　① 작업성의 관점에서 볼 때 절삭 가공이나 다듬질 가공, 또 치수 측정 등 구멍보다 축 쪽이 쉽게 할 수 있다. 따라서 구멍은 그대로 두고 축의 외경 치수를 조정하는 것이 쉽고 가공비도 적게 든다.

　② 축을 기준으로 해서 구멍의 내경 치수를 조정하는 경우는 축용 한계 게이지보다 고가인 구멍용 한계 게이지나 리머 등을 다량으로 준비해야 된다.

　③ 소재의 점에서 봐도 예를 들면 광택 봉강 등은 구입한 그대로 h7, h8 정도의 공차로 만들어져 있기 때문에 소재 그대로 끼워 맞춤 부품으로 사용할 수 있다. 그러나 억지 끼워 맞춤의 경우는 광택 봉강(축)을 기준으로 해서 구멍의 치수 조정을 하는 경우도 있다.

④ 기계 조립에 있어서의 끼워 맞춤과 공차

　부품 단체가 완성되면 다음은 부품과 부품의 맞춤 작업에 들어 간다. 이 맞춤 작업에서 부터 조립으로 되나 이것에는 서로 이웃에 맞붙이는 것과 끼워 맞춤을 하는 것이 있다.

이 중에서 끼워 맞춤은 좀체로 하지 않는 것이다. 부품의 치수는 각각 도면의 공차내로 되어 있어도 끼워지지 않거나 헐겁게 끼워지게 된다. 여기서는 이들 부품의 조립 작업에서 키 맞춤이나 축과 구멍의 끼워 맞춤 등의 작업과 주의점에 대해서 기술한다.

(1) 평행 키 맞춤

JIS에서 규정되고 있는 키 속에서 제일 많이 사용되고 있는 것이 성크 키와 미끄럼 키이다.

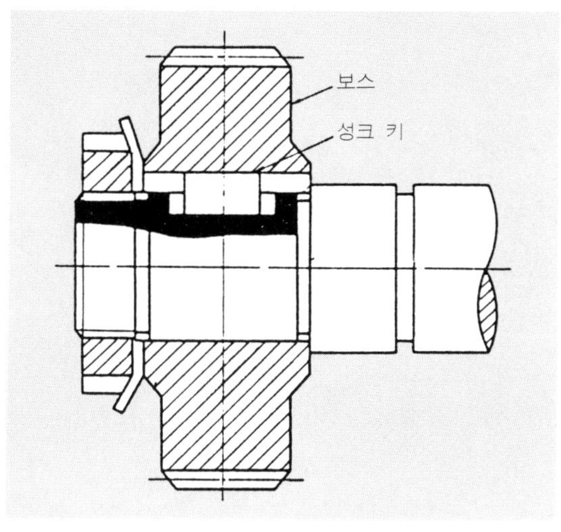

그림 5 성크 키

성크 키는 고정 키라고도 하고 **그림 5**와 같이 보스는 축 위에 고정되어서 움직이지 않는다. 그리고 미끄럼 키는 **그림 6**과 같이 축 위를 보스가 축 방향으로 움직일 때 사용하는 키이다.

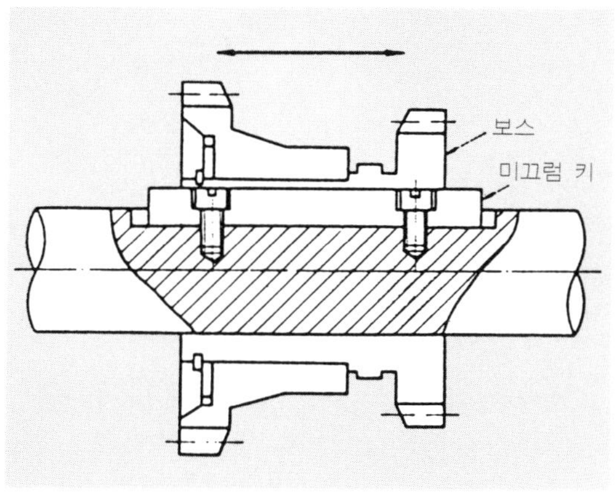

그림 6 미끄럼 키

키의 끼워 맞춤은 JIS에서는 **표 2**와 같이 규정하고 있다.

표 2　키의 끼워 맞춤 (JIS)

	키		키 홈	
	폭	높 이	축측의 폭	보스측의 폭
성크 키(정급)	h 9	h 9, h 11	P 9	P 9
미 끄 럼 키	h 9	h 9, h 11	H 9	D 10

① **성크 키**……표 2의 공차에 5 mm의 경우를 적용하면 **그림 7** (a)의 치수 공차로 된다. 키 폭과 축의 홈 폭(여기서는 정급으로 한다)은 이 공차 속에서 할 수 있으므로 여러 가지 조합을 할 수 있다. 키 폭은 최대이며 축의 홈 폭이 최소인 경우에는 죔새는 0.042 mm에서 최대가 되고 키 폭은 최대이며, 축의 홈 폭이 최대인 경우에는 죔새는 0.012 mm에서 최소가 된다. 그래서 당연하지만 키 폭이 최소이고 홈 폭이 최대일 때는 반대로 틈새가 0.028 mm로 되어서 헐겁게 끼워진다.

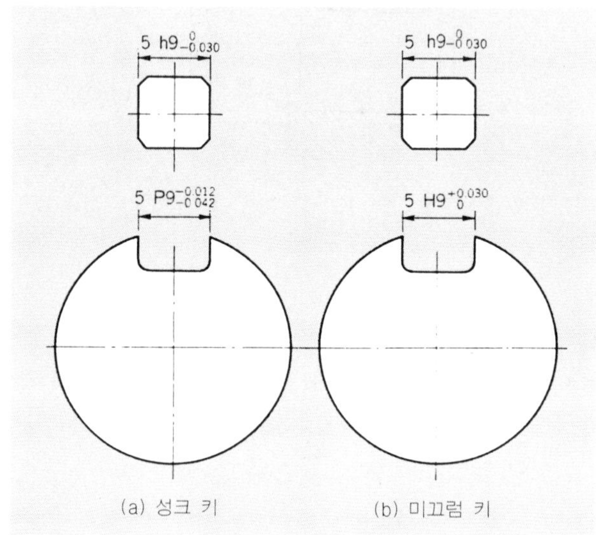

그림 7　키의 끼워 맞춤

이 P8, h7의 공차는 틈새가 있는 경우에도 나타나는 끼워 맞춤이지만 선택해서 억지 끼워 맞춤으로 조합하게 되는 것이다.

이 예의 경우, 공차의 중심에 부품이 생기면 키 폭은 4.985 mm, 축의 홈 폭은 4.978 mm로 되어서 0.007 mm의 죔새의 끼워 맞춤으로 된다. 공차는 중심에서 생각한다는 것에서 0.007 mm의 억지 끼워 맞춤으로 실제로 조립해 보면 결과는 양호하다.

최대의 죔새인 0.042 mm에서는 박아 넣을 때는 문제가 없으나 뗄 때 키를 손상시키지 않기 위해서 적절한 공구를 사용할 필요가 있다. 따라서 최대 죔새는 이 경우 피하는 것이 좋을 것이다.

현장에서 작업하는 경우에는 일일이 게이지 블록 등으로 측정을 해도 0.001 mm(1 μm)까지는 정확하게 측정할 수 없다. 특별히 정밀한 경우를 제외하고는 목표 죔새를 염두에 두고 육감으로 맞추는 경우가 많은 것 같다.

그렇게 되면 이 경우 0.01 mm 정도 죔새의 감각을 알고 있지 않으면 곤란하다. 한번 정확하게 측정해서 감각을 알고 있는 것이 편리할 것이다.

키와 축과의 맞춤에서는 키쪽을 수정해서 맞추는 것이 편리하기 때문에 대체적으로 키를 홈에 맞춰보고서 가공 여유가 있는 것을 확인한 다음, 맞추는 작업에 들어가는 것이 대부분이다. 키의 가공 여유를 어느 정도로 하는가에 대해서는 JIS에는 규정되어 있지 않다.

② **미끄럼 키(패터 키)**……**표 2**의 공차에 5 mm의 경우를 적용시키면 **그림 7** (b)의 치수 공차로 된다. 이 예에서는 키 폭이 최소이고 축의 홈 폭이 최대인 경우에 틈새는 0.060 mm가 최대가 되고, 키 폭이 최대이고 홈 폭이 최소인 경우에는 틈새는 없고 '0'이 된다. 그리고 키와 키 홈이 공차의 중심에서 마무리된 경우에는 키 폭은 4.985 mm, 축의 홈 폭도 같게 되고 틈새는 '0'으로 된다.

미끄럼 키는 축 위를 보스가 축 방향으로 움직일 때 사용하는 키로 보스가 움직이고 있을 때 키가 축에서 빠져 나오게 되면 보스의 움직임이 방해된다. 그 때문에 가공하기 어려운 가는 키는 별도로 8 mm 이상의 폭 키에는 스폿 페이싱 구멍이 있고 키를 축에 멈춤 나사로 고정하도록 JIS에 정해져 있다.

그러면 실제로 맞춤할 때는 틈새 '0' 또는 헐거운 끼워 맞춤으로 되는 것일까.

이 경우의 공차 중심의 조합에는 전술한 바와 같이 틈새는 '0'이 되지만 보스가 기어일 경우를 생각해 보면 정·역전할 때 충격이 키에 걸리게 된다. 키는 축의 멈춤 나사로 고정하고 있다고는 하지만 키 홈과 틈새가 있는 멈춤 나사에 힘이 작용해서 느슨하게 되는 경우도 있다.

현실적으로는 이것이 원인이 되어서 기어의 축 방향에 대한 미끄럼이 나빠지고 고장이 난 경우도 있다.

경험적으로는 미끄럼 키의 경우도 키 폭과 홈 폭의 끼워 맞춤은 성크 키 정도는 아니라도 되지만 억지 끼워 맞춤이 좋다고 생각한다.

우리 직장에서는 5 mm의 키인 경우에는 목표 0.002 mm의 억지 끼워 맞춤에서 최소라도 틈새 '0'으로 가공하고 있다.

③ **키와 보스의 맞춤**……**표 2**에 5 mm의 보스측의 치수 공차를 맞추어 보면 성크 키의 경우는 −0.012 mm와 −0.042 mm, 미끄럼 키의 경우는 +0.078 mm와 +0.030 mm이고, 끼워 맞춤은 간단하게 끼워 맞추게 되었다. 그러나 그것은 어디까지나 보스측의 키 홈의 가공이 좋은 경우였고, 구멍의 중심에 대해서 어긋남이나 경사가 있으면 쉽게 끼워지지 않는다.

그 경우, 접촉 상황을 봐서, 축에서 키를 떼어서 축에 끼어 있지 않는 부분만을 깎아서 맞추게 되는 것이다. 또는 보스측의 홈을 수정해서 맞추게 되는 것이다.

키를 떼어서 수정할 때는 **그림 8**의 화살표 부분과 같이 한 곳을 크게 모떼기해 놓으면 다시 설치할 때 상하, 좌우 방향을 원래대로 설치할 수 있어서 편리하다.

그리고 모떼기는 윗쪽에서 보스가 들어 오는 방향으로 정해 놓으면 틀리지 않는다.

특수한 경우이지만 키와 보스의 홈 폭의 틈새를 최소한으로 억제하는 장소에서 더구나 보스의 홈 폭이 축의 홈 폭보다 큰 경우에는 보스쪽에서 키를 맞춘다.

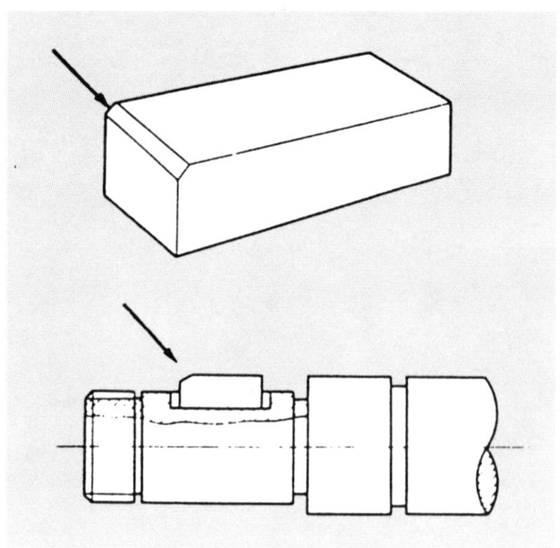

그림 8   키에 1개소 모떼기를 한다

(2) 축과 구멍에 대해서

이 경우, 작은 지름이면 조립할 때 리머를 통과시키면 대부분 끼워진다. 끼워지지 않는 것은 큰 지름일 경우이고 치수차가 없을 때이다. 일반적으로 내경과 외경을 연삭 가공한 것은 대부분 문제는 없을 것이다.

대단히 정밀한 경우는 공차의 폭을 좁게 하면 불량품이 많아지기 때문에 축 또는 구멍 쪽에 수정 여유를 붙여서 랩 다듬질 등으로 맞추게 된다.

그리고 체결 여유가 커서 압입이나 때려 맞춤 부시, 하우징이나 앤빌 등은 소정의 체결 여유가 있는지 없는지를 확인해서 경사지지 않도록 끼워 맞춘다.

물론 흠이나 버는 사전에 고치지 않으면 안되지만 경사나 체결 여유가 크면 부품을 깨거나 꺽는 사고로 연결된다.

다음에 주의하여야 할 것은 구멍의 변형이다. 풀리나 기어 등에 키 홈이 있는 것은 기계 가공중에 변형시켜 버리는 경우가 있다. 실린더 게이지로 측정하면 상대와의 틈새는 있으나 끼워지지 않는다.

이와 같을 때는 변형의 상태에 따라서 수정하지 않으면 외형과의 중심 어긋남이 생긴다.

여기서 이야기는 좀 되돌아 가지만 원통면이나 평행인 두 평면으로 만들어진 물품에 기능상의 필요에서 최대 실체 치수(물품의 바깥쪽에서는 최대 허용 치수, 안쪽에서는 최소 허용 치수)를 갖는 완전 현상의 포락면을 넘어서는 안되는 것을 지정할 필요가 있을 때는 **그림 9**와 같이 E의 기호를 붙여서 지정한다. **그림 10**은 이 의미를 표시한 것이다.

그림 9   그림 10

　여기서는 축의 표면은 최대 실체 치수(이 경우는 최대 허용 치수로 ϕ 150)의 포락면을 넘어서는 안되는 것과 축의 어느 부분에서도 ϕ 150 $-$ 0.040 $=$ 149.96보다 작게 되어서는 안된다는 것을 지시하고 있다. 그리고 중심축의 구부러짐은 ϕ 0.04 이내로 하여야 한다.

　그림 10과 같이 구부러짐 이외에 축이 북 모양으로 되는 것도 생각할 수 있고 진원이 아니고 주먹밥 모양으로 되는 것도 생각할 수 있다. 이것들을 모두 공차 속에 넣어서 지시하는 것이 이 E이다. 치수 공차 다음에 이 기호가 붙어 있는 경우는 가공할 때 주의하여야 한다.

표면 거칠기

여러 가지 가공 방법으로 다듬질된 기계 부품의 표면에는 미세한 요철이나 광택, 가공 모양이 남아 있다.

이들의 가공에 의해서 부품의 표면에 남겨진 표면 거칠기의 정도, 제거 가공의 여부, 긁힌 방향 등을 표시하기 위해서 JIS에서는 「면의 표면의 도시 방법＝B0031」이 규정되고 있다. 여기서는 표면 거칠기를 중심으로 설명하려고 한다.

가공도를 보면 표면 다듬질에는 ▽이나 ▽▽의 삼각 기호가 사용되고 있다. 표면 거칠기를 표시하는 S 기호가 병용되고 있는 경우도 있다. 최근에는 R_a에 의한 거칠기 표시도 많아지게 되었다.

S 기호는 표면 거칠기를 수치적으로 정한 것으로 가공 표면상의 둘쭉날깔쭉한 면의 산과 골과의 거리(깊이)를 μm(마이크로미터＝미크론 : 1/1000 mm) 단위로 표시한 것이다. 가령 12.5S는 최대 높이 표면 거칠기(R_{max})가 12.5 μm라는 의미이다.

그러나 현재의 JIS에서는 R_a를 표면 거칠기 표시 방법으로 제일 우선으로 하고 있다. 그리고 삼각 기호는 될 수 있는대로 사용하지 않고 R_a, R_z 등으로 바꾸도록 권장하고 있다. 삼각 기호와 R_{max}(S 기호), R_a, R_z의 관계는 **표 1**과 같이 되고 있다.

표 1 다듬질 기호의 표면 거칠기의 표준 수열

다듬질 기호	표면 거칠기의 표준 수열		
	R_a	R_{max}	R_z
▽▽▽▽	0.2a	0.8S	0.8Z
▽▽▽	1.6a	6.3S	6.3Z
▽▽	6.3a	25S	25Z
▽	25a	100S	100Z
∼	거칠기에 대해서 특별히 규정하지 않음 (제거 가공은 하지 않음)		

① R_{max}, R_a, R_z의 관계

측정하는 표면을 직각으로 절단했을 때 나타나는 윤곽을 단면 곡선이라 하고 단면 곡선에서 소정의 파장보다 긴 표면 기복 성분을 '절단'한 곡선을 거칠기 곡선이라 한다. 이들의 곡선을 일정한 약속 밑에서 측정해서 표시하는 것이 「표면 거칠기」이다.

기계 가공된 물품의 표면 거칠기를 정확하게 아는데는 촉침식의 표면 거칠기계로 측정하는 것이 가장 확실한 방법이다.

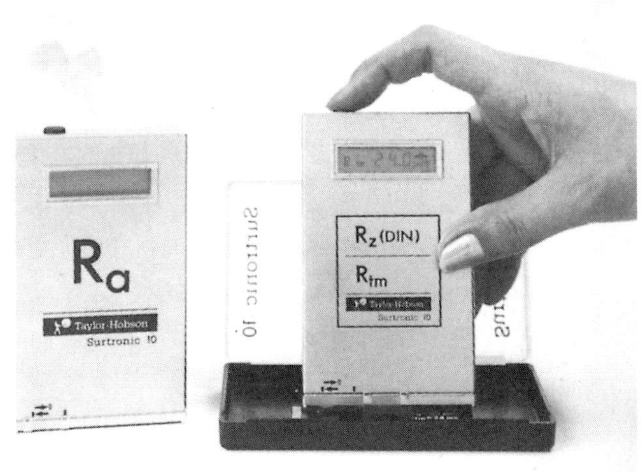

⬆ R_a를 연산해서 디지털을 표시하는 포켓 사이즈의 표면
거칠기계

사진은 포켓 사이즈의 간편한 표면 거칠기계의 한 예이다. 물품의 표면에 놓고 단추를
누르면 자동적으로 촉침이 붙은 바가 표면을 흘러서 R_a, R_z, $R_{tm}(=R_z)$의 값이 표시된다.
그러나 이 계기로는 수치를 알 뿐이고 어떤 '거칠기의 파형'인가는 알 수 없다.

그림 1 (a)와 같은 거칠기의 파형을 구하는 데는 본격적인 촉침식 표면 거칠기계를 사
용해야 된다.

이 (a)를 보면 거칠기의 산의 높이, 골의 깊이가 전적으로 같은 값을 나타내는 것은 극
히 드물다.

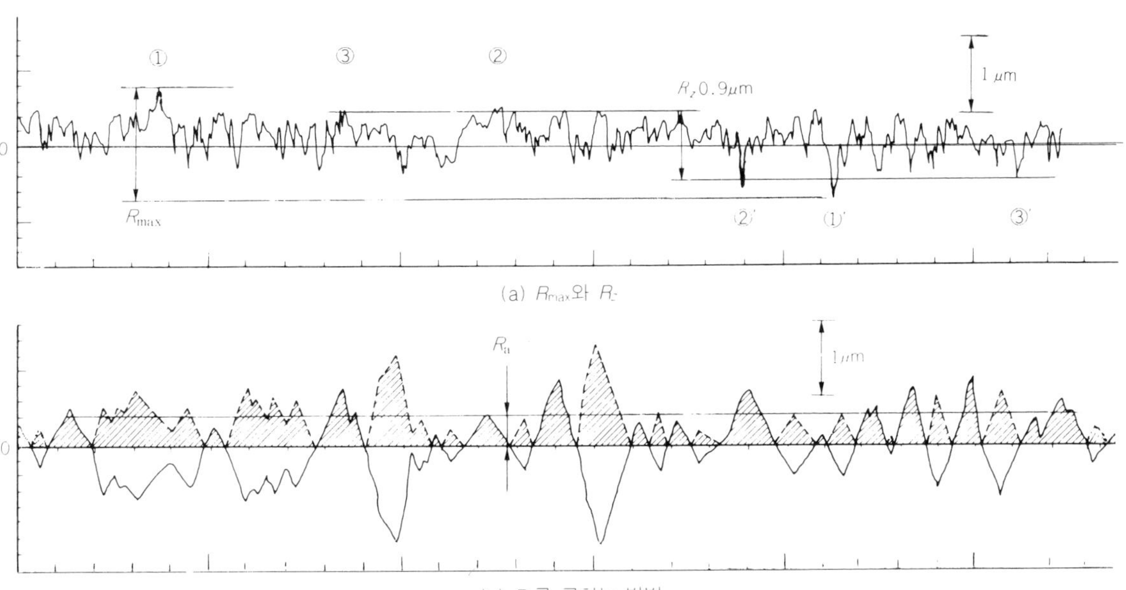

그림 1 표면 거칠기를 표시하는 3개의 사고 방식

여기서 R_{max}(최대 높이 표면 거칠기)란 **그림 1** (a)의 기준 측정 길이에서 가장 높은 산 ①과 가장 깊은 골 ①′ 까지의 거리를 μm로 표시한 것이다. 이 값이 S 기호값(12.5S라면 12.5 μm)이다.

R_z(10점 평균 거칠기)는 같은 기준 측정 길이에 있어서 최고의 산에서 3번째의 산 ③ 과 제일 깊은 골에서 3번째의 골 ③′ 사이의 거리를 μm로 표시한 것이다.

다만 10점 평균 거칠기 R_z 는 옳게는 가장 높은 데서 5번째까지의 산의 높이의 평균값 과 가장 깊은 곳에서 5번째까지의 골 깊이의 평균값의 차를 μm로 표시한 것이다. 그러나 3번째의 산(또는 골)은 1에서 5번째까지의 산(또는 골)의 가운데 높이이고 3번째의 값＝ 평균값으로도 통계적으로 유의차(有意差)는 인정되지 않기 때문에 JIS의 비고에서는 전술 한 방법을 측정·계산 시간이 대폭적으로 단축될 수 있다는 것으로 용인하고 있다.

R_a 는 중심선 평균 거칠기라고 한다. **그림 1**(b)에 표시한 것 같이 파형(凹凸 곡선)의 중심선에서 위를 산, 그 밑을 골로 생각해서 골쪽의 파형을 중심선을 축으로 반전해서 산 쪽으로 옮긴 것으로 가정한다. 그래서 이 산들의 평균 높이를 구한 것이다.

이런 연산은 거칠기계가 내장하고 있는 전자식 연산 소자가 자동적으로 하고 있기 때문 이다.

이들 R_{max}, R_z, R_a 는 당연한 것이지만 수리적으로는

$$R_{max} > R_z > R_a$$

이다. 그러나 R_z 와 R_{max} 는 그다지 차가 없기 때문에 표 1도 $R_{max}=R_z$ 로 되어 있다.

보통의 선반 가공이나 밀링 가공 등의 기계 가공을 한 경우의 표면 거칠기에서는

$$R_{max} = 4R_a$$

로 일반적으로 생각하고 있으나(**표 1** 속에서도 그렇게 되어 있다), 다이아몬드 바이트에 의한 초정밀 경면 가공이나 지그 연삭된 가공면에서는 상당히 다른 관계로 되는 것 같다.

예컨대, 지그 그라인더로 내면 연삭한 예로는 평균 $R_{max}=9.3R_a$, 그리고 호닝, 랩 다듬 질에서는 $R_{max}=8R_a$ 라고 하는 실험 예가 발표되고 있다.

② 다듬질의 ▽기호의 취급

처음에 기술한 바와 같이 현재의 기계 공장에서는 대부분의 곳에서 다듬질의 3각 기호 와 표면 거칠기의 S 기호(R_{max} 치)를 병용하고 있다. 이 역사는 상당히 오래 되었으며 현 장에 깊이 침투하고 있다.

그런데 현재의 JIS에서는 이들 둘중에서 3각 기호는 장차 폐지하기로 하고 그리고 표면 거칠기 기호도 R_{max} 보다 R_a 를 우선으로 하고 있다.

이런 경향으로 된 첫째 이유는 구미 여러 나라의 대부분이 이미 R_a 를 최우선시하고 있 으며 국제 규격의 ISO도 같은 생각으로 뭉치고 있기 때문이다(ISO에는 3각 기호는 없다).

확실히 지금까지의 3각 기호에는 불명확한 것이 있었다. 그러나 긴 습관에서 가공자측

도 ▽는 거친 다듬질, ▽▽는 중 다듬질, ▽▽▽는 상 다듬질로 받아 들여서 그에 맞게 대응해 온 숙련 기능자가 어느 공장에나 있었다.

그러나 이후에는 그것이 너무 기대할 수 없기 때문일까, 느낌보다 수리적으로 정확하게 정하려고 하는 것으로 생각된다.

어쨌든 최대 높이(R_{max})보다 평균 표면 거칠기(R_a)쪽이 약간이나마 파도 형상을 생각에 넣고 있는 것으로 생각할 수 있다.

③ 다듬질 기호도 R_a를 기본으로

그림 2는 JIS가 추천하는 표면 거칠기 기호의 기본이 되는 면의 지시 기호 및 제거 가공에 관한 지시 방법이다.

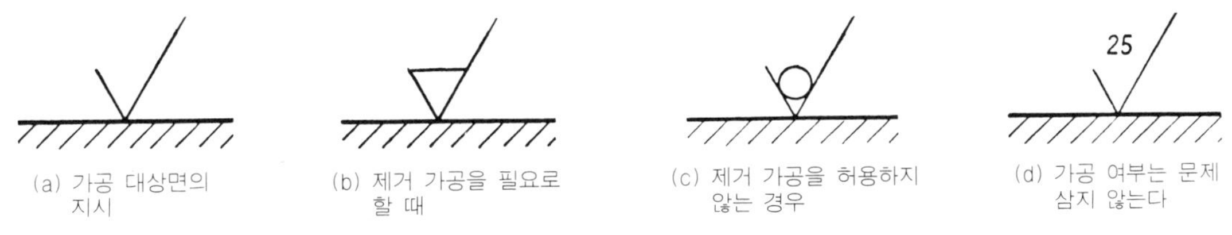

그림 2 면의 지시 기호 및 제거 가공의 지시 방법

(a)는 대상면의 지시 기호의 기본형이지만 표면 거칠기 등의 지시 사항을 부기(付記)해야만 비로소 의미를 갖게 된다. (b)는 제거 가공을 할 때의 기호로 가로선이 한개 가해져서 3각으로 되어 있다. (c)는 제거 가공을 해서는 안되는 개소의 지시 방법으로 60° 꺾인 선 사이에 ○를 넣는다. (d)는 가공의 여부는 문제가 되지 않는 경우이다. 예에는 25가 기입되고 있지만 이것은 R_a 가 25 μm이면 된다는 의미이다.

다음에 제거 가공을 하는 경우에 대해서 더 상세하게 보도록 하자.

그림 3 (a)는 표면 거칠기 기호의 기본형이다. (b)는 그것에 구체적으로 수치와 기호를 기입한 예이다.

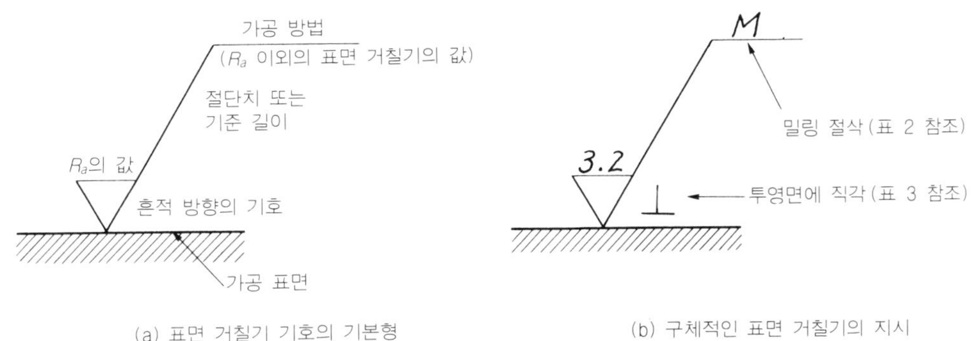

(a) 표면 거칠기 기호의 기본형   (b) 구체적인 표면 거칠기의 지시

그림 3 제거 가공을 하는 경우의 표면 거칠기의 지시

　해칭한 밑면은 지정면이고 그것에 접해서 정 3 각형을 세우고 또 우측의 변을 연장해서 그 끝은 수평 방향으로 꺽은 선을 그어 낸다.

　그리고 그림에 기입한 것 같이 표면 거칠기 R_a 의 값 또는 우단의 꺽인 선 아래 쪽에 R_z 이거나 R_{max} 를 기입한다.

　그 외에 거칠기 측정시의 차단치, 측정 길이, 혹은 어떤 가공을 하는가 하는 가공 내용, 가공의 흔적 방향 등을 필요에 따라 기입한다. 여기서 주의할 것은 R_a 와 R_{max} 나 R_z 의 기입 개소에 차를 두고 있는 것이다.

　그리고 **그림 3** (b)와 같이 R_a 값, 가공 내용, 가공의 흔적 방향을 기입하면 표면 거칠기 뿐만이 아니라 「다듬질 기호도 겸한다」는 것도 할 수 있다.

　가공 내용의 약기는, JIS B 0122에서 선택해서 기재한다(**표 2**). 가공의 흔적 방향＝모양은 **표 3**에 표시한 것같이 6종류가 정해져 있다.

표 2　가공법의 약호

가 공 법	JIS	관 용
선　　　　삭	L	선
구 멍 뚫 기 (드 릴 가 공)	D	드　　릴
보　　　　링	B	보　　링
밀 링 절 삭	M	밀　　링
평 삭 가 공	P	평　　삭
형 삭 가 공	SH	형　　삭
호 브 절 삭	TCH	호　　브
브 로 치 절 삭	BR	브 로 치
리 머 다 듬 질	DR	리　　머
태　　　　핑	DT	탭
연　　　　삭	G	연
벨 트 연 삭	GBL	포　　연
호 닝 가 공	GH	혼
초 다 듬 질	GSP	－
랩 다 듬 질	FL	랩
줄 다 듬 질	FF	줄
스 크 레 이 핑	FS	스크레이퍼
페 이 퍼 다듬질	FCA	페 이 퍼
방 전 가 공	SPED	－
전 해 가 공	SPEG	－
레 이 저 가 공	SPLB	－
주　　　　조	C	주

표 3　가공 무늬(줄 방향에 의함)의 기호

기 호	의　　미	설　　명　　도
＝	가공에 의한 날붙이의 흔적의 방향이 기호를 기입한 그림의 투영면에 평행 예 : 형삭면	
⊥	가공에 의한 날붙이의 흔적의 방향이 기호를 기입한 그림의 투영면에 직각 예 : 형삭면(옆에서 본 상태), 선삭, 원통 연삭면	
X	가공에 의한 날붙이의 흔적의 방향이 기호를 기입한 그림의 투영면에 기울어져 2방향으로 교차 예 : 호닝 다듬질면	
M	가공에 의한 날붙이의 흔적 다방향으로 교차 또는 무방향 예 : 랩 다듬질면, 초다듬질면, 가로 이송을 하는 정면 밀링 커터 또는 엔드 밀 가공 절삭면	
C	가공에 의한 날붙이의 흔적이 기호를 기입한 면의 중심에 대해서 원주 상태 예 : 면절삭면	
R	가공에 의한 날붙이 흔적이 기호를 기입한 면의 중심에 대해서 거의 방사 상태	

R_a의 컷오프값(λ_c)은 0.08, 0.25, 0.8, 2, 5, 8, 25 mm의 6종류가 정해져 있으나, 실제의 측정 길이는 원칙적으로 그 3배 이상으로 잡는다. 그리고 R_{max}이나 R_z에 있어서의 기준 측정 길이 L도, λ_c와 같은 길이로 6종류가 있다.

중심선 평균 거칠기 R_a의 표시 방법은, 다음과 같다.

$$\underline{\hspace{2cm}}\,\mu\text{m }R_a \qquad \lambda_c\underline{\hspace{2cm}}\text{mm}$$

표 4에 R_a를 구할 때의 컷오프값의 표준값을 나타낸다. 그리고 R_a를 지시할 때는, 특히 필요없는 한 **표 5**의 수열을 사용한다.

표 4 R_a를 구할 때의 차단값의 표준치

중심선 평균 거칠기의 범위		차 단 값
을 넘어	이 하	mm
–	12.5 μm R_a	0.8
12.5 μm R_a	100 μm R_a	2.5

표 5 R_a의 표준 수열

0.013	0.025	0.05	0.1	0.2	0.4	0.8
1.6	3.2	6.3	12.5	25	50	100

표 6 R_{max}를 구할 때의 기준 길이의 표준값

최대 높이의 범위		기준 길이
을 넘어	이 하	mm
–	0.8 μm R_{max}	0.25
0.8 μm R_{max}	6.3 μm R_{max}	0.8
6.3 μm R_{max}	25 μm R_{max}	2.5
25 μm R_{max}	100 μm R_{max}	8
100 μm R_{max}	400 μm R_{max}	25

표 7 R_{max}의 표준 수열

0.05	0.1	0.2	0.4	0.8	1.6	3.2
6.3	12.5	25	50	100	200	400

최대 높이 거칠기 R_{max}의 표시 방법은 다음과 같다.

$$\underline{\hspace{2cm}}\,\mu\text{m }R_{max} \qquad L\underline{\hspace{2cm}}\text{mm}$$

표 6에 R_{max}를 구할 때의 표준 길이의 표준값을 나타낸다. 그리고 R_{max}를 지정할 때는, **표 7**의 수열에서 선택해서 사용한다.

10점 평균 거칠기 R_z의 표시 방법은 다음과 같다.

$$\underline{\hspace{2cm}}\,\mu\text{m }R_z \qquad L\underline{\hspace{2cm}}\text{mm}$$

기준 길이의 표준값과 표준 수열은 R_{max} 와 같기 때문에, R_z 로 바꿔 읽기 바란다.

그리고, R_a, R_{max}, R_z 의 최대값 표시는, 표준 수열의 수치 다음에 각각 a, S, Z를 붙여서 표시한다.

그림 4에 표면 거칠기 표시의 예를 몇 개 나타낸다.

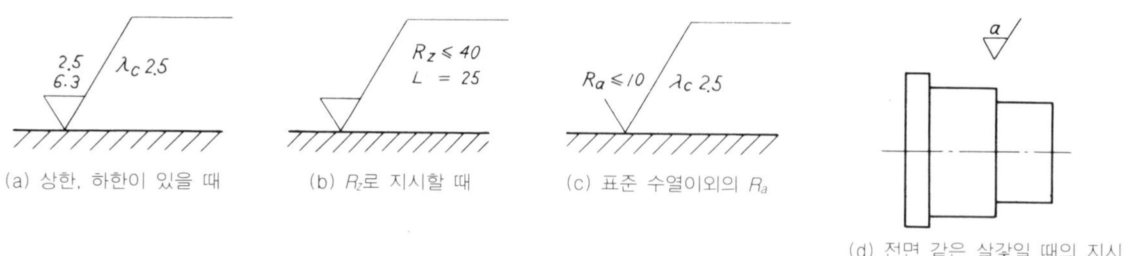

(a) 상한, 하한이 있을 때　　(b) R_z로 지시할 때　　(c) 표준 수열이외의 R_a

(d) 전면 같은 살갗일 때의 지시

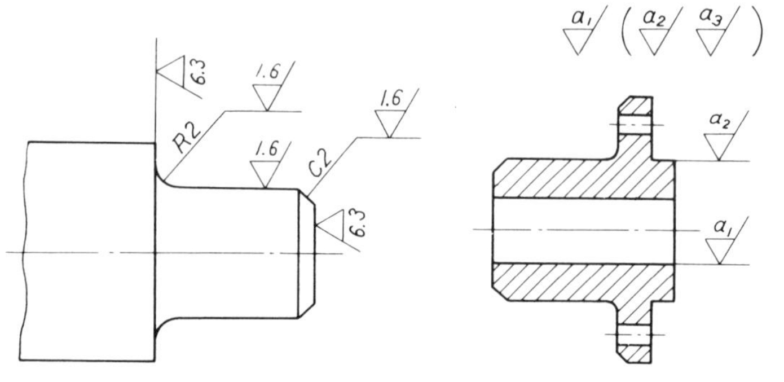
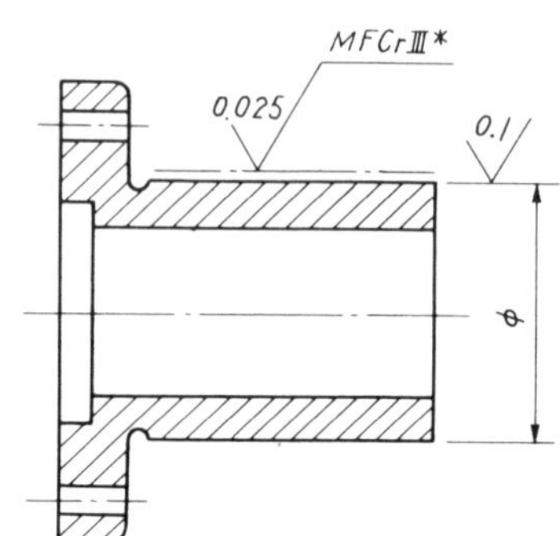

(e) 동그라미, 모떼기의 면의 지시 기호의 기입　　(f) 공통이외의 면의 살갗이 있을 때　　(g) 기계 가공후, 도금 처리의 지시

그림 4　표면 거칠기의 표시

④ 거칠기 기호의 가공자 측의 처리

JIS에 나타나 있는 표면 거칠기는, 단지 표면의 요철의 크기를 표시하고 있는 것에 지나지 않는다. 실제의 가공이나, 가공된 물품을 사용할 때를 생각하면, 거칠기 기호의 지시를 충실히 처리하는 것만으로는 완벽한 가공이라고 할 수 없다.

예컨대, 연삭한 면의 마무리면이 조금 나빴다고해서, 마포질을 하는 것은 당치도 않다. 확실하게 경(鏡面)면으로 되어, 면의 평단도나 직각도는 연삭한 면보다 나쁘게는 되어도, 좋게 되는 일은 거의 없을 것이다.

이런 경우에 중요한 것은, 한 장의 가공 도면만을 의지하는 것이 아니라, 조립도를 보고 그 물품의 용도를 정확하게 아는 마음 가짐이 필요하다.

(1) 25a (▽)의 가공은

일반적으로, 25a, 즉 3각 하나는 거친 절삭으로 생각되고 있다. 제품으로 되었을 때도, 외부에서 보이지 않는 부분이거나, 상대 부분과 조합되지 않는 개소이다.

그러나 3각 하나인 개소라 해서, 잘 들지 않는 절삭 공구로 깎은 것같이 보이는 떼어 낸 흔적이나 홈이 있어서는 안된다.

결론으로서, 거친 절삭 가공이라는 표현은 잘못이다. 「익세스 메탈을 올바르게 제거한 다」는 가공으로 생각하여야 할 것이다. 이송은 빠르게 해서 능률 좋게 가공하여도 좋으나, 어디까지나 가공의 기본에 충실하게, 결국 거칠은 다듬질 전에 한 번, 거칠은 가공(흑피 절삭)한다. 2번 절삭을 해야 한다.

가공 전의 소재에는, 주조이거나 단조물에서도 또는 인발과 같은 소성 가공한 것 할 것 없이, 소재 표면의 "변형"을 올바르게 처리하는 것이 중요한 것이다.

(2) 6.3a (▽▽)는 거칠기만은 아니다.

6.3a, 요컨대 ▽▽의 가공 부분이 되면, 그 기호에 포함되어 있는 의미도 상당히 증가해 온다. 일반적으로는 상대가 있어서 그것과 조합시키거나, 그것에 설치하거나 무엇인가 기 준이 되는 면이라고 하는 경우가 많아질 것이다. 선반 가공에서는 진원도나 원통도를, 또 밀링 가공에서는 평면도, 직각도를 우선 중시하지 않으면 안된다.

(3) 1.6a (▽▽▽)면의 가공

1.6a (▽▽▽)의 지정이 되면, 그 사용 범위는 상당히 한정된 것으로 된다. 밀링 가공물 이라면, 미끄럼면, 해당 정밀도가 높은 설치면 등, 선반 가공물이라면 대부분은 끼워 맞춤 장소이고, 그것과 조합되는 상대 쪽도 똑같이 1.6a로 가공되고 있을 것이다.

진원도, 원통도, 평면도, 평행도의 정밀도가 한층 더 엄밀하게 된다.

6.3a 가공까지는, 절삭 방법을 주체로 생각하면 좋았으나 1.6a 가공에서는, 이밖에 가공 물의 설치 방법이 크게 클로즈업되어 온다. 특히 밀링 절삭에서는 중요하다. 만일 이것을 소홀히 하면, 1.6a가 진실로 요구하고 있는 것을 만족할 수 없다. 요컨대, "설치 변형"을 어떻게 "0"으로 가까이 하느냐 하는 것이다.

다듬질 절삭 전에 반드시 한 번 가공물을 떼어서, 다듬질 가공의 절삭 저항에 견딜 수 있을 정도의 힘으로 다시 설치해야 할 것이다.

PART · 5

기계 도면의 노하우

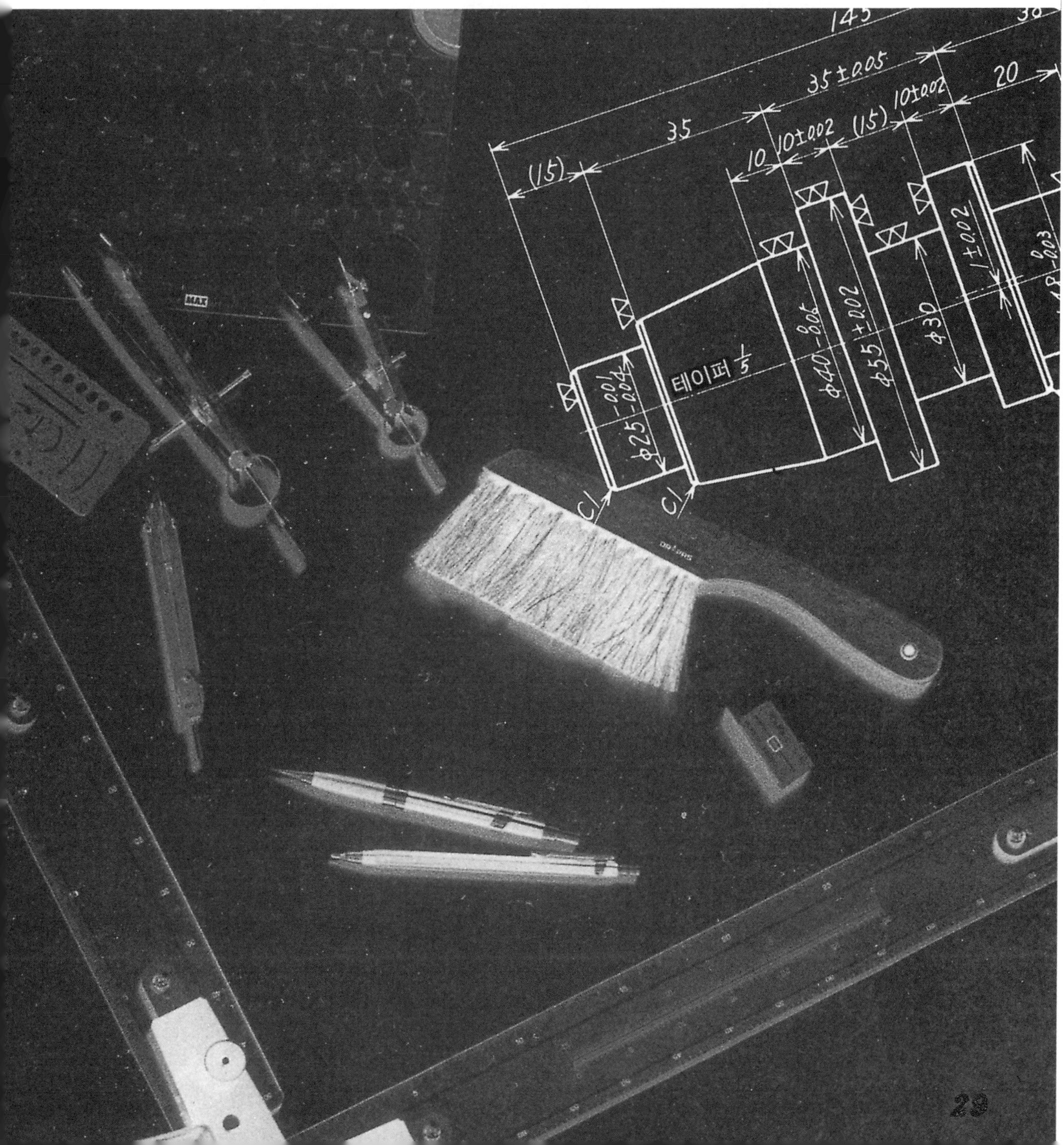

　작업자가 봐서, 이해하기 어렵고, 가공하기 어려운 도면이 있는 것이다. 설계도는 일반적으로 기계적인 면을 우선으로 그리고 있기 때문에, 가공도에서는 가공을 우선으로 생각해서 설계도가 요구하고 있는 것을 충분히 채우는 도면이 필요하게 된다.

　좋은 가공 도면이란

① **보기 쉬운 도면**……이해하기 쉽고 → 생각하는 시간이 짧아도 된다.

② **가공하기 쉬운 도면**……준비하기 쉽다 → 실패되는 일이 적다 → 가공시간이 적게 끝나는 것 등이 있다.

● 선반 가공 도면의 포인트

(1) 형상이나 치수는 가급적 현척으로 정확하게 기입한다

　작업자는, 쉽게 도면의 형상을 스케일로 재서 확인할 때가 있다. 그리고 자신이 가공하고 있는 것과 도면과의 치수적 형상이 다른 경우에는, 불안감을 느낄 때도 있다.

(2) 도면은 공작물의 처킹 방향과 같은 방향으로 그린다

　가공의 상태와 도면의 방향이 같다는 것은, 직접 대비할 수 있어서 매우 알기 쉽다고 생각된다. 그리고 처킹마다의 도면이 되어, ·가공의 흐름도 이해하기 쉽게 된다.

(3) 가공 개소를 이해하기 쉽게 하기 위해 실선을 조금 굵게 해서 명기한다

현재의 공정에서 가공해야 할 개소는 한 눈으로 이해할 수 있고, 필요한 치수를 알아
내기 쉽게 된다.

(4) 현 공정의 지그 기준을 명기한다(그림 1)

일의 순서를 정하는데 있어서, 설치 기준이 명확하게 표시되어 있는 것은 대단히 중요
한 것이고, 설치 착오로 발생되는 공작물의 정밀도 저하를 막는 것으로도 된다. 그리고 선
반 공정이나 밀링 공정 등이 뒤얽힌 공정 순서라면, 더욱 필요하게 될 것이다.

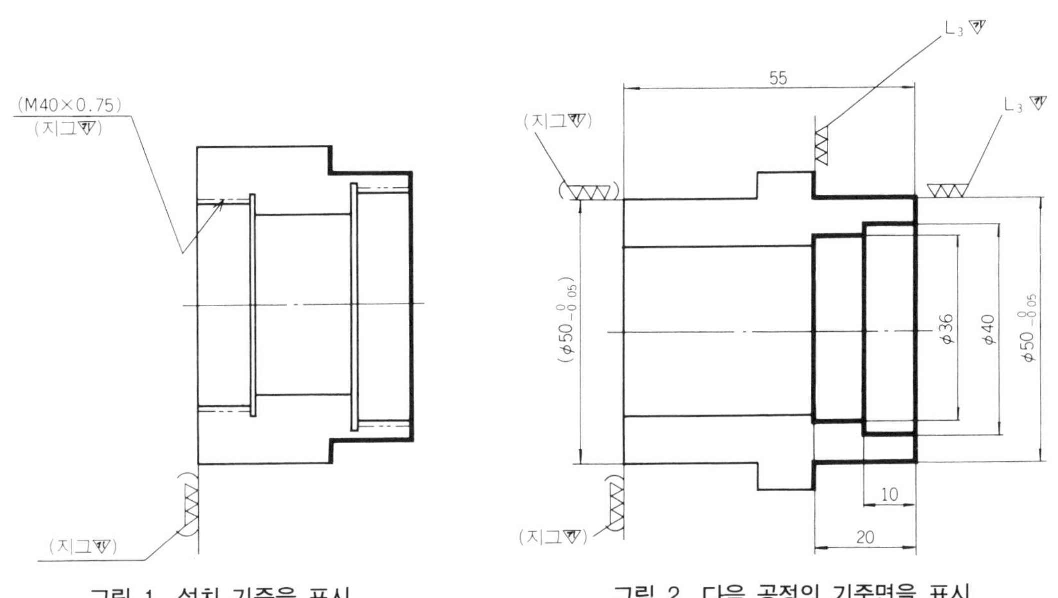

그림 1　설치 기준을 표시　　　　　그림 2　다음 공정의 기준면을 표시

(5) 다음 공정의 지그 기준이 되는 부분은 다듬질면, 치수 허용값에 주의한다(그림 2)

지그 기준의 다듬질면, 치수 정밀도는, 공작물의 정밀도에 큰 영향을 준다. 수가 많은
가공이면, 공작물의 편차에도 나타나고, 다음 공정의 가공에도 영향을 주게 된다. 그리고
지그로 사용하는 치수는, 가급적 표준화를 염두에 두고 결정하는 것이 중요하다.

현장에 나와 보면, 같은 형상의 지그가 데굴데굴 가로로 놓여 있는 것을 볼 수 있다. 그
래서 어쩌다가 지그끼리 싸움을 해서, 상처를 내는 것을 볼 수 있다.

(6) 참고 치수(앞의 공정에서 가공된 치수나 가공 기준의 치수 등)는, (　)로 둘러싸서 기입한다(그림 3)

도면 위에 많은 치수가 쓰여 있으면, 잘못 보는 일이 생긴다. 그 때문에 치수 표시는 현
재의 가공에서의 필요 최소한으로 억제하는 것이 중요하다.

그러나 앞 가공과의 관련 치수에 해당하는 지그 기준의 치수나 최대 윤각의 치수는, 기입
하지 않으면 안된다. 그들의 치수와 구별하는 의미에서, (　)등을 사용하면 좋을 것이다.

(7) 다음 가공에서 다듬질하는 면의 가공 여유는 그 양을 명기한다(그림4)

치수에는 반드시 허용값이 따르지만, 가공 여유붙이의 치수를 일반공차로 표시하고 있으면, 가공 여유가 적게 되어 버리는 일이 있다. 그래서 이 치수에는, 다음 공정의 가공 여유가 얼마나 붙어 있는가를 명확하게 해서, 치수를 확보한다.

변형이 발생하기 쉬운 공작물의 가공에서는, 공정이 세분화되는 경우가 있다. 이런 경우에는, 특히 각 공정에서의 가공 여유에 주의하지 않으면 안된다. 앞의 공정에서 붙어 있던 가공 여유가 최종 공정에서 없어져 버렸거나, 또는 너무 붙거나 하는 문제가 발생한다.

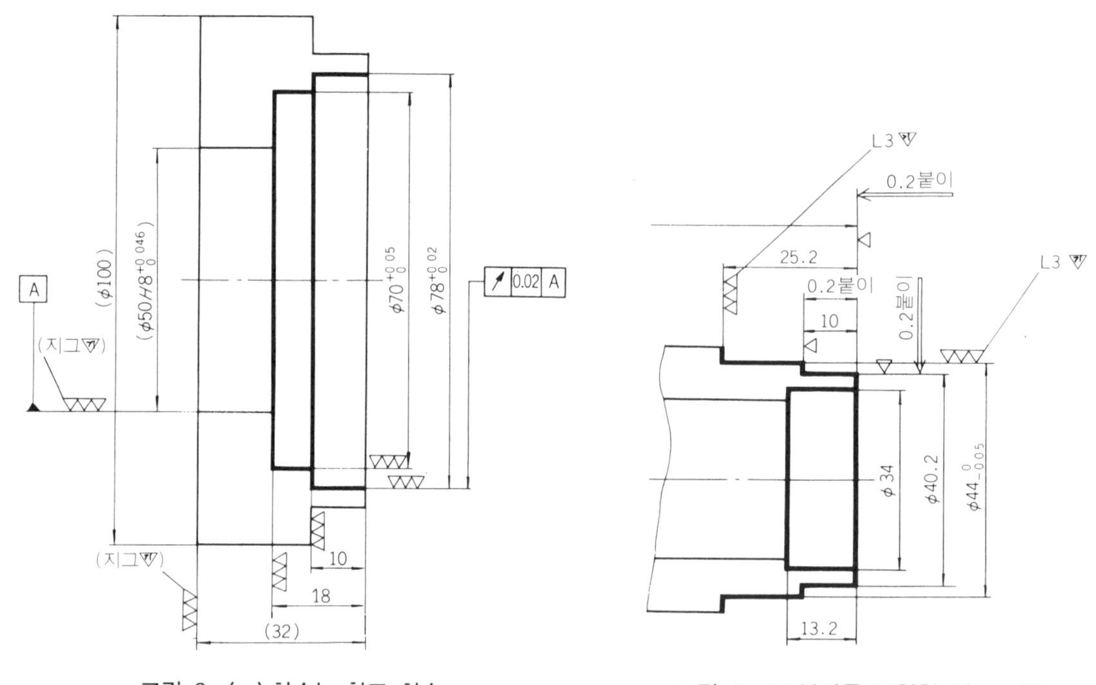

그림 3 ( )치수는 참고 치수   그림 4 0.2붙이를 포함한 치수 기입

(8) 다음 공정에서 다듬질하는 가공 여유붙이면의 거칠기는, ▽로 충분하다

가공의 흐름 속에서의 다듬질면을 보고 있으면, 쓸데없게 되는 다듬질면이 의외로 많은 것이다. 실제로는, 작업자가 가장 잘 알 것이지만 느끼지 않는 것도 있다. 그래서 조금이라도 쓸데없는 노력을 줄이도록, 가공 도면으로 지시하는 것이 필요하게 되었다.

(9) 모떼기 개소가 많은 경우, 그 수를 주의 사항으로 기입한다

모떼기를 잊는 일은 의외로 많이 있다. 모떼기 가공은, 제일 마지막 가공으로서, 작업이 끝났다는 안도감에서 자신도 모르게 잊어버리는 것이 아닌가 하는 생각도 든다.

(10) 계산이 필요한 개소에는, 도면 위에 계산값을 기입한다(그림 5)

선반 가공에서는 그다지 많은 계산을 할 개소는 없으나, 때때로 테이퍼값의 계산이나,

다음 공정의 블랭크 가공에서의 계산을 필요로 하는 일이 생긴다. 가공도 위에 계산값을 기재해 놓으면, 만일 무슨 문제가 생겼을 때, 확인이 용이하게 된다.

그리고 공작물이 주기적으로 흐를 때는, 같은 계산을 반복할 시간을 생략하는 데도 관계되며 당연히 계산 미스도 줄게 된다.

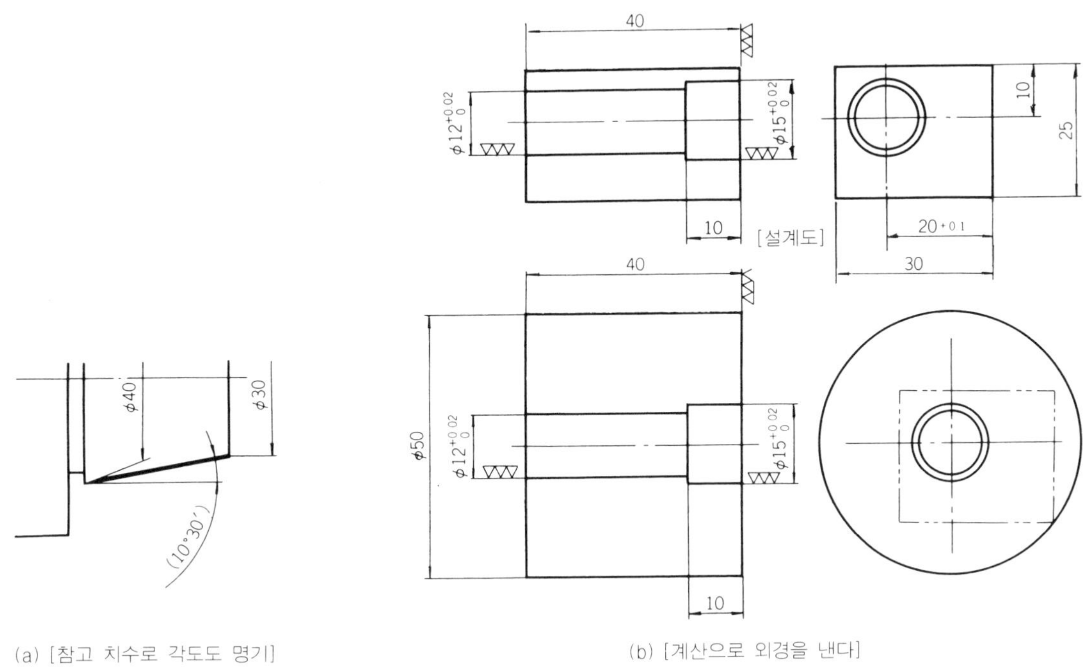

(a) [참고 치수로 각도도 명기]　　　　　　(b) [계산으로 외경을 낸다]

그림 5 도면상에 계산값을 기입

(11) 길이 방향 치수는 단면 기준으로 치수를 넣는다. 제작도와 치수 기입 방법이 다를 경우는, 허용값에 주의한다

선반 가공의 경우, 일반적으로 길이 방향의 치수는, 단면 기준으로 되어 있는 것이 가공하기 쉽게 된다. 그것은 가공 순서로서, 우선 단면의 흔들림을 제거한 다음 치수를 정해가기 때문이다.

그러나 이 치수를 넣는 방법에서 문제가 되는 일이 있다. 그것은 제작도와 가공도와의 치수 기입 방법이 다른 경우이다.

그림 6의 (a), (b)에서 알 수 있는 것같이, 치수 공차는 가공도상에서 제작도의 임의 공차로 하지 않으면, 제작도의 공차 안에 들어가지 않게 되는 가능성이 나오게 된다. 작업자는, 공차의 중심을 겨눈다 할지라도 역시 가공도상에서는 이 일을 생각에 넣는 치수 기입이 필요하다고 생각한다.

그러나 무엇이든 1/2의 공차로 기입해 버리면, 제작도에서는 그다지 심하지 않은 공차가 가공도에서는 대단히 심한 공차로 되어버려서, 가공하기 어려운 상태로 되는 일도 있다.

이와 같은 경우에는 단면 기준의 치수를 ( )로 기입해서, 참고 치수로 하면 좋을 것이다. 그리고 길이 방향의 치수에서, 플러스 공차나 마이너스 공차로 되어 있는 경우가 있다. 이 경우는, 당연히 공차의 중심을 취해서 치수를 넣지 않으면 안된다.

(12) 고정구나 특수한 측정기는, 주의 사항으로 명기한다

가공도에는, 작업 지도서적인 면을 포함하는 것이 필요하게 된다. 예컨대, 고정구를 사용하고 있는 그림을 도면화하거나 또는, 측정기등도 전용으로 사용하는 것이 있으면 기입해 둘 필요가 있다. 이것은 가공의 표준화에도 연결된다.

(13) 주조품의 중심내기 기준 및 측정 기준을 명기한다

주조품을 가공할 경우, 형상의 치우침이 문제가 된다. 최초의 공정에서 치우치게 되면, 다음 공정에서 가공 여유가 전혀 없어지게 되어, 가공이 불가능하게 될지도 모른다. 그래서, 처킹할 때 필요한 중심내기 위치를 명확하게 할 필요가 있다.

예컨대, 다음 공정에서 가공할 부분의 치우침을 조사하거나 처킹의 상태에도 의하지만, 코어가 들어 있던 면의 치우침이나 가공하지 않고 제품으로 되는 면 등의 치우침을 조사한다. 또, 측정 기준은 일반적으로는 가공하지 않고 개소로 한다.

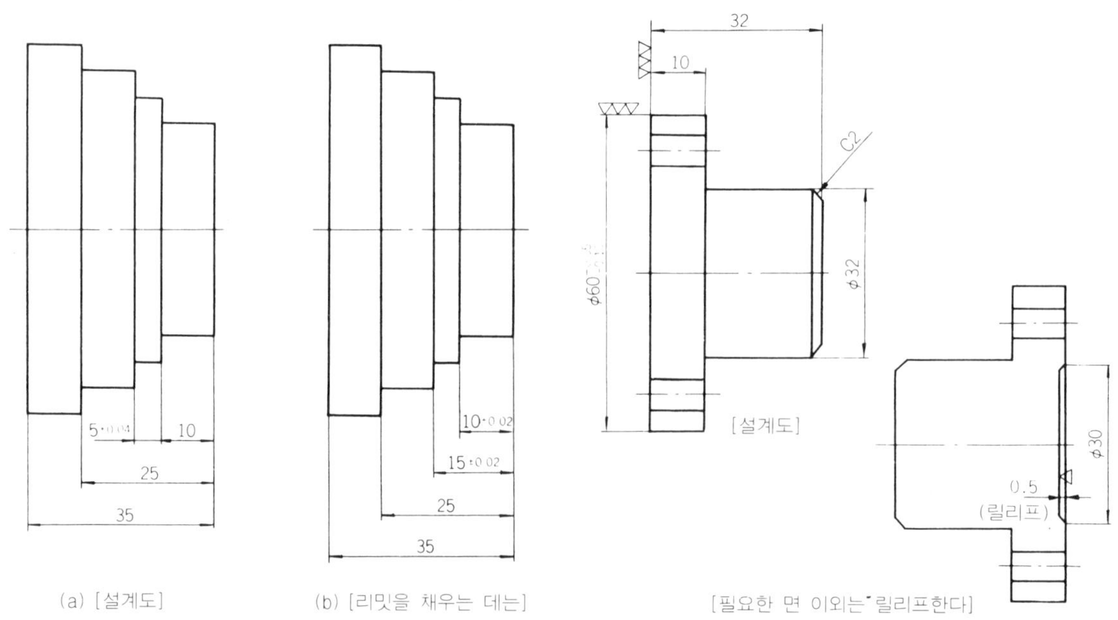

그림 6　치수 기입 방법이 다를 때는 허용값에 주의　　　　그림 7　가공하기 어려운 개소의 검토

(14) 다음 공정의 가공 여유 배분에 주의한다

앞 공정의 가공 여유에 의해서, 다음 공정의 가공 여유가 상당한 영향을 받는다. 특히 주조품이나 단조품은 다듬질 여유가 상당히 붙어 있기 때문에 주의가 필요하다.

그래서 가공도를 그리는 경우에는 이 일에 주의해서, 어느 방향으로 몇개의 가공여유를 둘 것인가를 검토하지만 실제로는, 소재를 측정해 보는 것이 필요할 것이다. 다음 공정의 가공하기 어려운 부분에 많은 가공 여유를 두지 않도록 한다.

(15) 가공하기 어려운 개소를 검토한다

선반 가공에서는, 외경 가공보다 내경 가공쪽이 가공하기 어려운 것이다. 그것은 눈으로 확인하기 어렵다. 칩의 배출이 곤란, 공작물이 소직경이면 바이트의 섕크가 가늘게 된다는 등의 문제가 있기 때문이다.

그 때문에, 내경이 릴리프의 목적으로 사용되는 것은 가급적 릴리프를 얇게 해서 절삭 깊이량을 적게 하는 것을 생각할 필요가 있다.

그리고 제품으로서 필요한 개소를 파악하는 것은 중요하다. **그림** 7과 같은 제품의 가공에서는 필요한 범위의 표면 거칠기를 생기게 하면 가공 목적은 달성되기 대문에 다른 장소는 놓쳐버린 사고 방식도 있다.

이상과 같은 것을 생각해서, 가공하기 쉬운 가공도를 만듦으로써 가공 코스트면에서도 좋은 결과를 얻는 것이라 생각한다.

● 밀링 작업의 가공도의 포인트

선반 작업의 가공도의 포인트와 중복되는 항목이 나오기 때문에 그것들은 생략하기로 한다.

(1) 형상을 이해하기 어려운 공작물은, 입체도를 첨가해서 그린다

밀링 가공의 도면은, 선반 가공의 도면에 비쳐서 때때로 이해하기 어렵고, 복잡한 것도 많이 있다. 그래서 가공도의 구석에라도 입체도를 그려 놓으면, 형상을 이해하기 쉽게 된다. 그리고 앞뒤, 좌우, 반대 등의 가공 미스도 줄어드는 것이 아닐까.

입체도는 형상의 이해를 돕는 것이기 때문에, 그다지 정확할 필요는 없고, 프리탠드로 간단하게 그려도 충분한 것이다.

(2) 공작물의 어느 면을 정면도로 하느냐에 주의한다

선반 가공에서는 공작물의 처킹 방향에서 도면을 그렸는지, 밀링 가공에서도 같은 모양으로 가공하는 면을 정면도로 하고, 이면의 치수나 보기 어려운 치수 기입 등을 없앴는지가 중요하다.

(3) 판 소재는 롤 자국을 명기한다

판재의 가공은, 롤 자국에 주의하지 않으면 가공후에 변형을 일으킨다.

그리고 밀링 가공 후에 굽히는 가공이 있거나, 스프링성을 갖게 하는 제품에서는 롤 자국에 의해서 깨지는 일이 생기기도 한다.

그 때문에 롤 자국의 방향을 명기해서 소재를 어느 방향으로 놓고 가공하는가를 명확하게 한다.

(4) 고정 기준을 명기한다(그림 8)

만약, 상하면의 가공으로 공정이 갈라지고 있는 경우 등, 최초 공정의 가공 기준이 분명하지 않으면, 다음 공정의 가공 기준을 정하기 어렵게 된다.

이것은, 같은 기준면을 가공 기준으로 하지 않으면 상하면의 치수에 어긋남이 생기기 때문이다.

그리고 기준면은 어느 정도의 정밀도를 갖지 않으면, 가공 정밀도는 향상하지 않는다. 이것도 충분히 검토해서 명기할 필요가 있다.

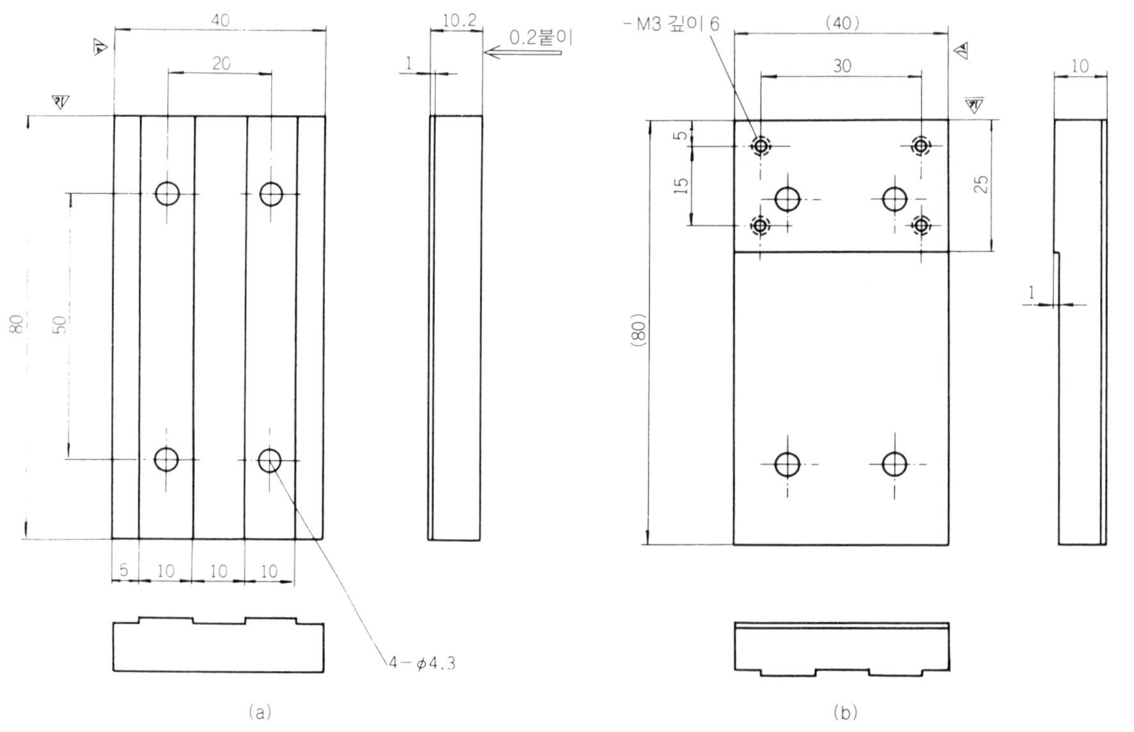

그림 8 설치 기준을 명기한다

(5) 중심 나눔으로 그려져 있지 않는 그림의 치수 기입 방법(그림 9)

설계도의 치수 기입은, 대부분 제품으로서의 기능을 생각한 치수이므로, 틀리기 쉬운 기입도 나오게 된다. 특히, 중심 나눔인가 어떤가 어리둥절해지는 치수가 있다. 그와 같은 경우에는, **그림 9**와 같이 (　)치수를 사용해서 나눔이 아닌 것을 명기하면 실패를 방지할 수 있다.

(6) 다음 공정에서 다듬질면의 가공 여유는, 그 양을 명기한다

가공 여유의 양을 명기하는 것은, 선반 가공 포인트에서도 기술하였으나 밀링 가공의 경우는, 특히 그 필요성이 더 있다. 그것은, 공작물의 재질, 형상 등에 의해서도 상당한 차이가 있으나 가공 후의 변형이 발생하기 쉽기 때문이다. 다음 공정에서, 변형에 의한 앞에서의 가공면을 모조리 가공할 수 없는 일이 없도록 충분히 주의해 주기 바란다.

(7) 계산이 필요한 개소는 도면 위에 계산값을 기입한다

현장을 둘러 보면, 작업대 위에 전자식 탁상 계산기가 놓여 있고, 그 옆에 계산한 메모등을 자주 보게 된다. 가공하기 위해서 계산하지 않으면 안될 도면은, 될 수 있는 대로 가공도 위에서 대처할 수 없으면 좋은 가공도라고 할 수 없다.

도면 위에서 각도 계산이 되고 있는 것도 어쩌다가 있으나, 실제로는 커터 위치의 계산값을 알 수 없으면, 핸들을 돌릴 수 없게 되는 일이 있다. 따라서 경우에 따라서는, 커터 중심 위치에서의 수치를 표시할 필요가 있다(**그림 10**).

그리고 계산에 따른 측정, 예컨대, 더브테일 홈 가공의 측정, V홈 가공의 측정이 있는 경우는, 당연히 그 수치를 가공도 위에 기입하는 것이 중요하다.

(8) 치수 기입이 복잡하게 얽혀 있는 것은 별도로 만든다

치수 기입이 복잡하게 얽혀 있으면, 그것만으로도 보기 어려운 도면이 되고 착각

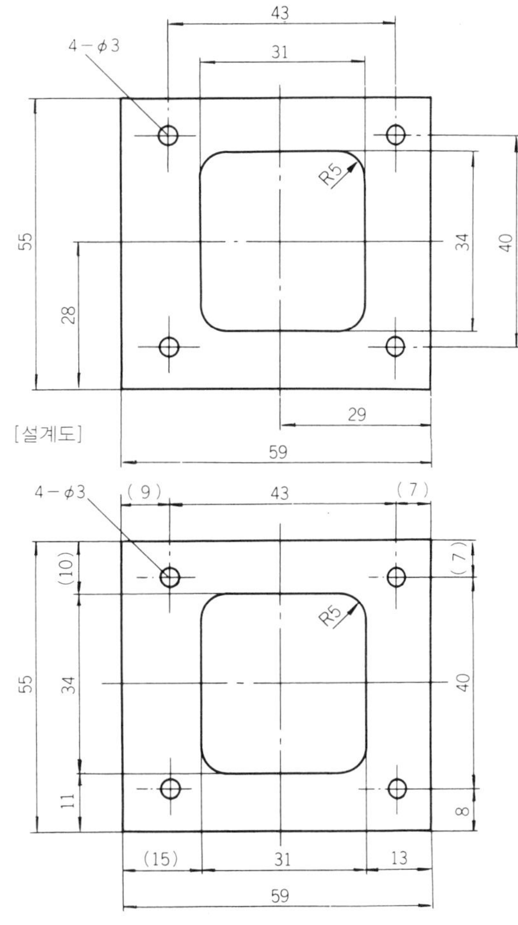

그림 9 구분하여 나누지 않은 그림의 치수

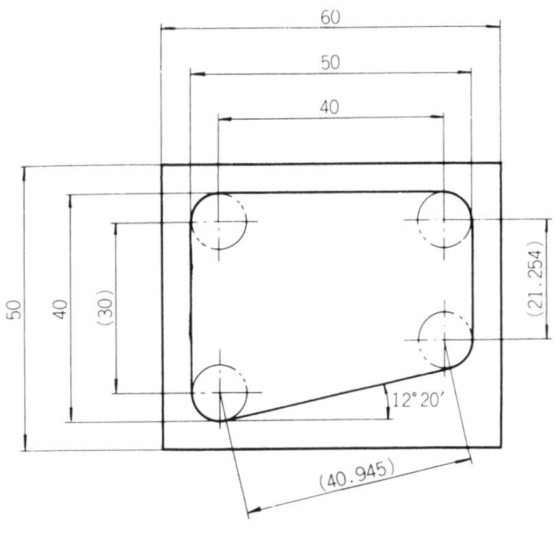

그림 10 커터 중심의 계산값을 기입 (커터 φ10)

하기 쉽게 된다. 그럴 때는, 그림을 하나 늘이면 치수도 복잡하지 않고 보기 쉽게 된다.

그리고 구멍 뚫기나 카운터 보링은, 모아서 가공하는 것이 보통이기 때문에 그 관련 치수만을 기입함으로써 치수가 아주 알기 쉽게 된다.

(9) 릴리프, 모떼기 등의 지시를 확실하게 표시한다

연삭의 릴리프나 제품의 고정상의 릴리프 등이 도면상 포함되는 경우에는, 어느 것이 릴리프면인가를 분명하게 표시하는 것이 중요하다. 그리고 제품으로 표면에 나타나지 않는 릴리프면이라면, ▽면으로 충분할 것이다.

다듬질면의 가공을 하는 앞의 공정에서, 모떼기를 먼저 하는 경우가 있다. 내다본 모떼기라고도 하고 있으나, 이와 같은 경우에는, 다음 공정의 다듬질 여유를 예상한 모떼기량으로 하지 않으면 안된다.

(10) 거친 절삭 공정에서는 쓸데 없는 일은 없앤다

거친 가공임에도 불구하고 다듬질면이 좋은 경우가 있다. 물론, 거친 가공이라고 해도 다음 공정 때문에 필요한 면도 있으나, 그 이외라면 ▽면으로 충분하다. 이 지시를 확실하게 표시하는 것도 중요하다.

그리고 공작물의 형상에 따라서, 구석의 커터 R가 각각인 경우가 있다. 거친 가공에서는, 설계도에 충실하게 가공할 필요도 없고, R를 통일해서 커터 지름을 결정하는 것도 필요하다. 이와 같이 하면, 커터 교환을 적게 할 수 있고, 능률도 향상시킬 수 있다.

(11) 가공하기 어려운 개소를 검토한다

정밀도가 엄하고, 형상이 복잡해서 가공하기 어려운 점도 있으나 그보다 곤란한 것은, 구석의 R가 작아서 커터의 날 길이를 길게 사용하는 가공이다. 그리고 커터의 생크가 닿게 되어 구석까지 가공할 수 없는 부분들도 어렵게 된다.

이와 같은 때는, 설계자와 협의해서 R를 가급적 크게 해주도록 해서 가공하기 쉽게 할 필요가 있다. 커터 R의 크기는, 시판되고 있는 커터를 사용할 수 있는 R로 변경해 줄 것도 생각하지 않으면 안된다. 커터를 일일이 R에 맞추어서 성형하거나, 특별 주문으로 만들거나 하면, 코트스 면에서 비싸게 된다.

＊　　　　＊　　　　＊

선반 가공, 밀링 가공에 대해서 좋은 가공도의 포인트를 기술해 왔으나, 세세한 것까지 들면 한 없이 많아질 것이다. 그러나 중요한 것은 작업자가 가공하는 데 있어서, 이것만은 알고 싶다는 정보를 정확하고 이해하기 쉽게 가공을 더욱 쉽게 할 수 있도록 가미한 것이 좋은 가공도라고 할 수 있을 것이다.

　지금부터 몇 개의 실례와 같이, 측정(검사)자의 입장에서 본 바람직한 도면의 본연의 자세를 기술해 본다.

　이것들의 예는 어느 것이나, 대량 생산적으로 흐르는 제품의 경우, 세부에 걸친 작업 분석을 해서 커버할 수 있겠으나 소량 제품의 경우는, 충분히 일어날 수 있는 문제이다. 그래서 측정자가 봐서 좋은 도면이란, 실제로는 가공자에게 있어서도 좋은 도면이라는 것을 알 수 있을 것이다.

● 주물 부품의 치수 표시

(1) 가공 부품 기준은 주물 측정자를 어렵게 한다

　그림 1은 어느 측정기의 베이스 주물 부품이다. 특별하게 다른 것이 있다고는 생각하지 않으나, 이러한 것이 의외로 문제가 된다. 그림에 표시한 치수는 기계 가공을 한 후의 것이지만 처음에는 가공면에 3~5 mm의 다듬질 여유가 붙은 주물 표면에서 체크한다.

　도면대로 판단한다면 Ⓐ면을 기준으로 단면 치수를 뒤따라 간다. 전체 폭 400 mm의 치수는 가공 공차 A급에서는 ±0.6 mm이지만, 일반적인 주물의 공차는 C급이므로, ±3 mm까지 허용된다.

　h_1~h_5인 보스의 높이가 2 mm이거나 3 mm이면, A측에서 충실하게 선긋기를 해가면 반대 측의 h_5 보스가 보스로서 남지 않고, 반대로 잎이 들어 가버리는 일이 있다. 그렇게 되면 주물로서는 합격이라 할지라도 실용상으로는 불량으로 되어 버린다.

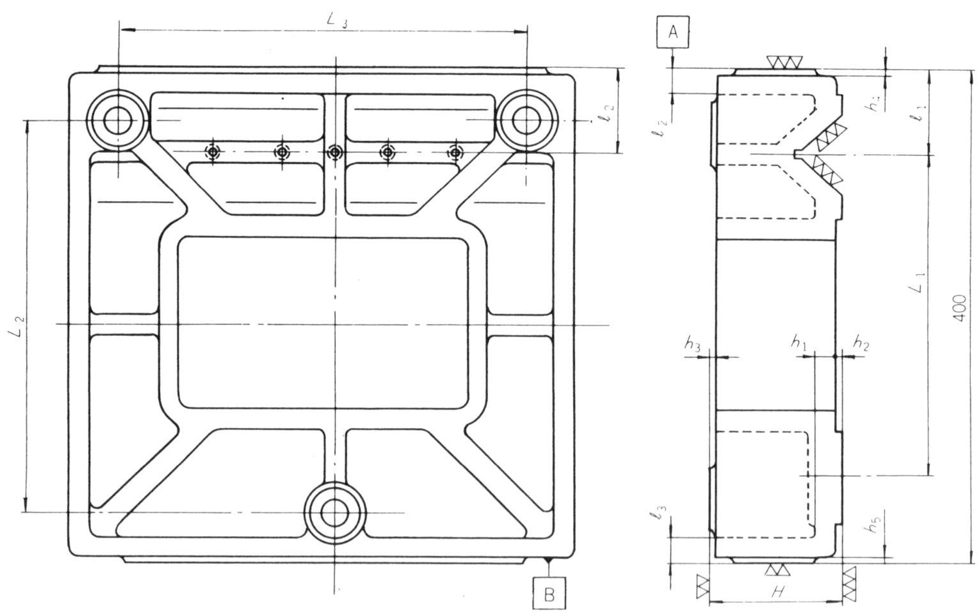

그림 1 주물 부품의 치수 표시

이런 경우에는, 도면 표시를 h_5의 치수 표시가 아니라, Ⓐ~Ⓑ 사이의 치수를 억제하도록 기입할 것이다.

완성된 주물은, 버릴 수 없기 때문에, 검사 담당자는 h_4와 h_5가 1 mm라도 남도록, 가공하는 곳으로 명시해서 보내게 된다. 이 때, V홈의 중심을 가공 여유의 왼쪽이거나 오른쪽으로 붙여서, l_1을 확보하는 것이다.

(2) 보스 위치 표시에 신중을 기한다

보스 자리가 하면이나 측면에 있으면, 주조상의 사정으로 코어로 할 때가 있다. 이와 같은 경우에는 위치가 흐트러지지만 주형으로 한 경우에도 보스 위치는 거칠게 만들어 지는 일이 자주 있다.

그림 1의 저면에서 본 그림의 l_2, L_2, L_3이 그림에 해당되지만, 전체의 측면에서부터 정해져 가면, 보스의 중심 가까이(지지 않는 범위)에 정규적인 구멍 위치가 오지 않기 때문에 잘못된 것으로 판정된다. 익숙한 검사원이라면, 구멍 위치를 주물의 가(假)기준으로 그어서 체크를 하고, 주물로서의 양 부를 판단한다.

도면상에서 X, Y 방향의 주물 기준은, l_2, L_2, L_3인 것을 명기해 두면 이와 같은 트러블은 해소된다.

● 지시선의 사용 방법

(1) 지시선이 너무 가까우면 잘못 가공하게 된다

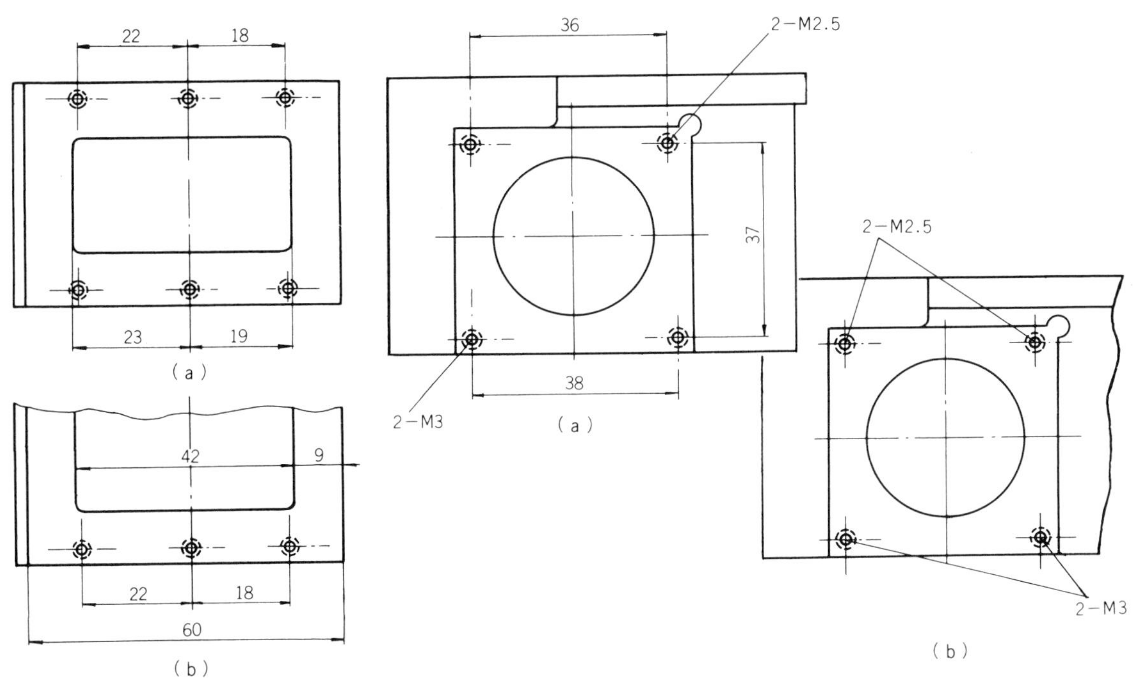

그림 2 지시선이 너무 가까운 경우   그림 3 혼돈하기 쉬운 비스 구멍 표시

그림 2 (a)는 한 번 봐서는 아무렇지 않은 도면이지만 함정이 있다. 네모진 창의 치수 인출선과 6개소의 구멍 위치가 닮은 것같이 그려져 있기 때문에 가공자도 검사한 자도 전연 알아차리지 못하고, 구멍 위치가 중심에서 19 mm와 23 mm인 곳에 가공되어 조립 공정에 들어가게 되어 있다.

1~2 mm 달라지고 있기 때문에 상대에 부딪쳐서 조립할 수 없다. 그래도 19 mm와 23 mm는 틀림없이 되어 있어, 이상은 없다고 주장하기 때문에 마음만 먹으면 그것을 정정하는 것은(생각을 바꾸는 것) 대단한 일이 아니다.

이런 경우의 해결책은, 설계자가 상대 부품 치수를 보이고, 목적을 이야기해서 마음먹은 것을 옳게 해야 한다. 네모진 창의 치수를 **그림** 2 (b)와 같이 하면, 보다 확실하게 구별할 수 있다.

(2) 혼동하기 쉬운 구멍은 개개로 지시한다

그림 3 (a)를 보게 되면, M2.5와 M3이 각각 2개소씩 있다. 노련한 검사관이라면 "아니"라고 생각할 것이다. 왜냐하면, 도면상에서는 동일하게 4개의 비스 구멍이 명시되고 있으나, 그 지시가 2종류 있으므로 어느 쪽이 M3인가 하고 생각하게 된다. 조금 전과 같이 생각하게 되면 큰 일이다.

현실적으로는, 아랫쪽 옆 방향의 2개소가 M3이고, 윗쪽의 2개소가 M2.5였다. 그런데 가공된 부품은, 우측 세로 2개소가 M2.5, 좌측 세로 2개소가 M3으로 되어 있어서, 결국 사용이 불가능하게 되었다.

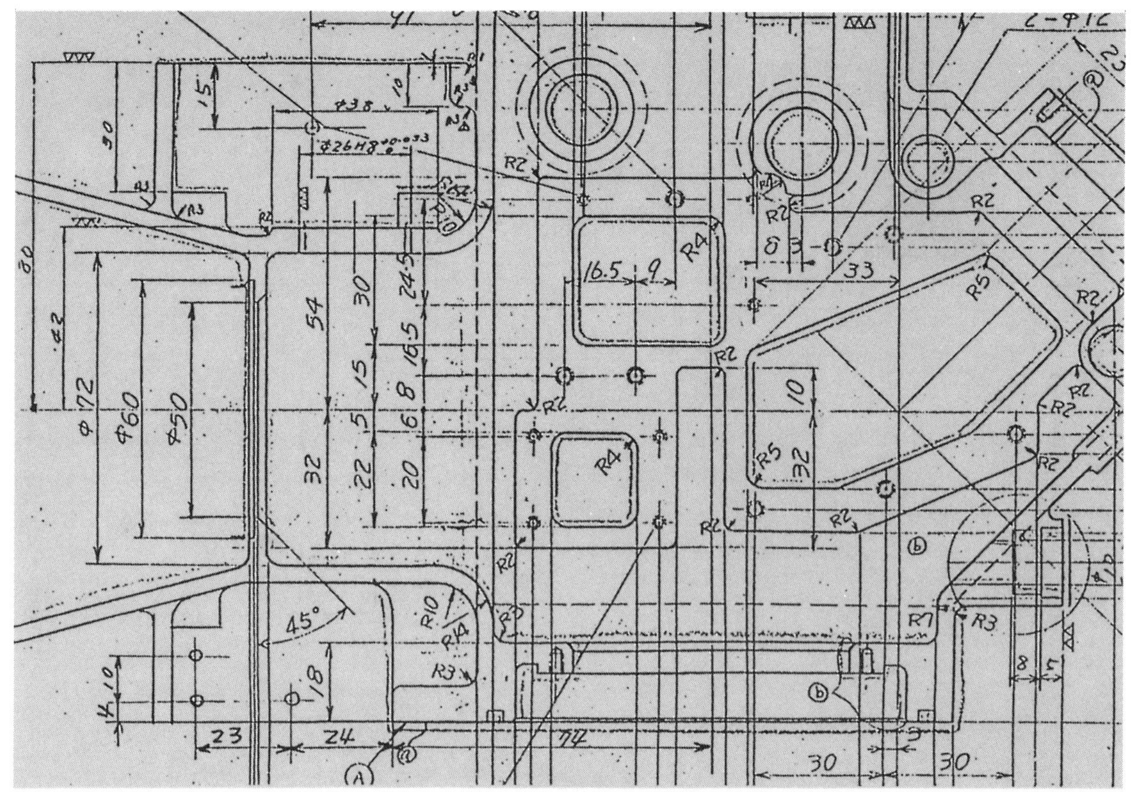

그림 4   지정이 너무 복잡한 도면의 예

가공자와 검사원이 친하면, 이와 같은 실수를 일으키게 되는 것이다. 검사 담당자는 무엇이든 사용자의 입장에서 의문이 있다라는 전제하에서 일을 하지 않으면 안된다.

본질적인 해결책으로는, 도면상의 비스 구멍에서 각각의 지시선을 그어서 착오가 생기지 않도록 도시하여야 할 것이다(**그림 3** (b)).

(3) 지시선이 많은 그림은 나누어서 그린다

그림 4는 어지럽게 뒤섞인 그림이고, 필요한 개소를 찾아 내는데 고생하는 동시에, 자기가 읽어낸 곳이 옳은지 걱정이 된다. 예상대로 실수가 생긴 것이다. 이 한 개의 부품에서 4개소가 나왔다.

이와 같이 많은 치수 지정이 있어도, 제품이 대량으로 반복 제작되는 것이라면, 전용 지그를 만들어서 사용하는 것이 가장 실수를 적게 하는 방법이다. 그리고 수량이 적어도 계속되는 경우는, NC기계의 활용도 있다.

그러나 이번의 이 부품은 개발 과정에 있는 것도 겹쳐서, 2대분 밖에 만들지 않는다. 가공자는 충분히 생각했다고 하겠지만, 측정·검사하는 입장에서도 큰일이다.

3차원 측정기가 있어도 이와 같은 경우는 큰일이다. 측정한 개소가 어딘가, 그 값은 어느 구멍과 관계되고 있는가, 하나하나 측정한 개소를 다른 각도에서 자신이 체크할 필요가 있다. 실제적으로는, 검사용 도면으로 2개로 나눈 것을 만들었다.

하나는 외곽 도시용으로, 또 하나는 작은 구멍 위치 관계만을 도시한 것으로, 더욱이 측면에서의 치수를 알기 쉽도록 일부를 다시 그렸다. 이때의 주의로서 다시 그려서 전기할 때 오독, 오기하는 일이 있어서는 안된다는 것이다.

그 대책으로, 복사의 활용이 있다. 원 도면을 2부 정도 복사해 두고, 하나는 작은 구멍 위치를 전기할 때마다 그곳을 붉은 사인펜이나 형광펜으로 빈틈없이 모두 칠해준다. 물론, 읽어 맞추어서 착오가 없는지 확인하면서 한다.

또 하나는, 작은 구멍부를 제외한 외곽 도시용으로 사용한다. 이와 같이 함으로써, 도면 그 자체를 읽어낼 수 있는 동시에 정리가 된다. 그리고 나누어 그리면 대단히 알기 쉽게 된다는 것을 알게 될 것이다.

그러나 이와 같은 것을 검사원이 알고 있어서는, 물건에 접하고자 하는 시간이 적게 된다. 설계자는, 대략 그 가공 절차를 알고 있는 수준일 것이므로 나누어 그려서 도면을 내보내는 것이 바람직하다고 할 수 있다.

그리고 전항에서 기술한 것과 같은 사고가 이 **그림 4**에서도 일어난다. 그렇다고 해서, 이 이상 지시선을 사용해서는 보기가 더욱 흉하게 되어버린다. 이와 같은 때는, 개개인의 비스 구멍 위치에 M2나 M3 등으로 기입해도 좋고, 같은 치수의 많은 비스 구멍 개소만을 검게 칠하고, 그 설명을 붙여 주는 것도 하나의 방법이다.

(4) 기준이 일정하지 않는 도면은 못 씀

그림 5 (a)는 크기, 정밀도, 형상에서 봐도 알맞은 부품인 것은, 대부분의 사람이 인정한다고 생각한다. 그러나 잘 봐주기 바란다. 치수선의 끌고 다니는 것을 알 수 있겠는가. 예컨대, Ⓐ면에서 $\phi\,30\mathrm{H}\,8$의 구멍 중심은 몇 mm인가? 바로 알 수는 없다. 값을 내려고 하면, 다음과 같은 절차를 밟아야 된다.

가령 A에서 $\phi\,30$의 중심 위치까지의 길이를 l로 하면

$$l = 10 + 40 + 40 - 20 - 25 = 45\ \mathrm{mm}$$

똑같이 Ⓑ면에서 $\phi\,30$의 중심 위치까지를 y로 하면

$$y = 10 + 40 + 70 - 30 = 90\ \mathrm{mm}$$

호칭 치수는 이것으로 알 수 있으나, 공차에 대한 생각은 어떻게 하면 좋은가. 왔다 갔다 하기 때문에, 각각의 공차를 사용해도 틀리지 않는다.

l의 경우는, 10, 40, 40이 모두 $+0.1\ \mathrm{mm}$가 되고, 20과 30이 각각 $-0.1\ \mathrm{mm}$로 되어 있었다고 하면, $90.3 - 44.8 = 45.5\ \mathrm{mm}$로 되고, $45 + 0.5\ \mathrm{mm}$까지 큰 쪽의 공차는 허용된다. 작은 쪽도 10, 40, 40이 모두 $-0.1\ \mathrm{mm}$로, 20과 25가 $+0.1\ \mathrm{mm}$로 다듬질 되었다고 하면, $89.7 - 45.2 = 44.5\ \mathrm{mm}$로 되어서 결국, $45 \pm 0.5\ \mathrm{mm}$까지 규격내라고 판단하게 된다.

설계자에게 문의하면, 거치른 한계는 소용없는 것이라고 한다. 당연한 일일 것이다. 그리고 측정할 때도 이와 같은 도면이라면 기준면에서 순차적으로 잴 수 없고, 실패를 초래하거나, 시간이 걸리거나 한다. 바람직한 도면은 **그림 5** (b)와 같이 된다.

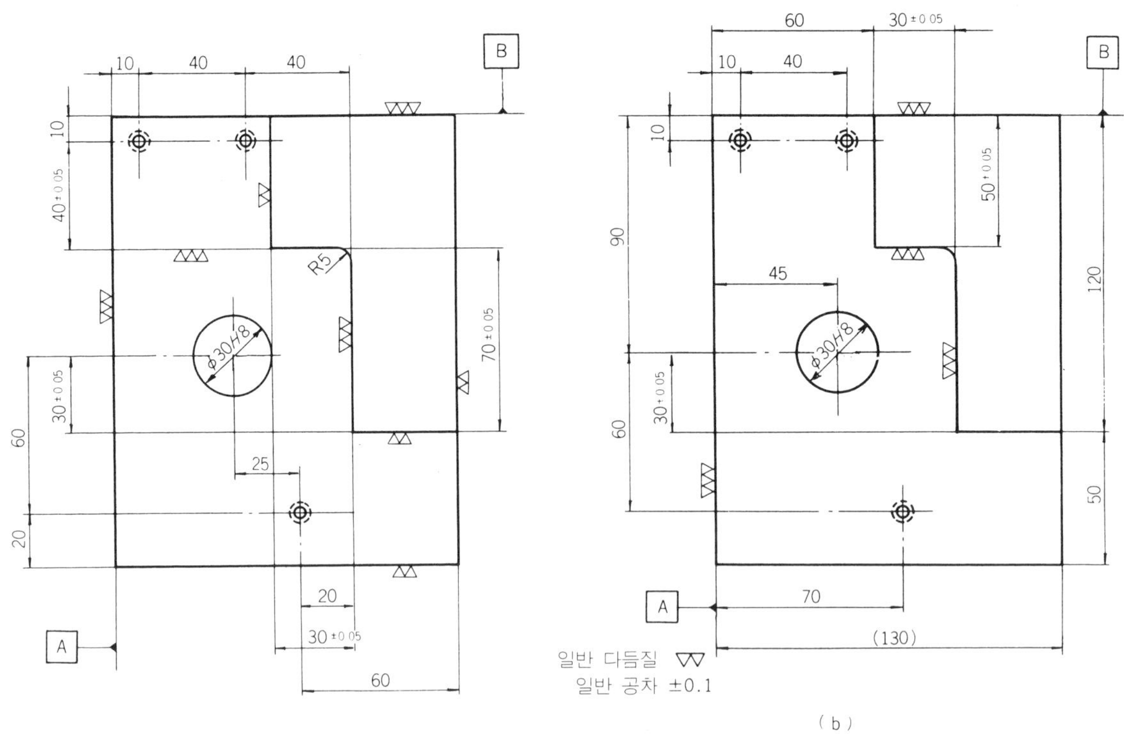

(b)

그림 5　기준이 일정하지 않은 그림의 변경

● 그림 속에 사용 목적을 기입한다

그림 6과 같은, 여러 가지 창문이나 작은 구멍이 뚫려 있는 부품을 볼 수 있다. 어느 정도 검사 업무에 경험을 쌓게 되면 그 형상에서 사용목적을 판단하고, 치수 규격이나 외관의 판정을 고려해서 공차 외로도 합격시킨 다음 공정으로 보낼 수 있지만 생각해야 할 부분이 있다.

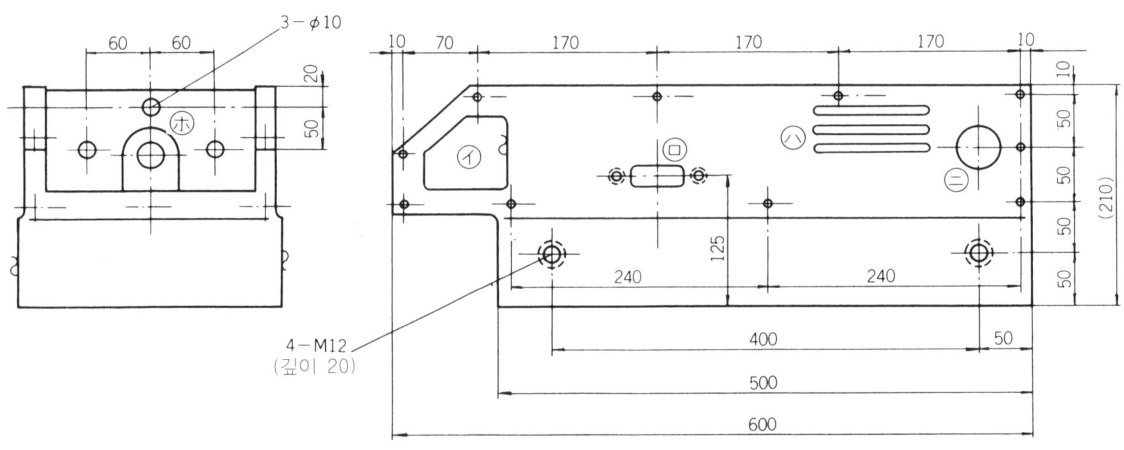

그림 6　목적이 불분명하면 필요 이상으로 신경을 쓰게 된다

더구나 검사 업무의 경험이 적은 사람이나 적극적으로 그 부품이 어떻게 사용되는가를 알려고 하지 않는 사람들 중에는 단지 도면에 충실한 판정을 해서 사용할 수 있는 것도 불량으로 해버리는 경우가 많이 있다.

변형 5각형의 창 ㉮는, 내면이 소재(이 경우는 주물)의 표면 그대로이기 때문에 단순한 릴리프인가, 내부에 맞붙는 창틀인가로 생각할 수 있다. 따라서, 규격은 자세하게 정해지지 않아도, 파손되거나 외곽과의 두께 균형이 극단적으로 이상하게 되지 않으면, 2~3 mm의 변동은 문제로 하지 않는다.

네모틀 창 ㉯는, 능숙한 검사원이라면 각형 커넥터의 장치 구멍으로 판단한다. 따라서, 여기서 위치 정밀도는 그다지 중요하지 않고, 치수가 여유를 갖고 있다는 것을 중점으로 검사를 진행한다. 그러나 수준이 낮은 검사원을 만나면 높이 125 mm가 일반 공차 A＝± 0.3을 0.1 mm 넘어 있기 때문에 불합격으로 판정되고, 가공자와의 트러블을 일으키기 쉬운 것이다. 물론, 위치 공차를 그 나름대로 설계자가 거칠게 정해 놓으면 되는데 대부분의 경우, 일반 공차로 끝낸 출도가 많이 있다.

둥근 구멍 ㉱나 ㉲는 능숙한 사람이라도 무엇에 사용하는지 알기 어려운 곳이다. 따라서 검사 결과에 대한 판정은, 도면 공차 A급, 즉 ±0.2 mm를 기준으로 생각한다.

실제로 설계자에게 문의하면, ㉱는 광학계의 광로창(光路窓)이기 때문에, 치수, 위치 모두 2 mm 정도까지는 떨어져도 된다는 것이다. 지금 한쪽의 ㉲는 배선 코드를 묶어서 통과하기 때문에, 내면이나 각진 부분이 매끄러우면, 치수, 위치 다같이 신경을 쓰지 않아도 된다는 것이다.

더욱이 나사 구멍 ㉳에서는, 상대와 끼워맞춤 관계에 있다고 생각해서 go, not go의 나사 게이지 검사, 위치 정밀도 검사까지 실시하고 있다. 설계자 측에서 보면 쓸데없는 공수를 들여서 …… 라고 생각하고 만다. 그것도 그럴 것이, 이 나사는 제품으로서 내부에 여러 가지가 달라 붙으면 무겁게 되고, 운반하기 어렵게 되기 때문에, 아이 볼트(운반용의 볼트) 부착용 이라고 한다.

이와 같이, 도면 위에 정보가 적으면 가공하는 쪽이나 검사하는 쪽도 쓸데없는 신경과 노력을 쓰게 된다. 해결 방법으로는 각각에 간단한 설명을 붙여주면 된다. 예컨대,

- 창문 ㉮……설치 공구 삽입 창문
- 창문 ㉯……네모꼴 커넥터 설치 창문
- 창문 ㉰……환기 냉각 구멍
- 창문 ㉱……광로창
- 창문 ㉲……코드 구멍
- 창문 ㉳……아이 볼트용

이것이 큰 일이라면, 각각의 사이즈, 위치 정밀도에 충분히 허용할 수 있는 공차를 붙여 주고 싶은 것이다. 그렇다 치더라도 ㉮, ㉰~㉳는, 사용 목적의 설명이 있으면 가공자도 안심하고 검사원도 훨씬 편하게 작업할 수 있을 것이다.

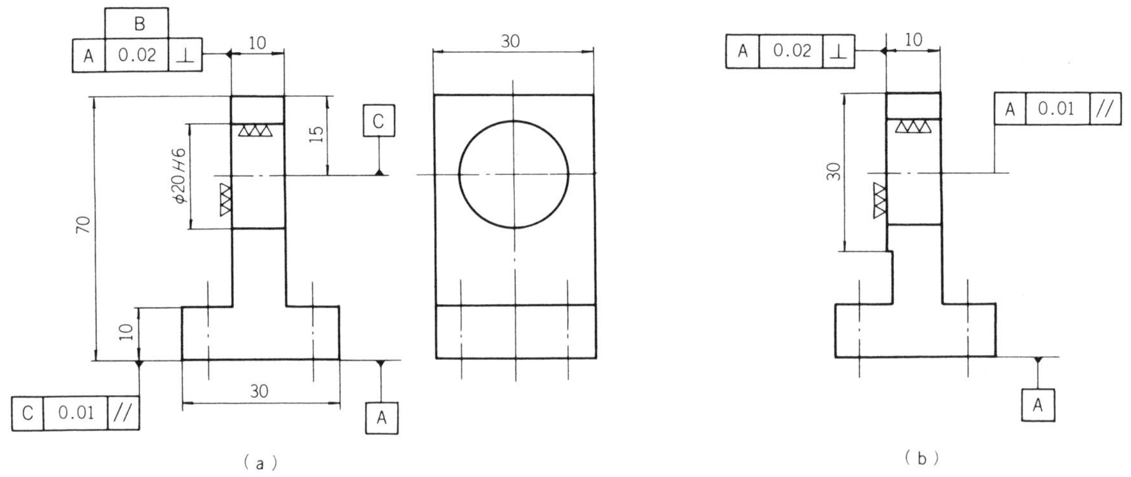

(a)   (b)

그림 7 직각도와 평행도의 범위

● 공차의 결정 방법으로 훨씬 편하게 된다

(1) 직각도, 평행도의 경우

그림 7 (a)는 베어링 홀더로, 직각·평행에 그 나름대로의 정밀도가 필요하다는 것을 알 수 있다.

이 도면을 그대로 판단하면, 다음과 같이 된다.

- **직각도**······저면 Ⓐ를 기준으로 했을 때, Ⓑ면의 직각에서의 착오는 0.02 mm 이하이고, 그 범위는 60 mm에 달한다.

- **평행도**······구멍 ϕ20H6의 베어링 C를 기준으로 해서, Ⓐ면의 평행은 0.01 mm 이하를 요구하고 있다.

도면 표시에 모순은 없다. 이와 같은 도면으로 자주 설계자에게 문의 하는 것은, "Ⓑ면의 사용 범위로서, 70−10=60 mm 전면의 필요는 없는 것인지?"라고 묻는 것이다. 그랬을 경우 돌아 오는 답은, 생각하고 있던 대로, **그림 7** (b)와 같이 Ⓑ면의 사용 범위는 폭 30 mm라는 것이었다.

이것은, 가공 정밀도상, 공차 폭을 2배로 늦추게 된 것이 된다. 왜냐하면, 기준면 Ⓐ의 길이는 30 mm이고, 억제하지 않으면 안될 Ⓑ폭면이 60 → 30으로 됐기 때문이다. 마찬가지로, ϕ20H6 축심 C에 대한 Ⓐ면의 평행도는, **그림 7** (a) 그대로라면 10 mm 폭을 기준으로 해서, 저면 폭 30 mm의 범위에서 0.01 mm 이내의 평행을 요구하고 있다.

실제로 사용하는 것은, Ⓐ면을 기준으로 설치해서, ϕ20H6에 따른 부품을 설치하는 것이고, 직각도 공차 ϕ20H6의 끼워 맞춤 공차를 고려하면, A면을 기준으로 했을 때의 ϕ20H6의 축심의 평행이 0.01 mm 이하이면 되는 것이 되며, 이것은 또, 처음의 **그림 7** (a)의 공차에 비해서 폭을 3배로 느슨하게 한 것이 된다.

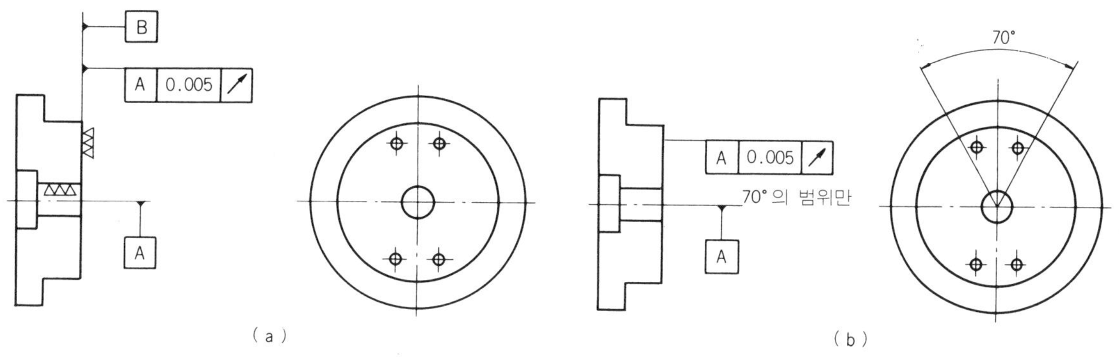

그림 8 면 흔들림의 범위

(2) 면 흔들림의 경우

그림 8 (a)는, 구멍 지름 A를 기준으로 하였을 때, B면의 흔들림이 0.005 mm 이내라고 하는 규정 방법을 취하고 있다. 이것도 도면은 틀리지 않지만 사용 목적에서 판단하면 쓸데없는 일을 하고 있다.

면 흔들림 5 μm라고 하는 것은, 그다지 쉽지 않으며 더구나 번거로운 끝면에 비스가 붙어 있다. 절삭 조건은 그다지 좋지 않다.

이것도 조사해 보면, 상대와의 맞춤 정밀도를 확인한 결과, B면의 60° 빠듯하게 공차를 생각하는 것은 여유가 전연 없기 때문에, **그림 8** (b)와 같이 필요한 범위를 70°로 하기로 하였다.

이 결과, 뜻밖에도 1회전 360°에서 흔들림 0.005 mm 이내였던 것이 70°의 범위에 한해서 0.005 mm 이내의 흔들림이 되고, 공차를 늦추는 것도 5배로 되었다. 현실적으로, 합격률은 90~95%였던 것이 100%로 향상되고, 검사도 없게 되었다.

선반 가공도의 포인트

　기계 도면은 일정한 규칙, 요컨대 JIS에 의거해서 그려져 있는 것이 보통이다. 그 JIS라고 하는 공통어로 표현된 도면에 의해서 설계자의 의지, 의도가 가공자에게 전해지고 있다. 따라서, 가공자에게 있어서 도면은 절대적이고, 어디까지나 도면대로 물품을 만들지 않으면 안되는 것은 당연한 일이다.

　그 반면 설계자측은 사용상, 기능상에서 2 mm나 3 mm 정도 어떻게 되어도 되는 곳에서도 치수 지시를 하지 않으면 안되고, 느낌에 의해서 치수를 정하고 있는 곳이 있는 것도 사실이다. 그리고 형상에 있어서도 대수롭지 않은 지시에 대한 걱정으로, 가공이 어렵게도 되고, 쉽게도 된다.

　가공자도 이와 같은 설계자의 지시 내용을 이해하고, 설계자의 의지, 의도를 가공에 반영할 수 있게 됨으로써, 참된 의미로서의 독도(讀圖)가 된 것이라 생각된다. 그리고 각각의 기계 도면에는, 읽어서 내용을 충분히 이해하는 포인트가 있는 것이다.

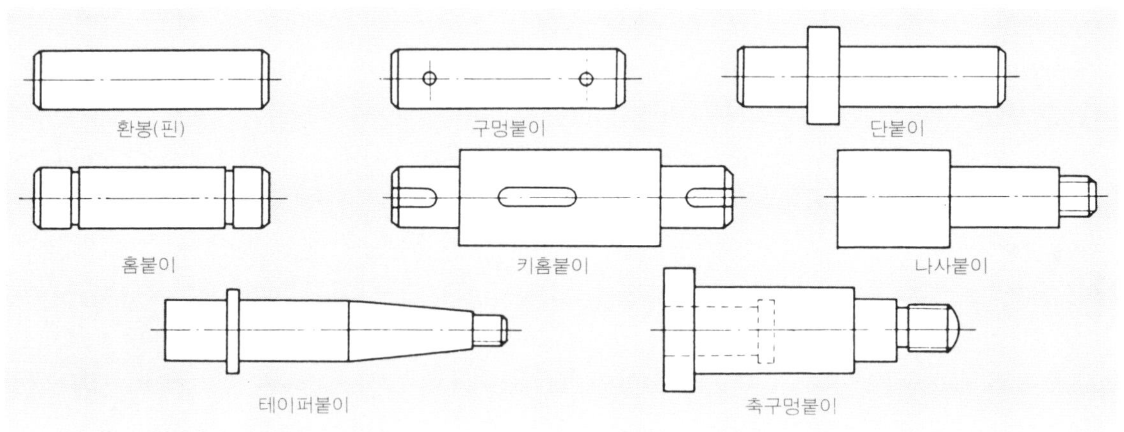

그림 1　샤프트의 종류 – 이러한 것들이 여러 가지 형태로 합성해서 만들어지고 있다

여기서는, 선반에 의한 가공 도면을 예로 독도의 포인트를 기술하기로 한다. 가공 예로, 선삭이 아니고는 할 수 없는 샤프트를 들기로 한다.

그림 1에 표시한 것같이 샤프트에는, 단순한 1개의 환봉에서 구멍 내기, 단 내기, 나사 내기, 테이퍼 내기, 홈 내기, 홈 내기 중에는 릴리프 홈, 스톱 링 홈(E 링 홈), O링 홈, 키 홈 내기 등이 있다.

그리고 용도, 목적에 따라서 이것들이 여러 종류가 조합되어서, 복잡한 형상의 샤프트로 되어 있는 것이 보통이다.

그리고 같은 샤프트라도, 용도에 따라 치수 공차나 지시 등이 달라서, 어느 개소가 중요한 가를 확인하는 것이 가공의 포인트를 파악하게 되는 것이다. 중요 개소를 확인하는 데는, 그 샤프트의 사용 방법을 이해하는 것이 포인트를 파악하는 비결이다.

① 단붙이, 홈붙이 샤프트

그림 2, **그림** 3은 단붙이, 홈붙이 샤프트의 예이다. 잠깐 봐서는 거의 같은 형상이지만 내용적으로는 전연 다른 의미의 샤프트이다. 이 도면에는 형상, 치수 외에 공차의 종류, 지시의 내용 등이 있으며 이것들을 종합해서 설계자의 의지, 의도를 추측하여 중요한 개소를 파악하지만, 더 나아가서는 손을 빼도 되는 개소, 다소 잘못되어도 되는 개소 등을 구분할 수 있게 되기를 바라는 것이다.

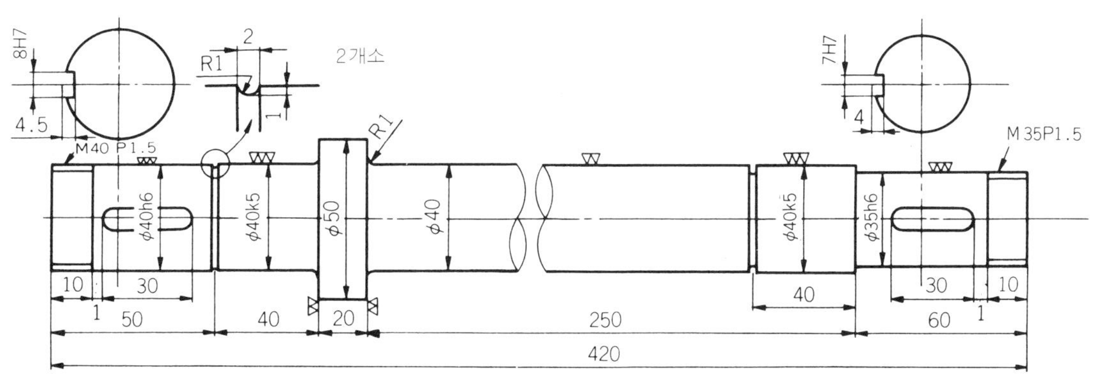

그림 2 치수 허용차의 기호를 지시한 단붙이 · 홈붙이 샤프트

(1) 독도(讀圖)의 포인트

우선 **그림** 2부터 설명하겠다. φ40인 곳에는, 공차 없는 부분과 k5(2 개소), h6의 공차 지시 부분이 있다. 이 치수 지시의 내용에서, k5의 공차는 +0.013~+0.002이고, 베어링이 들어가는 것은 확실하다. 그리고 h6의 공차는 +0~-0.016이고, 키 홈이 붙어 있는 것에서, 풀리 또는 기어와 같은 것이 들어가고, M40P1.5의 나사부가 있으므로, **그림** 4와 같은 구성으로 고정되는 것도 거의 확실하다.

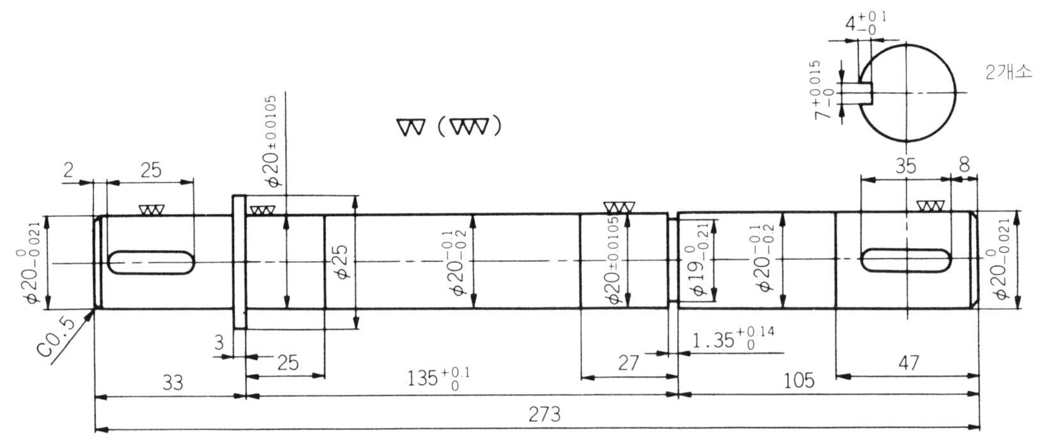

그림 3 치수 허용차의 수치를 지시한 단붙이 · 홈붙이 샤프트

이와 같은 관점에서 보면, 공차없는 ϕ40은, 아무 것도 들어가지 않거나, 우측 베어링의 위치 결정용 스페이서(칼라)가 들어가는 것이 예상되며 좌우 2개소의 홈은, 좌측이 h6과 k5 공차의 이음에서 릴리프 홈이 되고, 우측은 공차 없이 k5 이음의 릴리프 홈인 것이 확실하게 된다.

따라서, 외경 공차 지시 부분을 제외하고 길이 방향으로는, 단붙이 부분의 250 mm와 플랜지부의 두께 20 mm를 눌러 놓으면 가령 홈의 위치, 치수 또는 양 사이드의 길이가 다소 틀렸다고 해도 거의 문제가 되지 않는다. 그러나 여기서 주의하지 않으면 안되는 것은, 다소의 치수 차이가 그 샤프트의 강도에 나쁜 영향을 주지 않는가 하는 것이다.

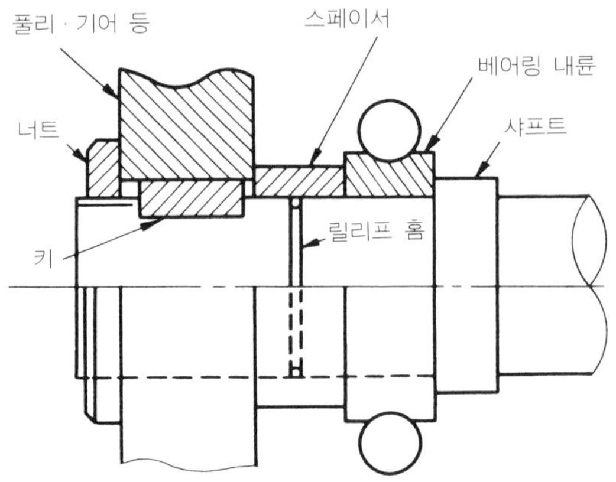

그림 4 베어링 · 풀리 · 기어 등의 짜넣기, 고정

가령, 홈 위치, 폭은 다소 달라도 깊게 되어서는 안된다. 1 mm의 깊이가 0.5 mm로 되어도 좋을 것이다. R는 반드시 붙일 것, 이것도 조금 큰 것이 좋고 R1이 R2로 되어도 상관없다.

이와 같은 절차를 생략하여도 되는 경우에는, 강도가 세게되는 방향으로 실시한다.

한편, **그림 3**의 샤프트의 경우는, 외경 공차부 ϕ20±0.0105인 곳에 베어링이 들어가고, 양 사이드의 +0~-0.021인 곳에 풀리, 또는 기어와 같은 부품이 들어가는 것이 확실하며, 홈 부에 공차가 들어 있는 것이 특징으로 되어 있다.

이와 같이 비교적 폭이 좁고, 깊이도 얕고, 공차가 들어 있는 홈에는, E링(스톱 링)이 들어가는 것을 의미한다.

따라서, 2개의 샤프트의 차이를 보면, **그림 2**는 베어링을 복수인 다른 부품과 동시에 너트로 고정하지만, **그림 3**은 베어링의 위치가 **그림 5**의 *표를 붙인 점선과 같이 되어도 사용상 지장이 없게 되기 때문에 바이트의 마모등을 생각해서, 약간 폭 넓은 홈 바이트를 만드는 것도 가공상의 포인트라고 말할 수 있다.

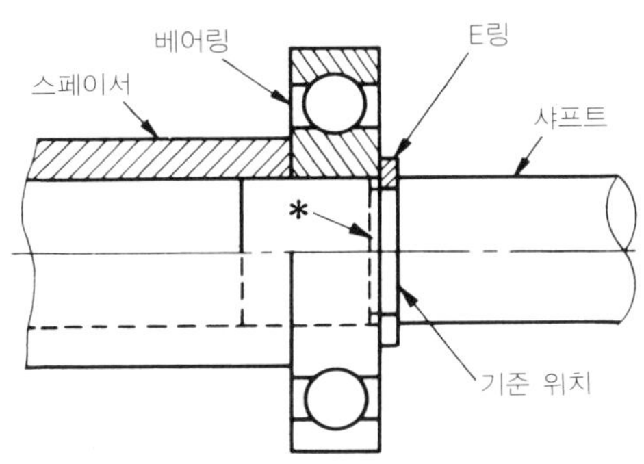

그림 5 베어링의 짜넣기 위치

그리고 양 쪽의 샤프트에도, 키 홈이 붙어 있다. 보통, 이들의 키홈은 선반에서는 가공할 수 없으나 최근에는 밀링 공구나 드릴 등의 회전 공구를 탑재한 복합 선반, 소위 터닝 센터가 보급되어 있고, 한 번 처킹한 채로 선삭은 물론, 회전 공구를 사용해서 축이 수직인 구멍 가공, 키 홈 등의 면 가공을 쉽게 할 수 있게 되었다. 그래서 독도의 포인트로, 샤프트류에 많은 키 홈 가공에 대해서도 언급하기로 한다.

우선, 샤프트류의 키 홈의 폭은 절대로 넓게 되지 않도록 주의하여야 한다. 키 홈의 덜거덕거림은 구동, 정지에 의한 충격으로, 샤프트의 수명을 현저히 짧게 한다.

그리고 키 홈의 센터는, 도면상에서는 일직선상에 들어 있으나, 캠이나 바 등 방향성이 있는 것에는 반드시 방향의 지시, 혹은 센터 지시가 있고 그림과 같이 지시가 없는 것은 대부분 폴리나 기어, 그외의 휠계이다. 그 경우, 방향성에는 그다지 신경을 쓸 필요는 없고 외관상이 문제가 됨으로 그 몫만큼 홈의 가공 정밀도에 중점을 두는 것이 좋을 것이다.

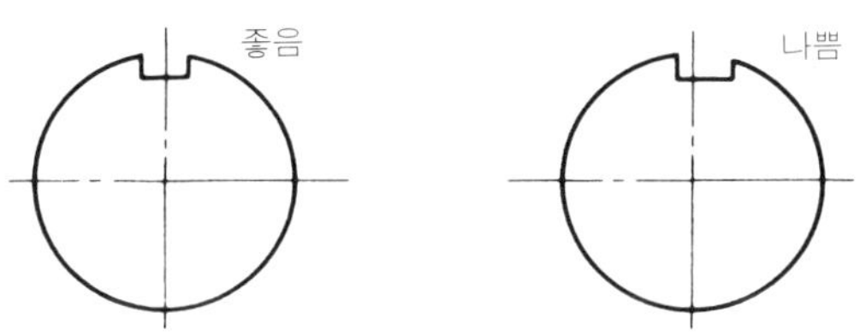

그림 6 키 홈의 양부 (良否)

그러나 키 홈은 **그림 6**(a)와 같이 원의 중심선에 대해서 수직이 아니면 안된다. (b)와 같이 원의 중심선에서 벗어난 키 홈을 가끔 보는 일이 있는데 주의하여야 한다.

이 외에, 키 홈과 유사한 홈으로, **그림 7**에 표시한 것같이 나사 위에 붙어 있는 홈이 있으나, 이것은 변형 와셔의 돌림 멈춤이고 와셔가 들어 가면 좋을 정도의 홈이며 키 홈과 같이 생각할 필요는 없다.

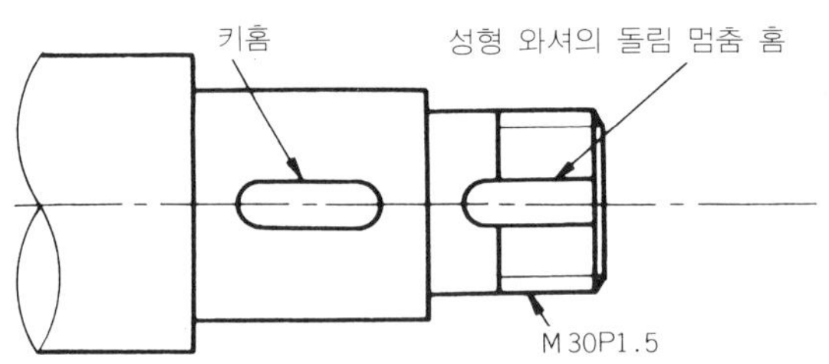

그림 7   나사부 위에 가공하는 홈

(2) 기호 지시와 수치 지시

2개의 단붙이, 홈붙이 샤프트를 예로 독도의 포인트를 기술해 왔다. 같은 형상의 샤프트라 할지라도, 각각에 포인트가 있는 것을 알 수 있다. 그리고 치수 지시에 대해서 말하면, **그림 2**가 치수 허용차의 기호 지시, **그림 3**이 치수 허용차의 수치 지시로 되어 있다. 이 지시 방법은, 어느 쪽이나 틀리지 않는다. 그러나 작업자에게 있어서는, 수치에 의한 지시 쪽이 좋은 것으로 결정되고 있다.

기호 지시의 경우, 그 허용차를 모두 기억하고 있는 사람은 설계자를 포함해서도 거의 없을 것이다. 가공자일지라도 공차표를 보면서 작업을 진행해 나가서는, 능률도 떨어질 뿐만 아니라, 가공 미스의 원인이 되지 않는다고도 할 수 없다.

② 나사붙이, 테이퍼붙이 샤프트

(1) 나사붙이 샤프트의 포인트

나사붙이 샤프트에는, **그림 8** (a)에 표시한 것같이 같은 지름(나사 지름) 위치에서의 절상 나사인 것과, (b)와 같이 단붙이, 기타에 의한 릴리프 홈붙이의 2종류로 나눌 수 있다.

그림 8 (a)의 절상 나사의 l 은 완전 나사의 길이를 표시한 것이고, 대부분의 샤프트는 1산이나 2산 많아져도 지장이 없는 것이다. 완전 나사의 길이에 주의하지 않으면 안된다.

한편, **그림 8** (b)와 같이 단붙이 샤프트에 많이 사용되는 나사 릴리프가 있는 것은, 단의 위치까지 완전히 암나사가 들어가는 것을 의미하고 있으며 반드시 게이지 또는 상대방의 나사부품을 넣어서 확인할 필요가 있다.

그러나 이 릴리프 폭에 대해서, 나사 피치보다 좁은 치수를 지시한 도면을 자주 보게 된다.

　그것은 가공을 모르고 릴리프의 목적이 무엇인지 이해하지 않은 채 설계한 전형적인 경우로, 설계자는 반성하여야 할 것이다. 릴리프 폭은, **그림 8**(b)에 표시되어 있는 것같이 최소 1.5P 이상은 필요하고, 편안한 나사 절삭을 하는 데는 2P 이상이 필요하다.

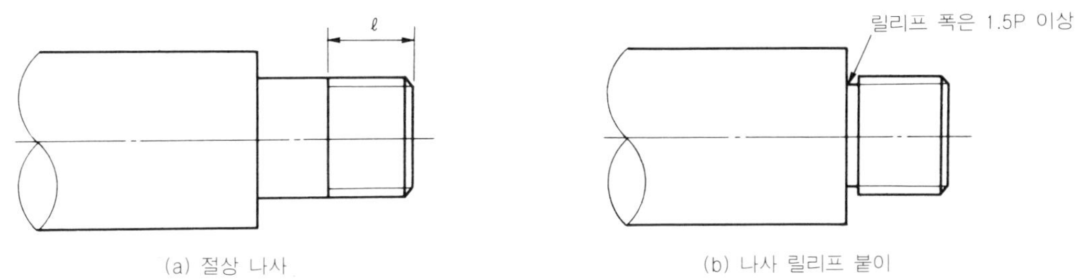

그림 8　나사붙이 샤프트

(2) 테이퍼붙이 샤프트의 포인트

　테이퍼붙이 샤프트는, 편심도를 최소로 억제할 사용 목적이 많으므로 가공상에서는, 테이퍼 맞춤과 편심에 주의하여야 한다.

　특히, **그림 9**(a)에 표시하는 형상의 나사붙이 샤프트의 경우에는, 다이스에 의한 나사 절삭 가공도 가능하지만, 역시 선반에 의한 바이트 가공으로 하여야 할 것이다. 그렇다고 하는 것은, 다이스 가공의 경우 우연이 아닌 한 대부분의 나사에 굽힘이 생겨서 그 굽힘이 나사를 쥠으로써, **그림 9**(b)와 같이 샤프트에 휨이 생기거나, 상대의 한 쪽 누름이 되어서, 편심의 원인으로도 된다.

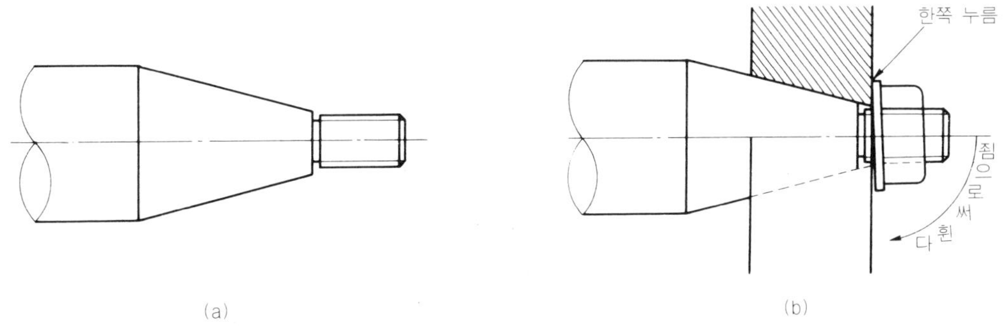

그림 9　나사붙이 테이퍼 샤프트

　이 외에, **그림 10**(a)에 표시한 것같이 축 방향의 구멍 가공에서 구멍의 밑이 평평하게 되어 있는 도면도 자주 보게 되지만, 이와 같은 구멍의 저면 가공은 매우 어려운 것이다.

　사용상에서는, 저면을 100% 사용하는 것은 거의 없다. (a)와 같은 저면을 필요로 하는 가공은, 그저 수 %라고 하여도 좋을 것이다.

　따라서, 설계자는 **그림 10**(b)와 같이 드릴 끝 등에 의한 릴리프 가공으로, 릴리프 입구를 참고 치수 정도로 지시하면 좋을 것이다.

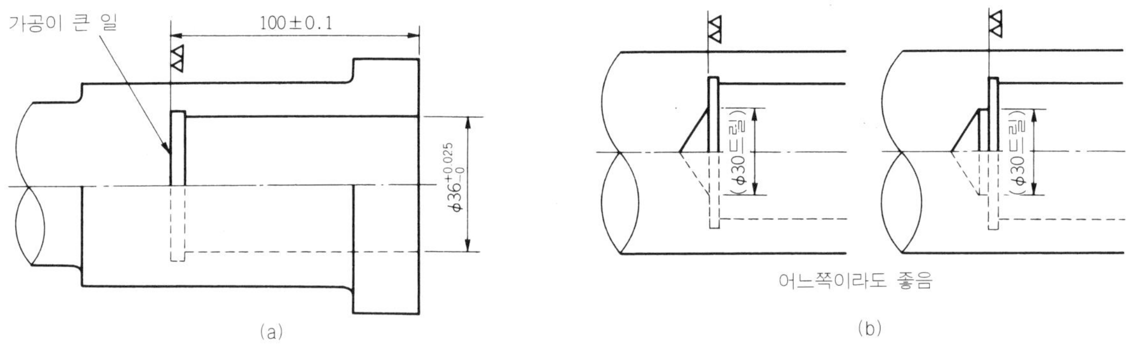

그림 10　구멍 밑의 지시

MC 가공도의 포인트

   MC(머시닝 센터) 가공의 특징은, 한 번의 처킹으로 많은 개소를 그대로 다듬질해 나가는 데 있다. 따라서 설치 교환을 그다지 하지 않기 때문에, 설치 오차가 증가하는 횟수가 감소한다. 그 결과, 정밀도를 높일 수 있고 설치 교환에 따른 준비 시간의 저감에도 연결된다.

   이전에, 아직 MC가 우리들이 사용할 수 있을 정도로 대수가 없고, 복잡한 가공이 증가되었을 때, 이와 같은 것으로 해서 MC의 도입 추진을 도모한 일이 있다.

   그런데 실력이 있는 선배는 고정밀도 가공기의 상징인 지그 보링기를 전문으로 취급하고 있어서, 늘리는 거라면 지그 보링기라고 반대하고 있었다. 지그 보링기는 대단히 좋은 기계이고, 정밀도도 훌륭하다는 것을 알고 있었으나, 많은 개소를 한 번 처킹으로 처리하는 데는 적합하지 않은 면이 있다는 것에 의문을 갖고 있던 나로서는, 다소 오기가 나서 MC 도입에 입지를 굳히고 관여하게 되었다.

   그래서 어떻게 이것을 실증할 수 없을까 하고 생각한 끝에, 실제로 유통되고 있는 제품으로 시험해 보기로 하였다. 마침 그 시기에, **그림** 1과 같은 부품이 제조되고 있었으며, 더구나 수율이 그다지 좋지 않았었다.

   그림을 봐도 알 수 있는 것처럼 공차는 상당히 엄하고, 포인트가 되는 ϕ12의 구멍과 축, 15° 경사면, ⓒ면은 지그 보링기로 다듬질하고 있었다.

   물론, 그 앞 공정은 밀링 머신으로 가공하고, 지그 보링기의 공정에서도 ⓒ면과 ϕ12의 구멍은 동시 가공으로 하고, 지그 보링기의 공정에서도 ⓒ면을 기준으로 다듬질한 뒤, 경사면은 마지막으로 다듬질하였다.

   각 기준면을 정확하게 다듬질해 놓은 것은 말할 것도 없다.

   결과는, A축과 사면의 경사도 및 75°±1′의 부분에서 공차를 약간 벗어나는 것이 나오고 말았다. 약간이라 할지라도 공차를 벗어나서는 사용할 수 없기 때문에 불량으로 된다.

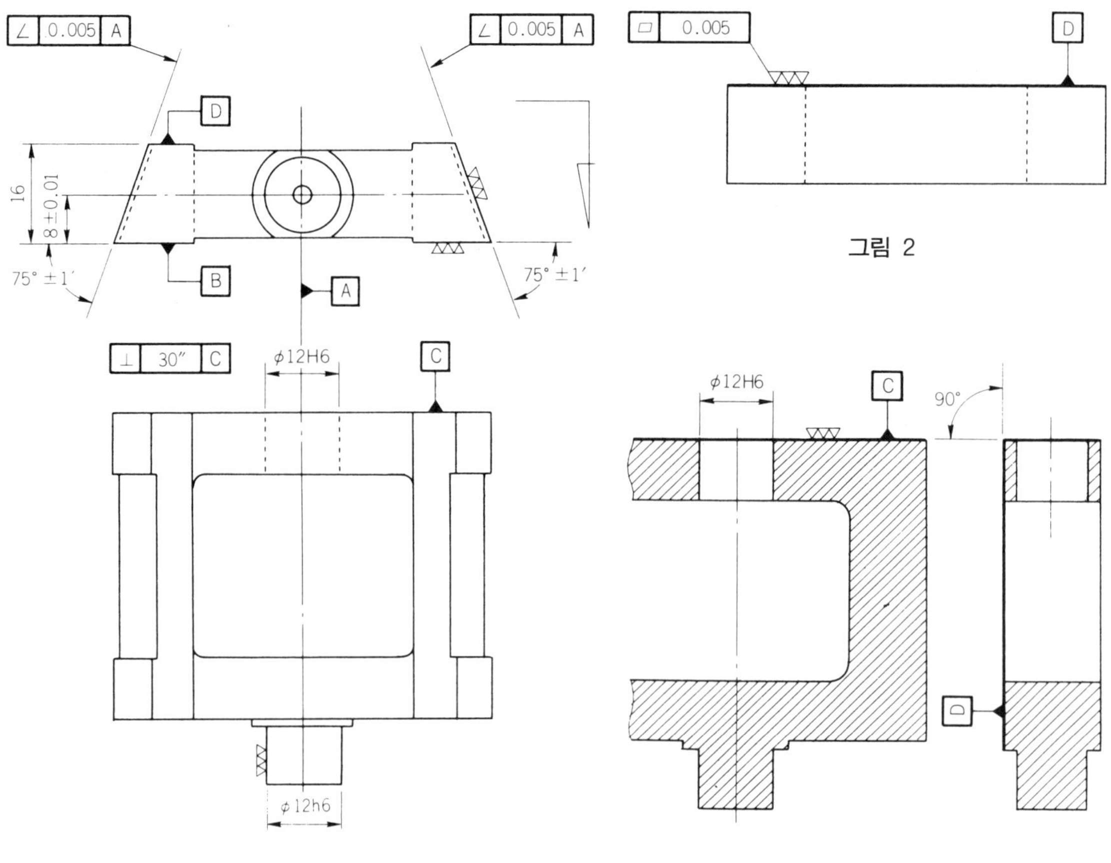

그림 1 지그 보링기 가공 부품을 MC로 가공

그림 2

그림 3

그래서 불량률은 20%를 넘어 버렸다. 이 부품은 매월 수십 개 정도 유통되기 때문에 이렇게 불량이 나와서는 견딜 수 없는 일이다.

나는, 이 부품을 꼭 NC밀링 머신으로 가공하는 것이 좋다고 신청한 것이다. 앞에서 기술한 바와 같이 나의 직장에는 MC가 한 대 밖에 없고, 다른 것은 NC 밀링 머신이 3대 뿐이었기 때문에, MC를 사용할 수 있도록 해 달라고는 말할 수 없었던 것이다.

상사는, '나의 마음을 이해해준 것 같아서'라고 하는 것보다 불량률 20%를 어떻게 해서라도 내리고 싶은 마음이 강했는지도 모르지만 "좋다. MC로 해봐라."하고 말해 주었다. MC로 할 바에는, 동시 처킹으로 대부분의 부분을 가공하고, 그 위에 불량을 내지 않도록 하여야 한다.

● 지그 보링기보다 수율을 높였다

그래서 지금까지 진행하고 있던 지그 보링기 가공이라는 것은, 앞 공정의 기준과 일을 진행하는 순서를 바꾸었다. 그 방법은, **그림 2**와 같이 D면을 신중히 다듬질하고, 평면도를 5 μm 이하로 하였다.

계속해서, 이 면을 기준으로 **그림 3**과 같이 ⓒ면과 ϕ12H6을 신중히 다듬질하였다. 이 때의 포인트는,

① ⓓ면과 ⓒ면의 직각도를 정확하게 낼 것

② ⓒ면의 평면도는, ⓓ면의 경우와 같이 절삭의 스트레스가 남지 않도록 너무 깊은 절삭 깊이로는 하지 않고, 다듬질 절삭은 0.1 mm, 0.05 mm의 2회로 나눈다. 결과를 확인하기 위해, 기준 정반 위에서 청색 페인트를 칠하지 않고 표면을 대서 접촉 상태를 본다.

③ ϕ12H6의 구멍은, ⓒ면과 동시 가공을 해서, 직각도는 확실하게 유지한다. 이 때, ϕ12의 구멍은 C쪽을 넓게 한 약간의 테이퍼를 붙이면 좋을 것이다.

이상과 같이, 확실한 기준면을 만들었으면, 고정구는 ⓒ면, ⓓ면과 ϕ12H6의 구멍이 기준이 되도록 만든다. 그리고 ⓓ면은 제품으로 사용하는 곳은 아니지만 지그 보링기 가공 시에 약간이나마 공차밖에 내놓은 Ⓑ면에 영향을 주기 때문에 그 반대면을 확실하게 다듬질하여 가공상 중요한 개소로 한 것이다.

그러면 실제의 MC 가공에 있어서의 포인트를 들어 보겠다.

① 이상의 기준(ⓒ면, Ⓑ면, ϕ12 구멍)을 확실하게 고정한다.

② 다듬질 전의 중 다듬질을 전 개소에 걸쳐서 실시한다. 이 때의 다듬질 여유는, 한쪽 면에서 0.15~0.20 mm 정도 남겨 놓는다.

③ 한번 고정구를 느슨하게 해서 가공물을 자유롭게 하고, 다시 기준면을 맞춰서 고정한다. 이 작업은, 고정구를 단단히 죄거나 느슨해지는 것을 방지하고, 스트레스에서 해방시켜 주는 작용을 한다. 이렇게 해서 다듬질된 제품은, 30개 중에서 한 개의 불량으로 멈추고 훌륭히 MC의 신뢰성을 이겨낸 것이다.

여기서 잠깐, 미리 양해를 얻을 것은 지그 보링기는 결코 나쁜 것이 아니며, 고정밀도 가공 기계로서는 1급품이다. 이 때의 문제는 가공 개소마다 기준면을 옮겼기 때문에 고정할 때 어긋남이 생겨서 규격 밖의 것을 만든 것으로, 취급 방법이 문제였던 것이다.

그 점에서, MC는 한 번 처킹으로 전 개소를 다듬질했기 때문에 고정을 바꾸는 데 따른 오차를 없애고 기계의 정밀도를 충분히 발휘할 수 있는 것이다.

● MC 가공 도면의 포인트를 읽는다

지금은 MC도 상당히 많이 사용되게 되었으므로, 전술한 이야기는 옛날 이야기가 되어 버렸다. 그러나 그 때 일어난 것은 여전히 작업을 시작하기 전에 주의하여야 한다.

제품 도면은 그 것이 몇개의 부품과 짜맞추어지고, 합친 성능을 내기 위해서 그려지고 있다. 그래서 가공 도면은 말할 것도 없이 제품 도면의 규격을 만족시키기 위해서, 공정마다 분해하여 가공 개소와 기준 개소를 알기 쉽게 하고 있다. 특히 MC가공 공정에서는, 복잡한 많은 개소를 다듬질하기 때문에 MC가공도를 읽을 때는 보다 신중하게 하고 포인트도 확인할 필요가 있다.

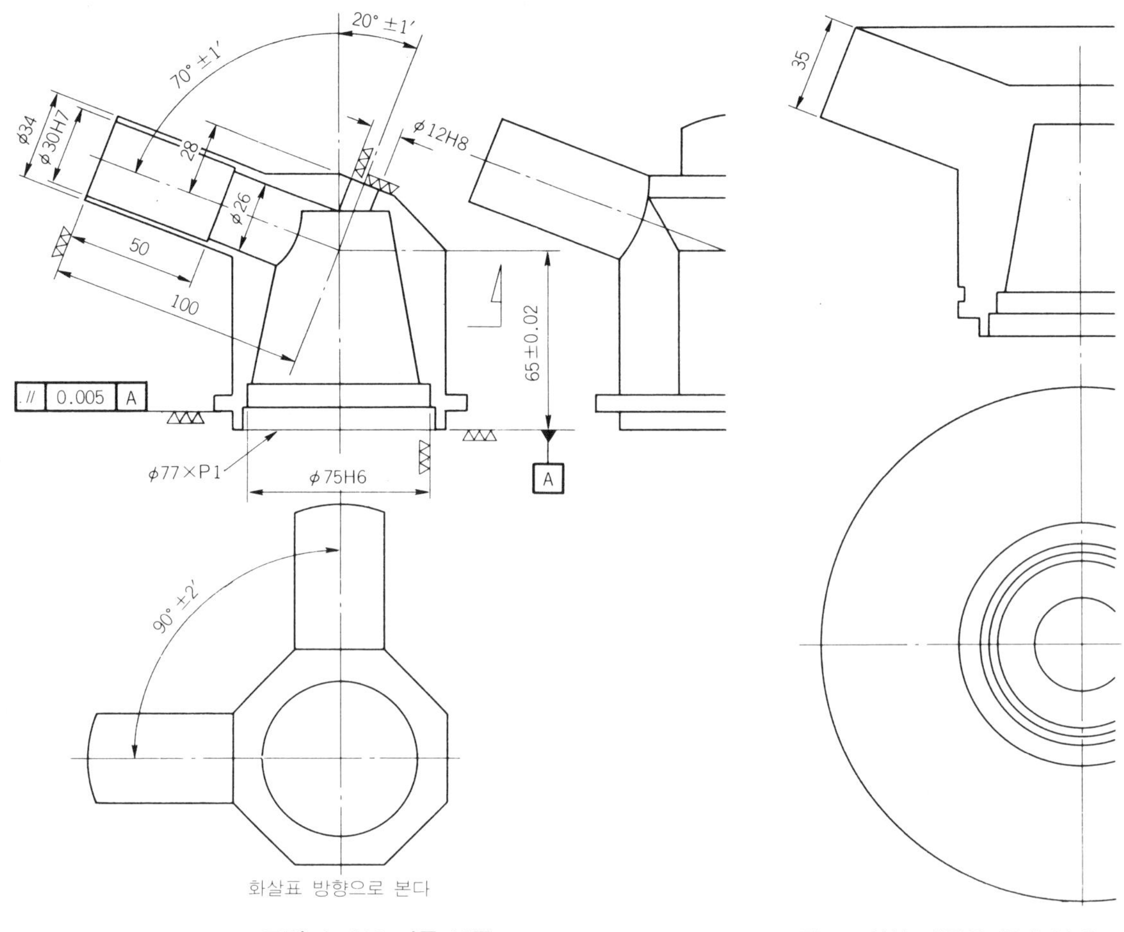

그림 4　MC 가공 부품　　　　　　　　　**그림 5　선삭 가공을 끝낸 블랭크**

그림 4는, 개발 시작품(試作品)으로 3대 만들 때의 주요 부품의 MC 가공도이다. 형상은 간단한 것 같지만, 대단히 뼈 있는 물건이다.

잘 봐주기 바란다. ϕ 75H6의 축심과, ϕ 30H7의 교점과 ϕ 12H8의 교점은 공간에 있다. 그리고 서로의 축심은 70°와 20°의 기울기를 갖고 있어서, 공차는 ±1′이다. 이 외에도, 몇 개를 MC가공으로 생각하지 않으면 안 될 때가 있다. 그 포인트를 검토해 보도록 한다.

① 2개의 축심의 교점 위치를 어떻게 확인하는가.

② 고정 기준은, 나사 ϕ 77×0.75와 ϕ 75H6, 그리고 A면이다. 이 기준은 어느 것이나 원형 부분이므로, 가공시에 회전 방향의 힘이 가해지면 움직이기 쉬운 결점이 있다는 것을 확인할 수 있다. 이것도 포인트이다.

③ 이상의 일로, MC가공 전의 블랭크 그림을 잘 읽어 두는 것이 중요하다.

그림 4에 대한 블랭크 그림은,

• **제 1 공정**⋯⋯**그림 5**와 같이 선삭 가공을 하고 있다.

• **제 2 공정**⋯⋯**그림 6**과 같이 밀링 가공으로 8각형부(파선)와, 경사 원통부의 거친 절삭을 하고 있다.

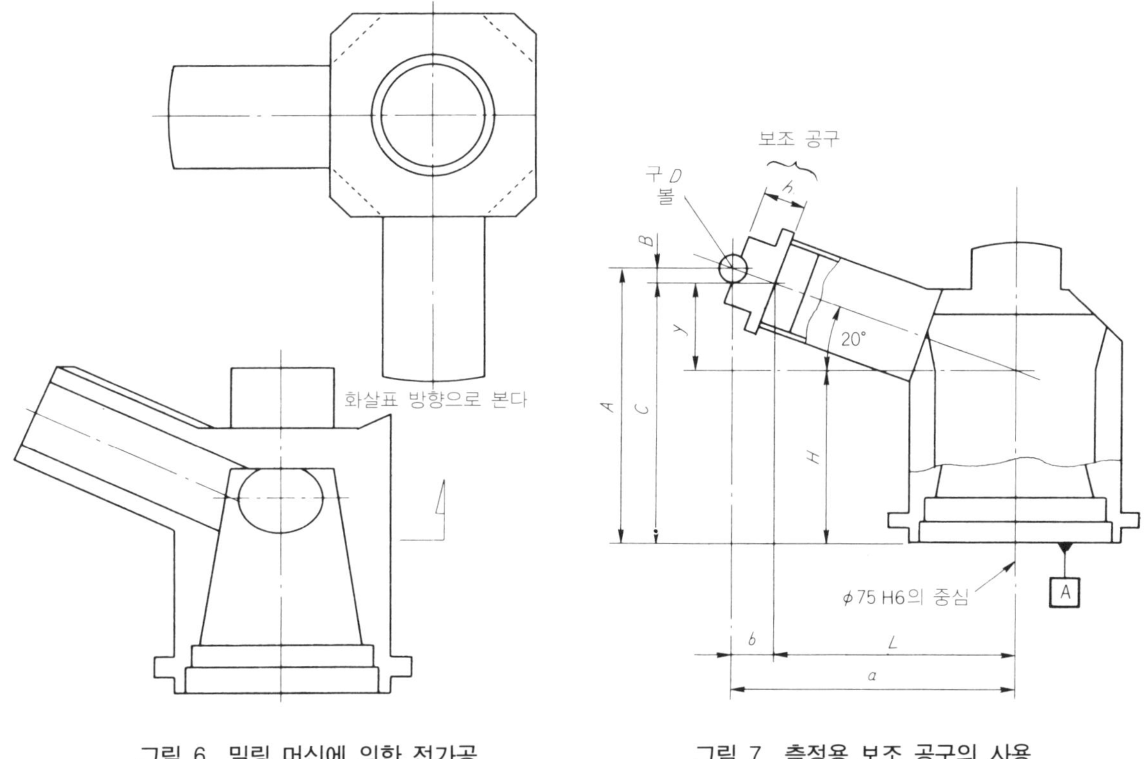

그림 6 밀링 머신에 의한 전가공   그림 7 측정용 보조 공구의 사용

(1) 가공의 실제

앞에서, MC 가공의 기준이 원형부뿐이기 때문에, 회전 방향의 제어가 되지 않고, 가공 중에 움직이게 되는 것은? 이라고 하는 의문을 제기하였다. 그 해결책으로는

① 회전 방향으로 스토퍼를 설치한다.

② 스토퍼의 설치 개소는, 제2 공정의 밀링 가공시에 다듬질하는 8각형부를 4각형으로 하고, 한 변의 길이를 늘여서 회전 토크에 견딜 수 있도록 한다.

③ 8각형으로 하는 것이 제품으로서 정말로 필요한지를 확인하고, 생략할 수 없는가를 검토한다(실제로는, 설계자의 감각뿐이었으므로 생략되었다).

등을 생각할 수 있다.

(2) 공간 교점을 확인하는 데는

그림 7과 같이 측정용 보조 공구를 ϕ30H7의 내경부에 삽입해서 재는 것을 생각해 보면, 이제 확실하다. 이 보조 공구를 사용하는 데 있어서의 주의점으로서는, 강구를 놓는 V 구멍과 ϕ30 끼워 맞춤 지름의 동심도를 엄밀히 내 놓아야 한다. V의 각도는 90°가 좋을 것이다. 그리고 볼의 지름과 높이 h를 정확하게 측정해 놓는다.

다음은, 1 μm 이상의 정밀도로 측정할 수 있는 디지털 마이크로미터 등을 사용해서 측정한다.

여기서, 측정과 계산의 조합에서 필요로 하는 치수 H를 구하도록 하자. 실측하는 곳은

- 강구의 지름을 여러 개소 측정한다.
- 보조 공구의 높이 h를 측정한다.
- 부품에 보조 공구를 삽입해서, Ⓐ면을 밑으로 하여 높이 A의 값(실제로는 볼의 정점을 재고, $D/2$만큼 뺀다)을 측정한다.
- 다음에 $\phi 75H6$에 로트 게이지를 끼워 맞추어서, Ⓐ면을 직각자에 맞게 해서 a의 값을 측정한다. 이 경우에도, 볼의 반지름만큼 더한 정점을 가장 높은 곳에서 측정한다. 다음은 계산으로 구하는 것이다.

- 높이 방향의 치수

$$B = h \cdot \sin 20° \qquad\qquad C = A - B$$

- 수평 방향의 치수

$$b = h \cdot \cos 20°$$

$$L = a - b$$

$$y = L \cdot \tan 20°$$

$$\therefore\ H = c - y = (A - h \cdot \sin 20°) - (a - h \cdot \cos 20°) \cdot \tan 20°$$

이므로, 실측값을 위의 식 A, a, h 및 $20°$를 대입하면 구할 수 있다.

여기서 주의하여야 할 것은, 보조 공구와 $\phi 30H7$이 맞물릴 때의 틈새를 확실히 파악해 두고, 틈새량의 1/2을 더해 줄 것, 그 위에, 경사각 $20°$가 어느 정도로 되어 있는가를 확인해서, (＋)이면 높이 방향의 치수는 늘이고, 수평 방향은 줄인다. 따라서, H의 값은 몫만큼 많이 나타나서 옳다는 것으로 된다.

마지막으로, 여러 분도 알 수 있으리라 생각하지만 **그림 4**의 공간 교점 100치수는, 일반 공차 속에 넣고 있다. 이것은 큰 착오인 것이다. 왜냐하면, 아무리 제품 도면이 일반 공차라고 하여도 가공과 측정의 기준으로 사용하기 때문에, 공차를 엄밀하게 넣어서 제어하지 않으면 안된다. 적어도 0.005 mm 정도로는 넣고 싶은 것이다.

연삭 가공도의 포인트

① 연삭 가공은 최종의 기계 가공

평면 연삭이건, 원통 연삭이건, 연삭 가공은 대부분의 공작물에 있어서 최종의 기계 가공이다. 그 중에는 블록 게이지, 나사 게이지, 혹은 베어링 부품과 같이 다음 가공에 초다듬질이나 랩가공이 대기하고 있는 물품도 있으나, 보통의 기계 공장에서는 극히 드문 일이다.

최종 가공이라는 것은, 가공 도면 속에 기재되고 있는 형상 치수, 위치 정밀도, 표면 거칠기 등은 그 부품의 기능상, 절대 필요한 수치를 요구하고 있다.

연삭 가공되는 물품은 앞의 공정으로 선반 가공, 밀링 가공, 구멍 가공을 끝내고, 또한 열처리 되어 있다. 그러므로 연삭 가공에서 불량품으로 만들어 버리는 것은, 그 때까지의 전 가공을 보람없게 만드는 것으로 피해는 그야말로 막대한 것이다.

그렇기 때문에 연삭공은 자기 일에 큰 책임을 느끼고 있고, 가공의 1~2시간 전부터 스위치를 넣어서 기계의 상태를 조정하여 그 물품에 가장 적합한 숫돌을 선택하고, 동시에 엄밀하게 균형을 잡아 트루잉, 드레싱하고, 공작물을 기계에 올바르게 세트해서 가공에 들어간다. 그래도 트러블이 절대로 없다고는 할 수 없다.

제일 많은 것은, 설계자 쪽은 올바른 도면을 그렸는데 현장에서는 그대로 가공하고 있지 않다는 클레임이다. 둘째는, 설계자의 의도가 올바르게 현장에 전해지지 않았다는 것, 요컨대 도면의 일부가 누락되어 있었기 때문이라든가 또는 그 정보에 있어서 설계자의 요구와 현장 쪽의 해석에 어긋남이 생긴 일이 어쩌다 있다는 것이다.

어느 것이라 하더라도 도면을 그리는 쪽은 연삭 가공에 관해서는 우선 경험이 없다고 생각할 수 밖에 없다. 가공중에 어떤 현상이 일어나고, 트러블이 일어났는지를 모른다는 것이다. 그렇기 때문에 제일 손쉬운 해결법은 가공 전에 양자간에서 충분히 협의해 둘 필요가 있다. 그래야 현장에서 요구하는 이유를 들어줄 수 있는 것이다.

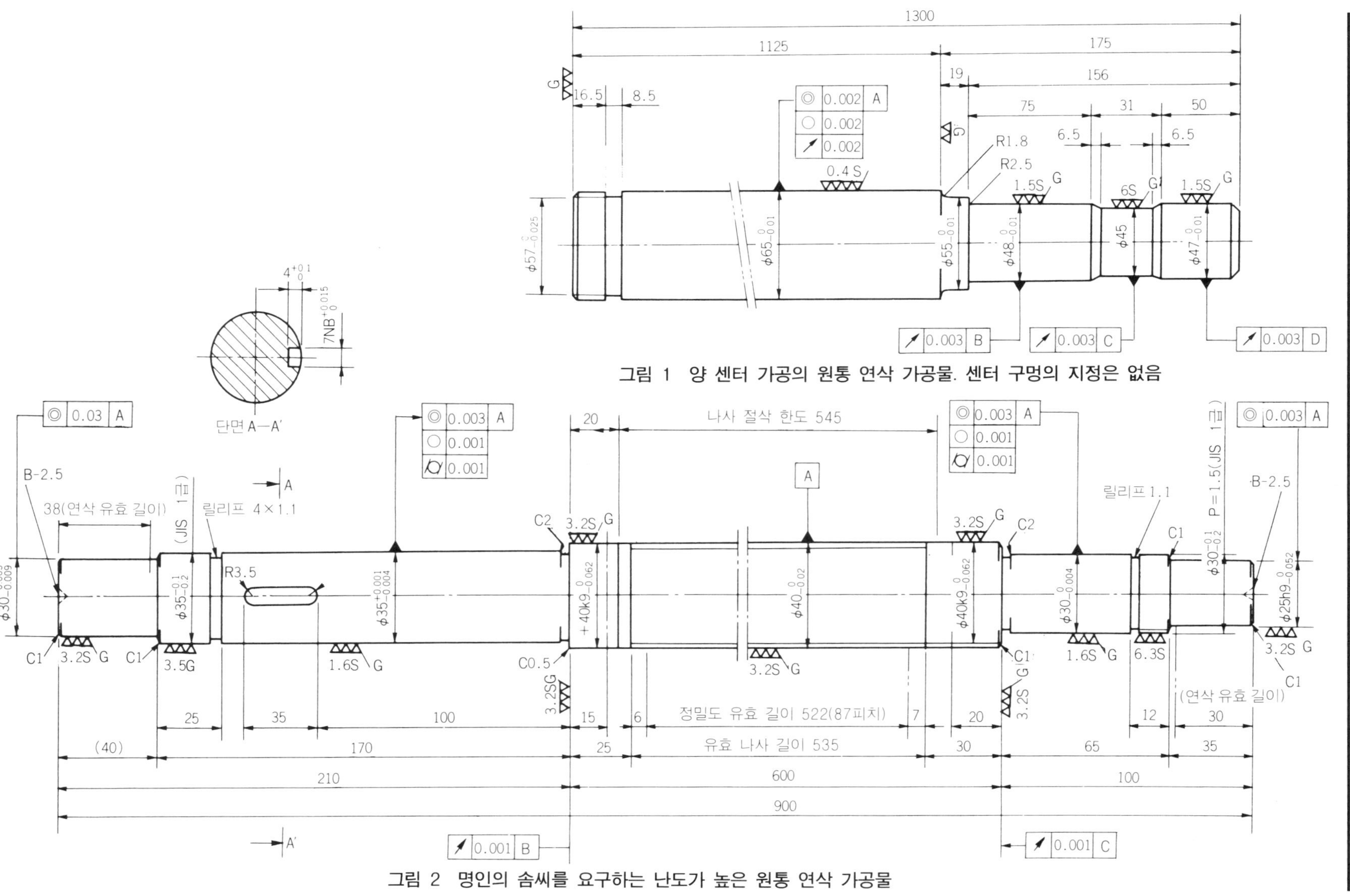
그림 1　양 센터 가공의 원통 연삭 가공물. 센터 구멍의 지정은 없음
그림 2　명인의 솜씨를 요구하는 난도가 높은 원통 연삭 가공물

② 연삭은 올바른 전(前)가공이 필요하다

그림 1, **그림** 2는, 어느 것이나 양 센터 지지에 의해서 원통 연삭기로 가공한다. 돌리개를 끼우고, 방진구도 2~3개는 필요한 것이다. 길이 l/지름 D의 비도 전자는 23, 후자는 30이라는 길이가 긴 물품이다.

절삭 깊이, 이송은 크게 잡을 수 없고, 채터링하기 쉽다는 까닭으로 최종의 다듬질 정밀도는 대단히 엄격하다. 특히 **그림** 2의 각부의 정밀도는, $\phi\,35$, $\phi\,40$, $\phi\,30$, $\phi\,25$의 4개소의 동축도(◎표)는 어느 것이나 $3\,\mu\mathrm{m}$, 더우기 진원도(○표), 원통도(/○/표)는 $1\,\mu\mathrm{m}$이고, 흔들림 공차(↗표)도 $1\,\mu\mathrm{m}$이다(이와 관련해서 1987년도에 제정된 JIS의 초정밀 약 볼 나사의 흔들림 공차가 $\phi\,32$에서 $6\,\mu\mathrm{m}$).

길이가 긴 원통 연삭에서는, 그야말로 울트라 C 난도의 가공이다. 수도권의 연삭 전문 공장에서도, 이 등급의 연삭 가공을 할 수 있는 곳은 그렇게 흔하지 않다.

그래서 이와 같은 고정밀도의 연삭은, 어느 것이나 양단의 센터 구멍을 정확한 <가공의 기준점>으로 해서 연삭한다. **그림** 2의 양단부의 축 중심선에 B-2.5라고 하는 것은, B형의 센터 드릴을 사용하라는 지시이다.

그림 1도 양 센터 가공이지만 센터 구멍의 사용상의 지정은 없다. 같은 연삭 전문 공장에서 입수한 도면이지만, 공장 쪽에서는, 도면 속의 정보 누락으로 생각하고 있지 않다. 오히려, 센터 구멍의 지정이 없는 것이 많은 것 같다.

틀림없이 일본의 JIS B 1011에는, A형, B형, C형, R형의 센터 구멍이 규정되어 있으나, 연삭 전문 공장에서는 A형을 사용하지 않는 것이 상식으로 되어 있다(연삭 이외의 기계 공장에서는 상식이 아니라, 오히려 사용 빈도는 A형 쪽이 많다).

그리고 앞 공정의 선반 가공에서 뚫은 센터 구멍을 신용하지 않고 다시 뚫어, 대부분은 다시 연삭하고 있다. **그림** 1, **그림** 2 급의 고정밀도의 연삭 가공물은 그렇게 하지 않으면 가공하는 것이 도저히 불가능하다.

그림 1의 경우, 센터 구멍의 지정이 없는 것은, 정확하게 말하면 정보 누락일 것이지만 견해를 바꾸면, 연삭은 여러분 공장의 기술에 모든 것을 맡긴다는 것일 것이다.

앞에서도 기술한 바와 같이, 도면을 그리는 설계자 측의 최대의 난점은, 가공 기술의 지식이 부족하다는 것이다. 그런데도 설계자의 공통된 결점은 자기가 그린 도면과 같이 공작물의 축심이 항상 일직선이고, 원통은 그 일직선인 축심에 대해서 정확한 대칭 위치에 있고, 그리고 직교한 그 직선은 올바르게 90°로 되어 있다고 생각하기 쉽다는 것이다. 그래서 상대된 2개소의 센터 구멍은 축심상에 옳게 있다는 것으로 생각하고 만다.

그러나 현실의 2개의 센터 구멍은, 어느 것이나 축심 위에 없고, 또 방향이 같은 쪽을 향하고 있지 않다. 그런 센터 구멍으로 지지된 길이가 긴 물품은 "흔들림 회전 운동"을 하게 된다. 앞 공정의 선삭에서 그 원통면에 바이트를 이송하면, 중앙부는 가늘게 가공되어 버린다. 그리고 원주 방향의 두께 편차도 크게 되어 있고 연삭 공정에서의 수정 황연삭에도 많은 시간을 소비하게 된다.

요컨대, 옳은 연삭 가공 도면을 그릴 때는 그 앞 공정인 선삭 가공 도면에, 축심의 진직도(공작물의 원통도와 흔들림), A형 이외의 센터 드릴의 사용을 아무쪼록 지정해 주기 바란다.

앞 공정인 이와 같은 긴 물품의 선삭 가공도 상당히 어려운 작업이다. 그런데도 최근 유행인 NC 선반에서는 길이가 긴 축 가공에 적합한 기계는 극히 적으며, 조정자의 기술 수준도 종전의 숙련공과 비교하면 훨씬 낮은 것이다.

4형식의 센터 구멍(센터 드릴의 선택)조차 모르는 사람이 늘고, 방진구 설치도 되는 대로 일을 한다(연삭공의 솜씨를 분별하는 하나의 방법은 방진구를 설치하는 기술의 우열이다).

그 위에 큰일은 선삭 가공이건 연삭 가공이건, 긴 축 가공에서는 바이트로 한 꺼풀 벗기거나, 숫돌을 4번 지나게 하여도 축은 뱀과 같이 굽어지고 있는 것이다. 공작물의 표층부에 존재하고 있던 스트레스가 제거되고 불균형이 생기기 때문이다. 그 위에 가공을 함으로써 새로운 잔류 응력이 발생한다.

이와 같이 긴 가공은 항상 가공 변형과의 대결이고 어떻게 나타나지 않게 가공하는가 하는 것이다.

연삭 다듬질을 완료해서, 모든 치수를 체크하고, 도면대로 되어 있는 데도 납품해서 수일 후에 축에 파도와 같은 구부러짐이 생겨서 불합격이 되는 일도 있다.

연삭 공정에서 무리한 중(重)연삭을 하거나, 강하게 방진구를 받치면(축이 가운데가 가늘게 된다) 생기게 되지만, 그 이전의 선삭 가공이나 열처리 후의 변형 제거가 불충분한 것이 원인인 것이 오히려 많은 것 같다.

원통 연삭의 도면을 그리는 것은 그다지 어려운 것은 아니다. 문제는 연삭 공장에 편입되기 이전에 트러블의 원인이 많다는 것을 알아야 할 것이다.

③ 데이텀을 해독하는 것

연삭의 도면에서 제일 주의하여야 할 것은 데이텀이다. **그림 1**, **그림 2** 속에도 ▲표(△표의 경우도 있다)에서 수직으로 선을 그어서, 그 끝에 기하학적 공차(값)가 기입되어 있는 것이 데이텀 기호이다.

공작물의 형상이 정확한 형태에서 이 범위 내이면 틀려도 좋다고 하는, 요컨대 최대한의 가공 오차＝공차를 인정하고 있는 것이다.

데이텀(datum)은 data의 단수형으로 자료, 기지수(수학)라는 의미이지만, 기계 기술자로서는 가공, 측정상의 정확, 기준으로 생각하면 될 것이다. 이 데이텀을 정확하게 해독하는 것은 극히 중요하다. 가공이나 측정상의 정확이라면 당연할 것이고, 가공의 공정 순서를 나타내고 있는 경우도 있다. 그런 사례를 다음에 소개한다.

　그림 3의 경우의 데이텀으로, A－B로 되어 있는 것은, 데이텀이 공통이라는 것을 의미한다. 그러므로, 가령 흔들림을 측정할 때는 A, B를 V블록으로 받쳐, 물품을 돌리면서 다이얼게이지로 흔들림을 재어도 좋다고 하는 것이다.

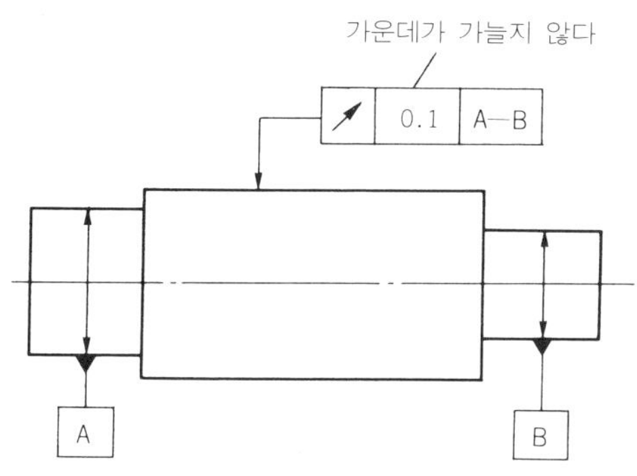

그림 3　데이텀이 AB 공통

　그림 4에서는, (a)의 데이텀은 같은 틀 안에 AB로 있고, (b)에서는, 다른 틀 안에 A, B, C의 순서로 늘어놓고 있다.

　(a)의 경우에 4개 구멍의 위치는, A단면에서도 B단면에서도 같은 정밀도의 위치에 있으면 된다. 요컨대, A, B사이에 우선 순위가 없다는 의미이다.

　(b)의 경우는, A면에 대한 구멍 위치가 기능상 제일 중요하고, 이어서 B면에 대해서도 주의해야 하며, C면에 대한 위치 정밀도는, 그 다음으로 좋다고 말하고 있다. 데이텀 A, B, C에 우선 순서를 규정하고 있다. B면은 경사면으로 된 개소가 있어서, 이 물품의 기능상 또는 조립상에 영향이 있다. 그렇기 때문에 C면부터 주의하라고 하는 것이다.

　우선 순위가 있다는 것은, 당연히 가공 시간과 측정 시간도 그 순서이기 때문에 달리 말하면 어느 정도, 손은 빼도 되는 곳을 가리켜 주고 있다고도 할 수 있다.

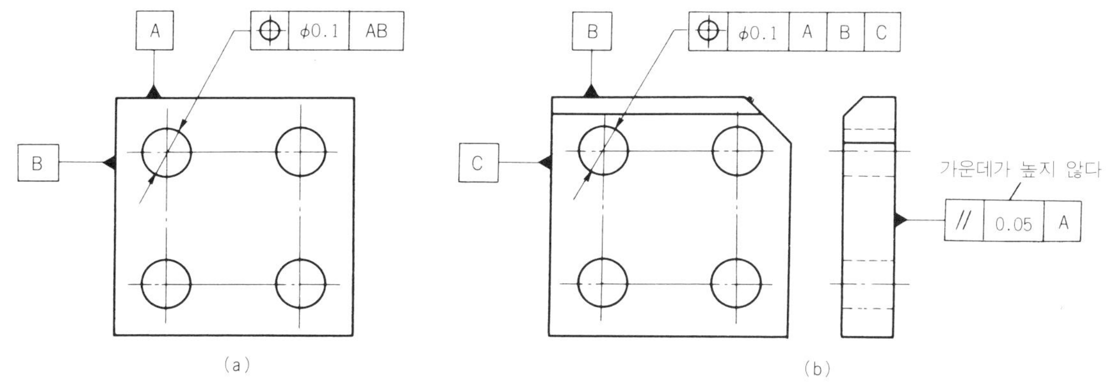

그림 4　가공의 우선도는

　그림 5 (a)에서, 구멍의 중심 위치가 수평 방향으로 50 mm, 수직 방향으로도 50 mm로 되어 있다. 그러나 이 코너 A부가 반드시 정확하게 90°로 다듬질될 수는 없다(가공 오차

가 반드시 있다). 결국 (b)나 (c)와 같이 되어 있을 것이다.

그래서 어디를 기준으로 측정해야 하는가를 (b), (c)의 그림이 나타내고 있다. 요컨대, (b)는 하면을 기준으로 해서 구멍 위치를 측정하도록 지시하고 있고, 또 (c)는 좌측면을 기준으로 측정하도록 우선 순위를 지정하고 있는 것이다.

한 장의 도면에는 모든 정보가 망라되어 있지 않으면 안된다. 그러나 물품의 형체, 치수, 공차, 그 위에 지금까지의 데이텀 기호 등만으로 완전한 정보로 되기는 상당히 어렵다.

그 점에서, 데이텀에는 보충 설명을 기입해도 좋은 것으로 되어 있다. 예컨대, **그림 3**의 중앙의 원통부에 대한 「중간이 가늘어서는 안된다」라고 하는 지시나, 또 **그림 4** (b)의 A 면의 「중간이 높지 않다」라고 하는 보충이 그것이다.

요컨대, 전자는 롤면인지도 모르고, 후자는 평면 연삭에 있어서 휨을 반대 쪽에 내서 가공하라(중간이 높지 않다고 하는 것은 중간이 오목하다는 것은 허용한다는 의미)고 말하고 있는 것이다.

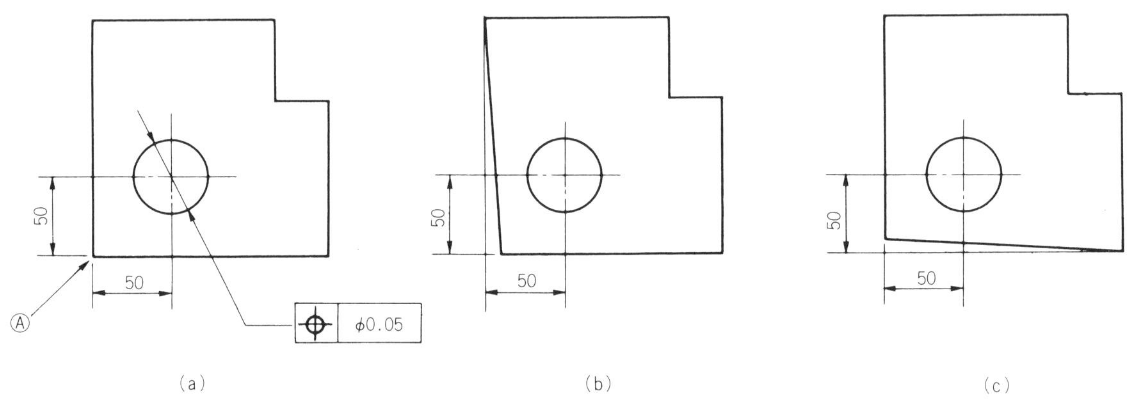

그림 5　하변 · 좌변 어느 것을 기준으로 하는가

검도(檢圖)의 포인트

제도가 끝나면, 최후의 작업에 검도(檢圖)가 있다. 도면이 옳게 그려지고 있는가, 오기, 탈락은 없는가, 공차, 면의 표면 도시기호는 적절한가 등을 조사해서 확인한다. 도면에는, 적은 오차도 있어서는 안된다.

제도가 끝난 도면으로 물품을 제작하는 정보를 가공자에게 전달하는 것이기 때문에 당연한 일이다. 그것을 위해서 검도는 뺄 수 없는 것이다.

제도자 자신이 제도 작업중에 검도를 하는 것은 당연한 일이지만, 반드시 제3자에게 봐 주도록 해야 한다. 그것도 독도력이나 기술력이 있는 조직상의 많은 사람의 눈으로 검도를 받고 잘못이나 불미한 점을 지적받도록 해서 수정할 필요가 있다.

검도 방법에는 많이 봐야 할 항목이 있으므로 할 수 있으면 체크표를 만들어서 검도하는 것이 좋을 경우가 있다.

기업에 따라서는, 자기 회사용으로 체크표를 사용하고 있는 곳도 있으나, 결점으로는 필요없는 항목이 생기는 것과 신기술, 가공 방법의 변경 등 제품의 변화에 만능으로 대응하기 어려운 일이 있다.

검도 방법에 필요한 것은, 특정의 제품에 맞는 상세한 체크를 할 수 있어야 한다. 여기서는 일반적으로 생각되는 검도의 포인트에 대해서 설명한다.

♠ 도면의 외관

도면의 외관이 좋은 것에 대한 것도 다음과 같은 것을 항목으로서 들 수 있다.
① 선이 깨끗하고 진하게 그려져 있는가.
② 문자, 화살표가 분명한가.
③ 그림의 배치, 균형이 좋은가.
④ 그림이 정확한 치수 비율(척도에 대해서)로 그려져 있는가.
⑤ 단면의 방법, 화살표로 보는 방향은 적절한가.
⑥ 상세도의 선정은 적절한가.
⑦ 불필요한 그림은 없는가.
⑧ 선의 구별은 용도 별로 옳게 사용되고 있는가.

♠ 치수 · 기호 · 주기

치수 · 기호 · 주기에 대한 검도 사항으로서는, 다음과 같은 것을 들 수 있다.
① 치수 수치의 기입은 정확한가.
② 다른데서 구할 수 있는 치수에 수치를 기입하거나, 중복된 치수 기입은 없는가.
③ 치수의 탈락은 없는가, 크기, 위치, 기준으로부터의 거리가 표시되고 있는가.
④ 치수의 지시, 숫자, 기호, 문자가 불명확하지 않는가.
⑤ 오자, 탈자나 기입 누락은 없는가.
⑥ 나사 구멍의 지시는 적절한가.
⑦ 공차의 지시는 적절한가.
⑧ 면의 표면 기호 지시는 적절한다.
⑨ 가공 방법의 지시, 주기는 적절한가.
⑩ 가공상으로 봐서, 치수 기입에 합리성이 있는가.

♠ 표제란 · 부품표 등

표제란 · 부품표 등에 대한 검도 항목으로는, 다음과 같은 것을 들 수 있다.
① 명칭, 부품 번호는 올바르게 기입되어 있는가.
② 척도, 날짜, 제도(설계)자의 이름, 회사명 등의 기입은 되어 있는가.
③ 부품의 개수는 옳은가.

④ 재료의 선정, 규격은 적절한가.

⑤ 표준 부품에 대한 지시가 있는가.

⑥ 부품이 어디에 사용되는가. 귀속되는 경로의 지시는 적절한가.

⑦ 필요한 항목의 기입 누락, 오자는 없는가.

⑧ 도면 번호는 기입되어 있는가.

♠ 끼워 맞춤·기하 공차 등

그 외의 검도 항목으로는, 다음과 같은 것을 들 수 있다.

① 끼워 맞춤, 조립 치수는 상대 쪽도 적절히 기입되어 있는가.

② 가공 치수에 부적절한 기입은 없는가.

③ 열처리 후의 가공 방법에 주의하였는가.

④ 기준이 되는 면(선)을 잡는 것은 잘 된 것인가.

⑤ 기하 공차의 기입은 적절한가.

⑥ 정밀도를 유지할 수 있도록 치수가 기입되고 있는가.

⑦ 움직임에 대해서 부품이 접촉되는 일 등은 없는가?

⑧ 스프링, 기어 제도에 대한 표의 기입에 누락된 것은 없는가.

⑨ 구입품은 카탈로그와 대조한다.

♠ 조립도(설계도)

조립도(설계도)의 검도에 대해서는, 다음과 같은 항목을 들 수 있다.

① 조립에 필요한 각 치수(조립 치수나 틈새 치수 등)의 기입이 있는가.

② 부품 번호, 부품명이 지시되고 있는가.

③ 움직이는 부품의 조정량(예 : 바이스 마우스 피스의 최대 틈새 치수)의 기입은 되어 있는가.

④ 성능은 시방서대로 인가.

⑤ 조립, 분해를 쉽게 할 수 있는가.

⑥ 움직임에 대해서 충분히 검토한다(닿는 일은 없는가, 동작선이 표시되고 있는가).

⑦ 강도, 정밀도의 유지에 불안한 부분은 없는가.

⑧ 회전 부분의 급유, 윤활 방법은 적절한가.

⑨ 조작 및 보수에 안전성이 배려되고 있는가.

⑩ 재료는 표준품을 사용하고 있는가.

⑪ 가공수의 절약과 공작 방법에 대해서 개량할 수 있는 것은 없는가.

⑫ 회전 방향과 회전수의 기입은 되어 있는가.

⑬ 축간 거리가 기입되어 있는가.

⑭ 회전 부분이 하중을 받는 방법은 좋은가.

⑮ 스러스트 하중(헬리컬 기어, 나사 기어 등)을 받는 방법은 좋은가.

♠ 최종 체크

대충 검도 작업이 끝나면 도면의 최종 체크를 하자.

① 수정 치수는 옳은가.

② 검도 누락은 없는가.

③ 트레이스도의 경우는, 정정 개소를 체크한다.

그리고 최근에는 CAD(컴퓨터 원용 설계)화가 진보되어서, CAD 작성도가 많아지게 되었으나 CAD 도면의 경우도 원도에 대해서 정확하게 기입되어 있는지 체크한다. 체크 항목은 다음과 같다.

① 치수 기입, 지시문의 기입

② 선의 구별(선의 종류, 굵기)

③ 중심선의 위치(어긋나지 않았는가)

④ 도형의 탈락, 이중

⑤ 도형의 기입 장소의 오류

⑥ 척도

⑦ 부품 번호와 부품표의 기입

⑧ 배치의 균형 및 선, 문자, 숫자의 농도와 깨끗함

＊　　　　＊　　　　＊

이상의 검도 포인트는, 검도할 때 주로 보는 항목이지만, 도면에 따라서는 계산값과의 비교, 재료나 가공 방법의 원가 절감, 디자인의 변경 가능성 등, 이외에도 검토할 항목이 여러 가지, 완료될 때까지는 많은 검도자의 관문을 통과하지 않으면 제품화되는 도면으로는 될 수 없다.

여기서 말한 "검도의 포인트"는 제도자 자신의 자기 검도에 사용해서 도움이 되길 바란다.

도면 미스 방지의 포인트와 실패 예

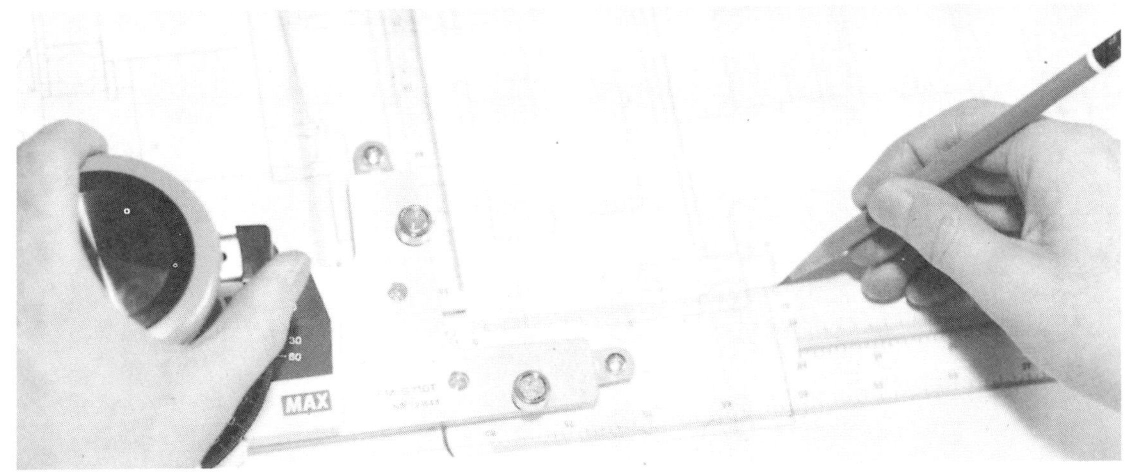

　도면(계획도, 부품도, 조립도)은 기계 설계에 있어서 중요한 표현 수단의 하나이다. 따라서, 구상이나 구조의 사고 방식에 잘못이 있으면 도면의 미스로서 나타나게 된다. 그리고 설계가 옳아도 설계의 규약을 잘못 알고 있으면, 역시 도면의 미스에 연결된다.

　더욱이 설계도 옳고, 제도의 규약을 올바르게 이해하고 있어서, 깜빡 잘못 그리는 일도 있는 것이다. 이것은 극히 단순한 미스이기 때문에 도면을 제출하기 전에 엄격히 점검하면 대부분 발견되고 미스도 생기지 않고 끝낼 수 있다.

　미스가 있는 도면으로 가공을 진행해 나가면 목적을 달성할 수 없는 물품이 되고, 시간이나 원가면에서 큰 손실을 줄 뿐만 아니라 납기가 늦어지거나, 신용을 잃게 되어서 미치는 영향은 큰 것이다. 미스는 미연에 방지하지 않으면 안된다.

　여기서는, 도면의 미스의 원인과 미스를 방지하기 위한 포인트, 실제의 실패 예를 소개해 나간다.

● 설계, 제도의 실패 원인

　도면의 기입 숫자 착오 등은, 설계 후의 점검에서 미연에 방지할 수 있으므로 꼭 실행하도록 하자. 그것과는 달리 설계, 제도 본래의 작업 중에서, 실패를 초래하는 원인이 있는데, 그 원인을 정리해서 표시하면 다음과 같이 된다.

(1) 설계, 제도의 기초 지식의 부족, 기능의 미숙
　① 설계에 필요한 기초 지식의 부족……원리, 원칙 규약 즉, 기구학, 기계 역학, 기계

재료, 수력학, 열역학, 재료, 윤활, 끼워 맞춤, 기하 공차 등의 이해 부족에서 생기는 미스이다.

② **제도 지식의 부족**……실선, 파선, 중심선, 치수선, 투영, 치수 허용차, 기호(다듬질, 끼워 맞춤, 재료, 열처리), 나사, 기어, 스프링, 등의 표현 방법의 지식 부족에서 생기는 미스이다.

③ **기계 각 부의 움직임에 대한 파악 부족**……예컨대 **그림 1**에서, 테이블의 핸들은, 베이스가 방해가 되어서 360°는 돌릴 수 없다. 그것을 알지 못하고 도면화된 경우에는 설계 미스가 나타나게 된다.

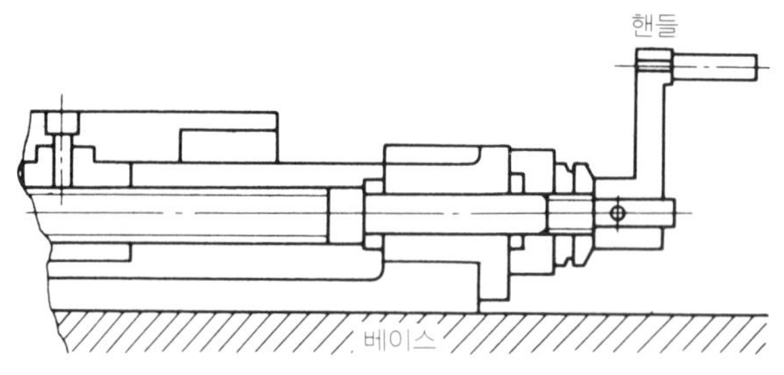

그림 1 핸들과 베이스

④ **공작 기계의 기초 지식 부족**……예컨대 기어 박스의 커버와 본체와의 맞춤면은, 윤활유의 비산(飛散)을 방지하기 위해 평탄하게 가공해서 밀착시킨다. 그 가공을 하기 위해서는, 커버 맞춤면의 뒷면 4개소에 평탄한 기계 가공 보스를 설치하는 것이 보통이다. 이와 같은 기초 지식의 부족이 미스를 초래한다.

(2) 설계 · 제도 응용 능력 부족

① **구상의 잘못**……구상은 설계의 출발점이고, 기계의 움직임, 조작, 스페이스 등을 정하는 단계이다. 여기서 틀리지 않기 위해서, 동작의 흐름도나 스켈톤(골조)도를 그려서 자문 자답하거나, 경우에 따라서는 다른 사람에게 보여서 조언을 받는 것도 좋을 것이다.

② **대상물에 대한 기계의 출력 또는 강도 부족**……요구 성능에 대해서 동력원의 소요 출력이나 기계 각부의 동력 전달 능력이 부족하거나, 강도 부족에 의한 미스도 있다.

③ **기계 조립 구조도의 불량**……조립 구조도는, 계획도를 그려서 조립 구조를 그림으로 표시하는 중요한 작업이다. 도면으로 동작, 조작이 완전한지 어떤지를 확인한다. 그리고 기계 가공, 조립이 가능한가 어떤가, 스페이스는 충분한가, 서로 다른 부품과 간섭하지 않는가 어떤가 하는 것도 확인한다.

특별한 시방의 부문으로 기성품의 일부를 변경하는 경우에는 새로 설계할 부분이 기성의 부분에 간섭하는 일이 자주 있으므로 주의하도록 하자.

④ **기계 설계에 최적한 요소의 선택 불충분**……사용하는 요소류는, 형상, 치수, 동작, 강도 등 최적한 것을 선택할 필요가 있다. 이것도 계획도로 확인하는 일이다. **그림 1**의

예에서, 베이스와 회전축의 거리를 바꿀 수 없다고 하면, 핸들 대신에 래칫·핸들을 사용하면 될 것이다.

⑤ **시퀀스 제어, 피드백 제어 미스**……이것들은 수동 작업을 자동화하는 경우의 제어 방법이다.

시퀀스 제어는, 복수의 동작을 정해진 순서로 하는 제어 방법, 피드백 제어는, 기준의 동작에 따라서 동작하는 것이다. 이들 동작의 내용, 순서, 피드백의 구조를 잘못하면, 도면의 미스로 되어 나타나게 된다.

⑥ **경제적인 제작이 곤란**……기계 공작의 기초 지식이 있고, 설계한 것이 목적으로 되는 동작, 조작이 가능한 구조일지라도 구입품이 고가이거나, 재료의 입수가 시간적으로 또는 지리적으로 곤란해서는, 기본적으로 코스트가 높아지게 된다.

그리고 부품의 구조, 치수에 대한 연구가 부족해서, 가공이나 조립이 어렵고, 시운전 또는 검사하는 경우의 설치가 곤란하거나 계측기가 설치되지 않으면, 시간이 걸리는 부품을 추가하게 되어서 납기가 늦어지고, 원가도 높아지고 만다.

그 외에 제작하기 쉬운 형상이거나 치수는, 주 공장의 설비, 경험, 협력 공장의 능력에 따라서 달라지기 때문에, 주된 가공이나 조립에 대해서는 주 공장의 제작 담당자와 상담하는 것도 중요하고 필요한 것이다.

● 나의 설계 · 제도 실패 예

여기에서는, 나 자신의 설계 · 제도의 실패 경험 예를 몇 개 소개하려고 한다.

(1) 선반의 시방 변경에 있어서 회전 볼트의 강도 부족

이 예는 대상물에 대한 기계의 강도 부족이 원인이 된 실패의 예로서, 선반의 회전 볼트의 강도 부족의 예이다(**그림 2**).

① **설계의 목적**……선반의 베드에 대한 주축의 높이를 늘이고, 주축의 휘돌림 반지름을 크게 하는 것이 목적이며, 트러블을 일으킨 곳은 주축 회전판 위의 회전 볼트이다.

② **설계 · 제도의 상태가 좋지 않다**……주축의 휘돌림 반지름이 증가한 경우에, 공작물 반지름의 증가 비율 R_{wb}/R_{wa} 에 대해서, 회전 볼트의 주축 중심에 대한 위치의 증가 비율 R_{db}/R_{da} 가 적었던 것이다.

$$\frac{R_{wb}}{R_{wa}} > \frac{R_{db}}{R_{da}} = \frac{150}{75} > \frac{205}{130}$$

여기에서, R_{wa} : 변경 전의 공작물 반지름 (R75)

R_{wb} : 변경 후의 공작물 반지름 (R150)

R_{da} : 변경 전의 회전 볼트 반지름 위치 (R130)

R_{db} : 변경 후의 회전 볼트 반지름 위치 (R205)

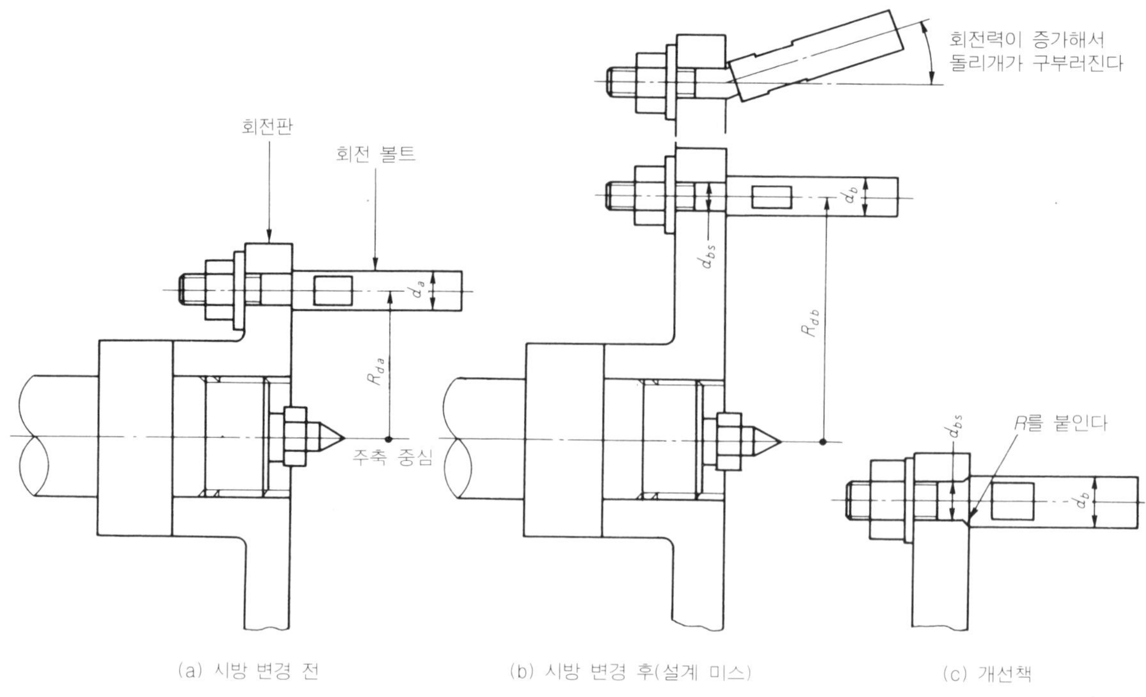

(a) 시방 변경 전　　　　(b) 시방 변경 후(설계 미스)　　　　(c) 개선책

그림 2　선반의 돌리개 회전 볼트의 강도 부족

그런데도 불구하고, 절삭 깊이, 이송 등의 절삭 조건을 바꾸지 않고 절삭하였으나, 휘돌림 반지름 증가 후의 회전 볼트가, 나사 지름 d_{bs} 부분에서 구부러져서(**그림 2** (b) 참조), 절삭 불능으로 되어 버렸다.

③ **상태가 좋지 않은 원인**……휘돌림 반지름의 증가에 의해서 절삭 토크가, 앞의 식에서 $R_{wb}/R_{wa}=150/75=2$, 결국 2배로 된다. 한편, $R_{db}/R_{da}=205/130<2$로 되므로, 회전 볼트에 가해지는 회전 부하는, $2\times130/205≒1.27$, 결국 1.27배로 된다. 그 때문에 회전 볼트는 구부러져서, 사용할 수 없게 되었다. 그러나 구부러진 곳은 나사 지름 d_{bs}의 부분이다.

④ **대책 및 결과**……**그림 2** (c)와 같이 회전 볼트의 나사 지름을 굵게 하고, $d_{bs}=1.1\times d_{as}$로 변경하였다. 즉, 회전 볼트의 나사에 1.27배의 굽힘 모멘트가 작용했기 때문에, 이것에 견딜 수 있도록 그 부분의 단면 계수를 1.27배 이상, 지금으로 $\sqrt[3]{1.27}<1.1$배로 한 것이다(단면 계수는 지름의 3제곱에 비례한다).

그 결과, 정상적으로 절삭할 수 있게 되었다. 그리고 응력 집중을 방지하기 위해서 d_{bs}와 d_b와의 단붙이부에 R를 붙여, 회전판의 구멍(내경 d_{bs})의 입구에 모떼기를 한다.

(2) 유압 장치의 복수 유로 전환 밸브의 구조 불량

이것은 무심코 된 미스의 예이다. 파스칼의 원리를 이해하고 있지 않는 것은 아니었지만, 무심코 깜빡 잊어서 실패한 예이다. **그림 3**에 표시한 유로 전환 밸브의 단면 형상이 실패한 부분이다.

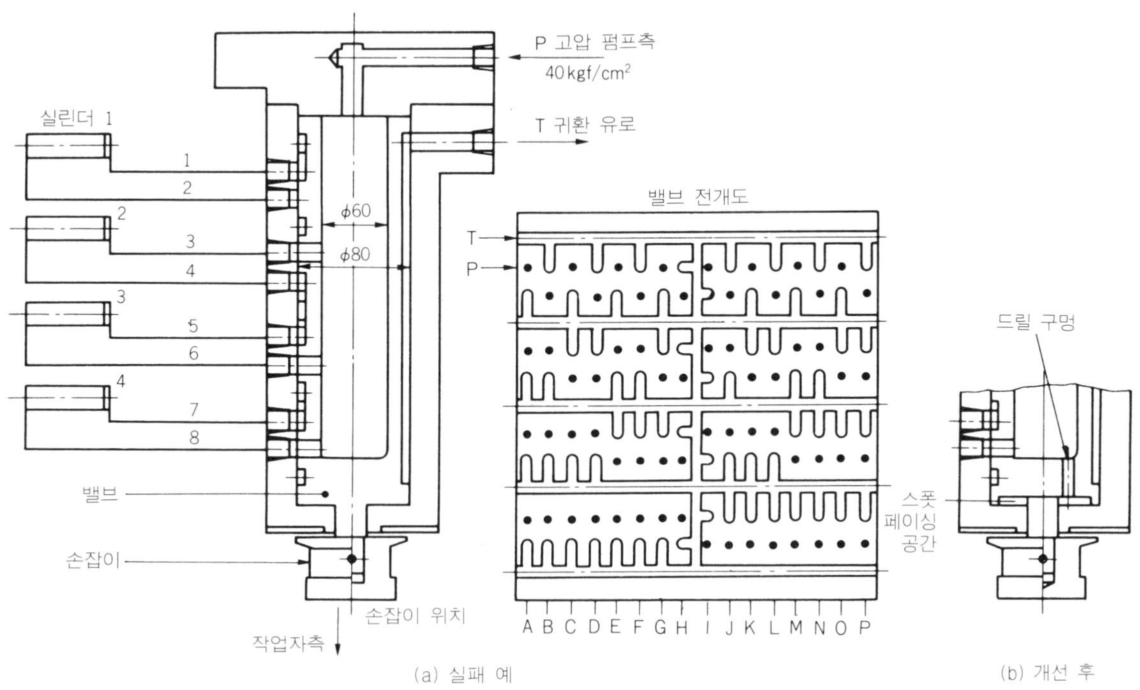

그림 3 복수 유로 전환 밸브

① **설계의 목적**……유로 전환 밸브는, 4개의 실린더에 흐르는 기름의 방향을 프로그램에 따라서 동시에 전환하는 것으로, 농수산물, 가축 육성 관리, 교통 시스템 신호, 노선의 전환 등에 응용되는 것이다.

전환 밸브의 내통은 그림과 같이 작업자 측이 그 이상 더 갈 수 없는 관 형상이고, 내경은 $\phi 60$ mm, 외경은 $\phi 80$ mm, 전환은 18포지션(원주 18 등분으로 전개도의 A, B, C …… P), 유압 압력은 40 kgf/cm²이다.

② **설계 제도의 형편이 좋지 않은 점**……각 실린더에 흐르는 기름의 방향을 전환하기 위해서, 손잡이를 돌리려고 하였으나, 저항이 너무 커서 돌지 않았다. 밸브는 다듬질, 조립할 때는 원활하게 돌릴 수 있었다.

③ **형편이 좋지 않은 원인**……유압을 가하지 않는 경우에는, 원활하게 돌릴 수 있었기 때문에, 이것은 밸브 내통의 외경, 외통의 내경이 진원이 되지 않았거나, 버가 있었다거나 하는 이유는 아니다. 이것은 유압력 40 kgf/cm²를 가했기 때문에 일어난 현상인 것이다.

즉, 밸브의 내통이 작업자 측이 그 이상 더 갈 수 없는 관 형상이기 때문에 유압에 의한 추력 $40 \times \pi / 4 \times 6^2 = 1130$ kgf에 의해서, 밸브 내통이 작업자 측으로 밀어 붙여져서, 내통의 단면과 그에 접촉하는 외통 내부와의 사이에 약 450 kgf · cm(1130 kgf × 마찰 계수 0.1 × 외통 반지름 4 cm에서 산출)의 마찰 토크가 작용했기 때문이다.

④ **대책 및 결과**……대책으로 **그림 3** (b)와 같이 내통의 작업자측 단면을 스폿 페이싱, 외통과의 사이에 공간을 설치하였다. 이 공간과 내통 공동부를 드릴 구멍으로 연락해서, 내통에 작용하는 유압에 의한 추력을 균형잡도록 하였다.

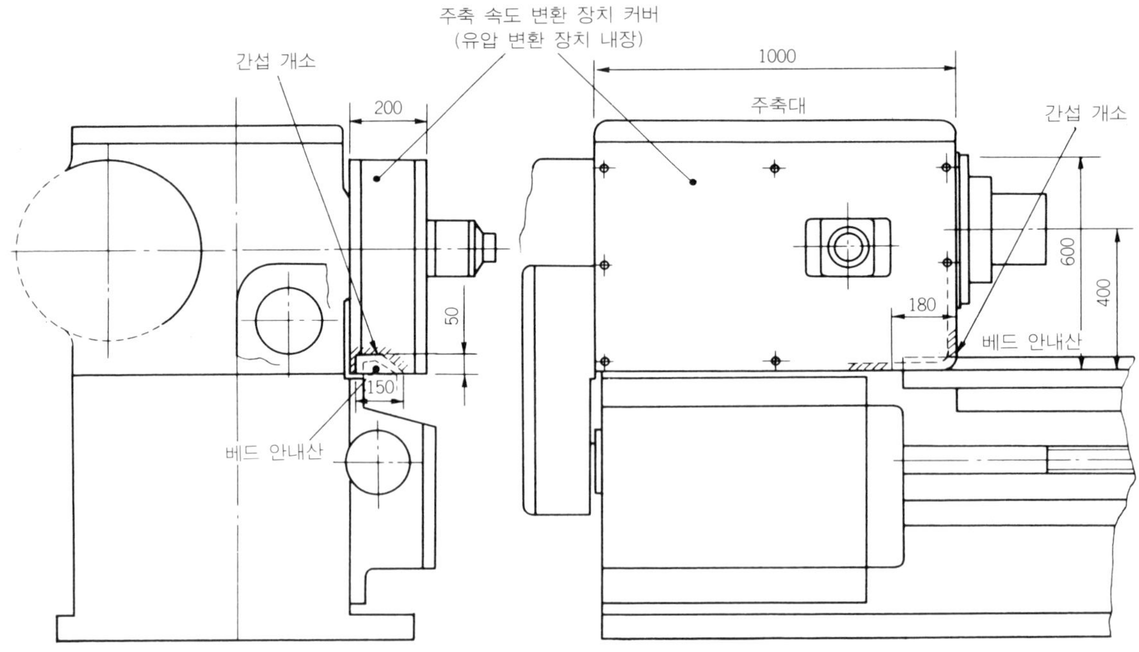

그림 4　선반 주축 속도 변환 장치 커버

그 결과 전환 밸브에 유압을 가해가면서 손잡이를 돌려 보았더니 **그림 3**(a)의 경우보다 원활하게 돌릴 수 있게 되었다.

(3) 선반 주축대 특별 시방에 있어서 커버 설계 미스

그림 4에 표시한 것같은 선반 주축 속도 변환 장치의 커버에 대한 설계 실패 예이다. 기성 선반의 일부를 개조해서, 부품을 추가한 것인데 기성의 부분이 차지하는 스페이스를 잘 확인하지 않고 추가했기 때문에 간섭을 일으키고, 제도의 목적 중에서도 가장 초보적인 「기능상 필요한 부품의 공간 배분」을 달성하지 못한 예이다. 이 미스를 해소하기 위해서, 기계 외관의 일부가 손상되었으나, 동작에 지장은 없었다.

① **설계의 목적**……선반의 주축 회전 속도의 변환은, 종래에는 손으로 슬라이딩 기어를 움직이는 방법으로 하고 있었으나, 유압으로 움직이는 방법으로 바꿔서 이 장치의 커버를 주축대의 전폭과 같은 폭의 것으로 변경하였다.

② **설계 제도의 상태가 좋지 않다**……**그림 4**와 같이 커버의 오른쪽 아래 구석 부분이, 베드 안내산에 간섭해 버렸다.

③ **상태가 좋지 않은 원인**……유압 주축 속도 변환 장치의 계획도 속에 커버는 그려져 있었다. 그것에 주변의 환경으로 주축대의 형상, 치수는 확인되고 있었으나, 베드 안내산에 대해서는 염두에 두지 않았다.

④ **대책 및 결과**……현물을 조립할 때 커버가, 베드 안내산에 간섭하는 것을 알게 되었다.

결과로서는, 커버의 오른쪽 아래 구석 부분을 보링 머신이나 핸드 그라인더로 베내어, 커버를 주축대에 고정하였다. 제작 도면도 그와 같이 정정하였다.

＊　　　　　＊　　　　　＊

도면 미스를 초래하는 원인, 미스를 방지하기 위한 포인트, 실제의 실패 예를 몇 개 소개하였다. 역시 설계, 제도에 있어서는 기본적인 기계 설계 기술, 가공 기술에 대한 지식이 필요하다. 그리고 설계, 제도한 것을 점검, 체크하는 습관을 반드시 몸에 익혀서, 미스를 미연에 방지하고 싶다.

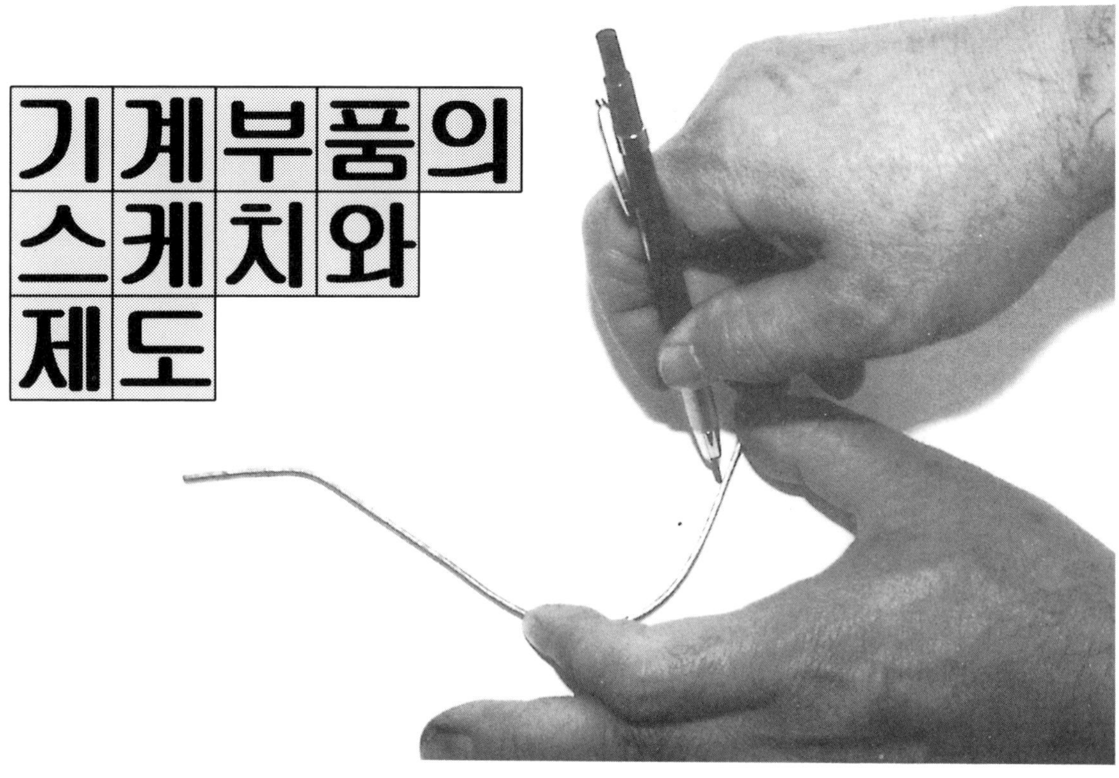

기계와 그것을 구성하고 있는 기계 부품 등의 현물을 보고, 그 형상을 투영도로 해서, 그것을 연필, 샤프 펜슬 등으로 방안지 또는 질이 좋은 종이에 자나 컴퍼스를 사용하지 않는 프리 핸드로 그린다. 더욱이 그 그림에 물품의 치수를 측정하고, 공작 방법, 표면의 상태, 재질 등을 판정해서 기입한다.

이와 같이, 그 물품이 갖고 있는 정보 전부를 기입해서 작성한 도면을 스케치도(견취도)라고 한다. 그리고 스케치도를 완성시키는 것을 스케치한다고 한다. 또는 스케치 작업이라 부르고 있다. 그리고 이 스케치도에서 가공 도면을 그리는데, 마모나 파손 개소는, 추측 등을 해서 설계하도록 검토하고 도형을 복원하거나 필요하면, 개량된 도면으로 변경하거나 한다.

스케치가 필요한 경우는 주로 다음과 같은 경우이다.

① 현재 사용하고 있는 기계의 일부가 파손되거나 해서, 수리하기 위해 부품을 만들지 않으면 안되는데 도면이 없을 때

② 기계를 개량해서 새 기계를 만들고 싶으나 도면이 없을 때

③ 현재 있는 기계와 같은 기계를 만들고 싶으나 도면이 없을 때

④ 제도를 배우는 수단의 한 방법으로, 고찰력을 키우고 제도 기술의 향상을 도모하고자 할 때

*** 스케치도와 가공도의 차이 ***

가공도는, 자와 컴퍼스 등 제도 기구를 사용해서 정확하게 그린다.

그리고 CAD 등과 같은 컴퓨터를 사용해서 제도하는 일도 있다. 스케치도는, 가공도와 마찬가지로 삼각법의 투영도로 그리고, 간단한 그림에서는 입체도로 그리거나 하지만 모두 프리 핸드로 그린다.

스케치도와 가공도의 차이를 보면 다음과 같다.

① 스케치도는 기계(부품)의 현물을 보고 각 부의 치수를 실측해서 그리지만 가공도는 계획도를 기준으로 그린다.

② 스케치도는 실측에 충실하게 그리고, 자기의 의사를 기입해서 개정할 수 없지만 가공도에서는, 구조, 형상, 치수, 가공 방법 등을 설계자의 의사대로 표시할 수 있다.

③ 스케치도는, 공장이나 창고 또는 지방에 출장가서 공장 등의 현장에서 그리는 일이 많기 때문에, 스케치 도구 등 충분치 않은 조건에서 곤란한 경우도 있다. 그러나 가공도는 설계실 등 좋은 환경 속에서 그려진다.

스케치 작업을 할 때 사용하는 도구는, 작업의 내용에 따라 취사 선택하지 않으면 안되지만, 기계의 분해와 조립에 사용하는 작업 공구, 치수를 측정하기 위한 측정구와 그것을 보조하는 보조 용구, 도형을 그리거나 복사하는 작도 용구 등이 있다.

*** 스케치 방법 ***

현물(부품 등)의 형상에 따라, 부품의 형상을 모사하는 방법에는 프린트법, 모양뜨기법, 프리 핸드법이 있다.

● 프린트법

현물의 다듬질면에 구멍이나 움푹 팬 곳이 수없이 많고, 외형도 복잡한 윤곽 형상을 모사하는 데는, 그 곳에 광명단(光明丹)이나 연필을 칠해서 지면에 실형을 전사하는 방법이 있으나 그 면에 모떼기, 튀어나온 부분이 있으면 옳게 형상을 모사할 수 없는 경우가 있다.

프린트법에는 스탬프식(직접식)과 탁본식(간접식)이 있다.

● **스탬프식(직접식)**……현물의 다듬질된 평면에 광명단이나 광물유를 도포해서, 스탬프를 누르는 것 같이 지면에 눌러 붙여서 모사하는 방법이다. 이 경우에 판화를 만드는 것처럼, 종이를 모사하는 면에 올려서, 종이 뒷쪽을 손가락 끝으로 문질러서 모사해도 좋을 것이다(**사진** 1).

모사한 그림은, 현물과 반대 형상으로 나타나기 때문에 스탬프식은 좌우 대칭인 형상면을 선택해서 사용하도록 한다. 그리고 필요한 중심선을 기입한다. 치수의 기입은 보통, 제도의 단계에서 스탬프도를 재서 하기 때문에, 이 경우에 특별히 측정하지 않아도 좋은 것이지만, 필요하다고 생각하는 곳은 측정해 두는 것이 좋을 것이다.

사진 1　스탬프식의 프린트법

● **탁본식(간접식)**……현물의 다듬질된 평면 위에 종이를 올려 놓고, 연필, 연필 가루, 광명단 등을 종이 위에서 엷게 칠해서, 형상을 모사하는 방법이다(**사진 2**). 모사할 그림은, 부품의 형상과 동일하게 비치기 때문에, 필요한 중심선 등을 기입해서, 치수는 특별히 필요하다고 생각되는 것 이외는, 이 자리에서 측정하지 않아도 좋을 것이다. 스탬프식과 마찬가지로 제도 단계에서 측정한다.

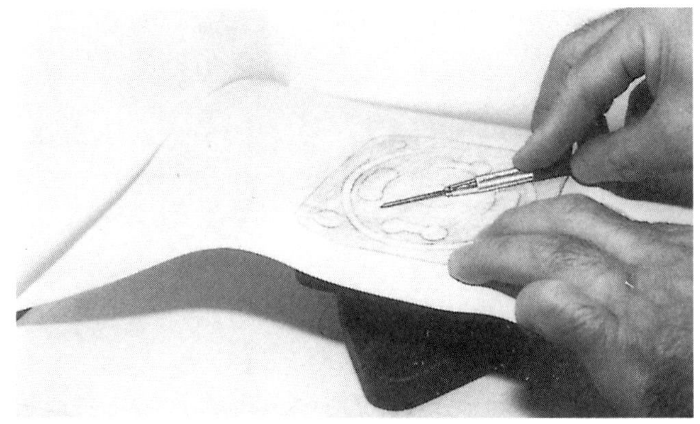

사진 2　탁본식의 프린트법

● 모양뜨기법

　모양뜨기는 현물을 직접 종이 위에 놓고, 그 외주에 따라서, 연필로 직접적으로 형상을 그린다(**사진 3**). 그리고 평면상에 없는 곡선의 모사에는, 컷 사진과 같이 퓨즈선에서 동선을 현물의 곡면에 대어서 형상을 잡고 그것을 종이 위에 놓고 연필로 간접적으로 모사한다. 모양뜨기법으로 모사된 그림은, 제도할 때 치수 등을 측정한다.

　모양뜨기법으로 직접적으로 모사한 그림은 스탬프식과 같은 부품의 면을 향해서 본 형상과 반대로 된다.

　이 때문에, 좌우 대칭인 면에만 사용하도록 한다. 그리고 면 속에 있는 구멍이나 오목한 형상은 나타나지 않기 때문에, 다음에 말하는 프리 핸드법으로 보충한다.

사진 3 모양뜨기법

● 프리 핸드법

프리 핸드법은, 일반적으로 잘 사용되는 방법이다. 부품을 보고 척도에 관계없이 대체적인 비례 비율을 목측으로 재서, 흑색의 연필로 사용해서 프리 핸드로 도형을 그린다. 중심선, 치수 보조선, 치수선도 모두 프리 핸드로 그린다. 그리고 프린트법, 모양뜨기법으로 부족한 그림은 모두 프리 핸드법으로 보충한다. 필요하면 입체도도 그리기도 하지만, 이것도 프리 핸드로 그린다.

스케치를 보충하는 수단으로, 사진을 사용할 때가 있다. 복잡한 기계의 조립 상태나 구조를 분해하는 순서마다 사진으로 해 두면, 다시 조립할 때나 제도할 때 도움이 된다.

*** 치수선의 기입과 치수 측정 ***

● 치수선의 기입

치수 측정 전에 치수선을 기입하지만, 치수선의 기입에 있어서는, 크기의 치수, 위치의 치수, 어디부터 기입하는가(기준의 면과 선)를 생각해서 자기가 설계하거나 가공하는 입장에서 필요한 치수선을 기입한다.

가공도의 치수 기입과, 실제로 측정하는 치수는 장소에 따라서는 측정한 값을 계산으로 구하지 않으면 안될 경우가 있다. 예컨대, 2개의 원형의 중심 거리를 재는 데는, 스케치로서의 측정값을 구할 수 있는 것같이 치수선을 긋는 것이 좋기 때문에 당연히 제도할 때 계산해서 바른 기입 수치를 구하지 않으면 안된다.

● 치수의 측정 방법

치수의 측정은 스케치 작업 중에서 제일 중요한 작업이고 숙련을 필요로 한다. 일반적으로는 스케일(자)로 측정하지만, 정밀도가 필요하다고 생각되는 곳에는 버니어 캘리퍼스 또는 마이크로미터 등을 사용한다.

사진 4 캘리퍼스로 길이를 베껴내서 강제 곧은자로 읽는다

그리고 각종의 게이지를 사용해서, 측정 장소에 맞는 방법으로 검토하면서 주의 깊게 측정해 간다.

• **길이(높이)**……길이는 강제의 곧은 자로 재지만 정밀도를 요하는 개소의 측정에는 버니어 캘리퍼스 또는 마이크로미터를 사용한다. 눈금과 눈의 위치를 동일 평면에 유지하도록 해서 값을 읽어낸다. 그리고 직접 자를 댈 수 없는 경우에는, 캘리퍼스를 사용하거나한다. 높이를 정반 위에서 구하는 데는, 하이트 게이지로 재는 방법이나 서피스 게이지를 사용하고, 스케일 홀더에 강제 곧은자를 고정해서 높이의 값을 읽는 방법도 있다.

사진 4 ~ 사진 8에 강제 곧은자, 캘리퍼스, 버니어 캘리퍼스, 서피스 게이지 등을 사용한 측정 예를 나타낸다.

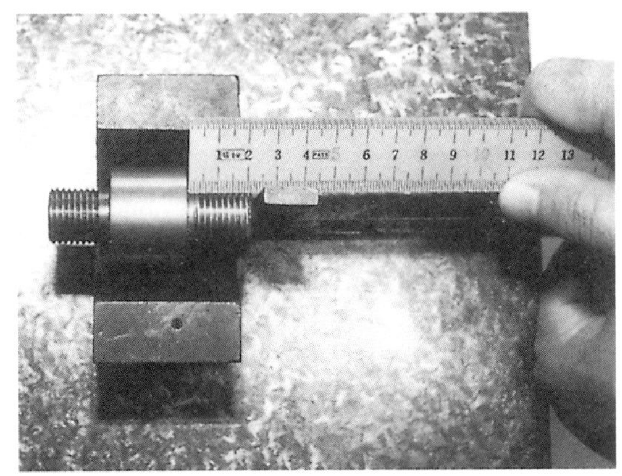

사진 5 강제 곧은자로 길이를 잰다

사진 6 버니어 캘리퍼스로 정밀하게 길이를 잰다

• **지름**……외경은 강제 곧은자, 외경 캘리퍼스, 버니어 캘리퍼스, 외측 마이크로미터, 내경은 강제 곧은자, 내경 캘리퍼스, 버니어 캘리퍼스, 내경 마이크로미터(캘리퍼스형과 막대기형)로 정밀도에 따라서 각각의 측정 용구를 구별지어 사용해서 측정한다(**사진 9, 사진 10**).

사진 7 버니어 캘리퍼스의 내측조로 홈폭을 잰다

사진 8 서피스 게이지와 강제 곧은자로 높이를 읽는다

사진 9 버니어 캘리퍼스에 의한 지름의 측정

사진 10 외측 마이크로미터에 의한 지름의 측정

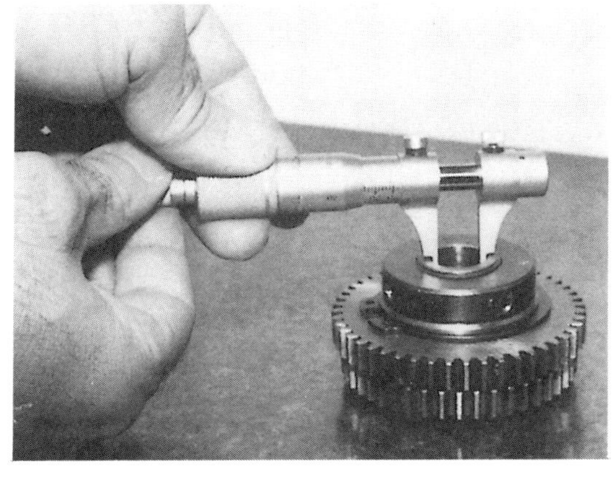

사진 11 내측 마이크로미터에 의해 구멍 지름을 잰다 사진 12 버니어 캘리퍼스의 데프스바로 구멍 깊이를 잰다

●**구멍의 중심 거리**……구멍의 중심은 실제의 형상으로는 나타나 있지 않기 때문에 **그림** 1과 같이 구멍의 끝과 끝의 거리 C를 재서, 계산으로 구한다. **사진 11**은 구멍 지름의 측정 예이다.

사진 13 캘리퍼스와 강제 곧은자로 두께를 잰다

● **깊이**……깊이는, 깊이 게이지나 M형 버니어 캘리퍼스의 깊이 바를 사용해서 잰다. 알 수 없는 단차를 바르게 재는 것이 중요하다. **사진 12**는 깊이의 측정 예이다.

● **두께**……두께는, **그림 2**와 같이 캘리퍼스를 잘 생각해서 측정한다(**사진 13**).

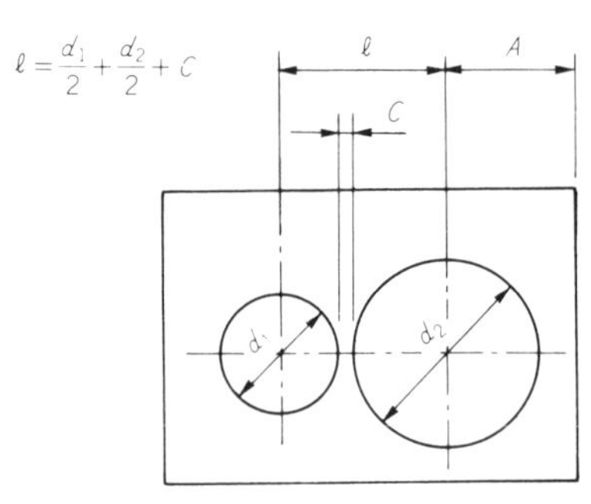

그림 1   중심거리를 구하는 방법

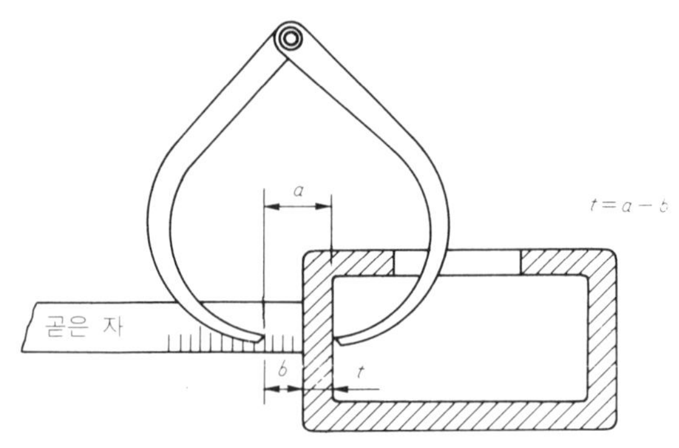

그림 2   두께의 측정

● **원호**……작은 원호를 정확하게 재는 데는, R 게이지를 사용하지만 곡면이 구부러지기 시작한 점을 자로 구해서 중심을 눈쪽으로 구해도 좋을 것이다.

주물 표면의 둥글기는 일정하지 않은 것이 있으나 끝 수는 잘라 버리고 몇 개의 평균값을 구해 놓는다.

제도할 때 JIS 규격의 주조품의 둥글기를 참고로 결정한다(**사진 14**).

● **각도**……경사진 면은 수평, 수직의 기준이 되는 면부터의 각도를 분도기로 잰다(**사진 15**). 그리고 각 게이지를 사용하는 것도 좋을 것이다.

● **틈새**……틈새의 측정에는 틈새 게이지를 사용한다. 부품과 부품 조립시의 틈새의 조정에 사용하지만, 분해시에 측정해 놓지 않으면 알 수 없게 되므로 분해시에는 어디를 측정하지 않으면 안되는가를 기계의 동작, 기구를 설명하는 것이 있으면 참고로 하고, 없으면 판단해서 정해 놓는다.

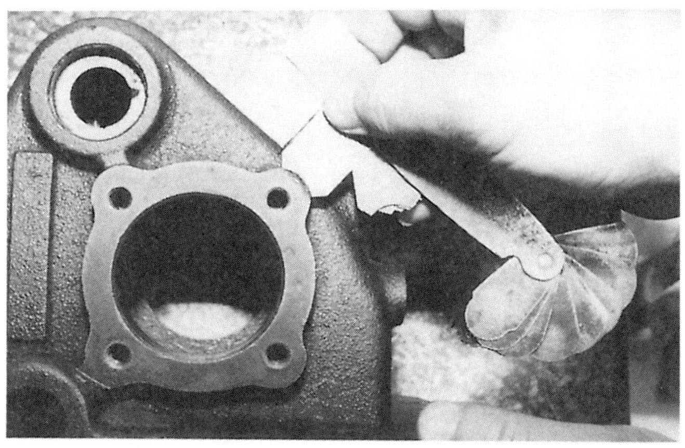

사진 14 R 게이지로 원호를 잰다

사진 15 분도기로 각도를 잰다

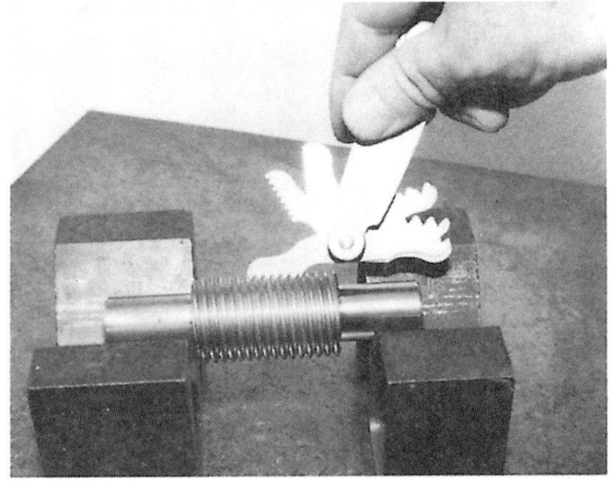

사진 16 나사 피치 게이지로 수나사의 피치 측정

● **나사**······나사는 우선 피치 게이지로 피치(또는 산 수)를 잰다(**사진 16**). 나사 규격에서 나사의 호칭 치수(외경)와 피치(또는 산 수)에서 나사의 "호칭"을 찾아 낸다. 그리고 나사 마이크로미터로 직접 유효 지름을 측정한다.

사진 17 치형 버니어 캘리퍼스로 기어의 이 두께 측정

● **기어**……인벌류트 치형 게이지로 기어의 이와 물리는 게이지 판을 찾아서 모듈을 구한다. DP의 것은 DP용 치형 게이지를 사용한다. 기어 제도에 필요한 값을 측정하는데 치형 버니어 캘리퍼스(**사진 17**)로 이 두께의 측정, 이 두께 마이크로미터로 베이스 걸치기 이두께를 측정한다.

● **표준 부품**……볼트, 너트, 작은 나사, 와셔, 키, 핀 등의 표준 부품은 스케치가 필요없으나 규격의 어느 것에 해당하는가를 조사하고 호칭 방법을 부품 번호와 같이 기입한다.

조사하는데 필요한 수치의 측정은 하지 않으면 안되기 때문에 어느 장소를 측정하면 좋은지 각각의 규격에서 조사해 놓는다.

● **면의 표면**……기계 가공의 다듬질 정도를 판정할 때는 표준 거칠기 시험편을 사용해서 목측이거나 손 끝의 촉감으로 비교해서 판정한다. 그리고 표면 거칠기의 측정을 하는 일도 있지만, 고급 다듬질이 되고 있는 면에만 한정되어 있다.

사용 상태에 따라서는 마모되거나 손상되거나, 부식되어 있는 부분이 있으나 이 부분의 사용 목적, 치수 공차 정도로 추측해서 면 표면의 수치를 정한다.

● **끼워 맞춤**……축과 구멍 등에서 상대가 있는 부품에 대해서는 그 역할을 생각해서 측정할 때, 정밀도가 좋은 마이크로미터를 사용한다. 3개소 정도 측정해서, 그 평균값을 구하는 것이 좋을 것이다.

끼워 맞춤의 종류는 양쪽을 재서 끼워 맞춤의 표에서 결정하지만 마모 등을 생각할 수 있으므로 최종적으로는 가공도를 그릴 때 수정한다. 스케치에서는 상대와의 수치가 크게 다르지 않도록 주의한다.

● **재질**……재질의 판단에서 철과 비철의 차이는 누구나 알 수 있으나, 철 중에서 어떤 종류인가를 판별하는 것은 대단히 곤란하다. 주철인가 강인가 또는 주조품이나 단조품인가 하는 것 등은 어느 정도까지 색깔이나 광택으로 판정할 수 있다.

다소 깎아도 되는 물품이라면 경도 시험이나 불꽃 시험을 하거나 표면을 줄로 깎아서 담금질의 유무를 체크하는 것 등은 가능하다. 정확하게는 테스트 피스를 만들어서 인장, 전단, 굽힘, 스펙트럼 분석을 하거나 금속 현미경으로 결정을 보거나 해서 판정한다.

⋆⋆⋆ 스케치 작업의 순서 ⋆⋆⋆

스케치 작업은, 스케치하려고 하는 기계, 부품 등의 현물을 앞에 두고 실시한다. 초심자의 대부분은 신속하게 제각기 분해해서 속을 보려고 하지만 여기서는 신중히 하여 그 절차를 틀리지 않도록 해야 한다.

사전에 기계의 구조, 기능 등을 조사해서 분해 절차, 조립 절차를 찾고, 필요한 공구를 준비한다. 그리고 스케치의 작도, 측정, 보조의 용구도 동시에 준비한다.

분해는 설명서가 있으면 그 절차에 따라 실시하지만 아무것도 없을 때는 맞춤 표를 표찍는 기구로 붙이거나 펀치로 때린다.

분해시에는 기름이 흘러 나오는 일도 있기 때문에 주의한다. 기름으로 더러워진 부품은 세척유 등으로 깨끗하게 해서 스케치 작업에 들어간다.

● 조립도의 스케치

현물을 분해하기 전에 전체 도형으로 조립도를 프리 핸드로 그린다. 내부 부품의 조합의 그림은 부품의 설치 위치를 표시하는 데 중요하지만 이것은 분해한 것이기 때문에 조립도로 추가 기입하든지 따로 단면도를 그린다.

주요 치수(전체 길이, 전체 높이, 축의 중심 위치, 최대 움직임의 크기, 회전 방향 등)와 조립 치수(조립한 크기, 부품 간의 조립에 필요한 틈새 치수 등)를 측정해서 기입한다.

다음으로 부품 번호를 지시선으로 그어서 기입하지만 본체에서 순서 번호를 붙여간다. 관련이 있는 부품의 그룹에는 번호를 한데 모으도록 한다.

● 부분 조립도의 스케치

큰 기계 등에서, 총 조립도의 크기로는 그림이 작게 돼서 치수, 부품 번호 등을 기입할 수 없을 때는 기계를 기구적 부분으로 크게 분해해서 조립도의 스케치와 똑같이 부품을 분해하기 전에 부분 조립도를 그린다. 내부 부품의 조립도나 치수, 부품 번호의 기입 방법은 조립도의 스케치와 같다.

● 부품의 스케치 순서

분해된 부품은 조립도, 부분 조립도에 붙인 번호와 같은 번호를 꼬리표에 기입해서 묶는다. 작은 나사 등의 작은 부품은 봉투에 넣어서 부품 번호를 기입해 둔다. 분해한 다음, 조립해서 다시 사용하는 것 중에서 리벳 체결이나 압입 등으로 분해하기 불가능한 부분이 있으면 분해하지 말고 스케치한다. 그릴 수 없는 그림이나 잴 수 없는 치수는 제도할 때 검토해서 기입한다.

● **프린트와 프리 핸드의 스케치**……프린트법을 적용할 수 없는 면은 곡면이나 큰 돌기를 가진 면이지만 연구에 따라서는 돌출부가 닿는 종이 부분을 오려냄으로써 프린트가 가능하다. 그러나 이것만으로는 미완성이기 때문에 프리 핸드법으로 부족 부분을 보충해서 완성시킨다.

마모되거나, 파손해서 잘라낸 부품은 현상을 그대로 그린다. 대칭형의 도형 중심선이나 구멍, 축의 중심선은 잊지 말고 기입해 둔다.

● **치수선의 기입**……치수 보조선, 치수선, 인출선은 청색의 연필을 사용한다. 프린트한 부분은 나중에 제도할 때 프린트 부분의 치수를 재서 치수를 기입하기 때문에 특별히 필요한 치수 이외는 치수선을 기입하지 않아도 되는 것이다.

프리 핸드로 그린 그림 부분은 치수선을 긋고 치수를 측정하는 것이지만 치수선의 기입이 중요한 작업이 되며, 치수선 긋기 방법에 따라서는 도면을 잘 이해할 수 없는 그림이 된다.

그래서 치수선의 기입은 가공도를 그리는 것과 같이 크기의 치수, 위치의 치수, 기준면에서의 기입이 지켜지고 있는가 등을 고려하면서 작은 치수에서 큰 치수로, 부품에 가까운 장소에서 먼 장소로 배치가 잘 되게 나란히 기입하면 좋을 것이다.

R나 C의 치수, 가공 방법에 대한 지시선 등도 기입한다. 부품을 측정해 가면서 더구나 뒤섞여서 어디를 가리키고 있는지 알 수 없는 기입을 해서는 안된다. 그리고 모든 치수선이 기입되어 있는지를 체크한다. 부품의 형상을 만들 수 있도록 치수선이 기입되어 있는지, 가공 방법에서 보아 합리적으로 치수선이 기입되어 있는지, 중복된 치수선의 기입은 없는지 등에도 주의하여야 한다.

● **치수 측정**……측정한 치수 수치는 적색의 연필을 사용해서 기입한다. 측정 방법은 개인차가 나지 않도록 옳게 측정을 하여야 한다. 구멍의 중심선의 위치는 계산해서 기입한다. 용지는 기름 등으로 지저분하게 되므로 조금 큰 숫자로 기입해 놓는다.

● **다듬질, 끼워 맞춤**……면의 표면 도시기호, 끼워 맞춤 기호와 수치, 가공 방법 기호 등은 적색의 연필로 기입한다. 측정에는 각각의 측정 용구를 사용해서 정확하게 측정한 값을 수치, 문자, 기호로 기입한다.

면의 표면 도시기호는 표준 거칠기 시험편으로 비교해서 기입하지만, 중심선 평균 거칠기(R_a)의 측정값을 사용하는 것이 보통이기 때문에 다듬질 기호의 삼각 기호는 환산해서 기입한다(164페이지 참조).

가공 방법 기호는 무엇으로 가공하는지를 부품의 형상과 가공 모양에서 판단해서 절단 방법 등을 지시할 때 기입한다. 가공면의 모양, 기복 등의 지시는 면의 표면 도시기호에 기입한다.

끼워 맞춤은 상대가 되는 부품과 맞대어서 끼워 맞춤의 상황을 보고 어떻게 사용되는가를 판단하지만 이 치수는 마이크로미터 등으로 정확하게 측정한 값이 상대측과 옳게 균형이 맞게 되어 있는가를 보도록 한다. 그래서 끼워 맞춤의 종류와 공차를 기입한다.

가공도를 그릴 때는 마모 등도 생각하고 수정해서 올바른 끼워 맞춤의 수치를 결정한다.

● **부품 번호, 품명, 재질**……스케치도가 완성되면 부품 번호와 품명을 기입한다. 품명은 부품명이고 카탈로그나 설명서에 정해져 있는 것은 그대로 사용하지만 부품명이 없는 것은 그 기능, 용도를 보고 이름을 붙인다.

재질은 기입하지 않으면 안되지만 무엇인지 판단하기 어려운 경우에는 추정해서 기입하고 색 등도 잊지 않도록 써두며, 가공도의 단계에서 용도, 강도 등을 추정해서 선택한다. 검사를 할 수 있으면 그 결과도 참고로 한다.

● **검도**……스케치도가 완성되면 치수 기입의 원칙을 생각하면서 못 보고 넘긴 것, 오기, 중복, 측정 누락, 기입 누락 등을 체크한다. 특히 공장이나 출장 현장에서 스케치 작업을 할 때는 측정 누락, 기입 누락이 있으면 재차 스케치할 수 없기 때문에 충분히 검도를 해야 한다.

검도의 방법은 211페이지를 참조하기 바란다. 검도가 완료되면 꼬리표에 표시를 해 놓는다.

● **조립**……전 부품의 스케치가 완료되면 현물은 기름을 닦아내고 분해와 역 순서에 따라서 조립한다. 부품의 조립 누락은 없는가, 작동, 기능은 원래대로인가, 급유할 것에 급유했는가 등을 확인해서 완료가 된다. 시운전하는 것은 작동해 본다.

*** 스케치도에서 가공도로 ***

가공도는 스케치한 그림을 그 목적(재제작인가 개조인가)에 따라서 다음 순서로 제도한다.

● 부분 조립도와 조립도를 그린다.

스케치도의 부품도로부터 조립도를 그린다. 조립도는 속의 부품을 표시하기 위해서 단면도를 정면도로 놓고 측면도의 두 면으로 그리는 것이 보통이다. 기구적으로 치수 등이 옳은가, 움직임은 충분한가 등을 검토한다. 부품 번호는 전부 인출해서 기입한다. 수정 개량이 필요하면 여기서 설계하는 것같이 고쳐서 그린다.

● 부품도를 그린다.

조립도로부터 부품도를 그린다. 수정된 곳은 스케치도도 수정해서 이것을 보고 다시 그린다(스케치도의 수정 전의 그림과 수치는 남겨두는 것이 좋다).

치수 기입에서는 가공도를 기입하게 되므로 기준을 잡는 방법에 주의한다. 끼워 맞춤, 관련 치수는 관계 부품도와 대조해서 확인한다.

● 명세표를 작성한다.

명세표는 조립도와 부품도와의 관련을 알고 재료, 공구, 공정 등의 준비에 사용하기 때문에 제작 단계에서 필요하다. 조립도에 여백이 있을 때는 부품표로 기입하지만 수가 많을 때는 다른 용지로 한다. 부품 번호는 스케치 부품의 번호이다.

● 중량 계산

부품표 안에는 중량란이 있으므로 중량 계산을 한다. 그리고 표제란 등의 최종 검토를 해서 완료한다.

PART · 6

자동화로 되어 가는 기계 제도

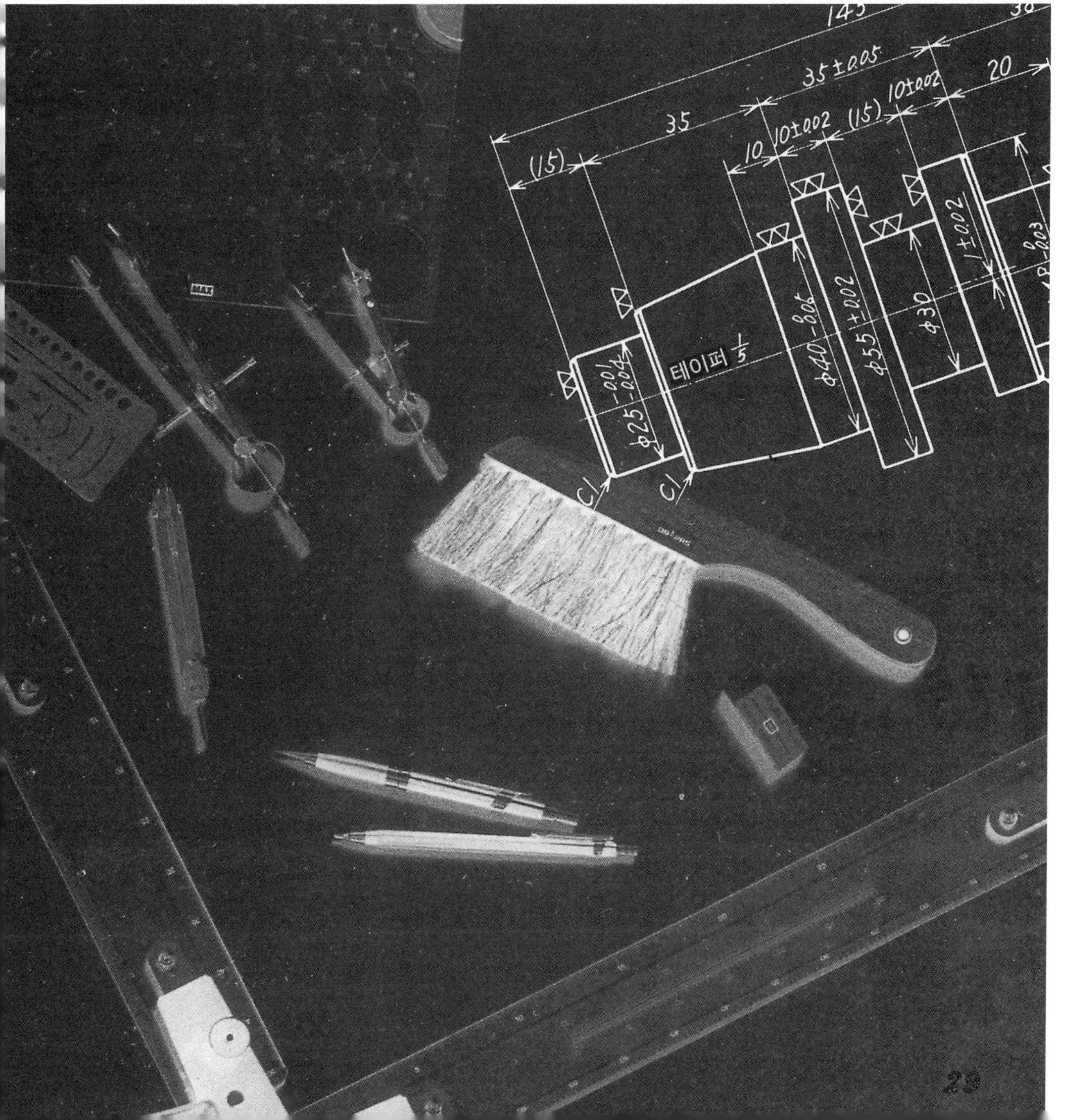

CAD/CAM과 기계 제도

Computer Aided Design 이
Creative Associated Design으로 승화할 때

■ 왜 CAD/CAM인가

최근의 공업 분야에서는 CAD/CAM(Computer Aided Design/Munufacturing : 컴퓨터 원용(援用) 설계/제조) 지향이 급속히 높아지고 CAD/CAM은 일종의 붐에서 완전한 보급기에 들어가고 있다. 당초에는 소위 대기업을 중심으로 시스템의 도입이 시작되었으나 지금이야말로 중소 기업이나 연구소에 이르기까지 보급의 저변을 넓혀가고 있다.

그 주된 이유로 다음의 것들을 들 수 있다.

① 고급 설계 기술자의 만성적인 부족에 따라 인건비 상승 등을 제품 가격으로의 전가만으로는 커버할 수 없게 되었다.

② 국제적인 기술 개발 경쟁이 해마다 격심한 추세로 증가하고, 「좋은 것을 싸게」를 모토로 하지 않으면 시장 점유율의 확대를 기대하지 못하게 되었다.

③ 독특한 점이 소중히 여겨지는 오늘날, 제품의 다양화가 진척되고 다품종 소량 생산에도 기동성을 발휘하지 않으면 안되게 되었다.

④ 최근의 기술 혁신의 템포는 일진 월보의 보조가 문제가 아니라 초진 분보의 상태에 있다고 말하며 제품의 라이프 사이클이 짧게 되었다.

더욱이, 이러한 것들보다 중요한 것은 다음에 들은 최근의 상황이다. 즉,

① CAD/CAM 시스템 메이커가 3차원 솔리드 모델의 구축에 의해서 유치한 세트 조작, 즉 기본적인 입체 상호간의 가감 연산을 기본으로 한 새로운 입체 모델을 창성할 수 있는 뛰어난 소프트웨어를 개발해서 사용자에게 공급하고 있다.

② 어려운 프로그램 언어에 의하지 않고 현장의 작업자가 일상의 언어로 프로그램할 수 있는 NC 공작 기계(대화형 등)의 개발이 진척되었고 CAM 시스템의 도입에 대한 저항감이 없어졌다.

③ 물품을 설계할 때 필요한 각종의 기술적인 분석을 지원하는 CAE(Computer Aided Engineering)의 개발도 진척되었고 시작기(試作機)의 개발이나 시작에서 테스트나 분석에 이르기까지의 과정, 시간이 대폭 단축되었다.

④ 소위 「퍼스널 컴퓨터 CAD」라고 불리는 저렴한 가격의 시스템이나, 미니컴(미니 컴퓨터)을 기본으로 하는 스탠드 알론형의 중 규모 CAD가 다수 공급되기 시작하였다.

이들 상황에서 CAD/CAM화가 진척되었고 그 매력이 인정되어 간 것도 놓칠 수 없을 것이다. 특히, ③의 CAE로는 컴퓨터 속에서 각종의 실험이나 디자인의 양부를 결정할 수 있으므로 제품 개발의 리드타임이 단축되고 각 메이커로부터 뜨거운 시선을 받고 있는 것이 현상황이다.

■ FMS에서 FA로의 흐름

NC 공작 기계가 생겨난 이래 이것에 컴퓨터를 결합해서 설계에서 가공까지를 지향한 CAD/CAM이 발달해 온 것은 다 아는 바이다. 최근에는 복수의 NC 공작 기계를 주체로 자동 반송 장치나 로봇 등, 생력화에 필요한 모든 기계 요소를 컴퓨터로 집중 관리하는 FMS(플렉시블 생산 시스템)가 각광을 받고 있다.

이 방법은 다품종 소량 생산의 자동화를 목표로 하고 있고 최종적으로는 공작 기계나 반송 장치의 조작만이 아니라 공구 관리, 지그 관리, 칩 처리는 물론이고 공정 관리, 재고 관리, 일정 관리까지도 집중 제어하는 것이다.

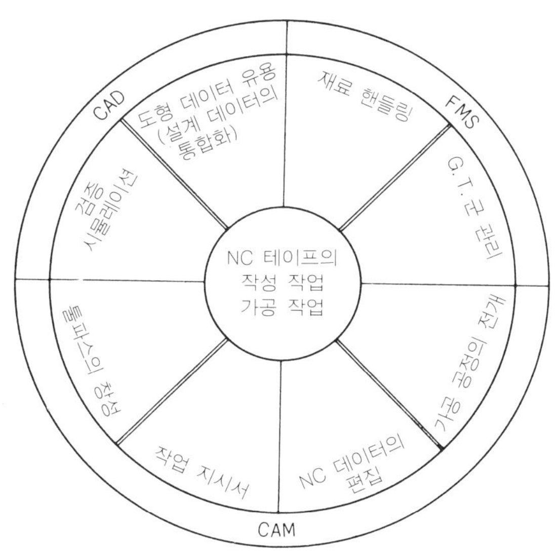

그림 1 CAD/CAM과 FMS와의 관련

그림 1은 CAD/CAM 시스템과 FMS와의 관련을 표시하는 개략도이다.

이와 같이 다품종 소량 생산이 필요한 기계 부품이라도 사람 손에 의하지 않고 금속 소재 그 자체에서 일관 가공할 수 있는 시스템이 실현되고 더욱이 모든 자동화를 도모한 무인화 공장으로 전진하고 있는 것이다.

가령, 전력 요금이 싼 야간에 무인화 공장에서 고품질의 제품이 생산되고 주간에는 사람이 CAD를 사용해서 신규로 개발할 제품을 보다 창조성이 있는 입장에서 설계하는 방식이 금후 21세기를 향해서 추진되는 것은 틀림없다.

그렇게 말하는 것도 세계에 있어서 일본의 장래는 국제 기술 경쟁에서 항상 일보 리드해 나가지 않으면 자원이 적은 핸디캡을 커버하는 것이 어렵게 된다고 예상되기 때문이다.

다음에 하이테크놀로지 사회를 담당하는 CAD/CAM과 FMS의 방법과 내용에 대해 좀 더 기술해서 그것과 기계 제도와의 관계를 고찰하도록 한다.

■ CAD/CAM의 개념과 기계 제도

가령 **그림 2**에 표시한 것 같은 CAD/CAM 시스템의 도입에 의한 CAD화에 있어서 중요한 것은 설계 모델의 형상 결정, 강도 계산, 도면의 수정이 가능한 제도 편집의 3 항목이다.

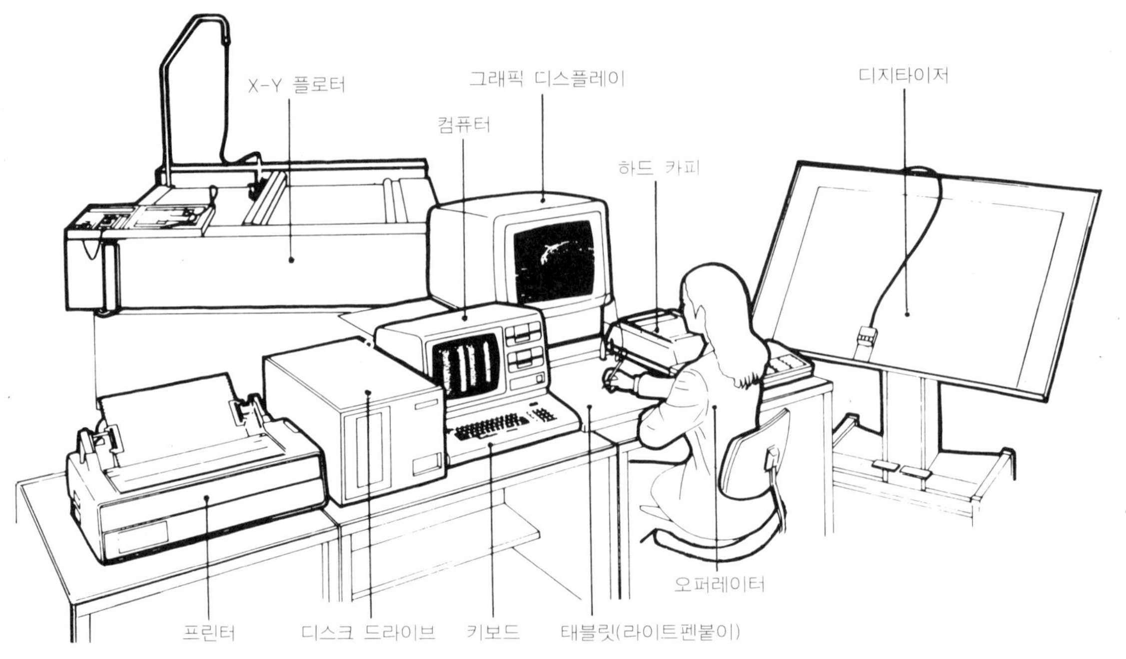

그림 2 CAD 시스템의 한 예

이러한 모든 것들을 가능하게 하는 데는 대형 CAD 시스템이나 미니컴을 베이스로 하는 EWS(Engineering Work Station)라고 불리는 중규모 CAD 시스템이 있으며, 최근에 자주 화제가 되는 퍼스널 CAD는 제도에 철저한 경향이 있으나 상세한 것은 따로 게시하는 기사를 참조하기 바란다.

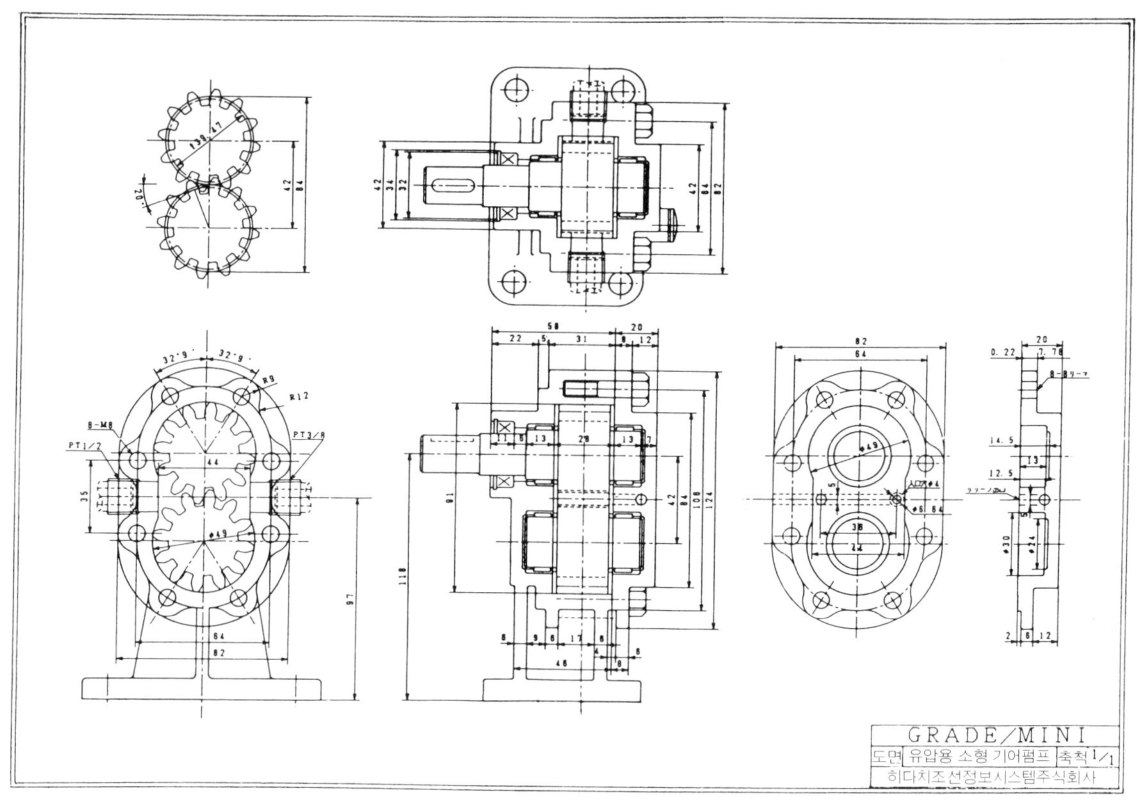

그림 3 CAD에 의한 기계 제도의 출력 예

여기서는 CAD/CAM의 개념을 기술하는데 있어서 중규모나, 그보다 상위의 시스템에 대해서 설명해 가기로 한다.

(1) 형상 결정

CAD 시스템은 단순히 설계의 최종 단계인 제도 작업을 지지하는 것만이 아니라 어디까지나 설계 과정에서 사람이 잠재적으로 갖고 있는 창조력을 효과적으로 끌어낼 수 있는 것이 아니면 안된다.

그렇게 하기 위해서는 모델이 갖는 형상을 EWS 위에서 전개하는 **그림 3**에 표시한 것 같은 기계 설계 도면이나 등측도 뿐만 아니라 임의의 위치에 있어서 절단면 표현을 할 수 있는 시스템, 그리고 솔리드 모델의 경우에는 음영이나 하이라이트 처리 등의 양감이나 질감도 낼 수 있는 시스템의 도입과 소프트웨어의 개발을 검토해 둘 필요가 있다.

일반적으로 CAD/CAM 시스템을 효율 좋게 운용하기 위해서는 표준 부품의 데이터 베이스화가 포인트가 된다.

모처럼 고가인 장치를 도입해도 사전에 메이커에서 공급하는 소프트웨어가 사용자의 요구와 잘 맞지 않으면 실가동의 효과가 현저하게 나타나지 않을 뿐만 아니라 사용자 측에서 재차 소프트웨어를 다시 개발해야 한다는 2중 투자의 낭비도 생기지 않는다고 할 수 없다.

그런데 실제의 설계 단계에서 부품 형상이 정해지면 이들의 데이터를 철한다.

시스템을 효과적으로 운용하는 데는 보다 많은 부품을 등록해서 몇 개의 기술 자료와 같이 언제 어디서나 검색해서 배치할 수 있는 데이터 베이스화가 바람직하다고 할 수 있다. 기업 내의 누구, 어디에서라도 시간은 문제삼지 않고 필요에 따라서 디스플레이 위에 부품과 부품을 불러내서 자료의 기구상의 체크나 간섭의 유무를 확인하거나 시점의 변경이나 부분적인 확대를 해서 조립 순서의 검토, 틈새의 결정도 할 수 있어야 한다.

(2) 설계 계산

보통 기계나 기구의 설계에 있어서는 각 부품의 형상이나 치수의 제원을 사전에 설정한 뒤에 하중이나 지지 조건 등을 생각해서 탄성역학의 범위에서 강도 계산이나 변형량을 산출한다.

이것을 수 작업으로 하게 되면 부품의 형상을 단순화하여도 대단한 계산량이 되고 그 노력과 시간은 막대한 것이 되며, 설계자에게도 큰 희생이 강요된다.

그리고 그 결과는 실제의 상황에 대한 기준을 주는 데 지나지 않는 경우도 많고 실험과의 병용이나 성능 테스트의 결과에 의해서 일부의 수정 등도 어쩔 수 없이 하는 일이 적지 않았을 것이다.

이 점, CAD 시스템을 이용하면 대부분의 메이커가 보다 복잡한 3차원 모델에 대한 유한 요소법의 해석 기능을 충족하는 시스템을 공급하고 있어, 필요한 수치 계산의 능력을 구비함과 동시에 그 결과도 가령, 메시에 의한 아이소·파라메트릭 요소로 도형 표시되어 보다 실정에 맞는 설계의 구체화를 도모하게 되었다.

그 외에 자유 곡선을 창성하는 경우도 여러가지 방식이 있으며, 보다 복잡한 복곡면(複曲面)의 창성을 비롯해서 곡면과 곡면 상호의 상관이나 다면에 대한 투영, 숨은 선의 소거 및 오프셋(병렬 처리) 등이 가능하다.

특히 항공기 산업이나 자동차 산업에서 많이 볼 수 있는 자유 곡면에 대한 보다 설계의 마스터 모델의 구축에는 CAD 시스템이 불가결하게 되어 있다. 이 마스터 모델을 기본으로 외형의 치수를 비롯해서 외관의 스타일이나 디자인의 결정 외에 그것들을 생산하기 위한 프레스 금형이나 지그 및 고정구류의 설계, 더 나아가 NC 가공의 데이터화까지 실시되고 있으며 CAD와 CAM이 원활하게 결부되어 있다.

특히 항공기는 모든 분야의 최신 기술을 도입한 종합 과학의 성과이고 이후에도 경량·고속화는 물론 안전·신뢰성이나 내구·환경성 등을 추구한 보다 우수한 CAD/CAM 시스템의 개발이 요망되고 있다.

한 예로서 CAD와 CAM의 작업에 의해서 생산 활동이 진행돼 나가는 상황은 **그림 4**에, 그리고 그 순서도를 **그림 5**에 나타내었다.

이것들은 어디까지나 견본의 하나를 예로 표시한 것뿐이고 그 형태는 여러 가지로 생각할 수 있다.

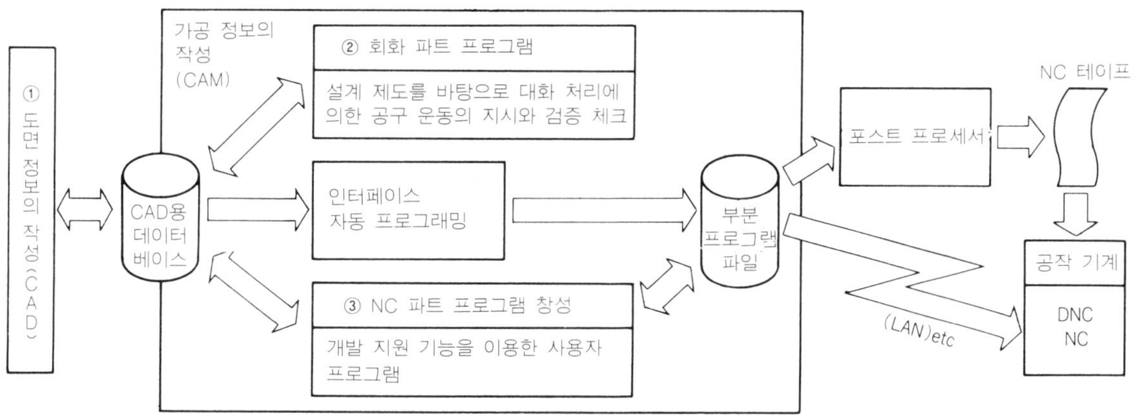

그림 4 CAD와 CAM의 작업 예

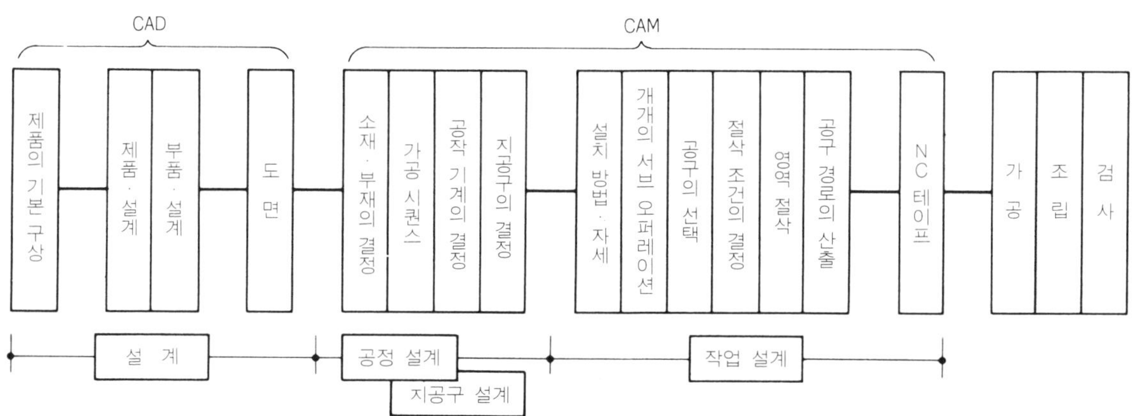

그림 5 CAD에서 CAM으로의 흐름도

(3) 제도 편집의 방법

설계에 관한 업무에서는 과거의 예를 참고로 해서 현재의 주문에 맞도록 일부를 수정하는 것만으로서 전체의 일이 끝나게 되는 경우도 대단히 많은 것이다. 그 중에서도 주문 생산을 주로 하고 있는 기계 메이커나 조선에 있어서의 설계에서 예를 볼 수 있다.

이와 같은 경우 이미 설계된 파일에서 필요한 도면을 작업 파일로 불러내어 도중의 프로세스를 부가하면서 대체안을 설계할 때가 있다. 특히 시급한 시방 도면을 작성하는 경우, 이 방법으로 제1안, 제2안 및 제3안……, 라고 하는 것같이 첫 시작이 빠른 도면을 만드는 것이 가능하다.

이와 같이 지금까지 설계가 끝난 도면이나 그 도면이 갖는 정보를 활용하면서 새로운 설계 도면을 구축해 나가는 것을 CAD/CAM에 있어서 제도 편집이라고 부르고 있다.

앞에 기술한, 보다 창조적인 작업에 있어서 CAD화를 촉진하는 것이 이제부터의 최대 과제인 것이지만 한 편에서는 이 제도 편집과 같이 노력의 절감을 도모하는 것 또한 CAD/CAM화의 큰 효과 중 하나이다.

특히 사용자로부터의 요구의 다양화에 의한 다품종 설계에서 효과적이다.

이외에 설계 부문에는 설계에 따른 각 부서에 대한 정보 전달을 위한 서류나 치수, 문자, 기호 등 의외로 손이 가는 작업도 있으며 이들의 설계에 부수되는 여러 가지 관련 작업의 능률을 향상시키는 것도 중요하다.

물론 그 때문에 워드 프로세서나 그외의 OA(사무 자동화) 기기를 완전히 활용해서 CAD와 병용 또는 짜넣어진 기능을 완전히 사용해서 효율을 높여가는 것도 필요하다.

■ CAD/CAM 도입의 효과

CAD/CAM 시스템을 도입함으로써 얻을 수 있는 장점을 분석해서 시스템의 특징을 아는 동시에 도입의 효과를 평가할 수 있다.

물론 장래 시스템의 확장이나 공장의 레이아웃을 계획하고 생산성 향상에 대한 전망을 명확하게 하는데 있어서 중요한 자료를 얻는 데에도 이 분석은 필요한 작업이다.

CAD/CAM 시스템의 도입으로 얻을 수 있다고 예상되는 일반적인 장점을 들면 다음과 같다.

① 설계, 제도 및 생산의 생략화를 도모할 수 있다.
② 생산품에 대한 신뢰성의 향상에 도움이 된다.
③ 정보의 표준화가 촉진되고 전체의 공정이 원활하게 흐른다.
④ 기술 계산의 스피드화를 도모할 수 있고 신제품에 대한 리드타임이 짧아진다.
⑤ 단순 작업부터의 해방이 실현되고 인원을 보다 창조성이 풍부한 작업에 효과적으로 배치할 수 있다.
⑥ 직접적 또는 간접적으로 제품의 원가 절감을 할 수 있다.
⑦ 사내의 의식이 향상함과 동시에 사외의 평가도 향상된다(PR 효과).

그러나 CAD/CAM 시스템 도입의 효과가 실제로 나타나는 것은 설계한 제품의 생산 라인이 궤도에 올라서면서부터이고 미리 사내에 있어서 「도입의 효과에 관한 평가 방법」을 정해 놓으면 좋을 것이다. 특히, 설계 공수의 절감 등 정량적인 효과에 대해서는 분석이 용이하지만 PR 효과나 사내의 타 부문에 대한 의식의 향상 등 정성적인 것은 평가가 어렵기 때문에 주의를 요한다.

■ CAD/CAM의 금후

초 LSI나 초초 LSI의 양산과 개발에 따라 기억 용량의 확대와 처리 속도의 비약적인 증대가 실현되고 동시에 시스템의 원가 절감이 실현되면 CAD/CAM에서 FMS로, 더 나아가서는 소재의 투입에서 제품의 일관 가공까지 무인 생산할 수 있는 FA의 시대로 진행되는 것이 예상된다.

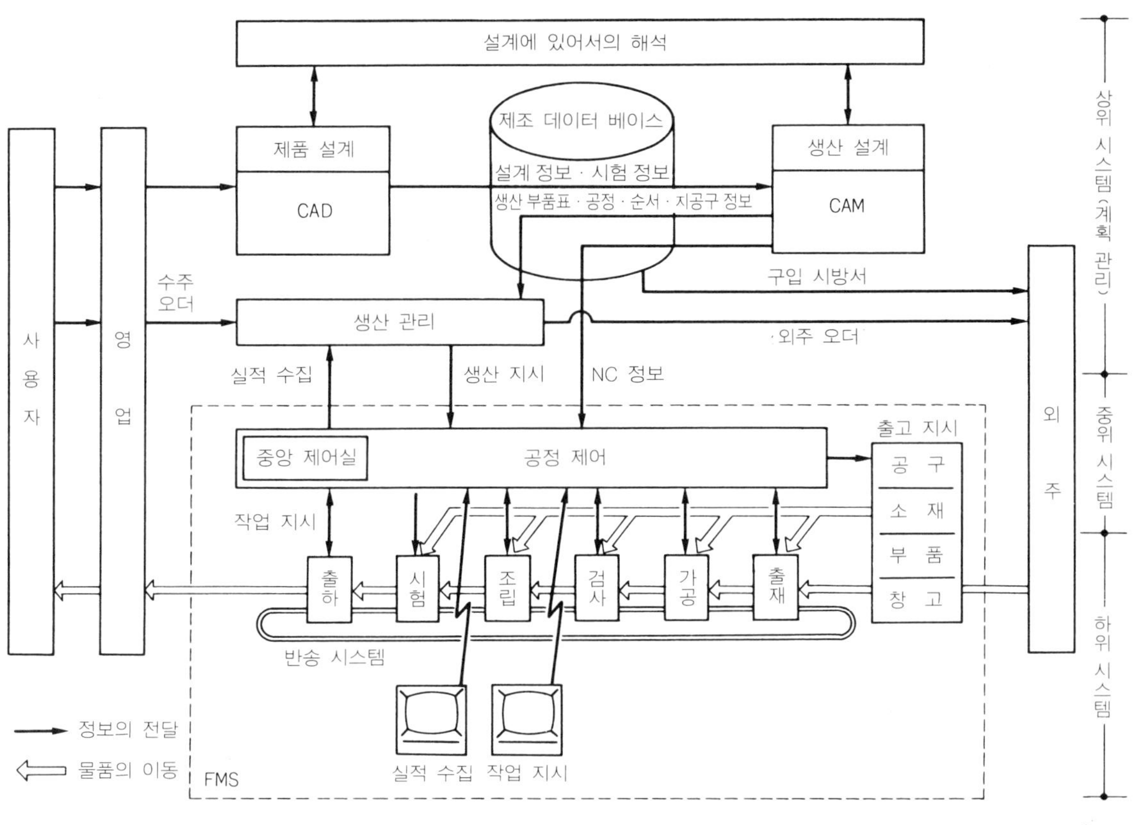

그림 6 FA 시스템의 한 예

이와 같은 FA 시대를 향해서, 금후 새로운 CAD/CAM 시스템을 연구 개발해 나가는데 있어서 맞붙는 과제로 다음과 같은 것을 들 수 있다.

① 대상으로 하는 3차원 모델에 대해서 충분한 정밀도로 계산 처리하고 또 가공 정보의 입출력도 쉬운 것.

② 도면 정보의 입출력이, 사람에 있어서도 편리한 것처럼, 아날로그 양의 취급이 용이한 기능을 갖는 것.

③ 컴퓨터 프로그램의 언어를 모르는 설계자라도 어느 정도의 기계 조작을 할 수 있으면 도형의 입출력을 할 수 있고 또 그 처리도 용이한 것.

④ CAD/CAM 시스템이 다른 기종과도 자유롭게 호환성이 있고 NC 가공으로의 연계가 용이한 것.

⑤ CAD/CAM이, 시스템으로서 용이하게 결합이나 분리가 되고 단체(單体)로 자유도(自由度)가 큰 장치로서 조작할 수 있는 것.

이들의 조건을 모두 만족시키는 데는 곤란할지 모르지만 사용자 측의 다양한 요구에 합치할 수 있도록 옵션의 조합이 쉬운 소프트웨어를 개발해 나가는 데 있어서 보다 섬세한 시스템 이용 기술을 실현해 가고 있다고 생각한다.

현재 미국이나 구라파에서는 종래 제각기 개발되고 있고, 각각의 장치에 의존하는 형의

CAD/CAM용 소프트웨어를 통일할 수 있는 IGES나 STEP라는 공통 언어의 프로그램이 공급되어 가고 있다. 결국 일본에서도 그 움직임이 활발해져 갈 것이다.

종래는 시스템마다 다른 소프트웨어 때문에 확장이나 병렬적인 사용에 있어서 불편을 호소해왔던 사용자에게 이 공통 언어의 프로그램 공급은 하나의 밝은 재료를 제공해 주었다.

말하자면 「강의 상류」라고도 할 수 있는 설계의 합리화에서 발달해 온 CAD 시스템과 「강의 하류」라고 할 수 있는 제조의 생력화에서 발달해 온 CAM 시스템의 유기적인 결합이 여기에 이르러서 CAD/CAM 시스템으로 개화된 감이 있다.

금후 FMS에서 무인화로의 FA의 관심이 높아지고 있는 것은 지적 집약형 산업을 지향하는 일본에 있어서는 당연히 있을 수 있는 과정이라고 생각할 수 있다.

이러한 것들의 이용 기술은 일시적인 붐으로부터 보다 실용에 따른 안정기에 들어갔다고 말하고, 금후 대기업이 주류로 되어 있던 CAD/CAM 시스템의 도입이 중소 기업에까지 저변을 넓히면서 한층 깊게 보급되어 보다 큰 기술 혁신을 영입하는 원동력으로 되어 가고 있는 것은 의심할 여지가 없을 것이다.

그림 6에 FA를 지향한 시스템도의 개요를 나타낸다. 물론, 이것은 하나의 예에 지나지 않지만 생산 활동에 컴퓨터를 보다 고도로 이용한 CIM(컴퓨터 통합 생산)화가 진척되는 것으로 생각된다.

한편, 제 5 세대의 컴퓨터도 착실하게 그 성과를 받아들이고 AI(인공 지능)를 베이스로 한 CAD 시스템이 우리들의 눈 앞에 나타나는 날도 그리 멀지 않다고 생각한다.

이에 따라 종래의 CAD 즉 Computer Aided Design이 Creative Associated Design (창조성을 수반하는 설계)을 포함한 진실된 CAD로 나아갈 것으로 크게 기대하고 있는 것이다.

도면 관리의 테크닉과 그 실제

도면 관리가 하는 일은 과거의 도면의 보관·대출을 주로 한
단순한 설계의 부대 업무에서 지금은 생산 시스템의 1스텝으로 범위가 확대되어
설계, 제조, 영업 부문에 밀착된 극히 중요성이 높은 것으로 되고 있다.
이것이 확고하지 않으면 기업의 경영 전체에 악영향을 미치게 된다고 해도
과언이 아니다.
여기서는 東芝·京浜사업소에 있어서의 도면 관리 업무의 실제에 대해서
소개하도록 한다.

도면 관리의 담당 부문

京浜사업소는 東芝의 중전(重電) 부문에 속해 있으며 주된 제품은 화력·수력·원자력
발전소의 원동기, 발전기, 전동기, 그리고 원자로 기기·장치 등으로 다품종 소량 생산형
의 공장이다.

　도면 관리 담당은 설계 부문과는 조직을 달리한 「기술 · 시스템 관리부」에 속해 있으며 대략 **표 1**에 표시한 것 같은 업무를 담당하고 있다.

　여기서는 아 중에서 도면 관리와 관계가 있는 부분에 대해서 기술하기로 한다.

표 1　도면 관리 담당의 업무

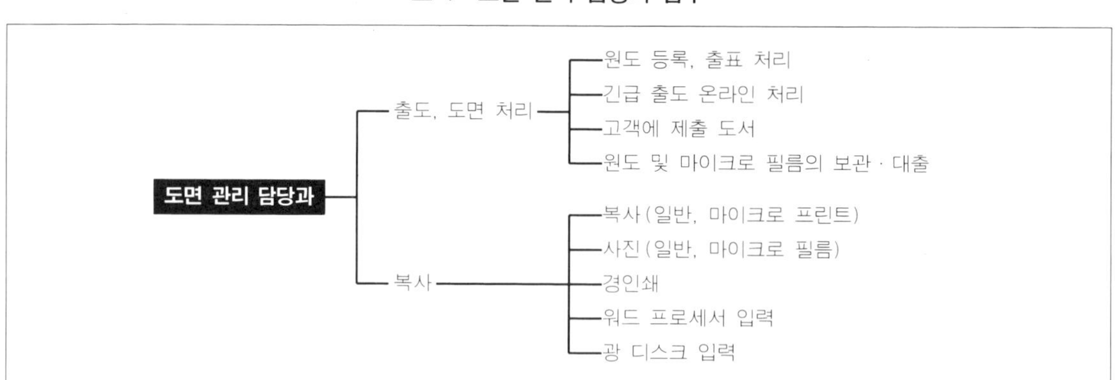

도면 등록의 실제

　설계 담당은 「제조 통지 카드」에 도면(원인)을 첨부하고, 이것을 도면 관리 담당에게 송부한다. 이것이 출도이다. 제조 통지 카드와 도면의 부품표는 도면 관리 담당자로부터 컴퓨터 부문에 송부되어서 생산 수배 시스템이 연결된다.

　설계 부문에서 도면 관리 담당자에게 출도된 도면의 처리 절차는 **그림 1**에 표시한 대로이다.

　그런데 본제에 들어 가기 전에 관련 사항으로 도면 번호 형태와 검색 코드에 대해서 기술해 두고자 한다.

(1) 도면 번호 형태

　도면 번호는 9자리이고, 사이즈, 사업소 기호, 기종 기호, 도면 종별과 이에 계속되는 5자리의 추가 번호로 구성되고 있다. **그림 2**는 도면 번호의 예이다. 그리고 운영상에서는 이것에 Rev No(개정 번호)가 한 자리 추가 기록된다.

　도면 번호 안에 검색용 등의 의미를 부여하게 되면 추가 번호의 틀이 적어지게 되고 그 몫만큼 자리가 차는 것이 빨라지기 때문에(연간 9만장의 도면이 작성되고 있다), 이와 같이 산뜻한 형상으로 하고 있다.

　가령 의미를 있게 하여도 그것이 모든 검색용 코드로는 될 수 없다는 생각에 따라서 5년 전에 출도 출표 시스템을 재구축하였을 때 아울러 도면 형태를 이와 같이 개정한 것이다.

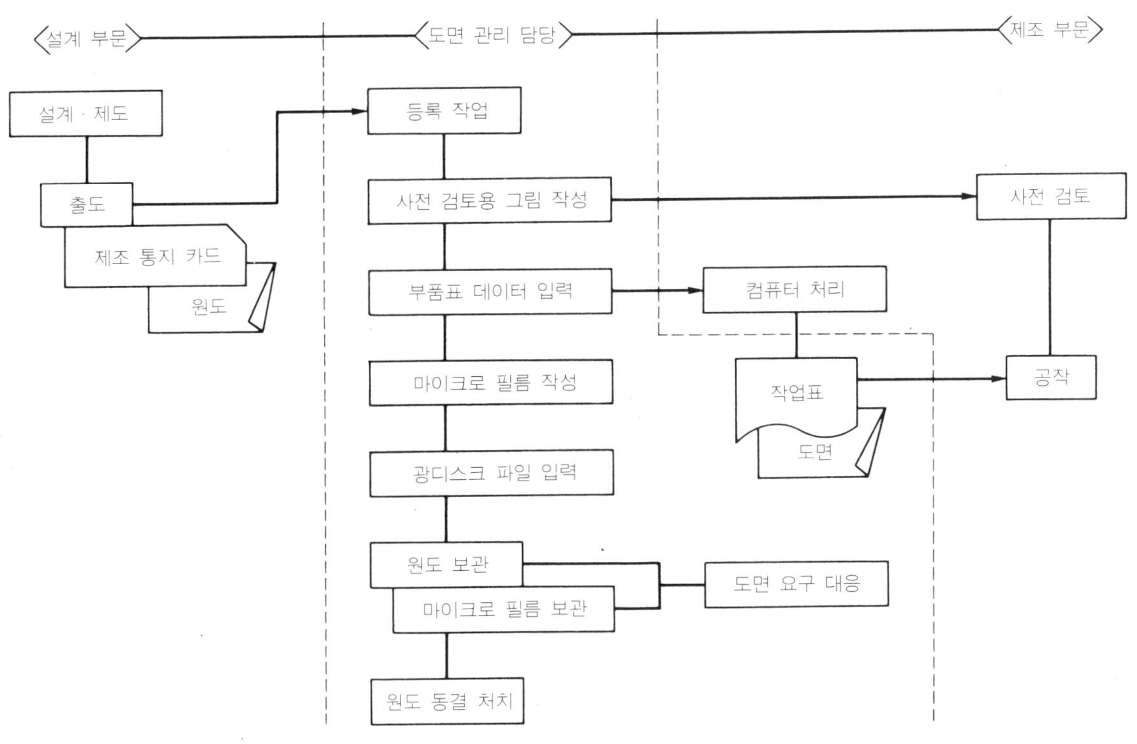

그림 1 도면 처리의 절차

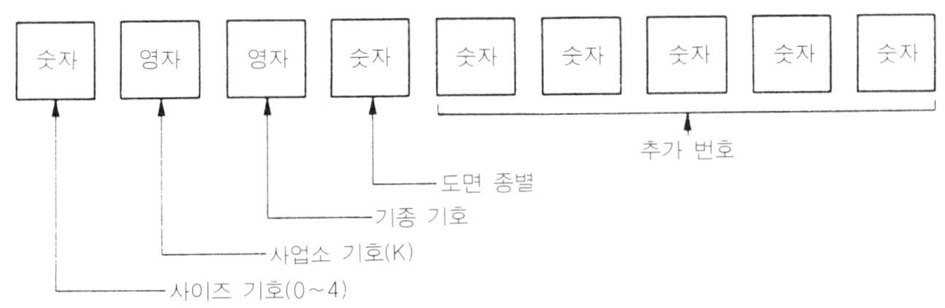

그림 2 도면 번호 형태

(2) 검색 코드

도면 번호상에서 검색이 불가능하게 되면 별도로 검색용의 코드가 필요하게 된다. 이 때문에 도면의 부품표(부품 명세란)에 합계 40자리의 검색 코드란(**그림 3**)을 만들어서 이 것을 컴퓨터의 데이터 베이스에 등록하고 있다.

동일 코드에 의해 모든 컴퓨터를 게재해서 다방면으로부터의 검색이나 시스템 사이의 연결이 될 수 있도록 한다는 사고 방식에 의한 것으로 코드를 반드시 기입하는 것이 설계 부분에 있어서도 설계 부하의 경감이 되고 생산성의 향상에 기여한다는 관점에서 작도할 때 기입하는 것을 의무화하고 있다.

다시, 본제에 되돌아 가서 제조 통지 카드와 도면의 부품표가 컴퓨터 처리에 돌아간 것과 병행해서 도면 관리 담당은 **그림 1**에 표시하는 일련의 처리를 하지만 그 첫째는 도면의 등록 작업이다.

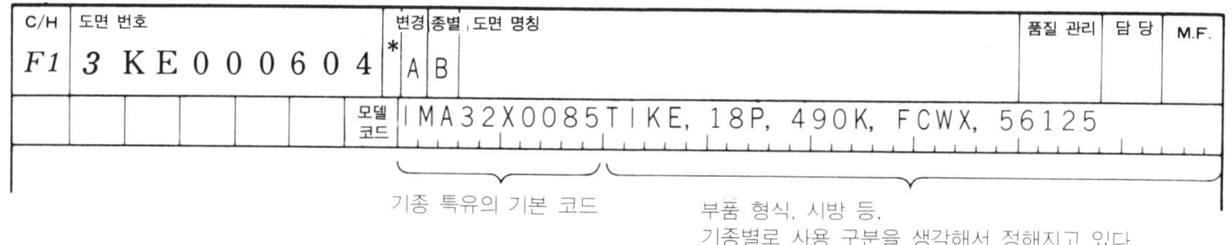

그림 3 검색 코드 예(부품표의 표제 부분)

도면의 등록 작업은 오피스 컴퓨터를 게재시킨 대형 컴퓨터의 온라인 방식으로 한다. 도면 관리 담당자는 도면을 접수하고 단말기에 도번, Rev No. 신·변구분, 보관 구분, 복사, 수 등을 입력한다.

이것들은 등록 대장으로 대형 컴퓨터의 데이터 베이스에 비축된다. 동시에 마이크로 촬영 의뢰용, 도면 인화용의 리스트가 출력돼서 각각의 작업 지시에 사용된다. 그 흐름을 표시하면 **그림 4**와 같이 된다.

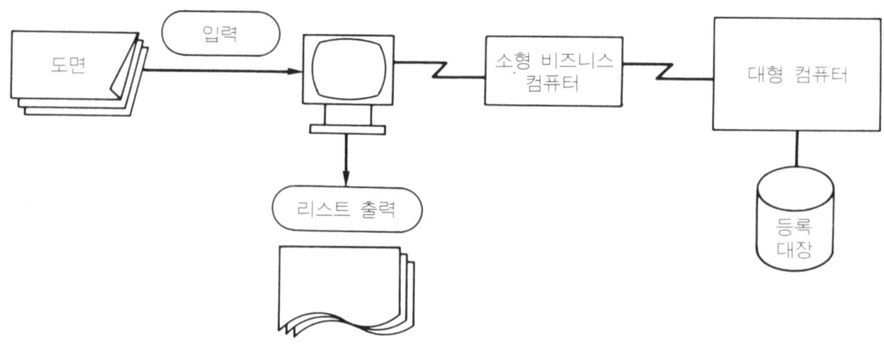

그림 4 도면 등록의 흐름

이후 각 처리 스텝마다에 스테이터스를 입력함으로써 도면의 소재가 명확하게 되고 처리 도중에서의 도면 탐색을 원활하게 할 수 있었다.

한편, 등록 대장 데이터 베이스는 도면의 대출 관리나 도면에 관한 각종 집계, 총계 자료 작성에 사용한다.

복사 도면의 실제

복사 도면은 크게 뭉쳐서 다음 4종류를 들 수 있다.
① 공작용도(가공 도면), 구입 용도

② 검토 용도

③ 참고 용도

④ 고객 제출 용도

이것들은 ①, ②, ③과 같이 동일 도면에서 용도별로 복사되는 것과 ④와 같이 용도에 맞추어서 신규로 도면을 작성하고 복사도를 발행하는 것이 있다.

가공 도면 구입 용도는 그 이름 대로의 용도이지만 컴퓨터에서 복사 지시 리스트가 출력되고 복사 센터가 그의 리스트에 기초해서 애퍼처 카드에서 마이크로 프린터로 도면을 복사(복원)한다(**사진 1**).

사진 1 도면의 복사

복사 도면에는 이것도 컴퓨터 출력의 「작업표」, 「구매 청구서」를 첨부해서 제조 부문, 구매 부문에 배달된다.

검토 용도는 가공 방법, 가공 순서나 코스트 등의 사전 검토에 사용되는 도면으로서 당연히 가공 전에 필요로 하게 된다. 따라서 애퍼처 카드화되기 이전에 원도에서 복사해서 관계 부문에 배달한다.

참고 용도는 주로 유사 설계의 참고용으로 설계자가 필요로 하고 있다.

설계자는 플로어 안에 비치되고 있는 애퍼처 카드에서 각자가 마이크로 리더 프린터로 복사해서 사용하지만 양이 많을 때는 복사 센터에 FAX로 의뢰한다. 복사 센터에서는 센터에 구비되어 있는 애퍼처 카드에서 복사해서 의뢰자에게 배달한다.

설계 동과 복사 센터는 이웃인 건물이지만 설계자가 가급적 걷지 않고 끝날 수 있도록 복사 의뢰는 상기한 바와 같이 FAX 이외에 전화나 메일 보이 방식도 병용하고 있다.

설계 부문의 플로어에는 광 디스크 파일 장치가 설치되어 있다. 설계자는 이 장치를 참고도로 입수할 수 있다. 광 디스크 파일에 대해서는 다음에 기술한다.

사용자에 대한 제출용 도면은 승인용, 취급 설명서 등이지만 사용자의 요구에 따라서 PPC(보통 용지 복사기), 제 2 원지, 마이크로 필름, 더욱이 최근에는 광 디스크 등에 의해서 작성하고 있다.

그리고 여기서 PPC, 제2 원지는 수용자에게 보다 선명한 도면을 건네주기 위해서 원도에서 복사하는 것을 기본으로 하고 있다.

마이크로 필름화

도면은 귀중한 기술적 재산이기 때문에 이에 대한 비상용 대책으로 1950년대 중반부터 마이크로 필름화(애퍼처 카드에 작성)를 실시하고 있으나 현재는 단순한 비상용 대책뿐만 아니라 복사 등에 적극적으로 활용하고 있다.

촬영은 설계 출도 후 즉시 실시하고 애퍼처 카드화한 후의 도면 복사는 모두 이 애퍼처 카드에 의해서 하는 것을 기본으로 하고 있다.

(1) 애퍼처 카드의 용도

- 비상용……외부의 창고 업자에 보관을 위탁(매월 1회 송부)
- 상용……복사 센터에 비치해서 공장 배포 도면, 기타 복사 도면의 작성에 사용
- 설계 부문용……설계 부문 각 플로어에 비치해서 설계자가 참고도를 필요로 할 때 사용

가공용, 검토용 등 공장 배포 도면은 10년 전만 해도 청사진이 주류였으나 현재는 PPC화가 진척돼서 90%가 PPC이다. 10%는 설계 출도 직후 애퍼처 카드화되고 있지 않는 단계에서의 긴급 검토용 도면(주로 대판 도면)의 인화분이다.

PPC도 원도에서의 인화와 애퍼처 카드에서의 인화가 있고 京浜사업소에서는 애퍼처 카드에서의 인화를 기본으로 하고 있다.

원도로부터 직접 인화하는 것이 애퍼처 카드에서 인화하는 것보다 복사 단가면에서는 값이 싸지만 현재 하루 1,000장 정도의 애퍼처 카드의 인출 격납이 있고, 이것을 전부 원도로 대응하고 있어서는 취급 작업성, 인화 스피드면에서 비능률적이고 또 원도의 손상도 염려된다.

결국, 종합적으로 봐서 애퍼처 카드로 대응하는 것이 능률적이고 그리고 가격적으로도 싸다고 판단되고 있다.

광 디스크 파일화

(1) 광 디스크 파일 장치

東芝제의 광 디스크 파일 장치(TosFile-3200)를 도입한 도면, 기술 자료의 파일화를 꾀하고 있다. 도면에 대해서 현재는 애퍼처 카드화와 병용되고 있으나 장래는 광 디스크

파일이 주류로 될 것으로 생각하고 있다.

광 디스크 파일에 입력하고 있는 도면은 현재는 A3, A4판 사이즈지만, A1판까지 읽어 낼 수 있는 장치의 도입을 계획하고 있으며 도입 후에는 A1 사이즈까지 범위를 확대해서 입력을 한다. 그리고 참고로 말하면 당 사업소의 도면은 A3판, A4판이 전 도면의 65%를 점하고 있다.

이 광 디스크 파일 장치의 이용은 현재는 후에 기술할 것과 같은 설계 참고도의 검색, 복사용이지만, 장래는 공장 배포 도면의 작성으로 확대할 계획이다.

(2) 도면의 검색

광 디스크 파일에 의한 도면 검색의 흐름은 **그림 5**에 표시한 것같이 된다.

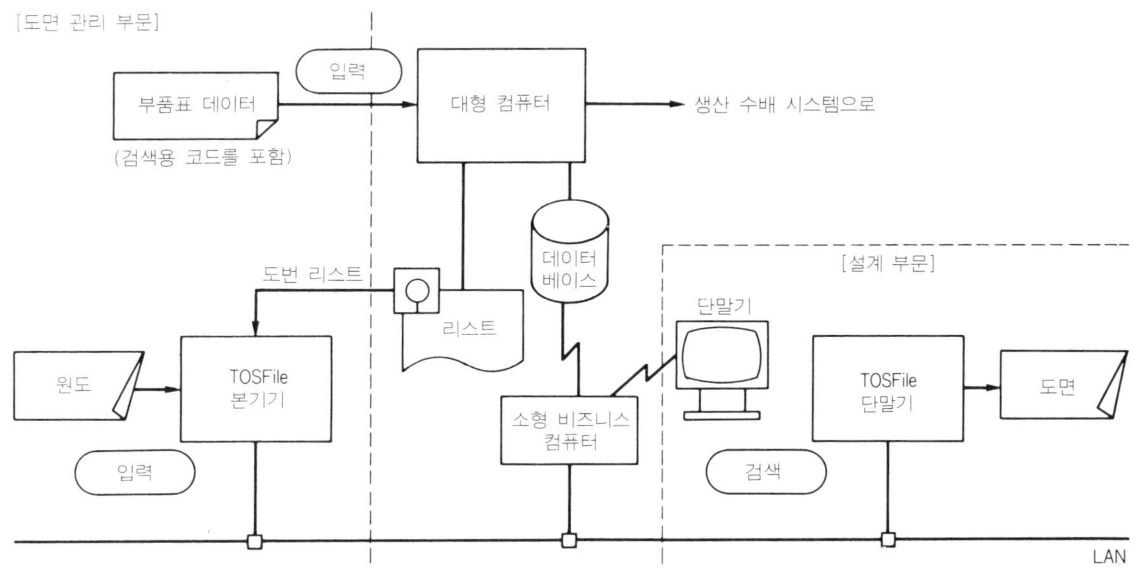

그림 5　광 디스크 파일에 의한 도면 검사 처리

검색 방법은 다음과 같다.

① **유사 도면 검색**……오피스 컴퓨터 단말기에 검색용 코드를 입력하면 오피스 컴퓨터 는 데이터 베이스 내의 유사 도면을 검색해서 단말기에 도번을 표시한다. 이 도번을 TosFile 단말기에 지시함으로써 화면상에 도면이 차례로 표시된다. 이 중에서 필요한 도 면을 엄격히 복사해서 내보낸다.

② **도번 직접 검색**……오피스 컴퓨터 단말기에 도번을 입력함으로써 TosFile 단말기 화면에 도면이 표시되고 이것을 확인한 다음 엄격히 복사해서 내보낸다.

입력 작업 경감으로 인해 광 디스크 입력 작업시의 키 인 항목은 도번과 Rev No.만으 로 하고, 검색에 사용하는 키 코드류는 별도 입력한 부품표 데이터가 파일되어 있는 데이 터 베이스에서 온라인으로 접근하는 방법을 취하고 있다.

보관, 대출의 실제

그림 1에 도시되는 일련의 처리의 최후는 원도의 보관이고, 도면 창고 내에 강철제 캐비닛에 치수 별, 도번 순으로 원도를 보관한다. A0 사이즈(연장 사이즈도 있다)는 통상의 보관 상자에 감아서 보관하고 있다. 등록이 끝난 원도는 이것을 작성한 설계자라 할지라도 함부로 반출할 수 없다. 설계자는 원도를 필요로 할 때는 차용증을 작성해서 빌려간다. 차용표는 「원도 변경 차용표」와 「일반 차용표」가 있고 용도별로 구분해서 사용한다.

변경할 때는 당연히 원도를 필요로 하지만 일반의 차용은 편집 설계 등으로 제2 원지를 작성할 때 및 사용자 제출용 도면을 복사해서 작성하는 경우에 한정되고 이 이외에는 원도 대출은 하지 않는다. **그림** 6은 원도 변경 차용인 경우의 흐름을 표시한 것이다.

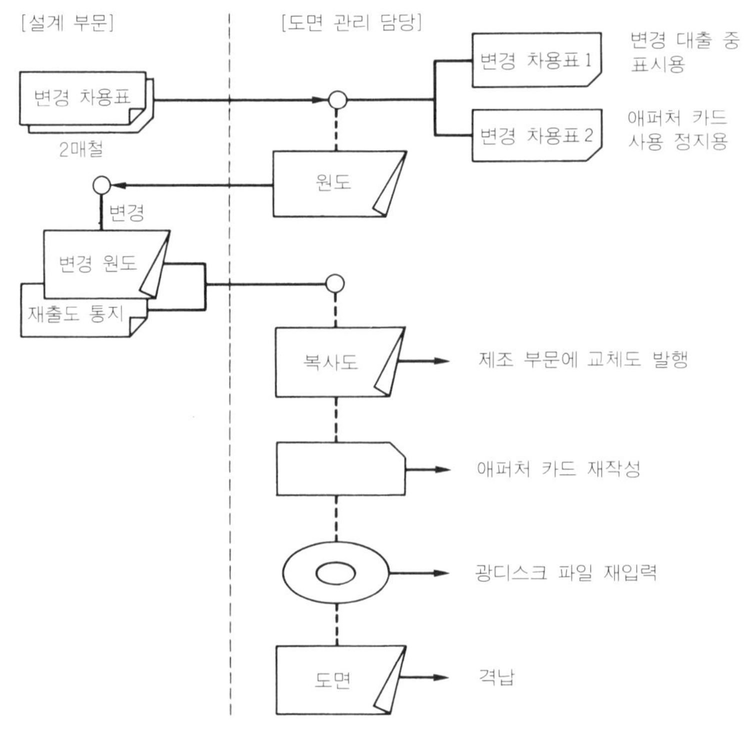

그림 6 원도 변경 차용인 경우의 흐름

그리고 묵은, 이용도가 낮아진 원도는 원도실에서 떨어진 창고에 옮겨서 동결 취급으로 한다. 이것은 보통은 사용하지 않고 필요하게 되었을 때는 애퍼처 카드에서 원도를 복원하여 재생한다.

＊　　　　＊　　　　＊

도면 관리의 실제 예에 대해서 개략적으로 기술하였으나 제작하고 있는 기종의 특이성에 맞추거나 그리고 컴퓨터화를 도입하거나 해서 미세한 점에는 몇 가지 방법이 섞여 있는 것이 실정이다.

이 그림을 읽을 수 있는가

● 문제는 97페이지에 있음.

해답

　1＝정면과 측면도에서 무엇인가 계단 모양을 한 물품이 있는 것을 생각할 수 있다. 그리고 그 계단의 제일 밑의 부분은 두께가 같은 정방향인 것을 알 수 있다. 그것이 평면도에 표시되고 있다. 그리고 그 위에 같은 형상의 조금 작은 것이 있고 그리고 그 위에도 같은 형상의 작은 것이 있는 것을 알 수 있다.

　그러면 그 위치가 평면도의 어딘지를 생각해 보면 정면도에서 제일 윗부분은 좌측에 있고 측면도에서도 좌측에 보이게 되므로 평면도에서는 왼쪽 아래에 있는 것이 된다. 마찬가지로 다음 단계도 그릴 수 있다.

　다음에 정면도에서는 정방형의 물품이 겹친 뒤쪽면은 보이지 않으므로 숨은선으로 표시하고 측면도에서는 면이 직접 보이기 때문에 외형선을 보충한다.

　2＝정면도와 측면도가 옳게 그려져 있으므로 이 양도(兩圖)를 비교해 보면 측면도의 노치부가 정면도의 중앙에 있게 되는 것을 알 수 있다.

　그리고 측면도를 잘 보면 상부의 형상과 좌측의 형상이 같은 모양으로 되어 있기 때문에 평면도는 정면도와 같은 모양의 그림으로 된다는 것도 알게 될 것이다. 그래서 정면도의 중앙 부분에서부터 평면도에 2개의 평행선을 긋고 다음에 측면도에서도 노치부에서부터 평행 이동선을 긋는다. 이러한 선들이 교

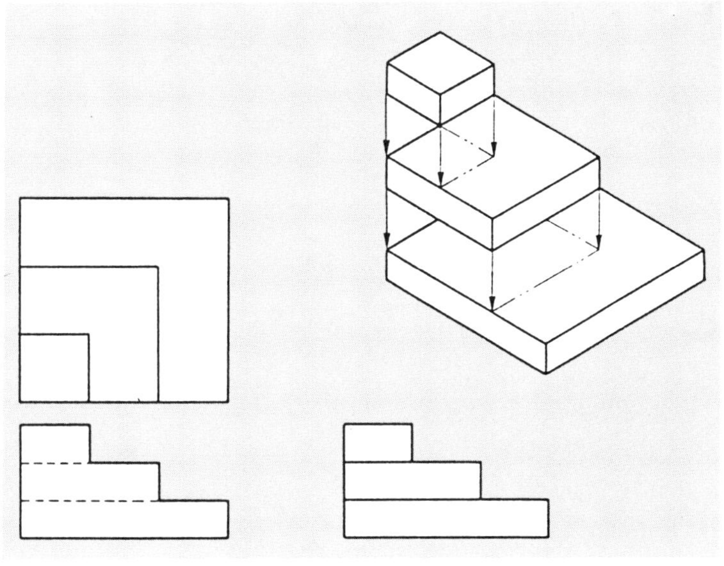

문 1의 답 ● 선을 넣으면……

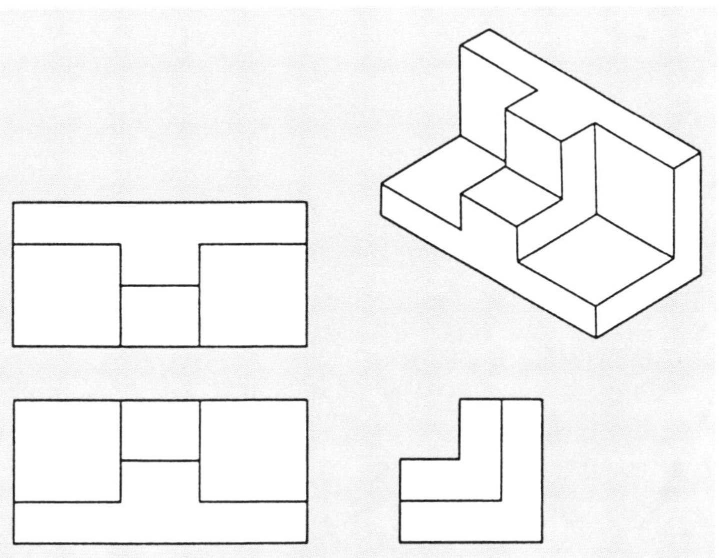

문 2를 생각하는 방법

차한 점을 연결하면 그 선이 빠지고 있던 선으로 된다.

3＝두부를 단번에 자르는데 비스듬히 힘차게 자르면 이렇게 된다. 자른 면의 상하와 좌우의 길이가 각각 같게 되는 것이 특색이다. 너무 간단하게 맥이 빠지지 않았는가? 그래도 3면도를 지그시 보기만 함으로써 이 입체도가 떠오르게 된다면 대단한 것이다.

4＝이 그림에서 우선 원통 부분이 눈에 띌 것으로 생각된다. 정면도의 우측면에 원통이 붙어 있다고 하면 원통의 크기는 측면도에서 면보다는 작으므로 정면도에는 외형선이 필요하다. 똑같이 평면도에도 측면을 표시하는 선이 필요하다는 것을 알 수 있다.

다음에 정면도의 좌측을 보도록 하자. 평면도에 그 모양의 부분이 있으나 이 부분의 바닥에 해당하는 부분이 정면도에서는 비스듬히 숨은선으로 표시되고 있으므로 이것은 두께가 같고 표면이 3각형인 것을 잘라 냈다고 생각할 수 있다. 따라서 정면도의 좌측면의 밑 부분에는 잘라 내지 않는 면이 남아 있기 때문에 평면도에는 외형선이 필요하게 된다.

5＝빠진 선을 보충하면 그림과 같이 된다. 정면도의 숨은선은 평면도에서는 둥근 구멍이므로 측면도에도 숨은선이 필요하다.

그리고 외형을 표시하는 그림에서 테이퍼부와 스트레이트부와의 경계에는 당연히 선이 들어 가지 않으면 안된다.

만약 여기가 곡선으로 연결되어 있으면 R의 치수가 지정되고 선은 그리지 않아도 될 것이다.

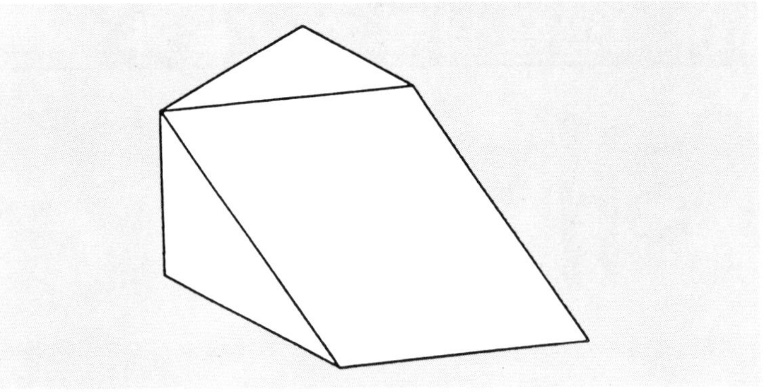

문 3의 입체도

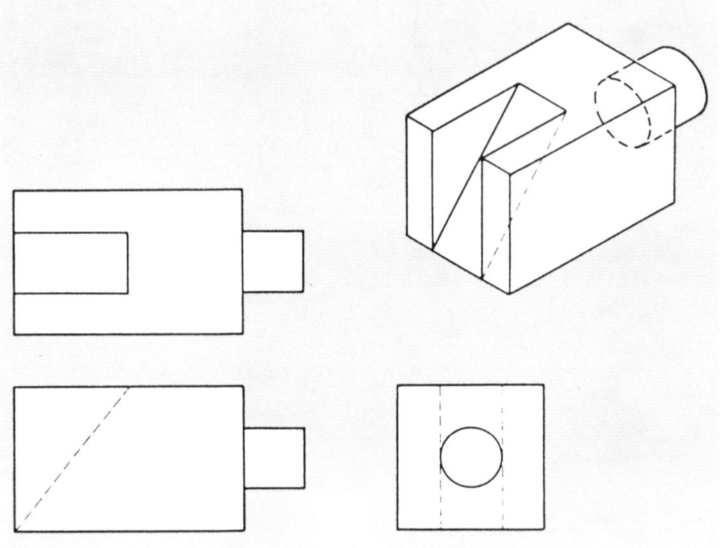

문 4의 해답도 • 입체도도 서비스

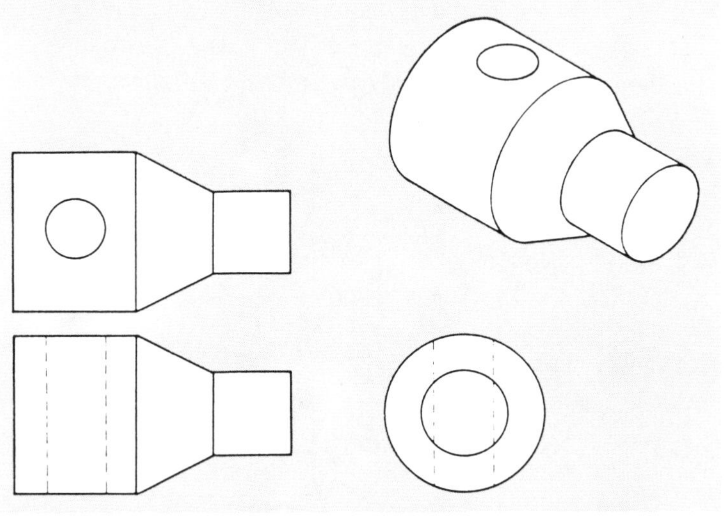

문 5의 답은 이렇게 된다

기계 가공 기술 시리즈 No. 5

기계도면의 그리는 법·읽는 법

1997. 3. 20. 초 판 1쇄 발행
2020. 5. 15. 초 판 7쇄 발행

지은이 | 툴엔지니어 편집부
옮긴이 | 김하룡
펴낸이 | 이종춘
펴낸곳 | **BM** (주)도서출판 **성안당**
주소 | 04032 서울시 마포구 양화로 127 첨단빌딩 3층(출판기획 R&D 센터)
　　 | 10881 경기도 파주시 문발로 112 출판문화정보산업단지(제작 및 물류)
전화 | 02) 3142-0036
　　 | 031) 950-6300
팩스 | 031) 955-0510
등록 | 1973. 2. 1. 제406-2005-000046호
출판사 홈페이지 | **www.cyber.co.kr**
ISBN | 978-89-315-3626-3 (13550)
정가 | **25,000원**

이 책을 만든 사람들
책임 | 최옥현
진행 | 이희영
교정·교열 | 문 황
전산편집 | 이지연
표지 디자인 | 박현정
홍보 | 김계향, 유미나
국제부 | 이선민, 조혜란, 김혜숙
마케팅 | 구본철, 차정욱, 나진호, 이동후, 강호묵
제작 | 김유석

■ **도서 A/S 안내**

성안당에서 발행하는 모든 도서는 저자와 출판사, 그리고 독자가 함께 만들어 나갑니다.
좋은 책을 펴내기 위해 많은 노력을 기울이고 있습니다. 혹시라도 내용상의 오류나 오탈자 등이 발견되면 **"좋은 책은 나라의 보배"**로서 우리 모두가 함께 만들어 간다는 마음으로 연락주시기 바랍니다. 수정 보완하여 더 나은 책이 되도록 최선을 다하겠습니다.
성안당은 늘 독자 여러분들의 소중한 의견을 기다리고 있습니다. 좋은 의견을 보내주시는 분께는 성안당 쇼핑몰의 포인트(3,000포인트)를 적립해 드립니다.

잘못 만들어진 책이나 부록 등이 파손된 경우에는 교환해 드립니다.